BIM建模应用实务

张伟喜　党曼丽　主编

清華大學出版社
北京

内 容 简 介

本书分为四个模块共 19 个项目。模块一主要介绍 Revit 软件的基本知识；模块二主要介绍 Revit 建筑建模基础知识；模块三主要介绍 Revit 建筑建模进阶知识；模块四是 Revit 建筑建模练习。

本书将传统教材的优点和信息化教学的优点相结合，通过电子活页单将读者带入课程的实践教学环节，通过将复杂的、不易理解的综合实训知识及项目模块化实践环节融入微课视频，由教师主导、学生自学、线上线下互动交流，形成一个项目式的学习氛围，从而提升本课程的教学效果，为后续专业课程的学习打下坚实的基础。

本书可以作为土建类相关专业的教材，也可以作为相关企业及自学者培训、学习用书。

图书在版编目（CIP）数据

BIM 建模应用实务 / 张伟喜，党曼丽主编 . —北京：清华大学出版社，2023.8
ISBN 978-7-302-63499-7

Ⅰ . ① B… Ⅱ . ①张… ②党… Ⅲ . ①建筑设计－计算机辅助设计－应用软件 Ⅳ . ① TU201.4

中国国家版本馆 CIP 数据核字（2023）第 083309 号

责任编辑： 聂军来
封面设计： 曹　来
责任校对： 李　梅
责任印制： 杨　艳

出版发行： 清华大学出版社
　　网　　址： http://www.tup.com.cn，http://www.wqbook.com
　　地　　址： 北京清华大学学研大厦 A 座　　**邮　　编：** 100084
　　社 总 机： 010-83470000　　**邮　　购：** 010-62786544
　　投稿与读者服务： 010-62776969，c-service@tup.tsinghua.edu.cn
　　质量反馈： 010-62772015，zhiliang@tup.tsinghua.edu.cn
　　课件下载： http://www.tup.com.cn, 010-83470410
印 装 者： 大厂回族自治县彩虹印刷有限公司
经　　销： 全国新华书店
开　　本： 185mm×260mm　　**印　张：** 15.5　　**字　　数：** 327 千字
版　　次： 2023 年 8 月第 1 版　　**印　　次：** 2023 年 8 月第 1 次印刷
定　　价： 59.00 元

产品编号：101775-01

前　言

党的二十大报告指出："教育、科技、人才是全面建设社会主义现代化国家的基础性、战略性支撑。必须坚持科技是第一生产力、人才是第一资源、创新是第一动力，深入实施科教兴国战略、人才强国战略、创新驱动发展战略，开辟发展新领域新赛道，不断塑造发展新动能新优势。"这三大战略共同服务于创新型国家的建设。职业教育与经济社会发展紧密相连，对促进就业创业、助力经济社会发展、增进人民福祉具有重要意义。

建筑信息模型（Building Information Modeling，BIM）技术作为建筑产业数字化转型的重要基础，在建筑领域得到迅猛发展。新技术的产生对高校人才培养提出了新的要求。2019 年，教育部开始进行职业教育改革"1+X"证书制度试点工作，在首批公布的试点名单中，建筑信息模型被列为工程建设领域的"1+X"证书制度教育改革试点。因此，职业院校开设 BIM 及相关课程势在必行，相关人才培养也尤为紧迫。

本书以 Autodesk Revit 2020 软件为基础，从实用角度出发，采用"项目分解、任务表述、知识学习、典型案例示范、1+X 证书拓展"的结构编排，较为全面地介绍了 Revit 2020 软件的基本概念及操作技巧，接近国内工程实际。

作为适应信息时代新型教学模式的教材，本书具有以下特点。

（1）以企业、行业对岗位的要求为指导，以项目为导向，注重理论与实际的融合。

（2）校企合作、双元育人，注重内容与标准的融合。

（3）以"1+X"BIM 职业技能等级证书为依托，注重课程与证书考核内容的融合。

（4）配套立体化教学资源，注重适用与实用的融合。

本书由张伟喜、党曼丽担任主编，温生麒、张华岩担任副主编，具体编写分工如下。项目 1~8 由九江职业大学张伟喜编写；项目 9~16 由九江职业大学党曼丽编写；项目 17~19 由青海青清水利科技有限公司温生麒及黄河水利委员会新闻宣传出版中心张华岩共同编写。全书由张伟喜负责统稿。

本书在编写过程中，得到了九江职业大学领导和相关专家的帮助和指导，在此表示感谢；同时，本书也参考了国内的一些同类教材及相关著作，在此向有关专家、学者致谢。

由于编者水平有限，书中难免存在不足，敬请广大读者批评、指正。

编　者

2023 年 1 月

本书配套资源

目　　录

模块一　概　　述

模块二　Revit 建筑建模基础

模块三 Revit 建筑建模进阶

模块一　概　　述

思政园地

鲁班与工匠精神

鲁班，春秋时期鲁国人，姬姓，名般，也称公输般、公输子等，由于“般”和“班”同音，在古时通用，因此后人称他为鲁班。鲁班家族世代为工匠，从幼时就跟随家人学习木工，善于总结、思考。据传木工使用的绝大部分工具都是由他发明创造的，如锯子、曲尺、墨斗、刨子、钻子等。由于这些工具给当时的工匠们带来了极大的便利，将匠人们从繁重的劳动中解放出来，在大幅提升工匠的生产效率的同时又大大提升了产品的质量，因此，人们尊他为我国土木类工匠的鼻祖。

现在的工匠专指拥有一种或者多种工艺特长的匠人。工匠精神特指那些不仅具有高超技艺和精湛技能，而且工作态度严谨、专注、细致、精益求精的匠人的优良精神品质。

2016 年 3 月 5 日，李克强总理在政府工作报告中提到，鼓励企业开展个性化定制、柔性化生产，培育精益求精的工匠精神，增品种、提品质、创品牌。这是“工匠精神”首次出现在政府工作报告中。党的二十大报告中强调，努力培养造就更多大师、战略科学家、一流科技领军人才和创新团队、青年科技人才、卓越工程师、大国工匠、高技能人才。“工匠精神”已经被纳入中国共产党人的精神谱系，“工匠精神”已经成为“中国气质”。在全面建成社会主义现代化强国的征途中，大力弘扬“工匠精神”，大力培养各行各业“大国工匠”“技能人才”，是我国突破外国“卡脖子”技术的重要基础，是推动国家从“制造大国”迈向“制造强国”的内在动力。

在这个过程中我们要认识到与世界强国之间的差距，奋起直追；同时也要学习“两丝”钳匠顾秋亮、火箭“心脏”焊匠高凤林、航空发动机“主刀医师”孙红梅等人的精神，在默默坚守中厚积薄发；还要在我们日常的学习、工作中学习他们爱岗敬业的职业精神、精益求精的品质精神、守正创新的思维模式和超群绝伦的技术本领，薪火相传，开创未来，用我们的智慧和汗水为我国的发展贡献力量，为实现中华民族伟大复兴的中国梦贡献力量。

项目1 Revit的基本知识

教学目标：

通过学习本项目内容，了解BIM建筑信息系统与Revit软件的关系；掌握Revit 2020软件的安装方法；熟悉Revit 2020软件界面、文件类型、视图控制工具和快捷键的使用以及项目的创建等基础操作。

知识目标：

（1）了解Revit 2020的基本要素；

（2）了解Revit 2020的工作界面；

（3）了解Revit 2020的基本应用。

技能目标：

（1）能够完成Revit软件的安装、启动和退出；

（2）能够完成基本的图元操作和编辑。

微课：基础操作

1.1 Revit 概 述

Revit是Autodesk公司一套系列软件的名称。Revit系列软件专为建筑信息模型（BIM）构建，可帮助建筑设计师设计、建造和维护质量更好、能效更高的建筑。Autodesk Revit作为一种应用软件，结合了Autodesk Revit Architecture、Autodesk Revit MEP和Autodesk Revit Structure软件的功能。

本节将介绍Revit 2020软件的基本框架、图元元素、用户界面、基本命令工具的应用，以及如何创建需要的项目，按照不同专业创建不同的项目文件。

1.1.1 基本术语

1. 项目

项目是单个设计信息数据库。项目文件包含建筑的所有设计信息（从几何图形到构造数据），包括建筑的三维模型，平、立、剖面及节点视图，各种明细表，施工图图纸以及其他相关信息。这些信息包括用于设计模型的构件、项目视图和设计图纸。通过使用单个项目文件，Revit 不仅可以帮助设计人员轻松地修改设计方案，还可以使修改的部分反映在所有关联区域（平面视图、立面视图、剖面视图、明细表等）中。只需跟踪一个文件，就能方便项目管理，如图 1-1 所示。

（1）如图 1-2 所示，单击所需的样板，软件即使用选定的样板作为起点，创建一个新项目。

图 1-1　项目

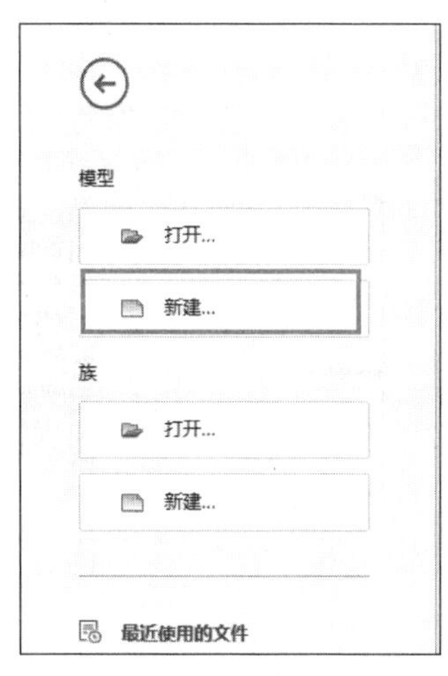

图 1-2　新建项目

启动软件时，软件将显示"最近使用的文件"界面。如果已经在处理 Revit 任务，则可以通过单击"视图"选项卡→"窗口"面板→"用户界面"下拉列表→"最近使用的文件"返回此界面。

"最近使用的文件"界面最多会在"模型"下列出多个近期创建的项目文件。

安装后，软件将列出一个或多个默认样板，也可以对列表进行修改或添加更多的样板。

（2）使用另一个样板创建项目，单击"新建"命令。在"新建项目"对话框的"样板文件"下，可执行以下操作：从列表中选择样板，如图 1-3 所示。单击"浏览"，定位到所需的样板（.rte 文件），然后单击"打开"。

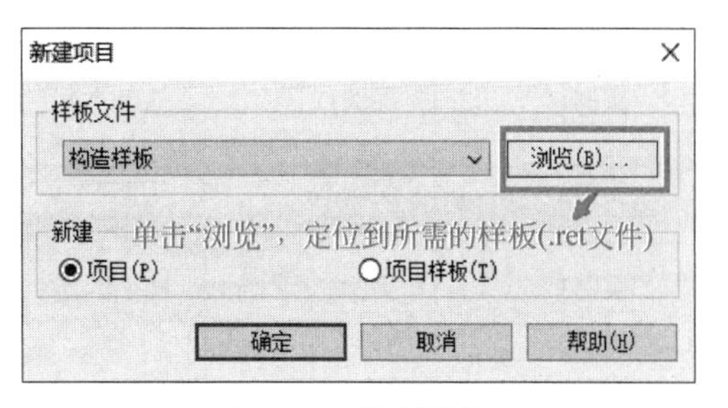

图 1-3　选择样板

提示

项目文件以 . rvt 格式保存，.rvt 格式的项目文件无法在低版本的 Revit 软件中打开，但可以在更高版本的 Revit 软件中打开。

2. 项目样板

当在 Revit 2020 中新建项目时，Revit 会自动以一个后缀名为“.rte”的文件作为项目的初始条件，这个 .rte 格式的文件称为“样板文件”。Revit 的样板文件功能与 AutoCAD 中的 .dwt 文件相同。样板文件中定义了新建项目中默认的初始参数，如项目默认的度量单位、默认楼层数量的设置、层高信息、线型设置、显示设置等。Revit 允许用户自定义专属的样板文件内容，并保存为新的 .rte 文件。

Revit 提供了多种项目样板文件，这些项目样板文件位于以下位置的“Templates”文件夹中：C:ProgramData\Autodesk\〈产品名称与版本〉，如图 1-4 所示。

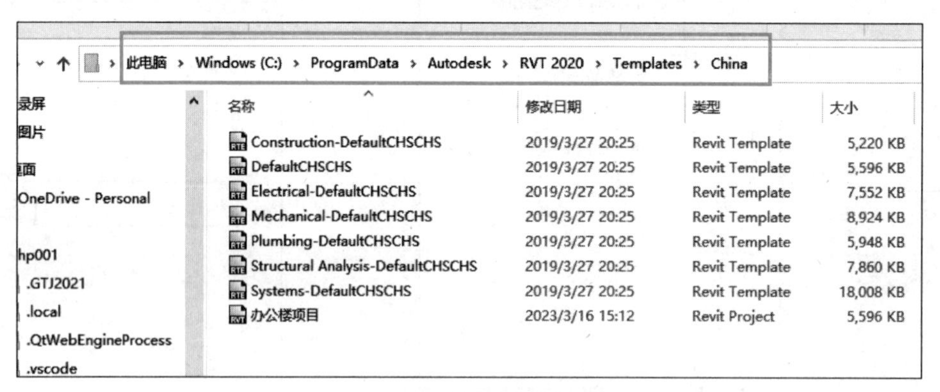

图 1-4 项目样板文件

提示

旧版本的 Revit 软件无法打开新版本的 Revit 软件创建的样板文件。

3. 族

在 Revit 软件中，“族”是一种参数化的构件，使用者需要深入理解和掌握“族”的概念。墙、门、窗、楼梯、楼板等基本的图形单位称为图元，任何图元都是由某特定族生成的。例如，基本墙族生成的墙图元均具有厚度、高度、材质等参数。如图 1-5 所示，根据这些参数的不同，又可以将墙分为不同的类型，创建不同的实例。族文件的格式为 .rfa，在 Revit 中，族分为以下三种。

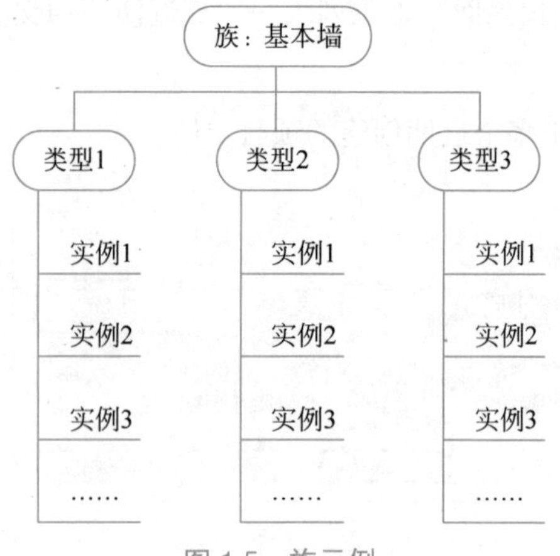

图 1-5 族示例

（1）系统族：包含基本建筑图元，如墙、屋顶、天花板、楼板以及其他要在施工场地使用的图元。标高、轴网、图纸和视口类型的项目和系统设置也是系统族。

（2）可载入族：指单独保存为 .rfa 格式的独立族文件，可以随时载入项目中。Revit 提供了族样板文件，用户可以自定义任意形式的族。

（3）内建族：指用户在项目文件中直接创建的族，仅能在所创建的项目中使用，不能保存为单独的 .rfa 格式的族文件。

4. 族样板

族样板用来定义族的初始状态。在 Revit 中创建任何族文件时，均需采用族样板文件，族样板文件以 .rft 格式保存。

5. 图元元素

Revit 在项目中有三种图元，图元之间各自独立又相互关联，形成整个项目的结构框架，三种图元又可以分成五种类型，如图 1-6 所示。

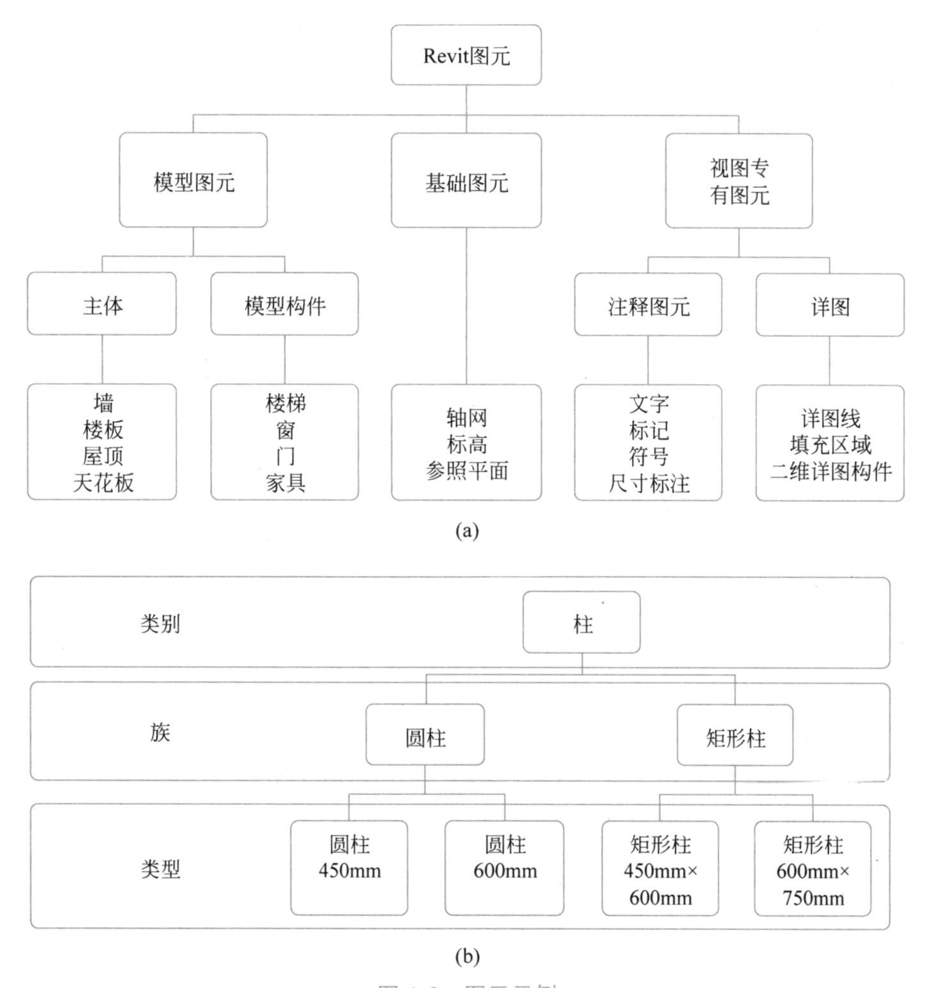

图 1-6　图元示例

（1）模型图元：表示建筑的实际三维几何图形，它们显示在模型的相关视图中，如墙、窗、门和屋顶都是模型图元。

（2）基准图元：可帮助定义项目上、下文，如轴网、标高和参照平面都是基准图元。

（3）视图专有图元：只显示在放置这些图元的视图中，它们可帮助对模型进行描述或归档，如尺寸标注、标记和二维详图构件都是视图专有图元。

（4）主体（或主体图元）：通常在构造场地在位构建，墙和屋顶是主体示例。

（5）模型构件：建筑模型中其他所有类型的图元，如窗、门和橱柜都是模型构件。

（6）注释图元：对模型进行归档，并在图纸上保持比例的二维构件，如尺寸标注、标记和注释记号都是注释图元。

（7）详图：在特定视图中提供有关建筑模型详细信息的二维项，包括详图线、填充区域和二维详图构件。

（8）类别：用来对建筑设计建模或归档的一组图元。

（9）族：某一类别中图元的类，即根据参数（属性）集的共用情况、使用和图形表示方面的相似性对图元进行分组。

（10）类型：特定尺寸的族。

（11）实例：放置在项目中的实际项（单个图元），在建筑（模型实例）或图纸（注释实例）中有特定的位置。

1.1.2 各术语之间的关系

在 Revit 中，各类术语间对象的关系如图 1-7 所示。

可以这样理解 Revit 的项目，Revit 的项目由无数个不同的族实例（图元）相互堆砌而成，而 Revit 通过族和族类别来管理这些实例，用于控制和区分不同的实例。而在项目中，Revit 通过对象类别来管理这些族。因此，当某一类别在项目中设置为不可见时，隶属于该类别的所有图元均将不可见。

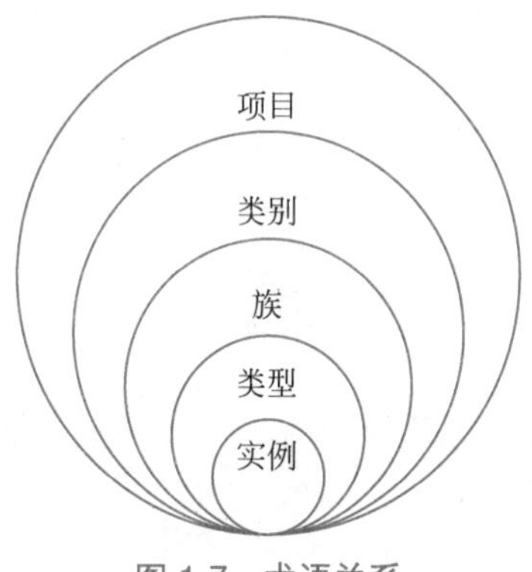

图 1-7 术语关系

1.1.3 Revit 的启动

安装完成 Revit 2020 后，单击“开始”菜单→“所有程序”→“Autodesk”→“Revit”命令，或双击桌面 Revit 2020 快捷图标，即可启动 Revit 2020。

启动完成后，软件会显示如图 1-8 所示的“最近使用的文件”界面。在该界面中，Revit 2020 会分别按时间依次列出最近使用的项目文件和最近使用的族文件。第一次启动 Revit 2020 时，软件会显示自带的基本样例项目及高级样例项目两个样例文件，以方便用户感受 Revit 2020 的强大功能。

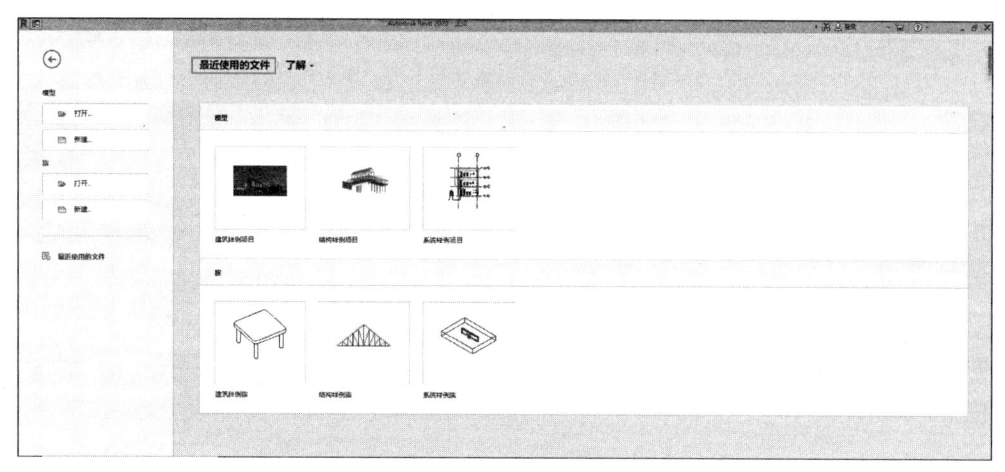

图 1-8　最近使用的文件界面

在软件的选项中，还能设置“保存提醒的时间间隔”“选项卡”的显示和隐藏、文件保存位置等。当不希望显示【最近使用的文件】界面时，可以按图 1-9 所示步骤来设置。

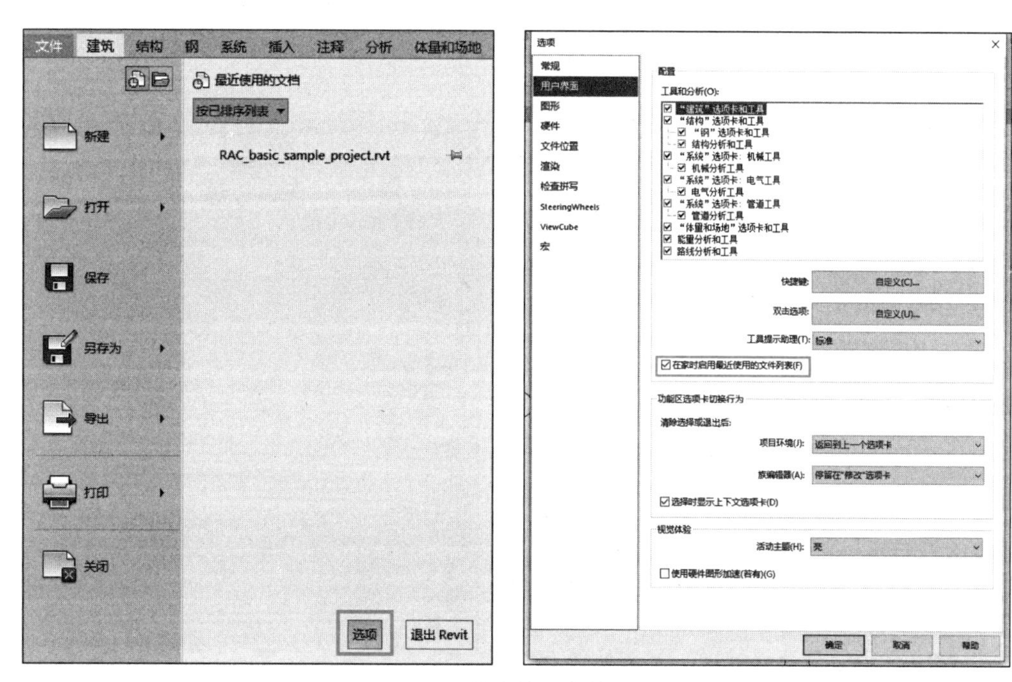

图 1-9　最近使用文件设置

1.2　Revit 2020 的工作界面

Revit 2020 操作界面由应用程序菜单 1、快速访问工具栏 2、功能区 3、选项栏 4、属性栏 5、项目浏览器 6、状态栏 7、视图控制栏 8 和绘图区 9 组成，按 1.1 小节新建“建筑模板”，Revit 建模操作界面如图 1-10 所示。

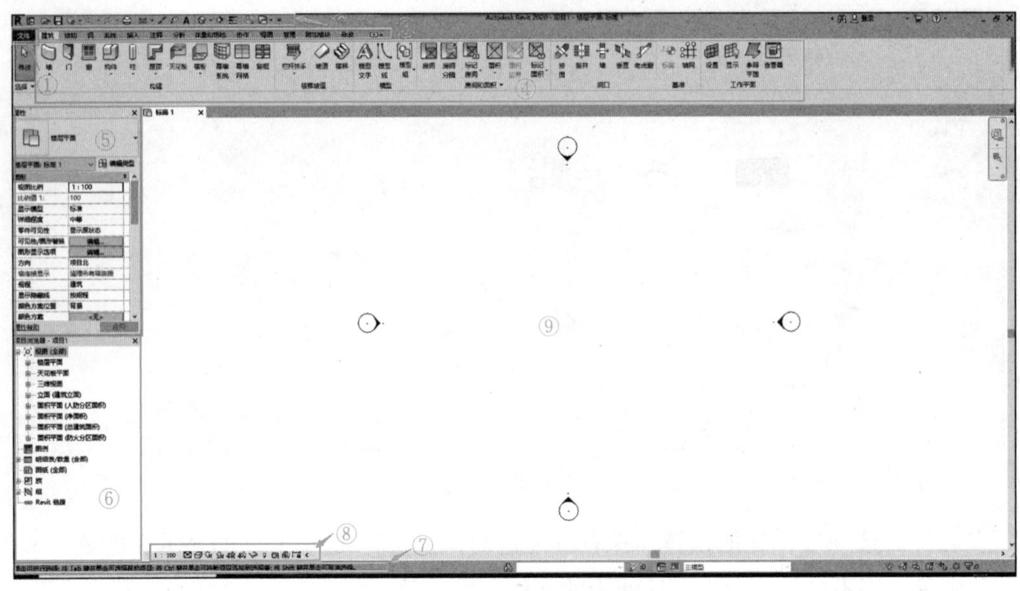

图 1-10 软件操作界面

1.2.1 应用程序菜单

应用程序菜单提供对常用文件的操作，例如“新建”“打开”和“保存”命令。可以使用更高级的工具（如“导出”和“发布”）对文件进行管理，单击“文件”即可打开应用程序菜单，如图 1-11 所示。

单击“应用程序菜单”右下角的“选项”按钮，可以打开“选项”对话框。如图 1-12 所示，在“用户界面”选项中，用户可以根据自己的工作需要自定义出现在功能区域的选项卡命令，并自定义快捷键，如图 1-13 所示。

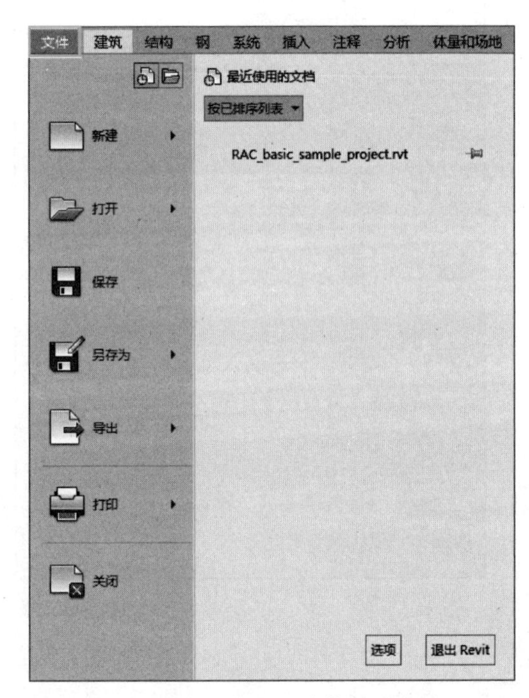

图 1-11 应用程序菜单列表

提示

在 Revit 中使用快捷键时，直接按键盘对应的键符即可，输入完成后，不用按空格键或回车键。在本书后面的操作中，将对操作中用到的每个工具说明默认快捷键。

1.2.2 功能区

功能区提供了创建模型所需的全部工具，由选项卡、工具面板和工具命令按钮组成，如图 1-14 所示。

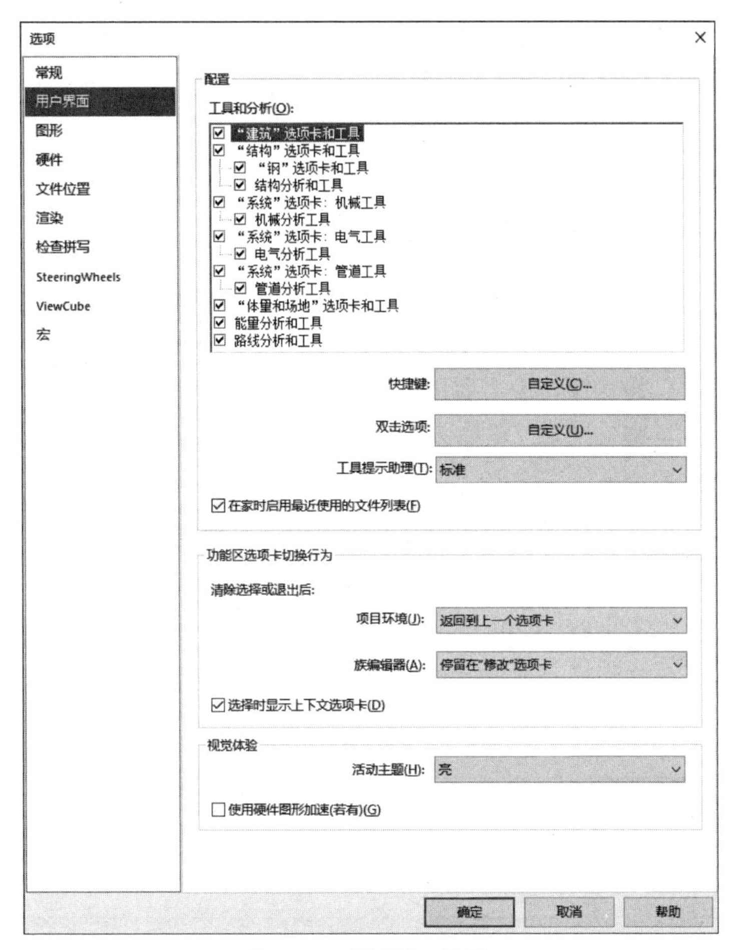

图 1-12　“选项”对话框

快捷键

搜索(S)：键入命令名称

过滤器(F)：全部

指定(N)：

命令	快捷方式	路径
修改	MD	创建>选择; 插入>选择; 注释>选...
选择链接		创建>选择; 插入>选择; 注释>选...
选择基线图元		创建>选择; 插入>选择; 注释>选...
选择锁定图元		创建>选择; 插入>选择; 注释>选...
按面选择图元		创建>选择; 插入>选择; 注释>选...
选择时拖拽图元		创建>选择; 插入>选择; 注释>选...
类型属性		创建>属性; 修改>属性
属性	PP Ctrl+1 VP	创建>属性; 视图>窗口; 修改>属...
族类别和族参数		创建>属性; 修改>属性

按新键(K)：　指定(A)　删除(R)

导入(I)...　导出(E)...　确定　取消

图 1-13　快捷键设置

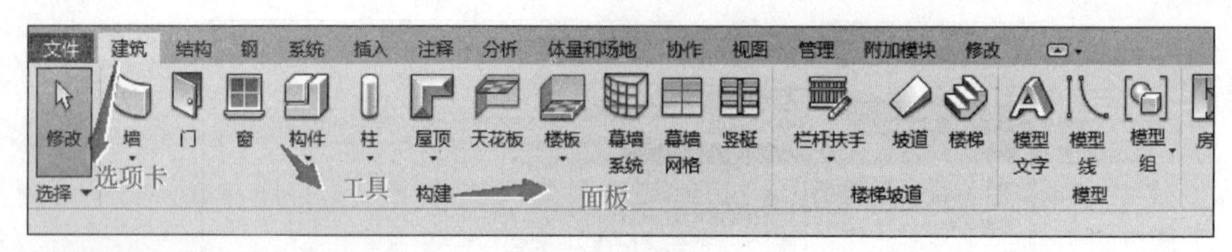

图 1-14 功能区

图 1-15 屋顶工具

单击工具可以执行相应的命令，进入绘图或编辑状态。在本书后面项目中，将按“选项卡”→“工具面板”→“工具”命令的顺序描述操作中需要用到的命令工具所在的位置。例如，需要执行“楼板”工具，将描述为单击“建筑”选项卡“构件”面板中的“楼板”命令。

在工具面板中存在未显示的其他工具时，会在面板下方显示下拉箭头。图 1-15 为屋顶所包含的所有工具命令。

Revit 2020 提供了三种功能区显示形式，单击 切换符号，可以切换三种显示形式，图 1-16 为最小化选项卡显示，图 1-17 为最小化面板标题显示，图 1-18 为最小化面板按钮显示。

图 1-16 最小化选项卡显示

图 1-17 最小化面板标题显示

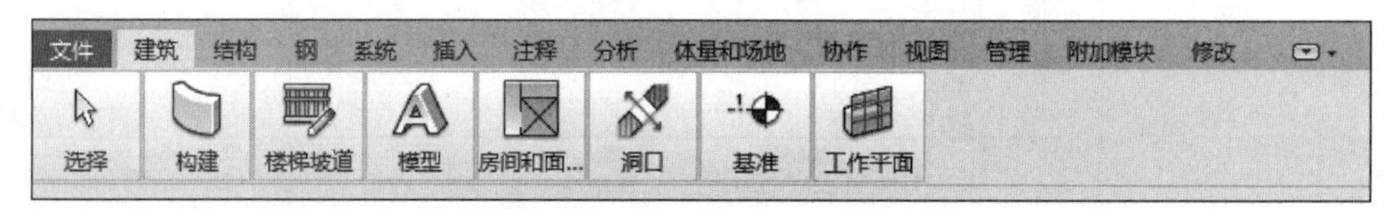

图 1-18 最小化面板按钮显示

提示

如果鼠标指针停留在任意工具栏的图标上，Revit 会弹出该工具的名称及相关操作说明；如果鼠标指针继续停留在该工具上，对于复杂的工具，还将以动画演示进行说明，方便用户更直观地理解软件的使用方法。

1.2.3 快速访问工具栏

Revit 2020 提供了快速访问工具栏，快速访问工具栏包含一组默认工具。可以对该工具栏进行自定义，使其显示最常用的工具，如图 1-19 所示。

图 1-19　快速访问工具栏

快速访问工具栏包含“打开”“保存”“撤销”“恢复”“切换窗口”“三维视图”“同步并修改设置”“自定义快速访问工具栏”。用户可根据自己的常用习惯重新排序或添加 / 删除工具栏，如图 1-20 和图 1-21 所示。

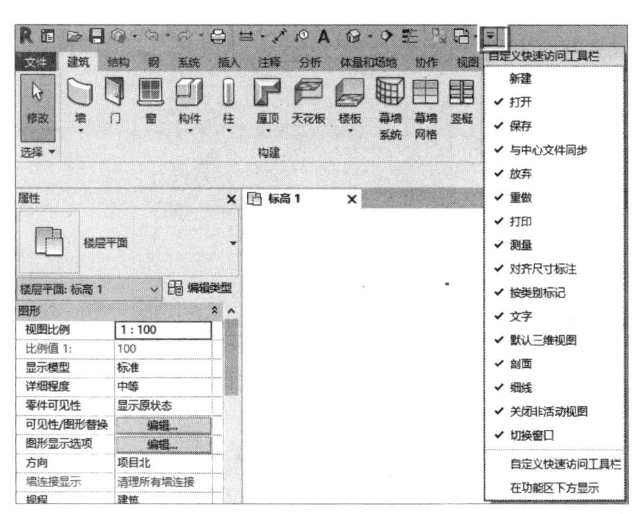

图 1-20　快速访问工具栏

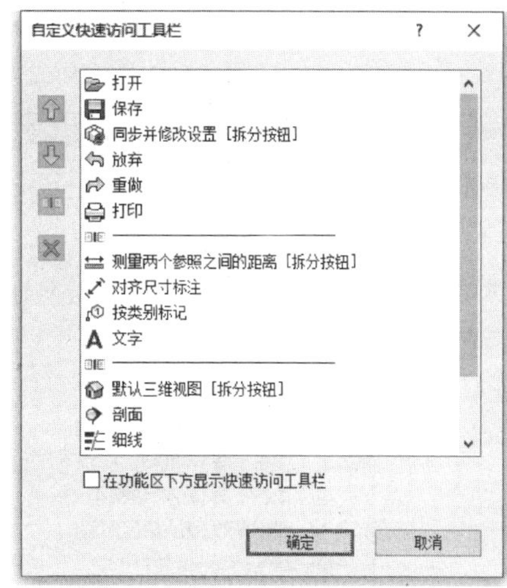

图 1-21　自定义快速访问工具栏

1.2.4　选项栏

选项栏默认位于功能区下方，用于设置当前所执行操作的相关参数，根据当前命令或选定图元的变化而变化，从中可以选择子命令或设置相关参数。如单击“建筑”选项卡下“构件”面板中的“建筑：墙”工具时，出现的选项栏如图 1-22 所示。

图 1-22　“建筑：墙”选项栏

1.2.5　项目浏览器

项目浏览器是 Revit 最常用的面板工具之一。项目浏览器用于显示当前项目中所有视图、明细表、图纸、簇、组和其他部分的逻辑层次，项目浏览器结构呈树状，各层级可以展开和折叠，如图 1-23 所示。

（1）切换不同视图。双击不同的视图名称，可以在不同的视图之间进行切换。

（2）可以自定义视图或图纸明细表等的显示方式。单击“视图”选项卡→“窗口”面板→“用户界面”工具→“浏览器组织”，即可根据自己的需要建立一个全新样式的项目浏览器。

（3）搜索功能。右击“项目浏览器”中的任一视图→“搜索”，即可在弹出的对话框中输入要搜索的内容，可以快速、准确地找到要搜索的内容。

（4）新建和删除。在 Revit 中，用户可以根据项目需要新建明细表和图纸。

1.2.6 属性栏

属性栏可以用来查看和修改 Revit 中的图元实例属性参数。在任意情况下，可以使用快捷键 Ctrl+L 打开 / 关闭属性栏，或选择任意图元。属性栏面板各部分的功能如图 1-24 所示。

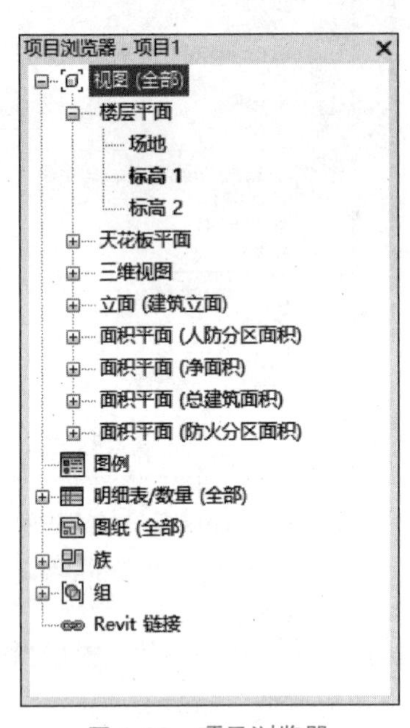

图 1-23 项目浏览器

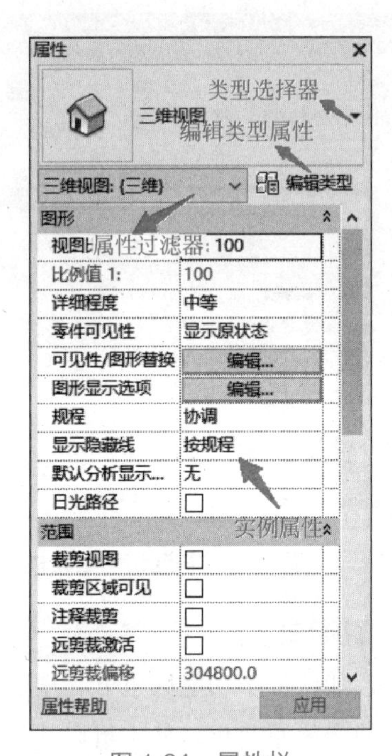

图 1-24 属性栏

如果关闭“属性”选项板，则可以使用下列任一方法重新打开。

（1）单击“修改”选项卡→“属性”面板→“属性”。

（2）单击“视图”选项卡→“窗口”面板→“用户界面”下拉列表→“属性”。

（3）在绘图区域中右击后再单击“属性”。

可将该选项板固定到 Revit 窗口的任一侧，并在水平方向上调整其大小。在取消对选项板的固定之后，可以在水平方向和竖直方向上调整其大小。

1.2.7 绘图区域

Revit 中的绘图区域显示当前项目的楼层平面图纸、三维视图及图纸和明细表视图。每次切换新的视图，都会在绘图区域创建新的视图窗口，且保留所有已打开的其他视图。

在默认情况下，绘图区域的背景颜色为白色。单击“选项”→“图形”，可设置绘图区域的背景颜色，如图 1-25 所示。单击“视图”→“窗口”面板中的平铺、层叠工具，可以设置所有已打开视图排列方式，如图 1-26 所示。

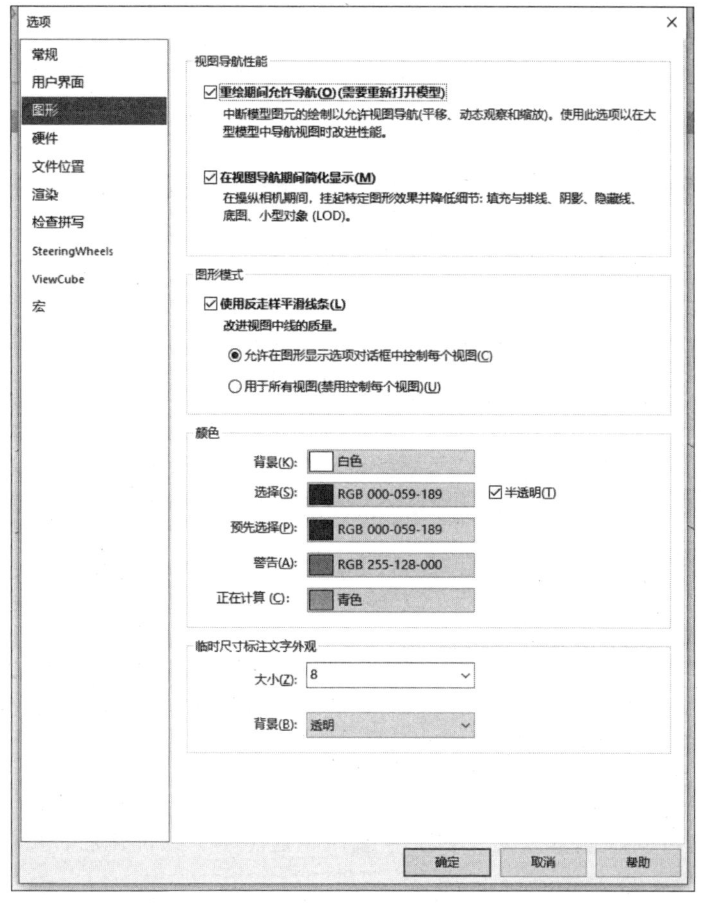

图 1-25　系统设置

提示

窗口平铺的默认快捷键为 WT；窗口层叠的快捷键为 WC。

1.2.8　视图控制栏

在楼层平面视图和三维视图中，视图控制栏位于绘图区域底部，如图 1-27 所示。

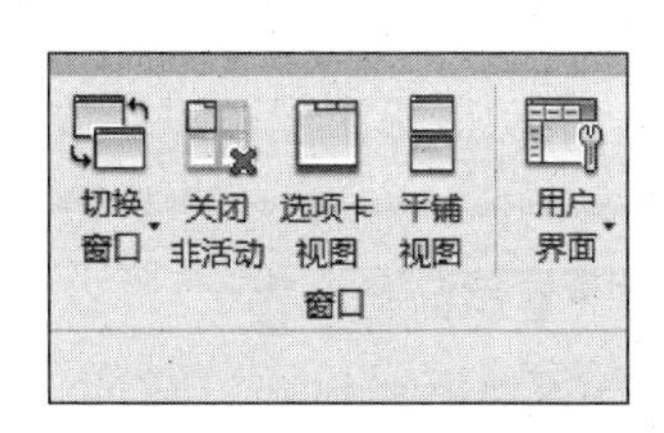

图 1-26　窗口显示设置

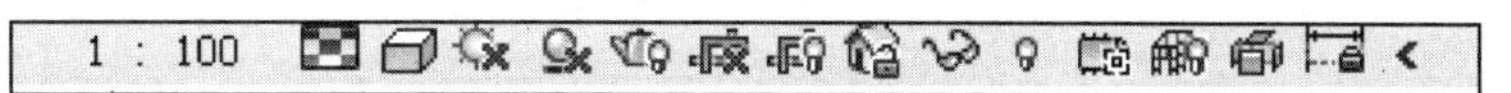

图 1-27　视图控制栏

视图控制栏包括“详图比例”“详细程序”“视觉样式”“打开（关闭）日光路径”“打开（关闭）阴影”“显示（隐藏）渲染对话框”“裁剪视图”“显示（隐藏）裁剪区域”“解锁（锁定）三维视图”“临时隔离（隐藏）”“显示隐藏的图元”“分析模型的可见性”。

1.2.9 状态栏

状态栏会提供有关要执行操作的提示。当高亮显示图元或构件时，状态栏会显示族和类型的名称，状态栏沿应用程序窗口底部显示，如图 1-28 所示。

图 1-28 状态栏

1.2.10 上下文功能区选项卡

当使用某些工具或者选择图元时，上下文功能区选项卡中会显示与该工具或图元相关的工具；单击“墙”工具时，界面将显示“放置墙”的上下文选项卡，其实显示三个面板，如图 1-29 所示。

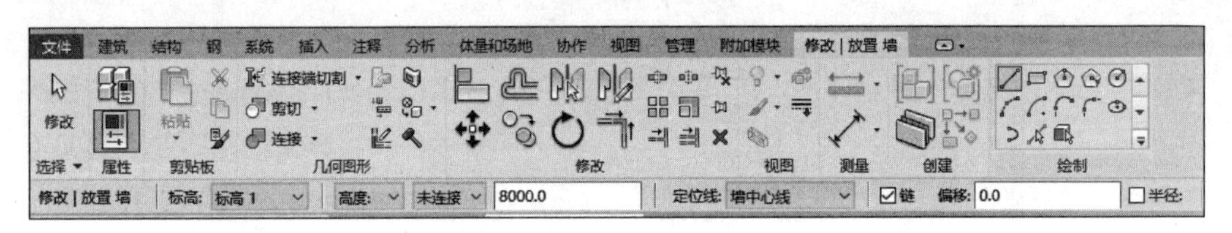

图 1-29 上下文功能区选项卡

1.2.11 全导航控制盘

全导航控制盘（大和小）包含用于查看对象和巡视建筑的常用三维导航工具，如图 1-30 所示，全导航控制盘（大）和全导航控制盘（小）经优化后，可适合有使用三维经验的用户使用。

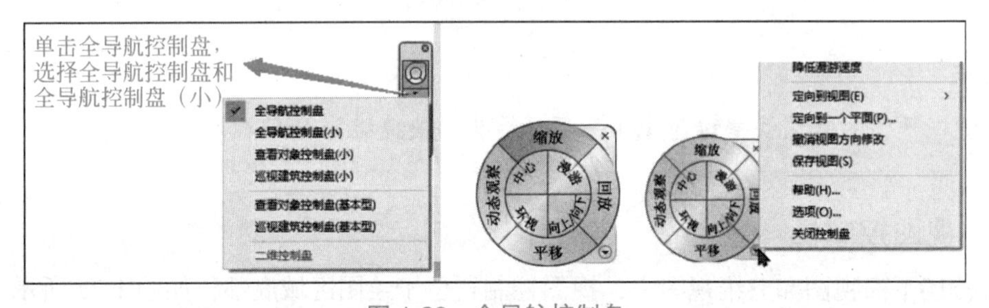

图 1-30 全导航控制盘

当显示其中一个全导航控制盘时，按住鼠标中键可进行平移，滚动鼠标滚轮可进行放大和缩小，同时按住 Shift 键和鼠标中键，可对模型进行动态观察。

（1）切换到全导航控制盘（大）：在控制盘上右击，然后单击“全导航控制盘”。

（2）切换到全导航控制盘（小）：在控制盘上右击，然后单击“全导航控制盘（小）”。

提示

显示或隐藏导航盘的组合键为 Shift+W 键；区域放大的快捷键为 ZR；缩放全部匹配的快捷键为 ZF。

1.2.12　ViewCube

ViewCube 工具是一种可单击、可拖动的常驻界面工具，用户可以用它在模型的标准视图和等轴侧视图之间进行切换。在工具显示后，将在窗口一角以不活动状态显示在模型上方，如图 1-31 所示。

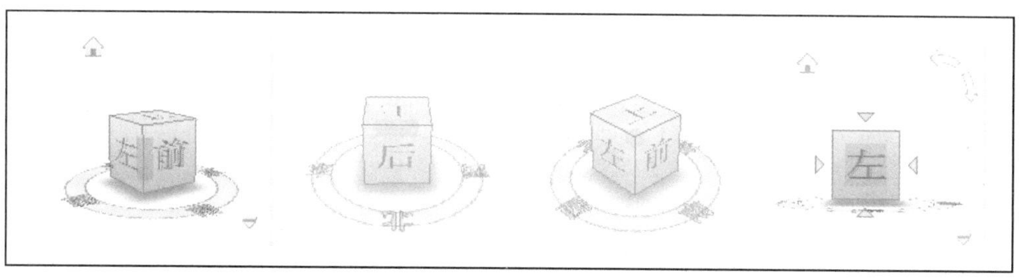

图 1-31　ViewCube 工具

在视图发生更改时，可提供有关模型当前视点的直观反映。将指针放置在 ViewCube 工具上，ViewCube 将变为活动状态，可以拖动或单击 ViewCube，切换到可用预设视图之一、滚动当前视图或更改为模型的主视图。

1.3　基本工具的应用

1.3.1　图元选择

1）单选和双选

单选：单击图元，即可选中一个目标图元。

双选：按住 Ctrl 键，单击图元，可增加选择；按住 Shift 键，单击图元，可从选择中删除。

提示

按 Shift+Tab 组合键，可以按相反的顺序循环切换图元。

2）框选和触选

框选：按住鼠标左键在视图区域从左往右拉框进行选择，在选择框范围之内的图元即为选择目标图元。

触选：按住鼠标左键在视图区域从右往左拉框进行选择，在选择框触到的图元即为选择目标图元。

3）按类型选择

选中一个图元后，右击弹出命令窗口，单击“选择全部实例”，即可在当前视图或整个项目中选中这一类型的图元。

4）滤选

在使用框选或触选之后，想要从选中的多种类型图元中再单独选择其中某一类别的图元时，可以在“上下文选项卡”中单击“过滤器”，或在屏幕右下角状态栏中单击“过滤器”，即可弹出“过滤器对话框”，进行滤选，如图 1-32 所示。

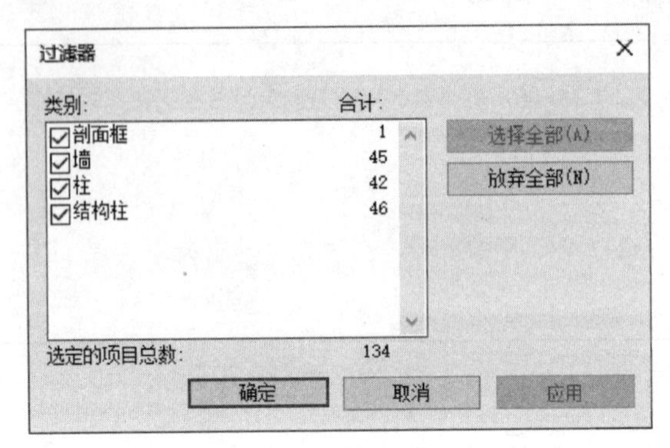

图 1-32 “过滤器”对话框

1.3.2 图元编辑

在“修改”面板中，Revit 提供了修改、移动、复制、镜像、旋转等命令，可以利用这些命令对图元进行编辑操作，如图 1-33 所示。后面项目将介绍命令的具体操作。

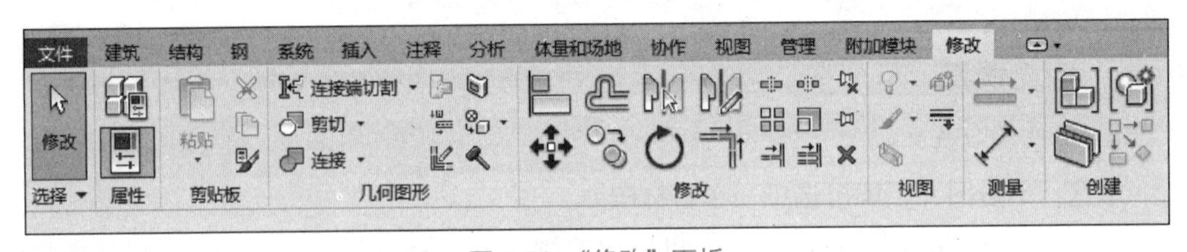

图 1-33 “修改”面板

附件：任务单

模块二　Revit 建筑建模基础

思政园地

样　式　雷

样式雷是对雷发达、雷金玉、雷家玺、雷家玮、雷家瑞、雷思起、雷廷昌这个中国建筑匠师家族的誉称。“样式雷”祖籍为江西省九江市永修县，长居于江宁（现在的江苏省南京市），第一代雷氏家族匠人雷发达在十七世纪末到北京参加清朝皇家宫殿的建造，因高超的技术和负责的工作态度被提升为样式房的掌案头目人（相当于现在设计院的首席建筑设计师），之后雷氏家族七代人都因为高超技术而被任命为掌案头目人，负责主持设计及修建清廷皇家宫殿、庙宇、衙署、陵寝、园囿等工程。

“样式雷”家族修建建筑的主要设计流程有两个：一个是图档；另一个是烫样。图档主要包括正投影图（平面图）、正立面图、侧立面图、等高线图、旋转图、现场活计图（施工现场进展图）等，在这些图纸上能够确定每个结构构件的尺寸和施工的具体细节，这些图纸现在主要保存于中国国家图书馆、故宫博物院及中国第一历史档案馆。烫样是“样式雷”家族对我国建筑设计方面的主要贡献之一。他们使用木头、纸、秸秆等最简单的材料，将建筑设计图纸中表达的内容按照 1：100 或者 1：200 制作立体模型，在建筑正式设计之前，将这些烫样呈给皇帝审阅。相比图档而言，烫样更加直观，直接可以呈现建成后的实际形态，因此在方案设计阶段，对于决策具有重要的参考价值。这些材料不仅体现了我国古代建筑设计高超的水平，也是研究我国古代建筑史的重要参考资料。

包括北京故宫、天坛、承德避暑山庄、颐和园、圆明园等在内的被列入世界文化遗产名录的建筑的设计和修建都是由“样式雷”家族主持完成的。据不完全统计，中国被列入世界遗产名录的建筑中，将近有1/5是由“样式雷”家族主持完成的，他们是我国古代建筑设计建造史、科技史上成就卓越的代表，正是因为他们几代人的坚持和不懈努力，才有了“样式雷”这样一个传奇。

项目 2　项目前的准备

教学目标：

通过学习本项目内容，熟悉案例项目基本信息；Revit 2020 软件项目的新建与保存方法。

知识目标：

（1）了解项目的基本情况；

（2）了解项目模型的要求；

（3）熟悉办公楼项目的建筑施工图纸。

技能目标：

（1）完成办公楼项目的保存创建；

（2）完成办公楼项目的基本信息设置。

从本项目开始，将以办公楼户型项目为例，通过 Revit 2020 进行操作，从零开始在 Revit 2020 中创建模型。在创建模型之前，通过学习本项目内容，全面了解办公楼项目的基本情况。

2.1　项目情况介绍

项目名称：办公楼。

建筑面积：313.22m²。

建筑层数：地上 1 层，地下 1 层。

建筑高度：3.9m。

建筑的耐火等级为二级，设计使用年限为 50 年。

建筑结构为钢筋混凝土框架结构，抗震设防烈度为 7 度，结构安全等级为二级。

2.2　新建保存项目

（1）启动 Revit 2020，单击“新建”，在弹出的对话框中选择“建筑样板”新建“项目”，如图 2-1 所示，单击“确定”进入项目绘图界面。

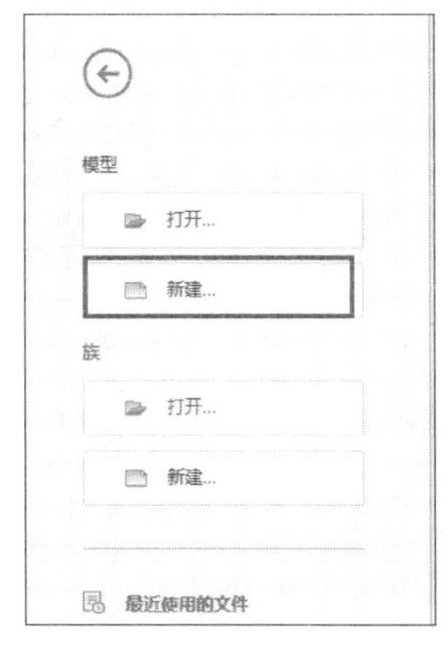

微课：项目保存

图 2-1　新建项目

（2）单击“文件”→“另存为”→“项目”，界面弹出“另存为”对话框，如图 2-2 所示，找到提前建好的项目文件夹，保存项目名称为“办公楼项目”，文件后缀为“.rvt”，单击“选项”，在弹出的对话框中设置“最大备份数”为 1，如图 2-3 所示，单击“确定”保存项目。

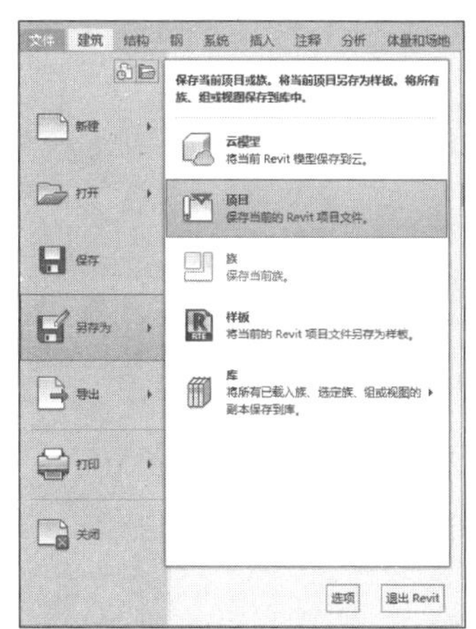

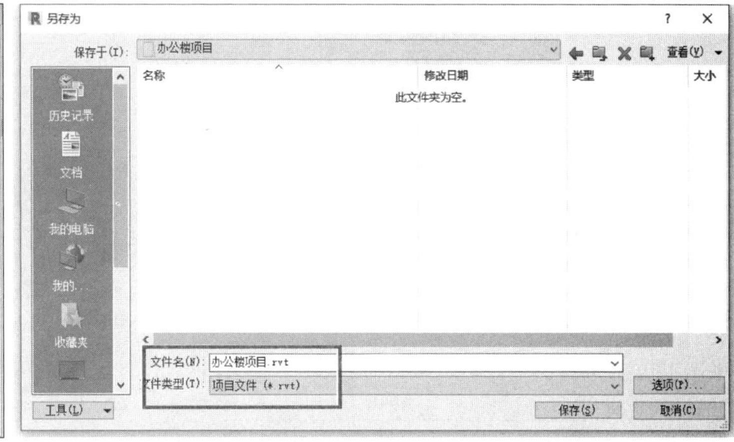

图 2-2　保存项目

图 2-3　文件保存选项

2.3 项目设置

（1）单击选项卡“管理”→“项目信息”，如图 2-4 所示，根据图纸设置相关信息。

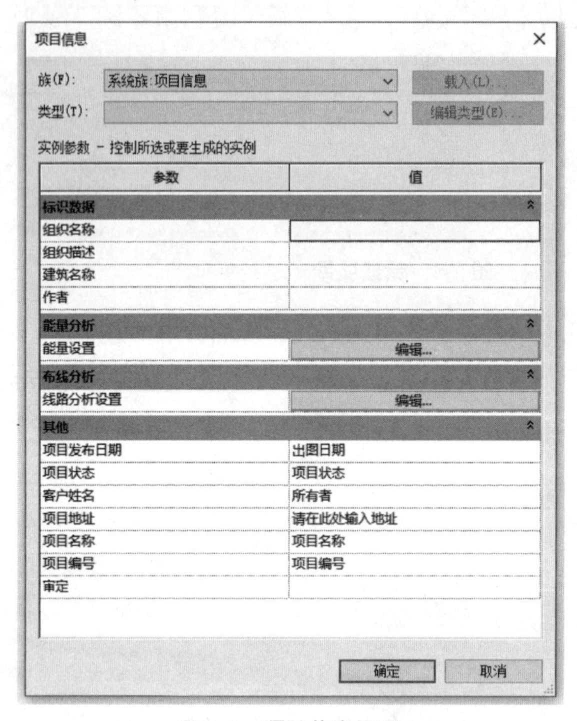

图 2-4　项目信息设置

（2）单击选项卡“管理”→“项目单位”，在弹出的对话框中确认长度单位为 mm，面积单位为 m^2，如图 2-5 所示。若单位与项目要求不一致，可单击对应位置进行修改。

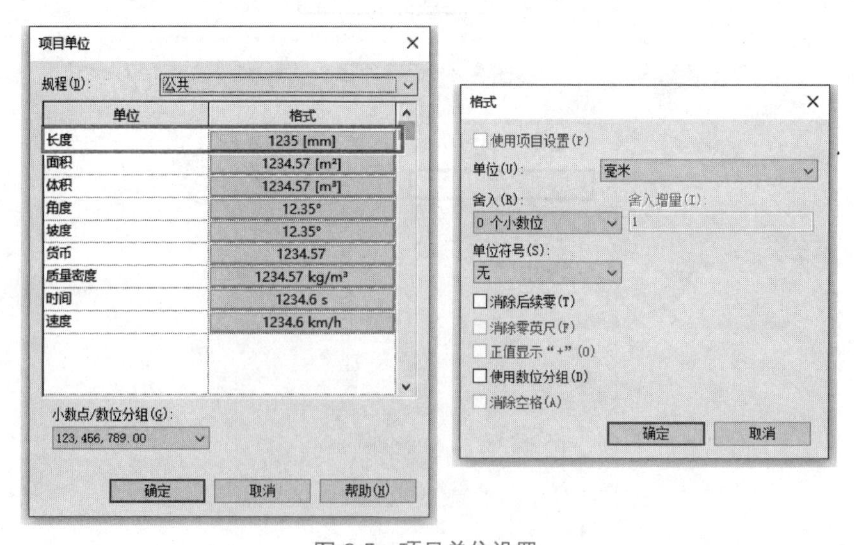

图 2-5　项目单位设置

2.4　项目各层平面

以下是 Revit 2020 中通过模型生成办公楼的图纸示意。创建模型时，应严格按照图纸的尺寸进行创建。

2.4.1　项目各层平面

项目各层平面如图 2-6 ~ 图 2-8 所示。

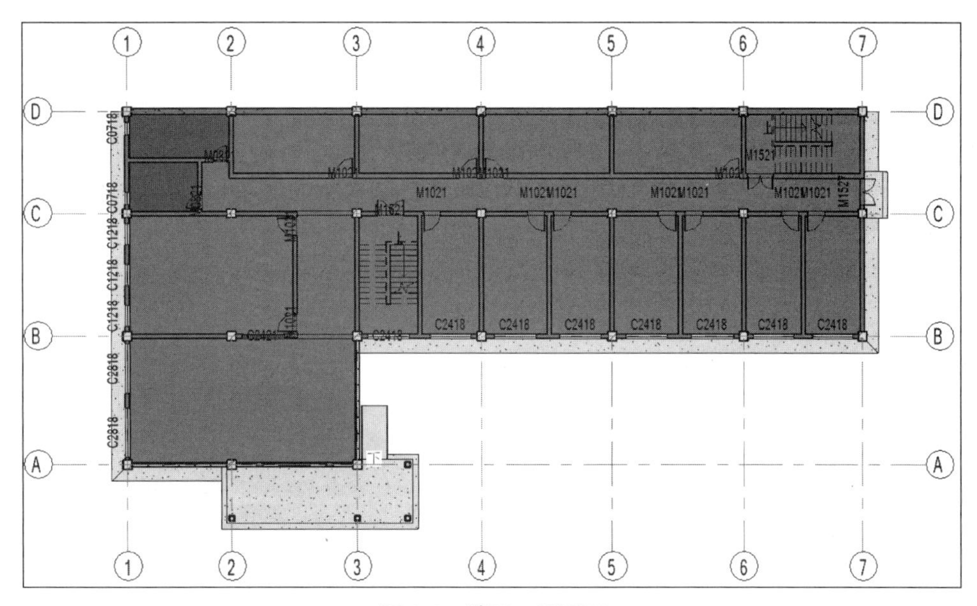

图 2-6　地下一层平面

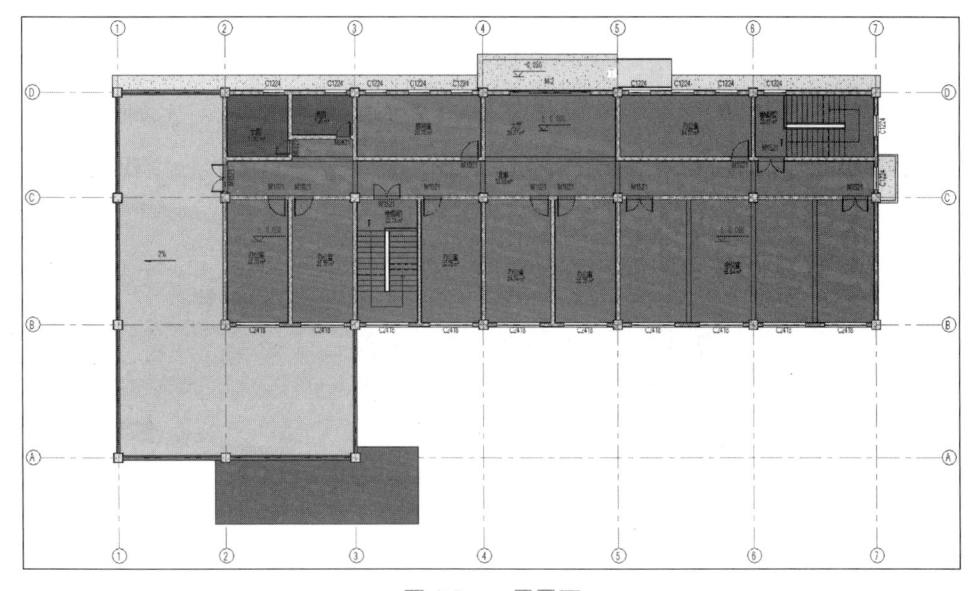

图 2-7　一层平面

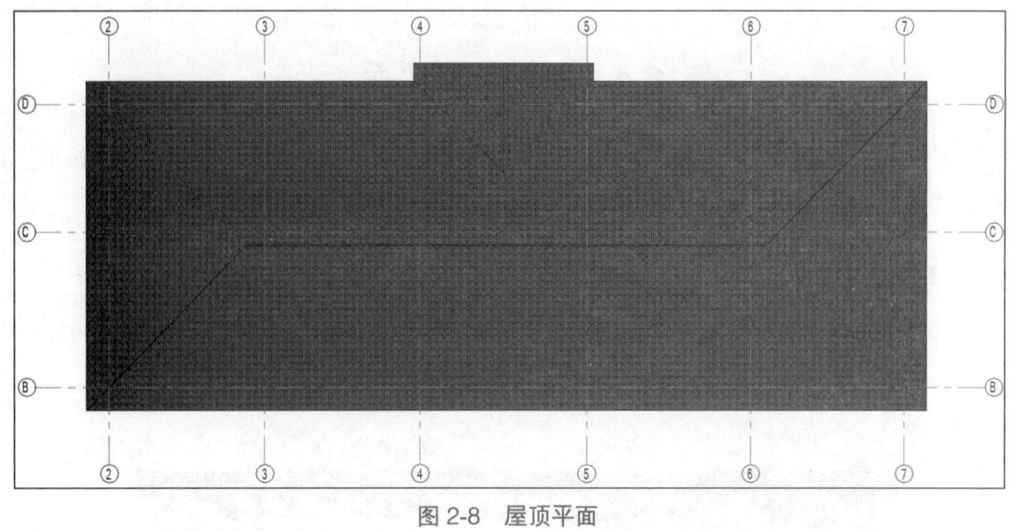

图 2-8　屋顶平面

2.4.2　项目各立面

项目各立面如图 2-9 ~ 图 2-12 所示。其中，南立面部分中包含部分幕墙。各立面标高如图中所示。

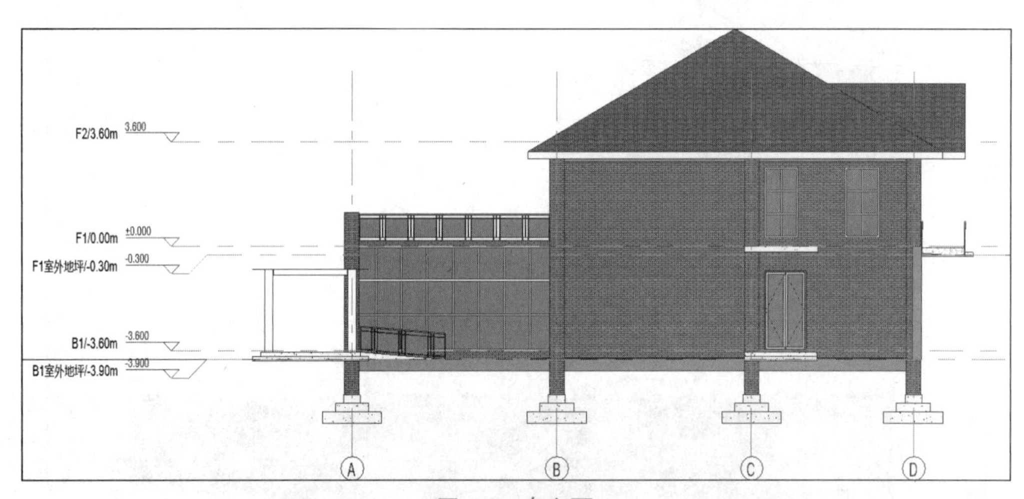

图 2-9　东立面

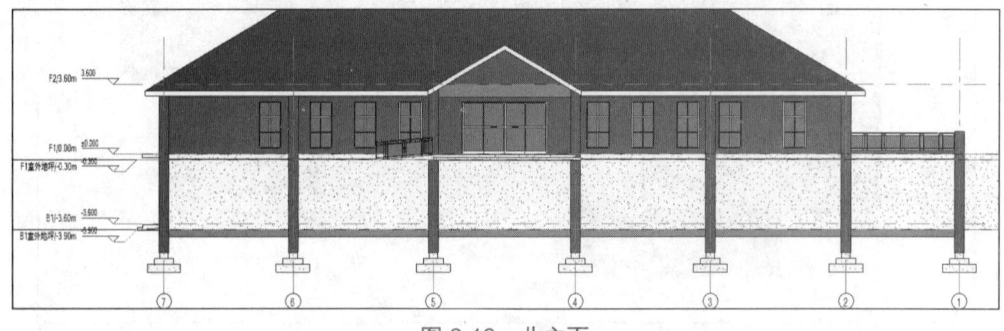

图 2-10　北立面

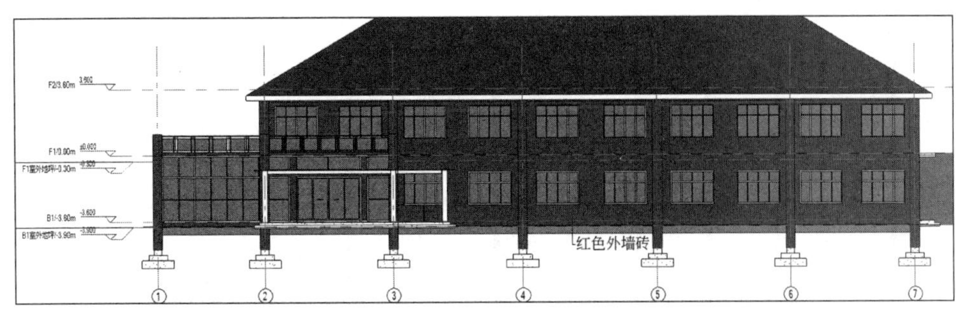

图 2-11 南立面

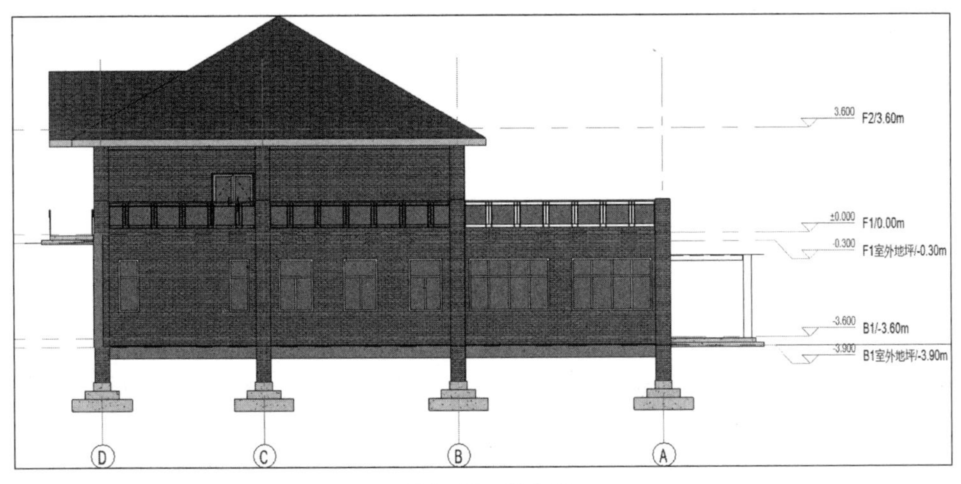

图 2-12 西立面

2.4.3 结构布置图

本项目中，除建筑部分外，还包含完整的结构柱和结构梁，在 Revit 中创建模型时，需要根据各结构构件的尺寸创建精确的结构部分模型。具体布置如图 2-13 和图 2-14 所示。

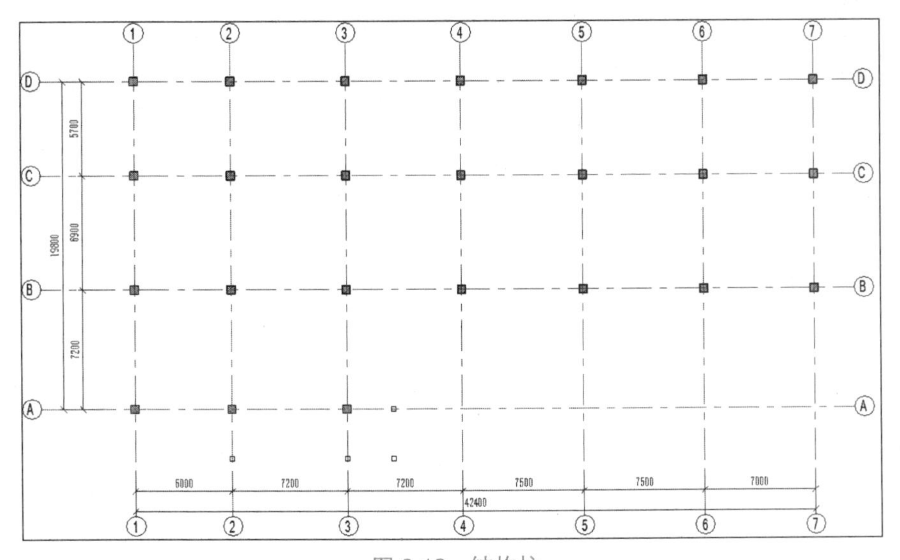

图 2-13 结构柱

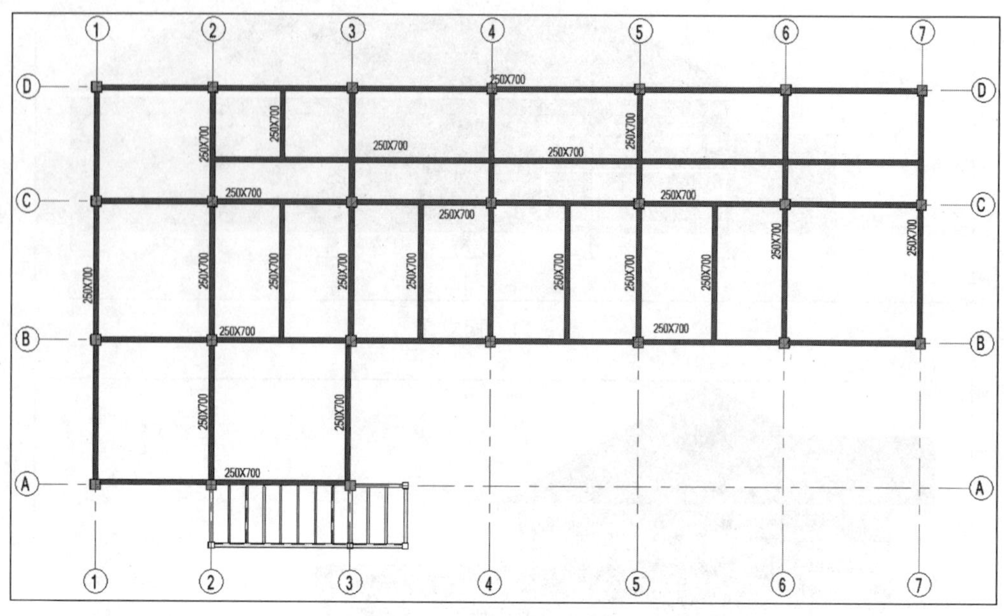

图 2-14　结构梁

2.4.4　透视图

通过透视图，可以更直观地、准确地了解项目的整体情况。在创建完成模型后，可以根据需要生成任意角度的透视图。办公楼项目模型东南方向的透视图如图 2-15 所示。

图 2-15　透视图

附件：任务单

项目 3 创建标高和轴网

教学目标：

通过学习本项目内容，掌握 Revit 2020 的建筑标高工具及参数的设置方法；Revit 2020 的建筑轴网工具及参数的设置方法，熟练绘制建筑标高及轴网，规范标准制作建筑施工图。

知识目标：

（1）了解建筑标高；

（2）了解建筑轴网及轴号；

（3）建筑模型的创建。

技能目标：

（1）完成建筑标高的绘制及编辑；

（2）完成建筑轴网的绘制及编辑；

（3）理解立面标高和平面轴网的关系。

标高和轴网是建筑设计中重要的定位信息，Revit 2020 通过标高和轴网为建筑模型中各构件的空间进行定位。在 Revit 2020 中设计项目，可以从项目的标高和轴网开始创建，再根据标高和轴网信息建立建筑中的墙、门、窗等模型构件。

3.1 创建标高

标高表示建筑物各部分的高度，既是建筑物某一部位相对于基准面（标高的零点）的竖向高度，也是竖向定位的依据。这里所创建的标高高度通常指的是所建项目的层高，标高的单位为 m。

提示

标高仅可在立面上建立，确定标高后，方可生成对应的二维平面，此时才能在已确定的二维平面上绘制轴网。Revit 不支持三维空间绘制轴网。

3.1.1 创建标高

下面在项目 2 创建好的办公楼项目文件基础上，继续创建标高。

（1）单击“项目浏览器”→“立面”子目录，在其下的子目录中双击任意立面，即切换至相应立面视图，本例中打开的是南立面，如图 3-1 所示。

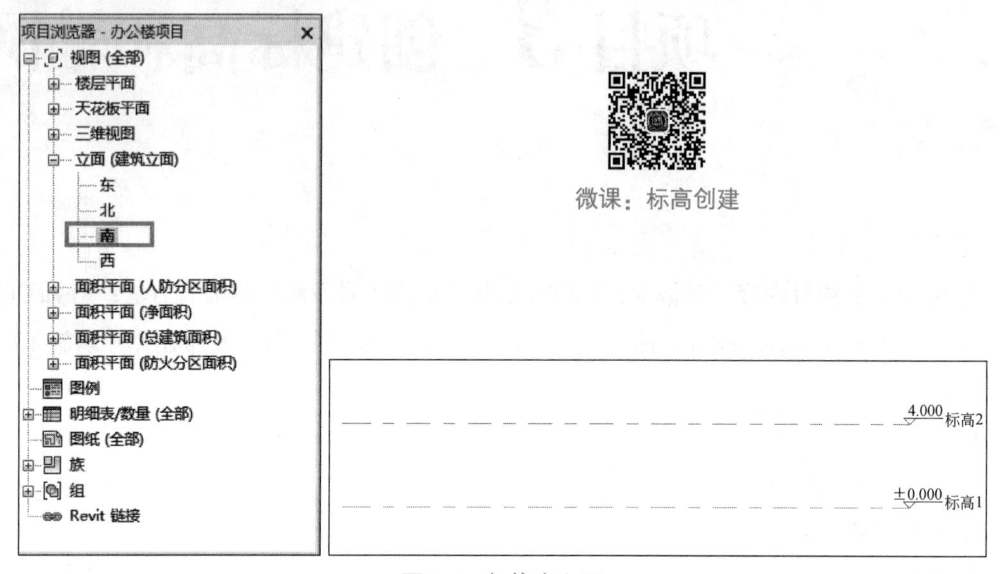

图 3-1 切换南立面

（2）在视图中适当放大标高标头，选择标高名称“标高 1”，双击，输入“F1/0.00m”后按回车键，在弹出的“是否希望重新命名相应视图”对话框中选择“是”，如图 3-2 所示。

采用同样的方式，将“标高 2”修改为“F2/3.60m”，修改后的标高线如图 3-3 所示。

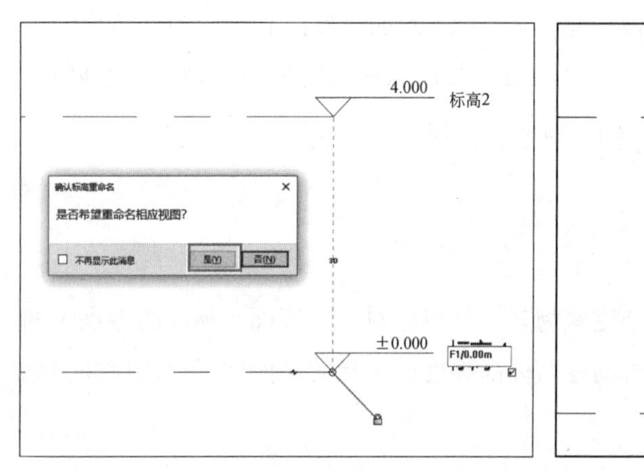

图 3-2 修改标高 1 名称

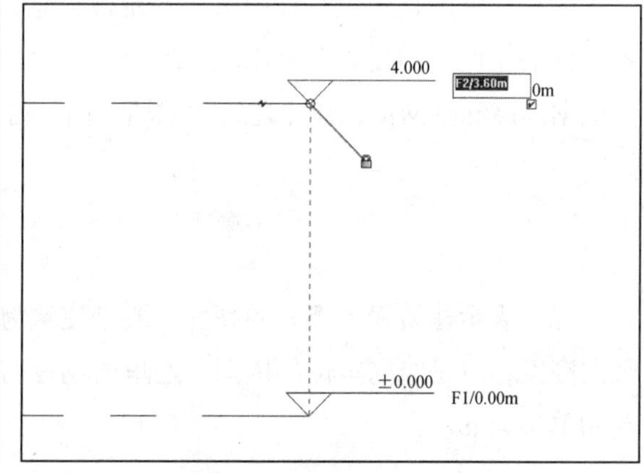

图 3-3 修改标高 2 名称

（3）设置“F1/0.00m”标高线和“F2/3.60m”的间距。

方法一：点选标高线“F2/3.60m”的标高数据，直接输入“3.6”；

方法二：点选“F2/3.60m”的标高线，修改绘图区域显示的临时尺寸数值（标高间距数据）为“3.600”，如图 3-4 所示。修改后的标高线如图 3-5 所示。

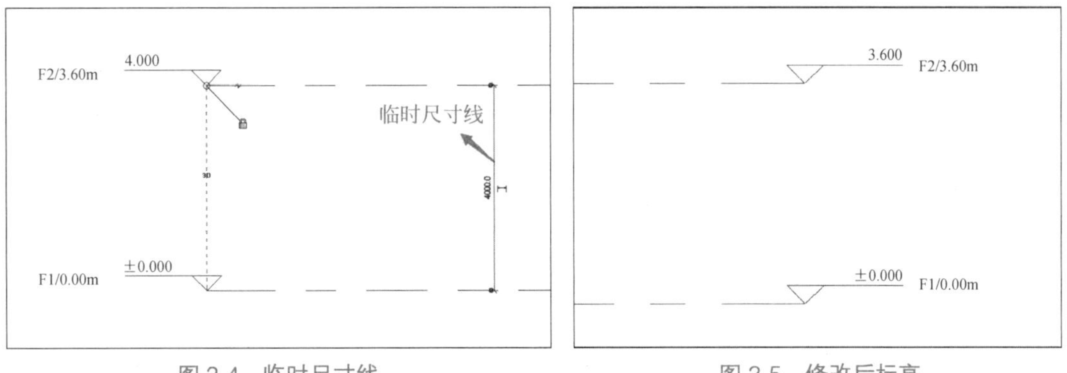

图 3-4 临时尺寸线　　　　图 3-5 修改后标高

（4）绘制“B1/−3.60m”标高线：单击“建筑”选项卡→“基准”面板→“标高”工具，进入放置标高模式，如图 3-6 所示。

图 3-6 放置标高

（5）Revit 2020 自动切换至“修改 | 放置标高”选项卡，确认绘制方式为“直线”。确认选项栏中已勾选“创建平面视图”选项，设置偏移量为“0.0”，如图 3-7 所示。

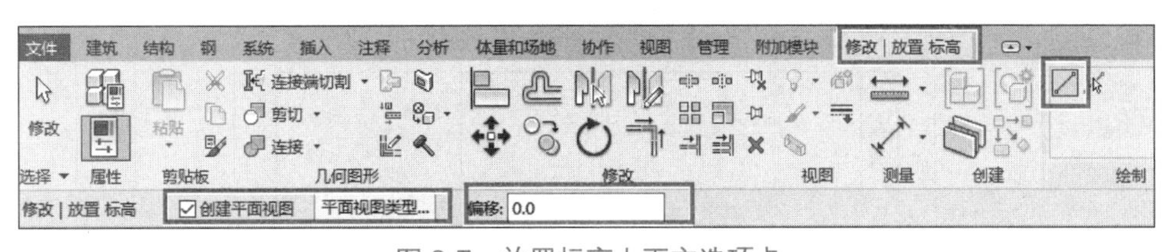

图 3-7 放置标高上下文选项卡

在南立面视图中（任意一面都可以），在“F1/0.00m”标高线的下方左右移动鼠标指针，直至看到“对齐约束线”，上下拖动鼠标指针可以看到临时尺寸数值不断变化，直至看到数值变为“3600”（注意此时单位为 m）时，单击鼠标左键，如图 3-8 所示。然后拖动鼠标至右侧，直至看到另一端的“对齐约束线”，即完成“B1/−3.60m”标高线的绘制工作，修改标高名称为“B1/−3.60m”。

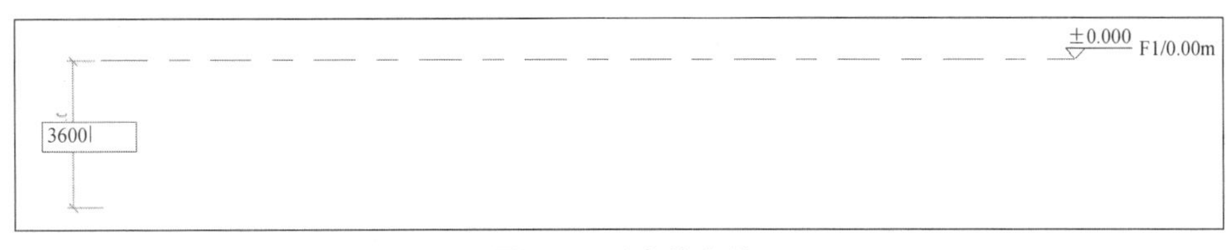

图 3-8 对齐约束线

标高线之间的距离可以在绘制时确认，也可以在绘制完成后修改，还可以根据自己的习惯，选择修改标高线之间距离的方法。

提示

Revit 中标高线的名称有继承性，如前面有一条标高线的名称为“F1”，再绘制的标高线的名称自动为“F2”，依此类推。绘制轴网的名称与此类似，Revit 中不允许出现重复的名称。

（6）单击选择标高 F2/3.60m，在“修改”面板中单击“复制”工具，分别勾选选项栏中的“约束”和“多个”选项，如图 3-9 所示。

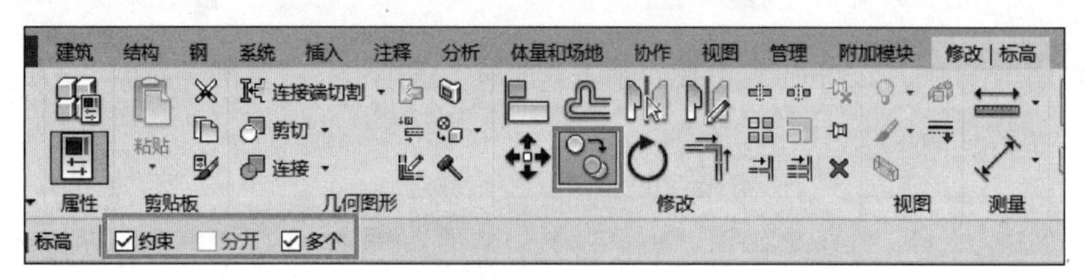

图 3-9 “复制”工具

（7）单击标高 B1/−3.60m 上任一点作为复制基点，向上移动鼠标，使用键盘输入数值“3300”，并回车键确认，Revit 将自动在标高 B1/−3.60m 上方 3300m 处生成新的标高，将名称改为“F1 室外地坪 /−0.36m”。按上述两种方完成“B1 室外地坪 /−3.90m”，结果如图 3-10 所示。

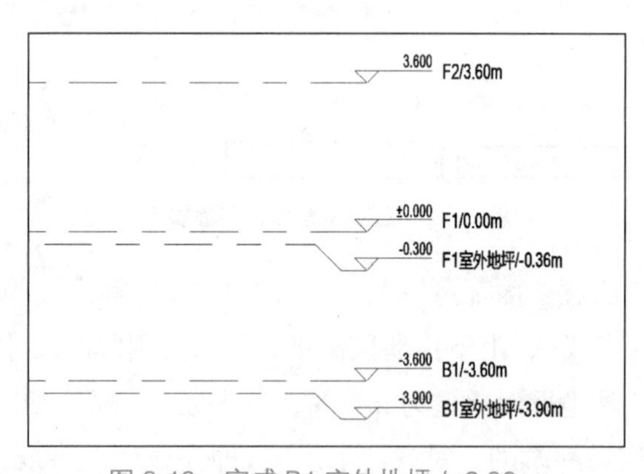

图 3-10 完成 B1 室外地坪 /−3.90m

（8）单击“视图”选项卡“创建”面板中的“平面视图”按钮，选择“楼层平面”工具，Revit 将打开“新建楼层平面”的对话框。

提示

采用复制的方式创建的标高，Revit 不会为该标高生成楼层平面图。

（9）在“新建楼层平面”对话框中单击“F1 室外地坪 /–0.36m”“B1 室外地坪 /–3.90m”，选中这些标高，然后单击“确定”按钮，将在项目浏览器中创建与标高同名的楼层平面视图，如图 3-11 所示。

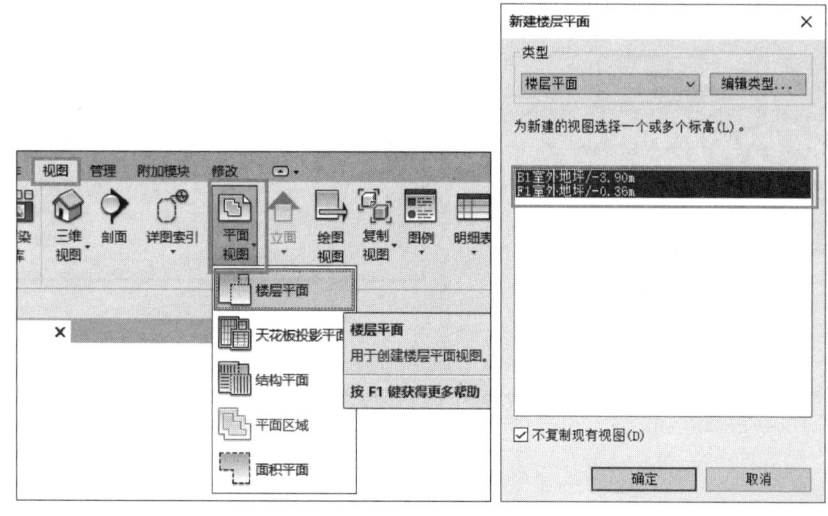

图 3-11　新建楼层平面

（10）滑动鼠标滚轴，缩放显示当前视图中的全部图元，此时已完成办公楼项目的标高绘制任务。在项目浏览器中，切换至“东”立面视图，以生成与南立面完全相同的标高。

在 Revit 中，标高对象实质为一组平行的水平面，该标高平面投影显示所在的立面或剖面视图中。因此，在任意立面视图中绘制标高图元后，其余立面视图都会生成相同的标高。

3.1.2　编辑标高

1. 通过类型属性编辑修改标高

用鼠标单击任意一条标高线，即可进入标高线“属性”编辑面板，如图 3-12 所示，选择“编辑类型”。如图 3-13 所示，在“编辑类型”对话框中，可以根据项目实际情况选择“类型”下的“上标头”“下标头”“正负零标高”，这些表示的是标高值前的符号类型；“颜色”表示标高线显示的颜色，单击此处，将标高线颜色修改为红色；“端点 1 处的默认符号”及“端点 2 处的默认符号”表示标高名称是否显示，若在两处均打“√”，则在标高线两端均显示标高名称。完成上述设置后，单击“确定”按钮，完成类别属性设置，可以看到标高线此时的变化情况。

2. 通过选择标高线编辑修改标高

选中“F1 室外地坪 /–0.36m”及“B1 室外地坪 /–3.90m”标高线，单击“标头偏移”处折线，标高线会自动“添加弯头”，可通过拖动夹点将标高线端部移动到合适的位置。最终完成的标高如图 3-14 所示。

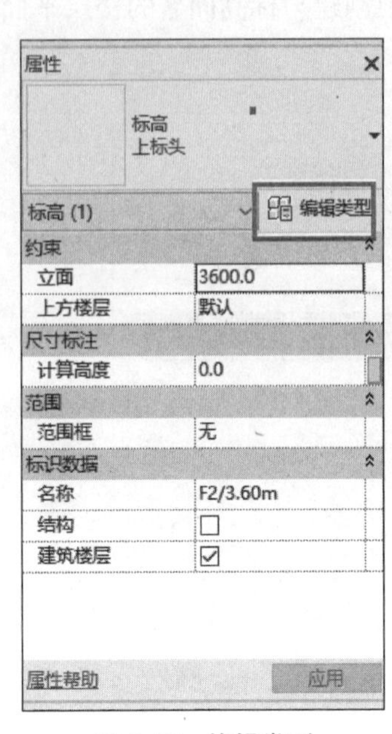

图 3-12 编辑类型

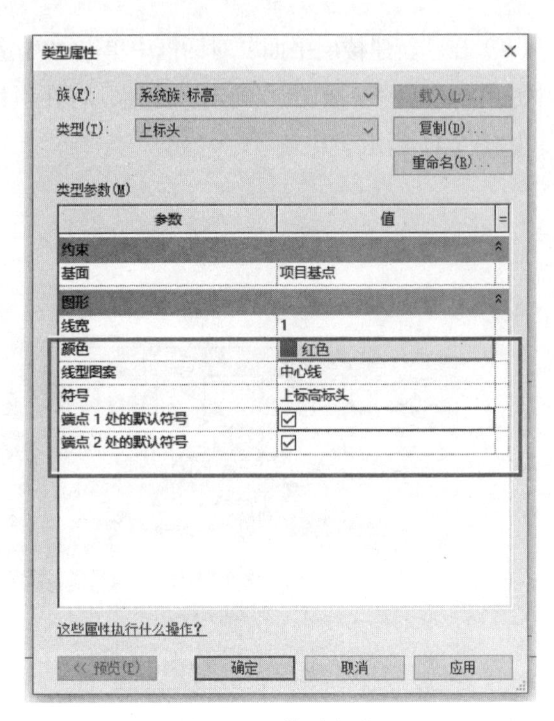

图 3-13 修改标高

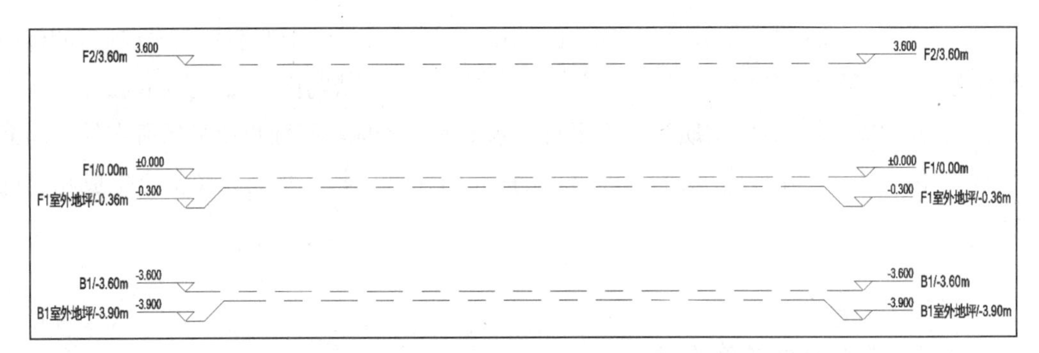

图 3-14 项目标高完成图

3.2 创建轴网

轴网是确定建筑物主要结构构件位置及其标志尺寸的基准线，同时也是施工放线的依据，分为横向定位轴线和纵向定位轴线，纵、横定位轴线组成轴网。

3.2.1 创建轴网

1. 直线绘制轴网

（1）绘制轴网时，需在平面图中完成，因此首先在“项目浏览器”中双击“楼层平面”下的“F1/0.00m”视图，即切换到 F1/0.00m 平面视图。在选项卡中选择“基准”→“轴网”工具，如图 3-15 所示。

微课：轴网绘制

图 3-15　轴网工具

（2）“修改 | 放置轴网”选项卡中提供了直接绘制“直线、弧形”和拾取绘制轴网两种方式，如图 3-16 所示。

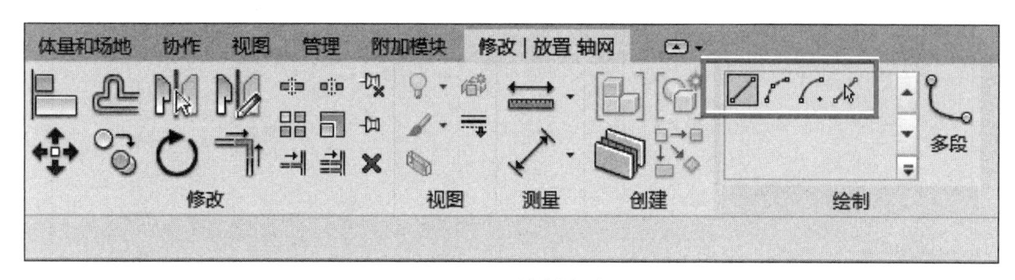

图 3-16　绘制方式

（3）单击“属性”面板中的“编辑类型”按钮，界面弹出“类型属性”对话框，如图 3-17 所示。单击“符号”参数值下拉列表，在列表中选择“符号单圈轴号：宽度系数 0.65”；在“轴线中段”参数值下拉列表中选择“连续”，“轴线末段颜色”选择“红色”，并分别勾选“平面视图轴号端点 1（默认）”和“平面视图轴号端点 2（默认）”，单击“确定”按钮，退出“类型属性”对话框。

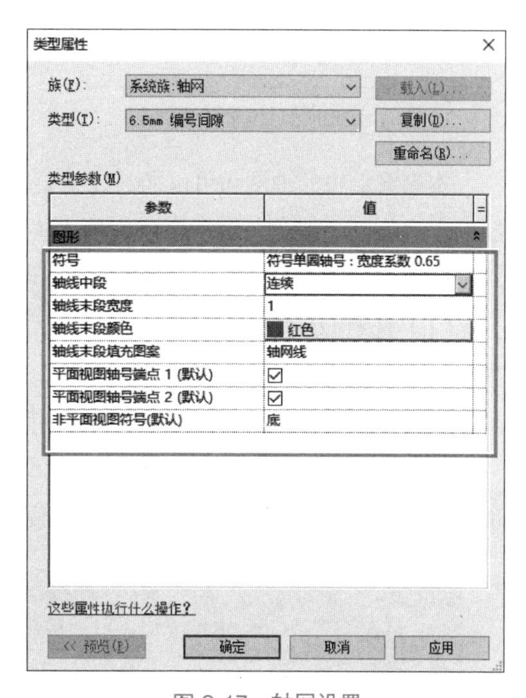

图 3-17　轴网设置

（4）移动鼠标指针至空白视图左下角空白处单击，确定第 1 条垂直轴线起点，沿垂直方向上移鼠标指针，Revit 将自动捕捉该轴线的起点，给出端点对齐捕捉参考线，单击鼠标左键，完成第一条轴线的绘制，并自动将该轴线编号为“①”，如图 3-18 所示。

在绘制时，当鼠标指针处于垂直或水平方向时，Revit 将分别显示垂直或水平方向捕捉，按住 Shift 键，可将鼠标指针锁定在水平或垂直方向。

提示

Revit 软件的平面中默认有东、南、西、北四个方向图标 ⌂，分别对应是东、南、西、北四个方向的立面视图，在绘制轴网时，须将轴网绘制在立面图标范围之内。

（5）确认 Revit 仍处于放置轴线状态。移动鼠标指针至①号轴线起点右侧任意位置，Revit 将自动捕捉该轴线的起点，给出端点对齐捕捉参考线，并在指针与①号轴线之间显示临时尺寸标注，指示指针与①号轴线的间距。输入“6000.0”，并按 Enter 键确认，将在距①号轴线右侧 6000mm 处确定第二条轴线起点。沿垂直方向向上移动鼠标，直到捕捉至①号轴线另一侧端点时，单击鼠标左键，完成第二条轴线的绘制，如图 3-19 所示。该轴线将自动编号为“②”，按 Esc 键退出放置轴线命令。

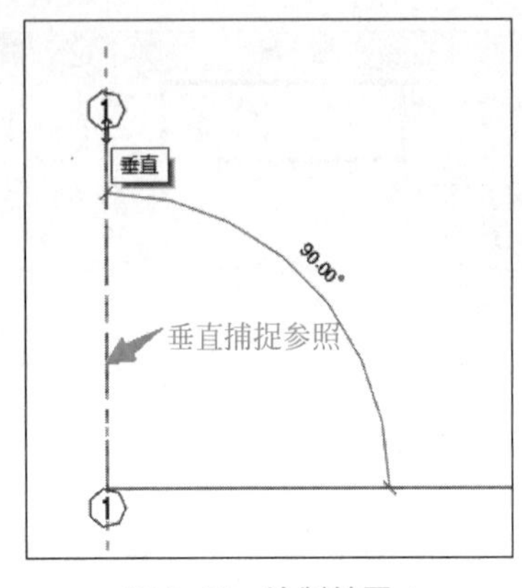

图 3-18　绘制轴网 1

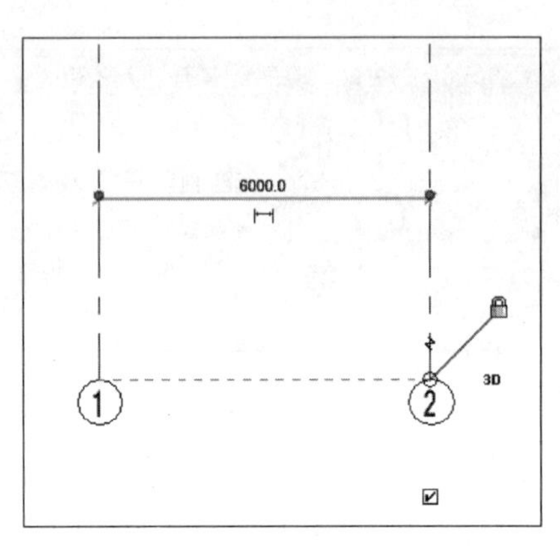

图 3-19　绘制轴网 2

本书案例中的轴网除可以通过以上直接绘制轴网的方式全部完成，还可以通过阵列或复制的方法绘制。因此，接下来用这种方法绘制本案例中的③、④号轴线，以方便读者掌握。

2. 利用阵列或复制方式绘制轴网

（1）选择②号轴线，自动切换至“修改 | 轴网”上下文选项卡，选择“复制”工具进入复制修改状态，如图 3-20 所示。设置选项栏中的复制方式为“多个”，单击②号轴线任意一点作为复制基点，向右移动鼠标指针，直接在键盘输入“7200”“7200”“7500”“7500”“7000”作为复制间距，并按 Enter 键，Revit 将向右阵列生成轴网，并以数值累加的方式为轴网编号，绘制后的轴线如图 3-21 所示。

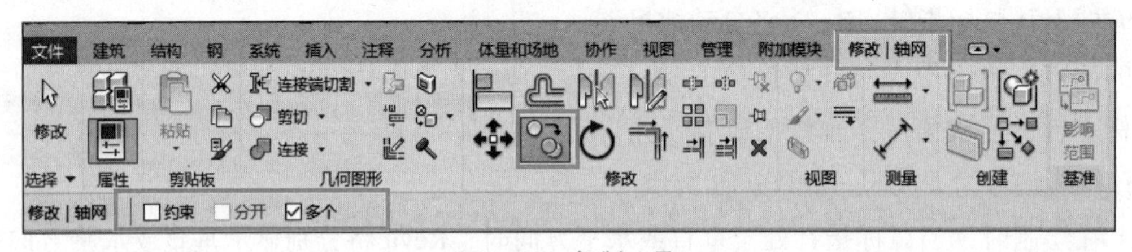

图 3-20　复制工具

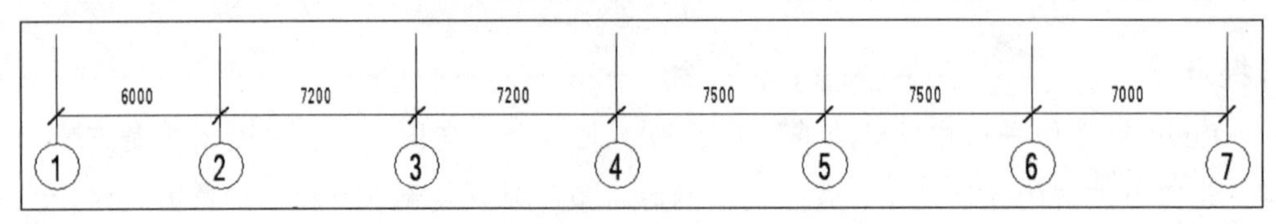

图 3-21　复制轴网

（2）单击“轴网”工具，移动鼠标指针至空白视图左下角空白处单击，确定水平轴线起点，沿水平方向向右移动鼠标指针，Revit 2020 将在指针位置与起点之间显示轴线预览，当指针移动至右侧适当位置时，单击鼠标左键，完成第一条水平轴线的绘制任务，修改其轴线编号为“Ⓐ”。按 Ese 键两次，即可退出放置轴网模式。

单击选择新绘制的水平轴线 Ⓐ，单击“修改”面板中的“复制”工具，拾取轴线 Ⓐ 上任意一点作为复制基点，垂直向上移动鼠标，依次输入复制间距为 7200mm、6900mm、5700mm，轴线编号将由 Revit 2020 自动生成为 Ⓑ、Ⓒ、Ⓓ，适当缩放视图，观察 Revit 2020 已完成的教学楼项目的轴网绘制，绘制后的轴网如图 3-22 所示。

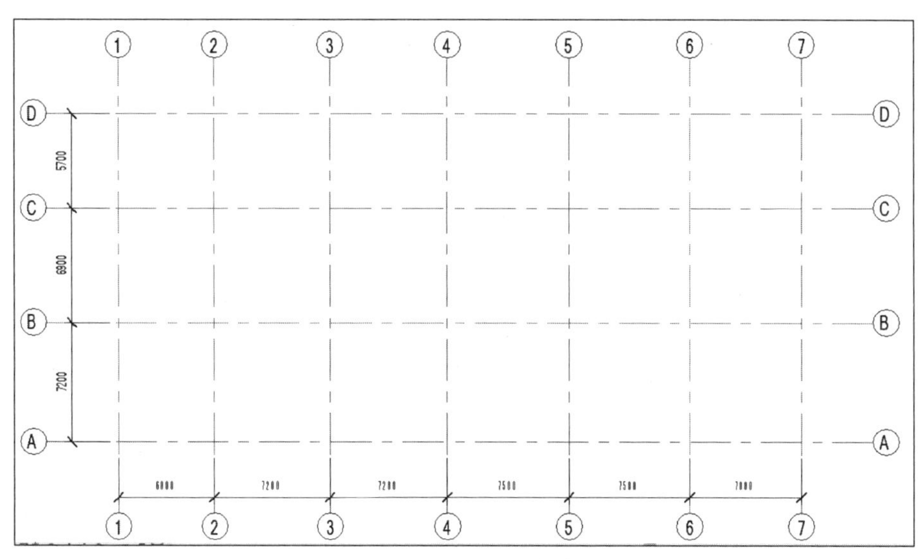

图 3-22　绘制轴网完成图

提示

在绘制轴网时，当图形超出东、南、西、北四个方向图标 ⍐ 时，应移动 ⍐ 的位置，让图像处在其中间位置，当垂直轴网与水平轴网不相交时，拖动轴网移动点使其相交。

提示

在绘制水平轴线时，由于 Revit 中名称继承性的特点，软件会默认第一条水平轴线的编号为⑧。此时，应单击⑧号轴线（轴网标头中的轴网编号），进入编号文本编辑状态，删除原有的编号值，使用键盘输入“Ⓐ”，修改该轴线编号为 Ⓐ，Ⓐ 水平轴线应从轴网的最下方绘制，其余 Ⓑ、Ⓒ、Ⓓ、Ⓔ、Ⓕ、Ⓖ 轴线逐次向上绘制。

3.2.2　编辑轴网

1. 锁定轴网

完成轴网绘制后，为了避免接下来绘制其他图元时不小心删除或移动轴网，可将轴网

微课：轴网编辑

锁定。在 F1/0.00m 视图中，框选全部轴网，进入“修改 | 轴网”上下文选项卡中的“修改”面板，单击锁定图标，将所选中的轴网锁定，如图 3-23 所示。锁定轴网后，将不能对轴网进行移动、删除等操作，但可以修改轴号名称及轴号位置等信息。当需要对锁定的轴网进行删除或移动等操作时，可选中轴网，单击“修改”面板上的解锁图标进行解锁，如图 3-24 所示。

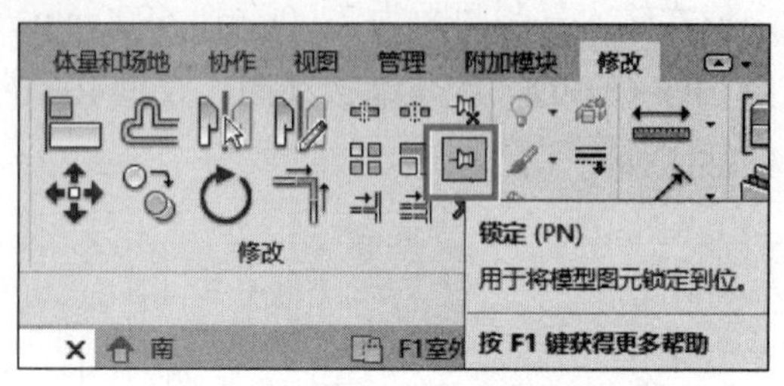

图 3-23　锁定轴网按钮

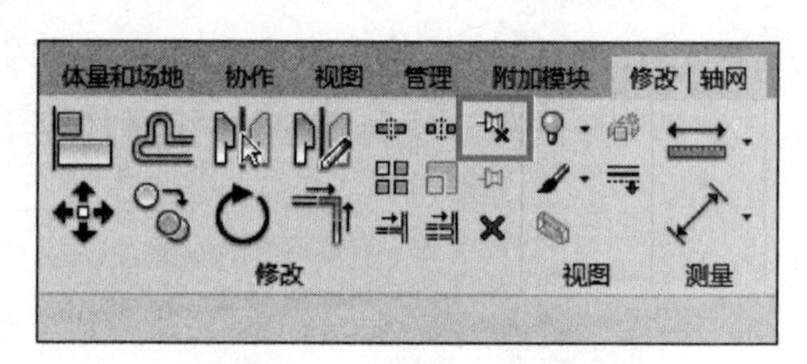

图 3-24　解锁轴网按钮

若要解锁某条轴线，可选中轴线，单击轴线上的锁定符号（禁止或允许改变图元位置），即可切换至解锁状态，如图 3-25 所示。

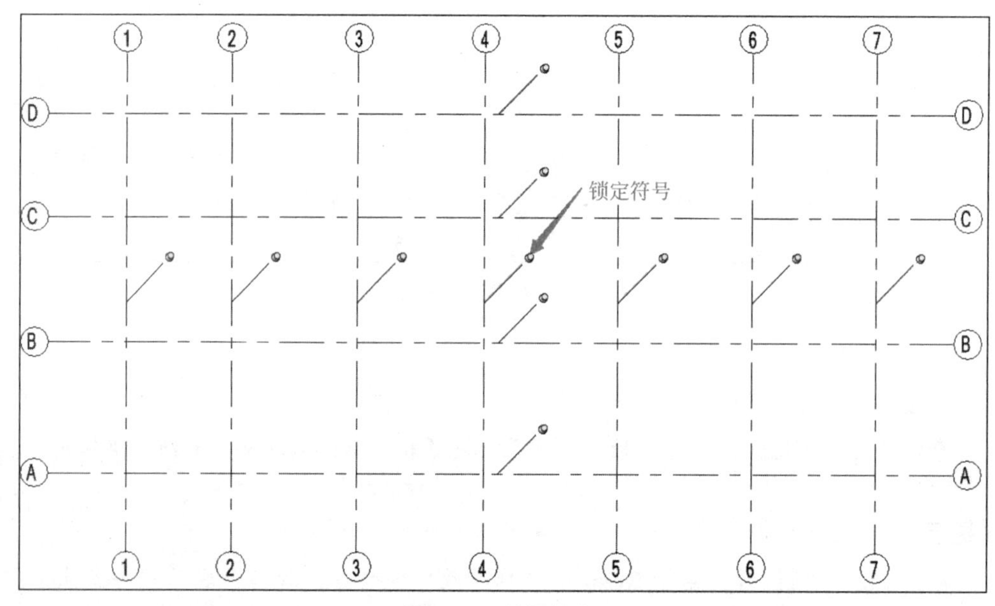

图 3-25　轴网锁定

2. 编辑修改轴网

轴网绘制完成后，可以根据项目需要对轴网的线型、轴网符号是否两端显示等进行进一步的编辑和修改。

（1）修改轴网轴号：从 F1/0.00m 视图切换至立面视图，此时绘图区域也会出现对应的轴网，只是轴网轴号的标注为一端标注，如果需要在轴网两端标注，可以单击轴网的“标头显示 | 隐藏”符号，显示另一端的标注。

（2）修改轴网轴线的颜色及线型：轴线的颜色、线型等属性，均可在“类型属性”对话框中进行编辑，读者可根据实际项目的需要，参照标高属性设置办法设置轴网的相关属性。

（3）轴网的影响范围的控制：单击某条轴线时，可以看到“3D”符号，再次单击可以切换至 2D 符号。当轴网处于 3D 状态时，轴网端点显示为空心圆圈，这时对轴网所做的修改将影响所有平行视图；而处于 2D 状态时，轴网端点显示为实心圆点，此时对轴网所做的修改将仅影响本视图。该操作对标高对象同样有效。

（4）选择 F1/0.00m 视图所有轴网，单击“影响范围”，如图 3-26 和图 3-27 所示，依次选择图示楼层平面，单击“确定”按钮，选中的楼层平面轴网即全部修改完成。

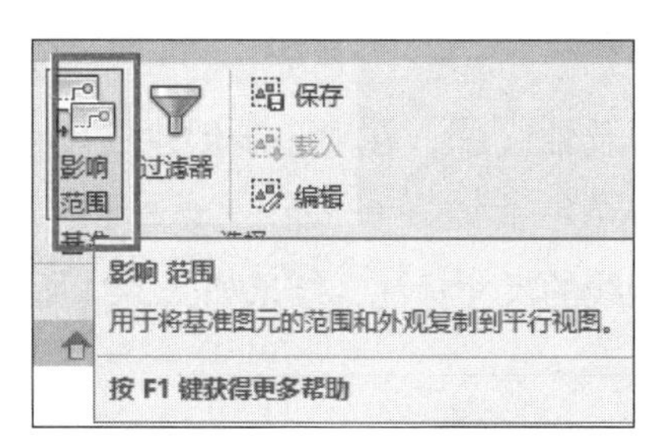

图 3-26 影响范围

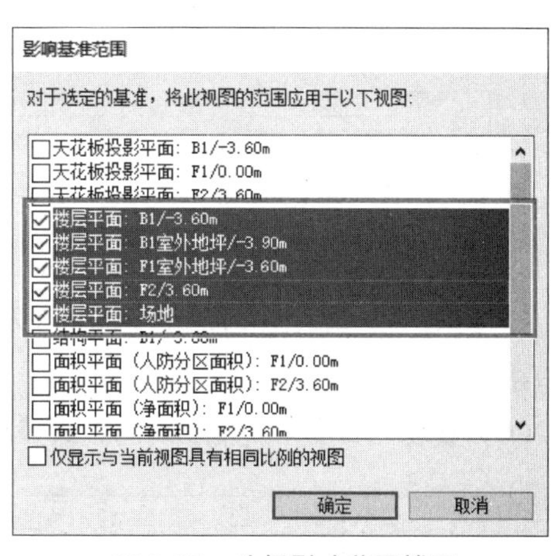

图 3-27 选择影响范围楼层

3.2.3 标注轴网

绘制完成轴网后，可以使用 Revit“注释”选项卡中的“对齐尺寸标注”功能为各楼层平面视图的轴网添加尺寸标注。为了美观，在标注之前，应对轴网的长度进行适当修改。

（1）单击轴网①，选择该轴网图元，自动进入“修改 | 轴网”上下文选项卡，如图 3-28 所示，移动指针至轴线①标头与轴线连接处圆圈位置，按住鼠标左键不放，垂直向下移动鼠标指针，拖动该位置至图中所示位置后松开鼠标左键，软件将修改已有轴线长度。由于 Revit 默认使所有同侧同方向轴线保持标头对齐状态，因此修改任意轴网后，将同时修改同侧同方向的轴线标头位置（移动轴网时，必须解除锁定）。

（2）使用相同的方式，适当修改水平方向轴线长度。切换至 F2/3.60m 楼层平面视图，可看到该视图中的轴网长度已经被同时修改。

（3）如图 3-29 所示，单击“注释”选项卡“尺寸标注”面板中“对齐尺寸标注”工具，Revit 进入放置尺寸标注模式。

（4）在“属性”面板类型选择器中，选择当前标注类型为“对角线 -3mmRomanD”。移动鼠标指针至轴线①任意一点，单击鼠标左键作为对齐尺寸标注的起点，向右移动指针至轴线②上任一点，并单击鼠标左键，以此类推，分别拾取并单击轴线③~轴线⑦，完成后，向下移动鼠标至轴线下适当位置，单击空白处，即完成垂直轴线的尺寸标注，结果如图 3-30 所示。

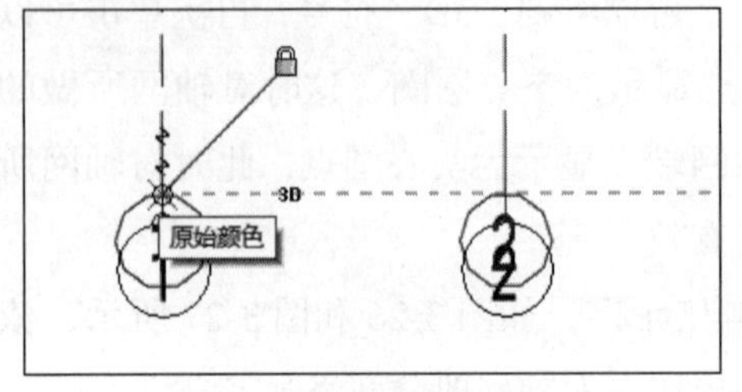

图 3-28 单击轴网

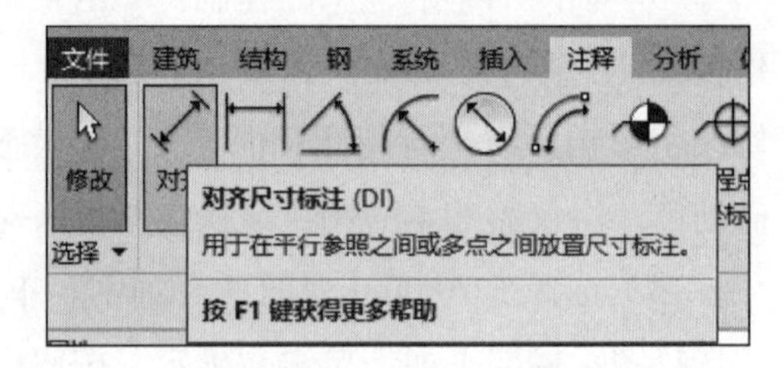

图 3-29 “注释”选项卡

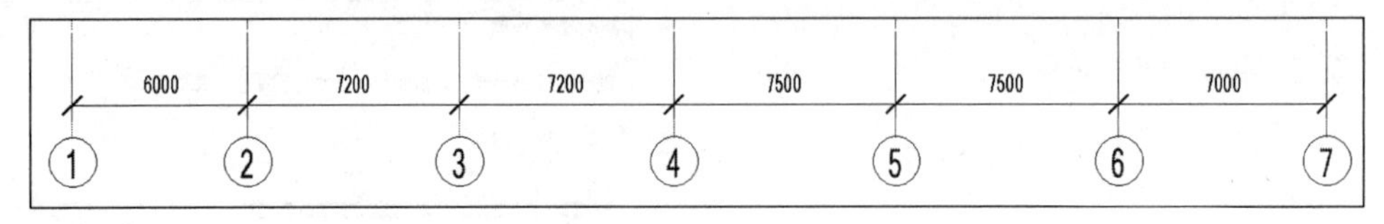

图 3-30 垂直轴线的尺寸标注

（5）确认仍处于对齐标注状态。依次拾取轴线①及轴线⑦，在上一步创建的尺寸线上方单击放置生成总尺寸线。

（6）重复上一步，使用相同的方式完成项目水平轴线的尺寸标注，结果如图 3-31 所示。

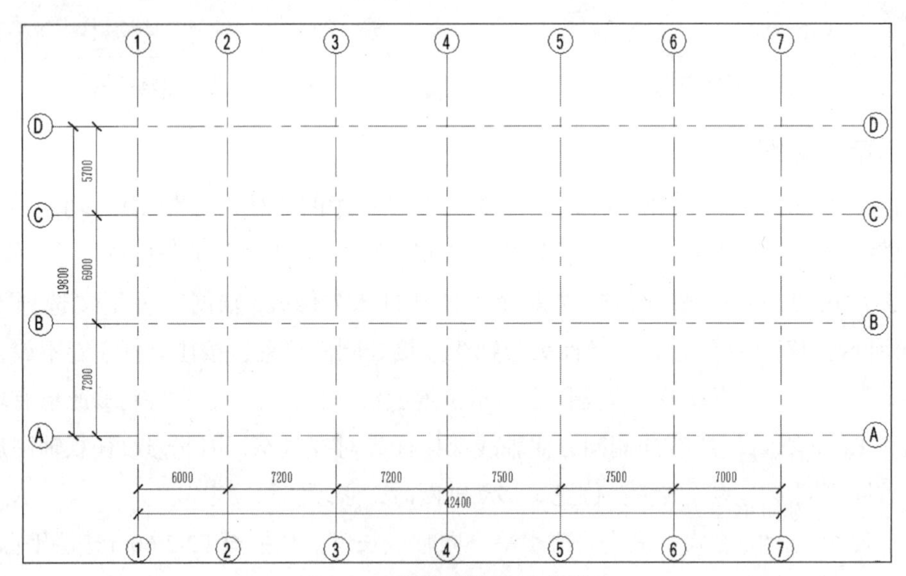

图 3-31 完成轴线的尺寸标注

附件：任务单

项目4 创 建 柱

教学目标：

通过学习本项目内容，了解柱系统族、族类型，熟悉创建基本柱的一般步骤，掌握建筑柱及结构柱的创建方法；掌握 Revit 2020 中建筑柱与结构柱的区别及参数的设置方法；熟练绘制建筑柱与结构柱，规范标准制作建筑施工图。

知识目标：

（1）掌握结构柱、建筑柱的类型属性定义；

（2）掌握结构柱、建筑柱的绘制方法；

（3）掌握结构柱、建筑柱的编辑方法。

技能目标：

（1）了解建筑柱和结构柱的区别；

（2）Revit 2020 建筑柱的绘制及参数的设置；

（3）Revit 2020 结构柱的绘制及参数的设置。

4.1 创建结构柱

Revit 2020 中的柱分为建筑柱和结构柱。建筑柱自动应用所附着墙图元的材质，建筑柱起装饰作用，其种类繁多，一般根据设计要求来确定。柱类型除矩形柱以外，还有壁柱、欧式柱、中式柱、现代柱、圆柱等，也可以通过族模型创建设计要求的柱类型。结构柱用于支撑结构和承受荷载，结构柱可以继续进行受力分析和配置钢筋。本项目中既有结构柱，也有建筑柱，现分别讲解其创建过程。

定义和绘制 B1 矩形结构柱方法如下。

（1）将项目文件切换为 B1/−3.6m 楼层平面视图，单击“建筑”选项卡“构件”面板中的“柱”下拉按钮，在列表中选择“结构柱”，如图 4-1 所示，自动切换至“修改 | 放置结构柱”上下文选项卡，如图 4-2 所示。

微课：结构柱的创建

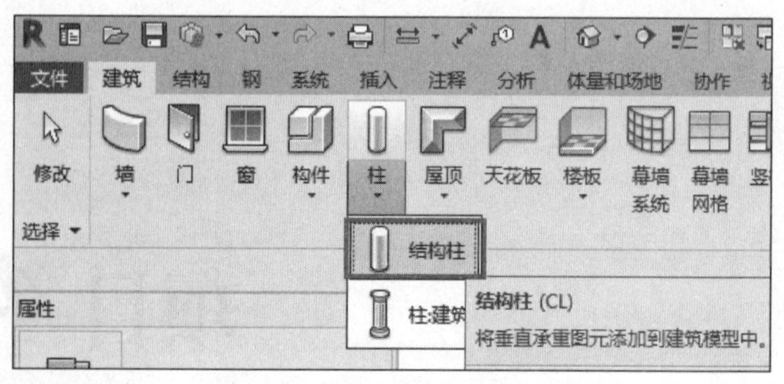

图 4-1 “结构柱”工具

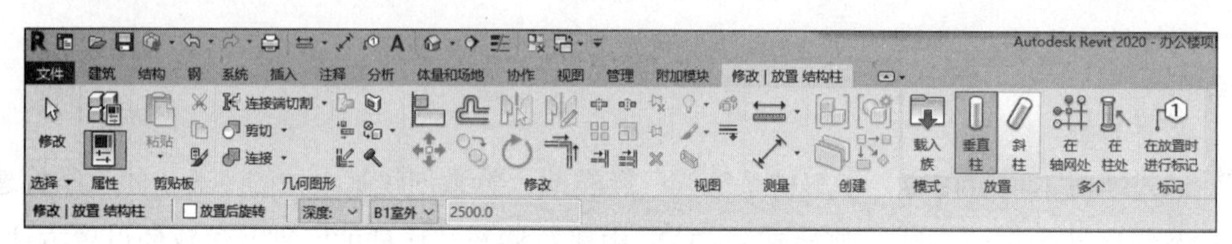

图 4-2 “修改 | 放置结构柱”上下文选项卡

（2）确认“属性”面板“类型选择”列表中当前柱族名称为“UC- 普通柱 - 柱”。如图 4-3 所示，单击“属性”面板中“编辑类型”按钮，打开“类型属性”对话框。单击“载入”按钮，在打开对话框中依次单击“结构”→“柱”→“混凝土”→“混凝土 - 矩形 - 柱”，单击“打开”按钮，即完成载入“混凝土 - 矩形 - 柱”族，如图 4-4 所示。

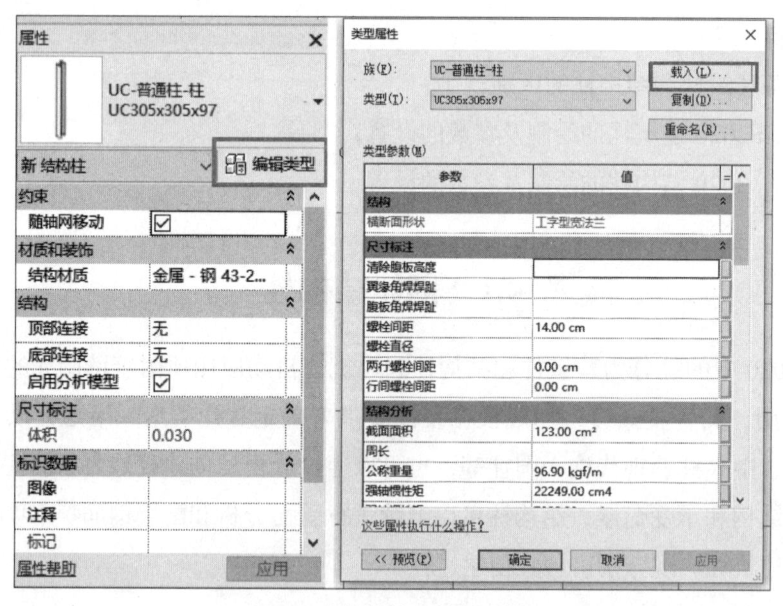

图 4-3 结构柱属性对话框

（3）如图 4-5 所示，在“类型属性”对话框中，单击“复制”按钮，在弹出的“名称”对话框中输入“500mm × 500mm”作为新类型名称，完成后，单击“确定”按钮返回“类型属性”对话框。

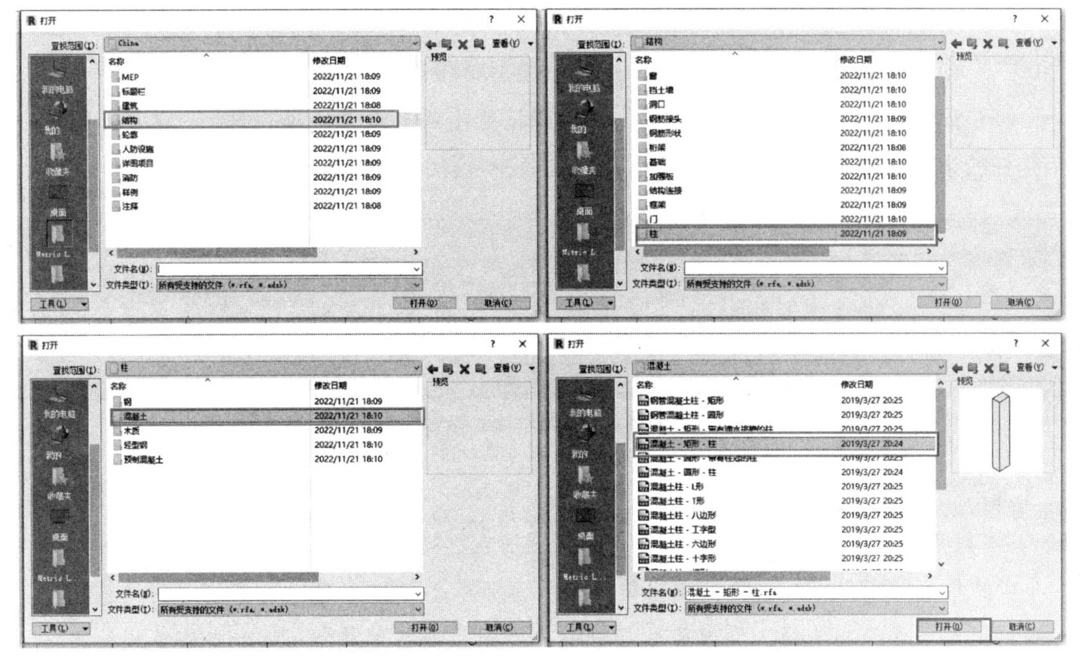

图 4-4　载入“混凝土 - 矩形 - 柱”族

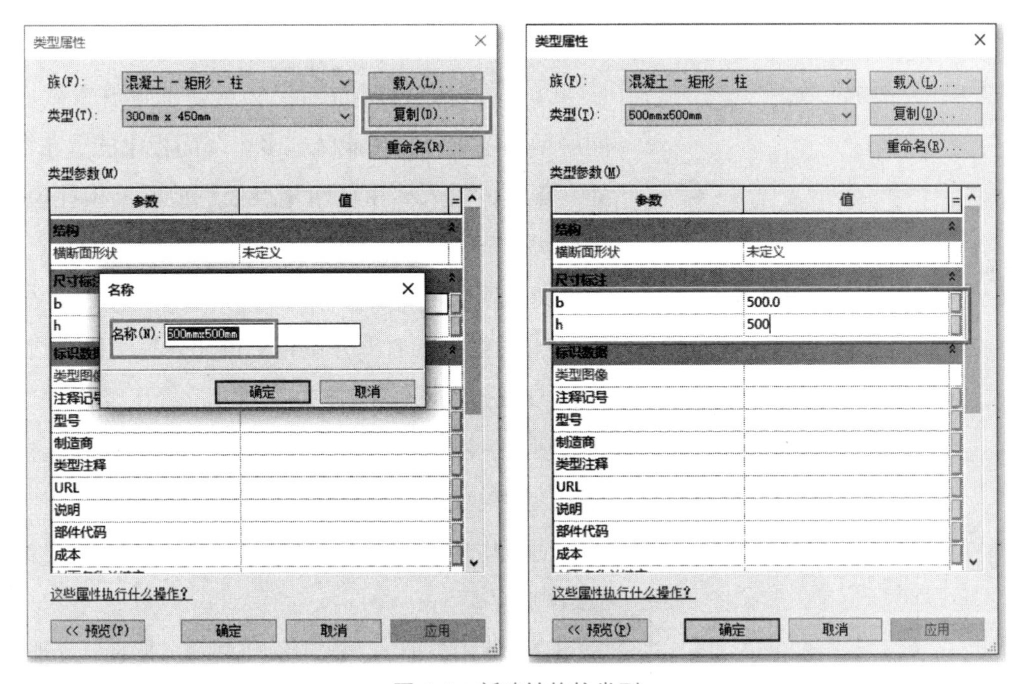

图 4-5　新建结构柱类型

提示

结构柱类型属性中的参数内容主要取决于结构族中的参数定义，不同结构柱族可用的参数可能会不同。

（4）分别将类型参数“b”和“h”（分别代表结构柱的截面宽度和深度）的值修改为“500”。完成后，单击“确定”按钮，退出“类型属性”对话框，完成设置。

（5）如图 4-6 所示，确认“放置”面板中柱的生成方式为“垂直柱”，修改选项栏中结构柱的生成方式为“高度”，在其后下拉列表中选择结构柱到达的标高为 F1/0.00m。

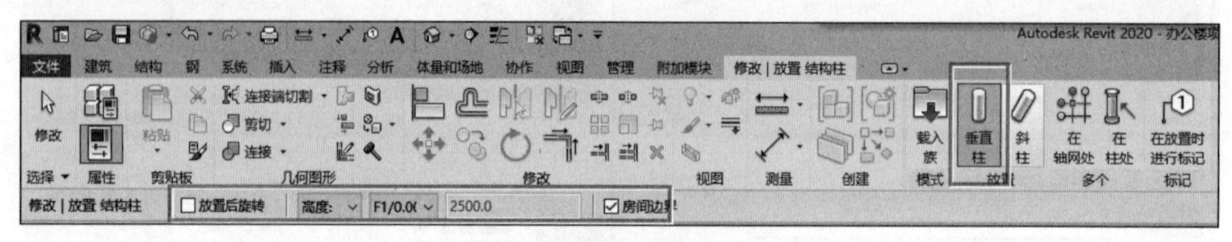

图 4-6　放置结构柱设置

提示

“高度”是指创建的结构柱将以当前视图所在标高为底，通过设置顶部标高的形式生成结构柱，所生成的结构柱在当前楼层平面标高之上；“深度”是指创建的结构柱以当前视图所在标高为顶，通过设置底部标高的形式生成结构柱，所生成的结构柱在当前楼层平面标高之下。

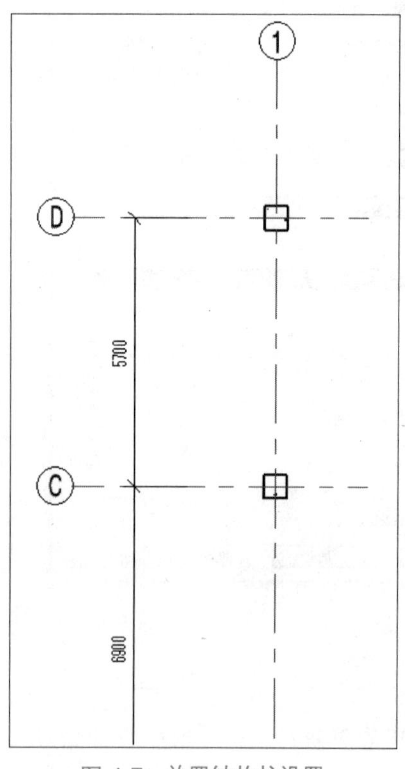

图 4-7　放置结构柱设置

（6）可以在选定的轴线交点处批量放置截面相同的结构柱。单击功能区“多个”面板中的“在轴网处”工具，进入“在轴网交点处”放置结构柱模式，自动切换至“修改 | 放置结构柱”的“在轴网交点处”上下文选项卡。如图 4-7 所示，移动鼠标指针至Ⓒ轴线与①轴线交点右下方位置，按住并拖动鼠标指针，直到Ⓓ轴线与 1 轴线交点左上方位置生成虚线选择框，则上述被选择的轴线变成蓝色显示，并在选择框内所选轴线交点处出现结构柱的预览图形，单击“多个”面板中的“完成”按钮，Revit 将在预览位置生成结构柱。

（7）使用类似的方式继续创建①轴线、②轴线、③轴线的结构柱，结果如图 4-8 所示。

在通过选项栏指定结构柱标高时，还可以选择“未连接”选项，该选项允许用户通过在后面高度值栏中输入结构柱的实际高度值来创建结构柱。

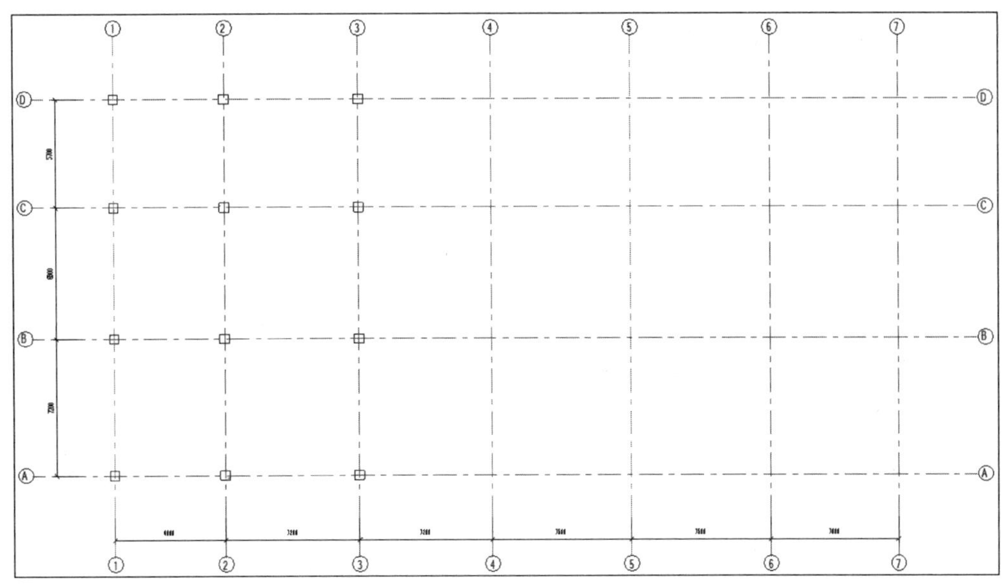

图 4-8 完成局部结构柱放置

4.2 手动放置结构柱

除可以基于轴网的交点放置结构柱外，还可以单击手动放置结构柱，并配合使用复制、阵列、镜像等图元修改工具对结构柱进行修改。本节将采用手动放置结构柱方式创建 B1/−3.60m 标高其余结构柱。

（1）接上节打开教学资源中“办公楼 .rvt”项目文件。切换至 B1/−3.30m 楼层平面视图。单击“结构”选项卡中的“柱”工具，进入“修改 | 放置结构柱”上下文选项卡。确认结构柱创建方式为“垂直”，不勾选选项栏“放置后旋转”选项，设置结构柱生成方式为“高度”，设置结构柱到达标高为“F1/0.00m”。

（2）确认当前结构柱类型为上一节中创建的“500mm × 500mm”。移动鼠标指针分别捕捉至④轴线和 Ⓑ、Ⓒ、Ⓓ轴线交点位置，单击放置 3 根 500mm × 500mm 结构柱。按 Esc 键两次，结束“结构柱”命令。

（3）选择上一步中创建的 3 根结构柱，软件自动切换至“修改 | 结构柱”上下文选项卡。单击“修改”面板中的“复制”工具，确认勾选选项栏中的“约束”选项，同时勾选选项栏中的“多个”选项，捕捉并单击④轴线任意一点作为复制的基点，水平向右移动鼠标，捕捉至⑤轴线，交点位置将会出现结构柱的预览图形，如图 4-9 所示。单击鼠标左键完成复制，继续水平向右移动鼠标，依次捕捉至⑥轴线、⑦轴线，单击鼠标左键完成复制，按 Esc 键两次，退出复制工具。

（4）选中 B1/−3.60m 楼层平面视图中①、②、③、④、⑤、⑥、⑦轴线与 Ⓐ、Ⓑ、Ⓒ、Ⓓ轴线交点处的结构柱。如图 4-10 所示，单击“修改 | 结构柱”选项卡“剪贴板”

面板中的“复制”命令，再单击“剪贴板”面板中的“粘贴”工具下方的下拉三角箭头，从下拉菜单中选择“与选定标高对齐”选项，界面弹出“选择标高”对话框。在列表中选择“F1/0.00m”，单击“确定”按钮，将结构柱对齐粘贴至 F1/0.00m 标高位置。

微课：钢管柱

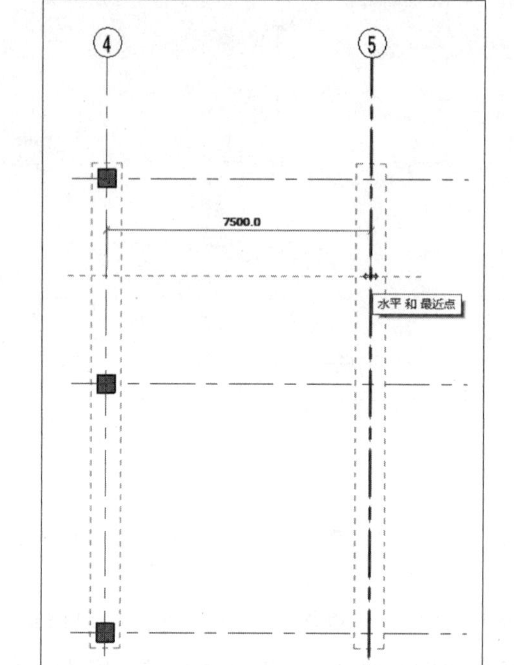

图 4-9　复制结构柱

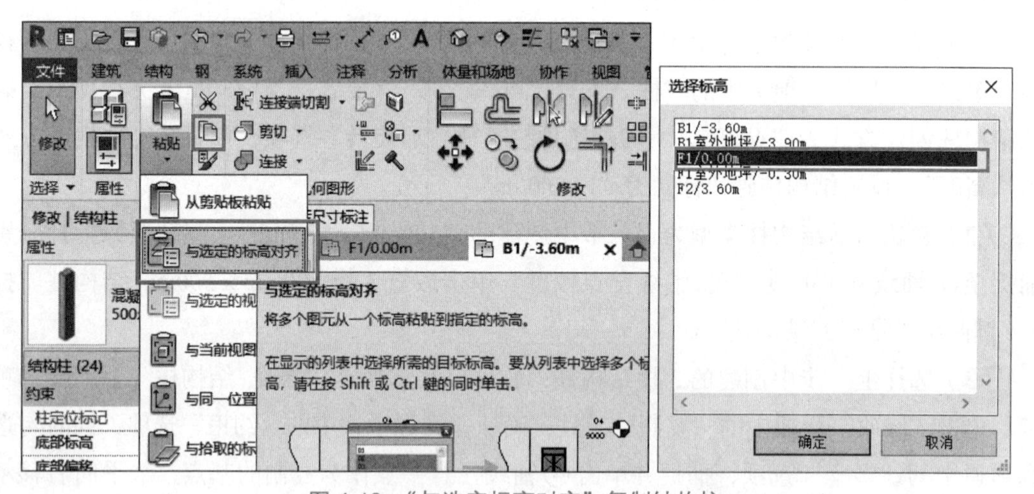

图 4-10　“与选定标高对齐”复制结构柱

接下来，需修改 B1/–3.60m 标高的结构柱底部高度至基础顶面位置。

（5）切换至 B1/–3.60m 楼层平面视图。

（6）选中所有结构柱，如图 4-11 所示，确认“属性”选项板柱“底部标高”所在标高 B1/–3.60m，改“底部偏移”值为“–1500.0”，完成后，单击“应用”按钮，Revit 将修改所选择结构柱图元的高度。

（7）切换至F1/0.00m楼层平面视图，选中1轴网上所有结构柱，选中Ⓐ轴网与①、②、③轴网交点处的结构柱。如图4-12所示，确认“属性”选项板柱“顶部标高”所在标高F2/3.60m，改“顶部偏移”值为“–2450.0”，完成后，单击“应用”按钮，Revit将修改所选择结构柱图元的高度。

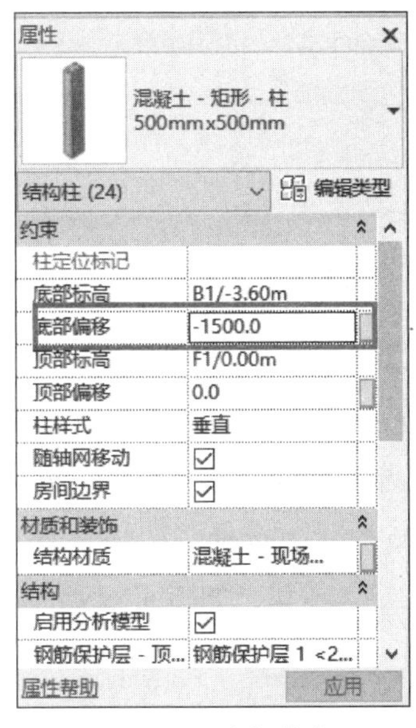

图 4-11　底部偏移

图 4-12　顶部偏移

完成后切换至默认三维视图，完成后的结构柱如图4-13所示。

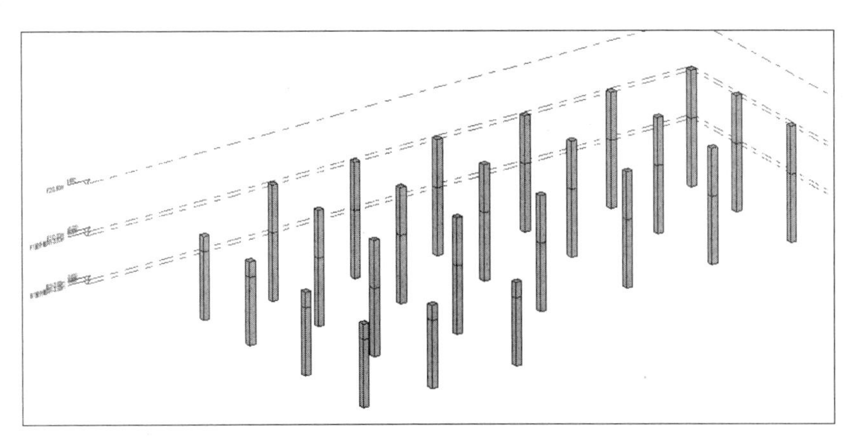

图 4-13　完成后结构柱

（8）切换至B1/–3.6m楼层平面视图。

（9）单击“建筑”选项卡中的“参照平面”命令，在“修改|放置参照平面”设置“偏移”量：“3000”，单击拾取图标，如图4-14所示。鼠标指针放置在A轴下面，单击鼠标左键确认，生成距离Ⓐ轴3000mm的参照平面，如图4-15所示。

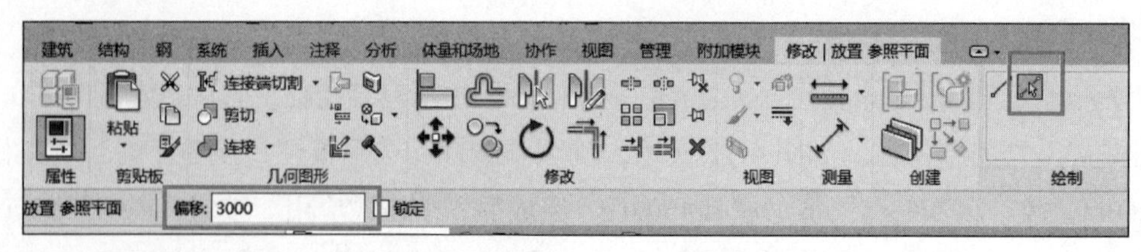

图 4-14 “修改 | 放置参照平面”

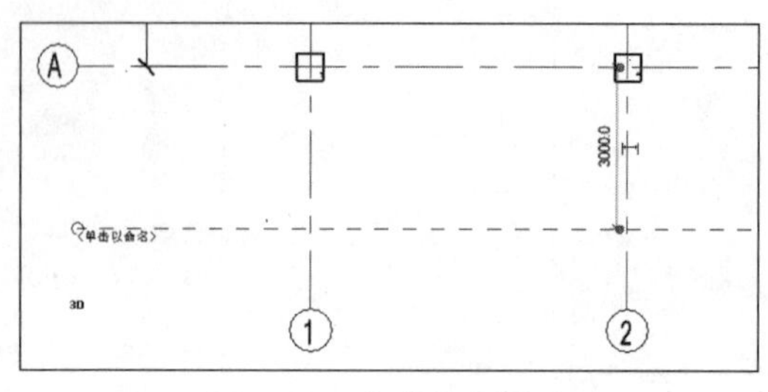

图 4-15 生成参照平面

（10）单击“建筑”选项卡中的“柱”工具黑色下拉三角箭头，从下拉菜单中选择“结构柱”选项，自动切换至“修改 | 放置柱”上下文选项卡。单击“属性”框中的“编辑类型”，在打开的对话框中单击“载入”，如图 4-16 所示。选择“结构”→“柱”→“钢”→“矩形冷弯空心型钢柱”，单击“打开”→“确定”按钮，如图 4-17 所示。

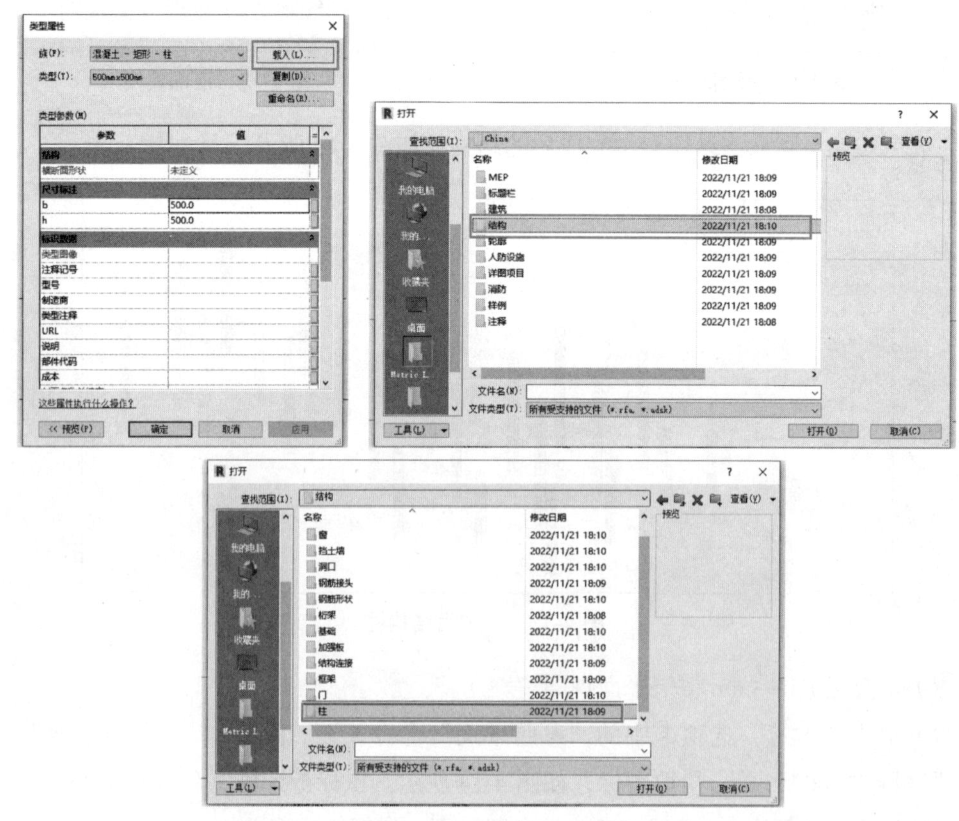

图 4-16 “载入”柱

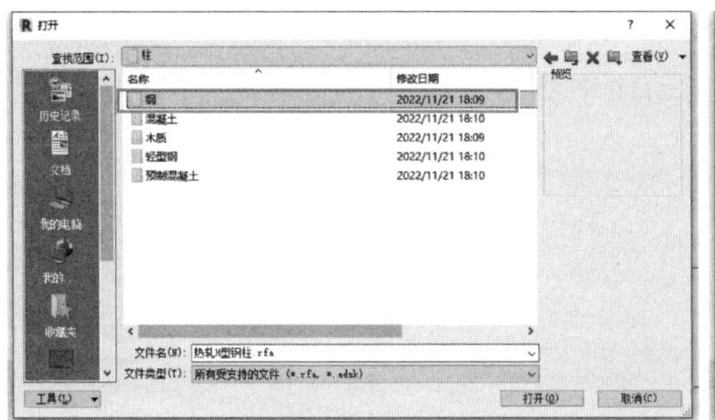

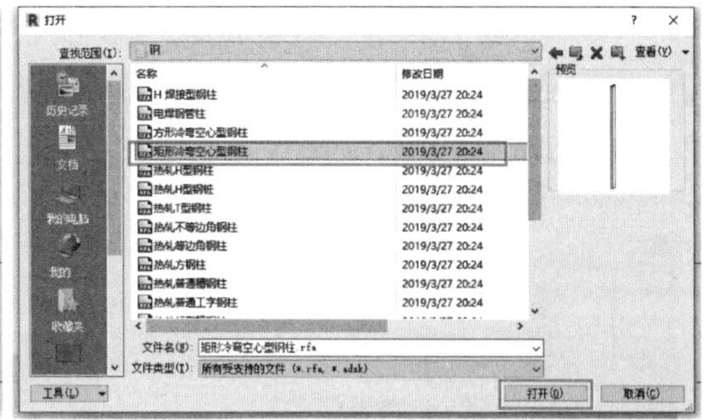

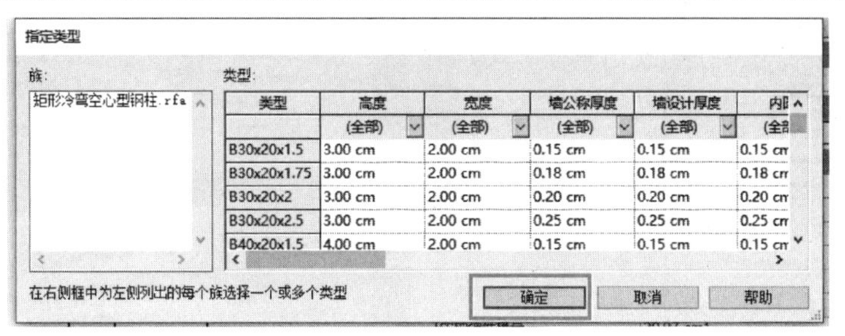

图 4-17　载入矩形冷弯空心型钢柱

（11）单击“复制”，输入“钢管柱 300mm × 300mm”单击“确定”，修改“宽度”和“高度”的数值都为“30.00cm”，如图 4-18 所示。确认结构柱创建方式为“垂直”；不勾选选项栏“放置后旋转”选项；设置结构柱生成方式为“高度”；设置结构柱到达标高为“F1/0.00m”。分别在 ②、③轴线与参照平面交点处创建此类型结构柱。

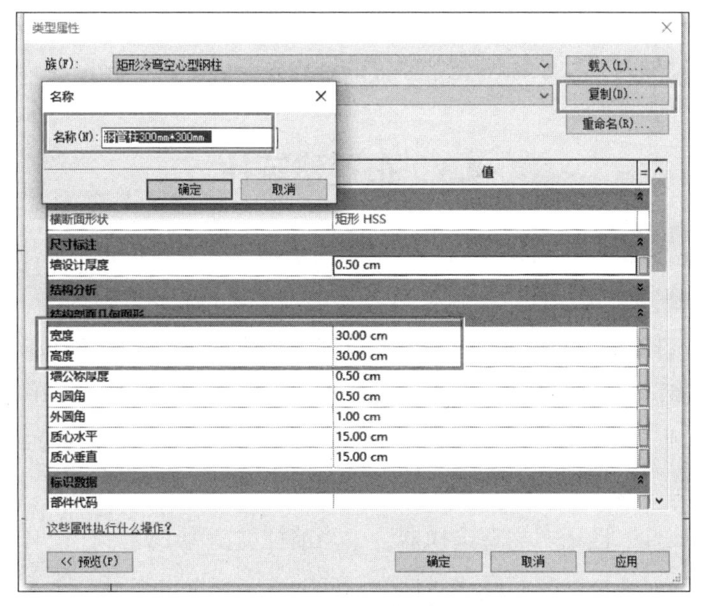

图 4-18　新建钢管柱

（12）按上述方法按图纸标识，继续创建 ③轴线右侧结构柱（钢管柱 300 × 300）。

（13）选择创建好的四根钢管柱 300 × 300，确认“属性”选项板中“顶部标高”值为“F1/0.00m”，修改“顶部偏移”值为“-800.0”，修改“底部偏移”值为“-50.0”，单击“应用”按钮进行确认，如图 4-19 所示。切换至默认三维视图，完成后的结构柱如图 4-20 所示。

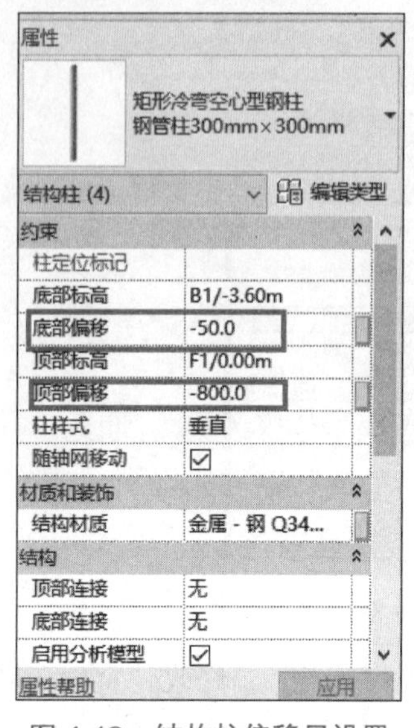

图 4-19　结构柱偏移量设置

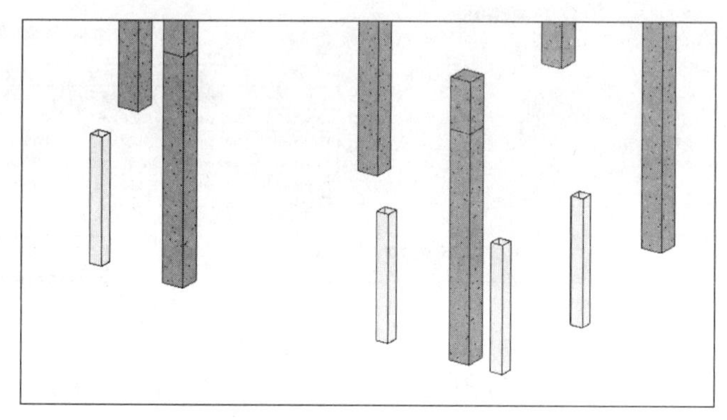

图 4-20　完成后的结构柱

（14）保存项目文件。

创建结构柱时，软件默认勾选“属性”面板中的“房间边界”选项。计算房间面积时，将自动扣减柱的占位面积。Revit 还默认勾选结构柱的“随轴网移动”选项，勾选该选项后，当移动轴网时，位于轴网交点位置的结构柱将随轴网一起移动。

4.3　布置建筑柱

创建建筑柱的方法与结构柱类似，可以采用手动放置建筑柱，再使用复制、阵列、镜像等命令快速创建其余建筑柱。建筑柱可以自动继承其连接到的墙体等主体构件的材质。因此，当创建好结构柱后，可以通过创建建筑柱来形成结构柱的外装饰图层。

（1）接上节练习，打开“办公楼 .rvt”项目文件。切换至 B1/-3.60m 楼层平面视图。单击“建筑”选项卡中的“柱”工具黑色下拉三角箭头，从下拉菜单中选择“柱：建筑”选项，自动切换至“修改 | 放置柱”上下文选项卡。

（2）确认“属性”面板“类型选择器”中当前柱类型为“矩形柱：457mm × 475mm”；打开“类型属性”对话框，复制新建名称为“520mm × 520mm”新柱类型。

（3）分别修改并设置其“深度”和“宽度”参数的值为 520.0，修改“材质”为“砌体 - 普通砖 75mm × 225mm”，完成后单击“确定”按钮，退出“类型属性”对话框，如图 4-21 所示。

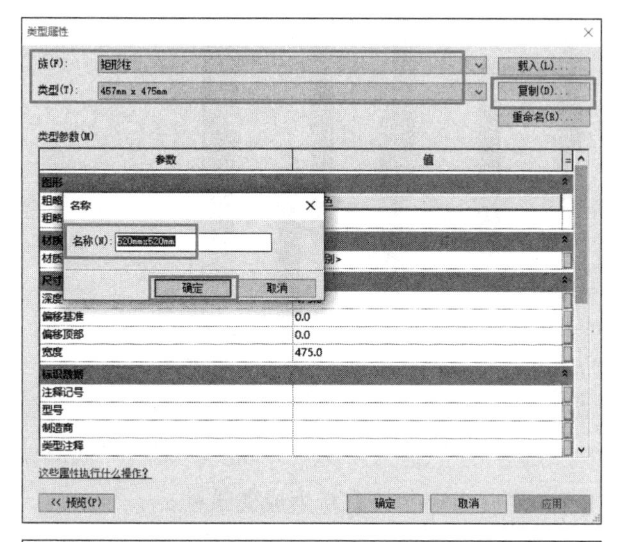

微课：建筑柱

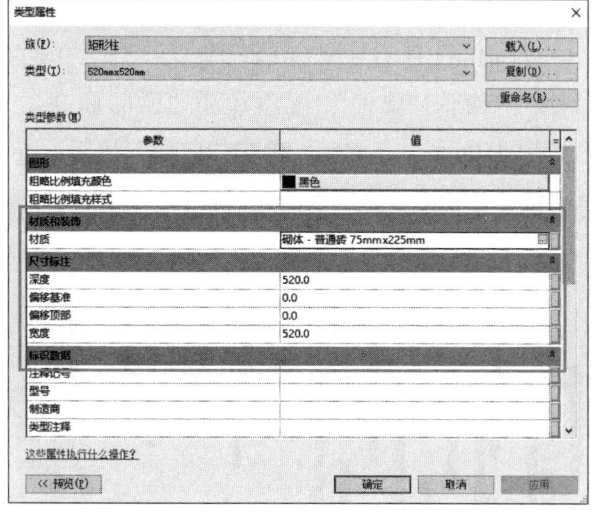

图 4-21　建筑柱类型属性设置

（4）不勾选选项栏中的“放置后旋转”选项，设置建筑柱的生成方式为“高度”，修改标高为“F1/0.00m”，确认勾选“房间边界”选项。

提示

勾选选项栏中的“放置后旋转”选项，可在放置柱后对其进行旋转操作。勾选“房间边界”选项后，Revit 会在计算房间面积时自动减去柱面积。

（5）移动鼠标指针至已有结构柱位置，捕捉其中心点，单击放置建筑柱。完成后，切换至默认三维视图，结果如图 4-22 所示。

（6）可以看到 B1/–3.60m 建筑柱并没有随 1 层结构柱发生底部偏移。在三维视图模式下选择任意已创建的建筑柱，右击，在弹出的右键菜单中选择“选择全部实例—在视图中可见”选项，将选中步骤（5）中创建的所有建筑柱。

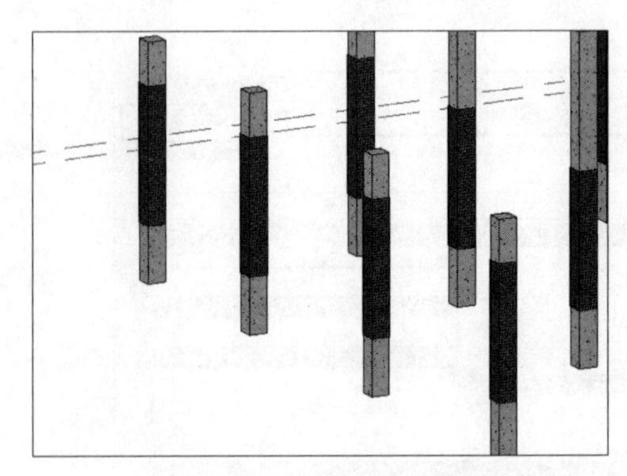

图 4-22　建筑柱三维视图

（7）确认“属性”选项板中“底部标高”值为“B1/-3.60m”，修改“底部偏移”值为“-1500”，单击“应用”按钮，Revit 将按指定参数重新生成建筑柱。

（8）对于F1/0.00m楼层的建筑柱，可以选择F1/0.00m楼层平面视图，然后重复第（5）步操作中创建的所有建筑柱。选中 ① 轴网上所有柱及 Ⓐ 轴网与 ①、②、③ 轴网交点处的柱。单击“过滤器”只勾选“柱”，确认“属性”选项板中“顶部标高”所在标高F2/3.60m，修改“顶部偏移”值为 -2450mm，完成后，单击“应用”按钮，Revit 将修改所选建筑柱图元的高度。切换至默认三维视图，完成后的建筑柱如图 4-23 所示。

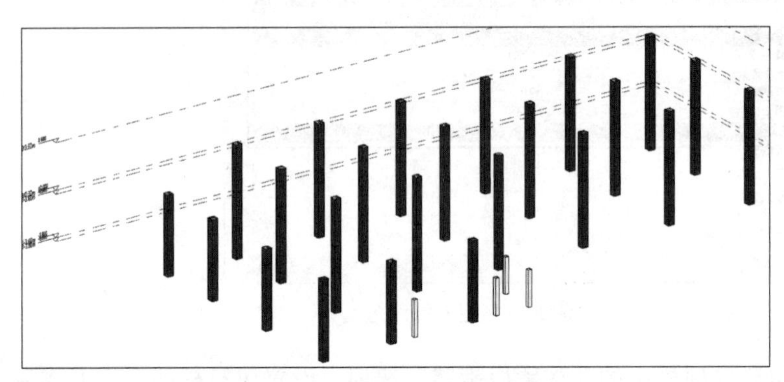

图 4-23　完成后的建筑柱三维视图

建筑柱和结构柱均为可载入族。可以通过载入不同的族来生成不同形式的柱模型。要载入柱族，在使用柱工具时，单击“模型”面板的“载入族”工具，将打开“载入族”对话框，浏览至 Revit 2020 的公制库（Metric Library），然后从“柱”目录中选择需要的柱族文件，单击“打开”，即可载入当前项目文件中使用。也可以通过“插入”选项卡“从库中载入”面板中的“载入族”工具，将族预先载入项目。

附件：任务单

项目5 创建墙体

教学目标：

通过学习本项目内容，了解墙系统族、族类型；熟悉创建基本墙的一般步骤；掌握各类墙的创建方法；掌握 Revit 2020 各类墙的区别及参数的设置方法；熟练绘制各类墙；规范标准制作建筑施工图。

知识目标：

（1）了解墙体的系统族种类；

（2）了解墙体的系统族对应的族类型种类；

（3）能定义基本墙的属性；

（4）能完成外墙、内墙的绘制；

（5）掌握复合墙的编辑创建方法。

微课：混凝土挡土墙

技能目标：

（1）了解墙体的系统族和族类型；

（2）熟悉基本墙创建的步骤，掌握基本墙创建方法；

（3）完成外墙和内墙的创建，能编辑复合墙。

通过学习创建柱，已经建立了办公楼项目的标高、轴网及柱网的信息。从本项目开始为办公楼项目创建墙体。

在绘制墙体时，需要根据墙的用途及功能，例如墙体的高度、墙体的构造、立面显示、内墙和外墙的区别等，分别创建不同的墙类型。

5.1 创建 B1/–3.60m 墙体

5.1.1 墙体的基本操作

1. 定义墙体类型

Revit 2020 中提供了墙工具，允许用户使用该工具创建不同形式的墙体。Revit 提供了建筑墙、结构墙和面墙三种不同的墙体创建方式。建筑墙主要用于创建建筑的隔墙，结构墙的用法与建筑墙完全相同，但使用结构墙工具创建的墙体，可以在结构专业中为墙图元指定结构受力计算模型，并为墙配置钢筋，因此该工具可以用于创建剪力墙等墙图元。面墙则根据创建或导入的体量表面生成异形的墙体图元。在办公楼项目中，可以使用建筑墙工具完成所有墙体的创建任务。

在创建前，需要根据墙体构造定义墙的结构参数。墙结构参数包括墙体的厚度、做法、材质、功能等。本项目的墙体可以分为两大类，一类是外墙，另一类是内墙。外墙又分为两类，一类是普通外墙，另一类是挡土墙。普通外墙的做法从外到内依次为 20 厚外墙装饰，200 厚混凝土砌块，15 厚内抹灰，5 厚内墙白色涂料；挡土墙的做法是 300 厚混凝土、15 厚内抹灰，5 厚内墙白色涂料。内墙从外到内依次是 5 厚内墙白色涂料、15 厚内抹灰、200 厚加气混凝土砌块、15 厚内抹灰，5 厚内墙白色涂料。下面通过实际操作学习如何定义墙体类型。首先定义项目的外墙结构，并在定义过程中为各构造层指定材质。

（1）打开项目 4 绘制完成的办公楼项目文件，切换至 B1/–3.60m 楼层平面视图。

（2）单击“建筑”选项卡→“构建”面板→“墙”工具下拉列表，在列表中选择“墙：建筑”工具，进入墙绘制状态，自动切换至“修改 | 放置墙”界面，如图 5-1 所示。

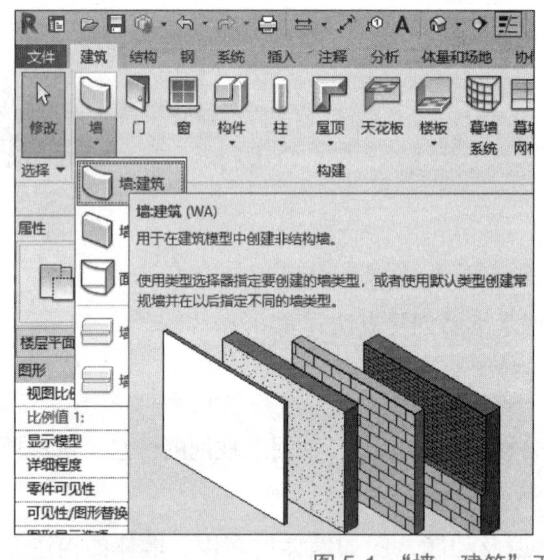

图 5-1 “墙：建筑”工具

“墙：建筑”工具的默认快捷键为 WA。

（3）单击“属性”面板中的“编辑类型”按钮，打开“类型属性”对话框。如图 5-2 所示，在“类型属性”对话框中，确认“族”列表中当前族为“系统族：基本墙”。设置当前类型为“常规 –200mm”；单击“复制”按钮，输入名称“办公楼 - 外墙 –240mm”作为新墙体类型名称，完成后，单击“确定”按钮返回“类型属性”对话框。

（4）如图 5-3 所示，确认“类型属性”对话框中“类型参数”列表中的“功能”为“外部”，单击类型参数列表框中“结构”参数后的“编辑”按钮，弹出“编辑部件”对话框。可以在该对话框中定义墙体的构造。

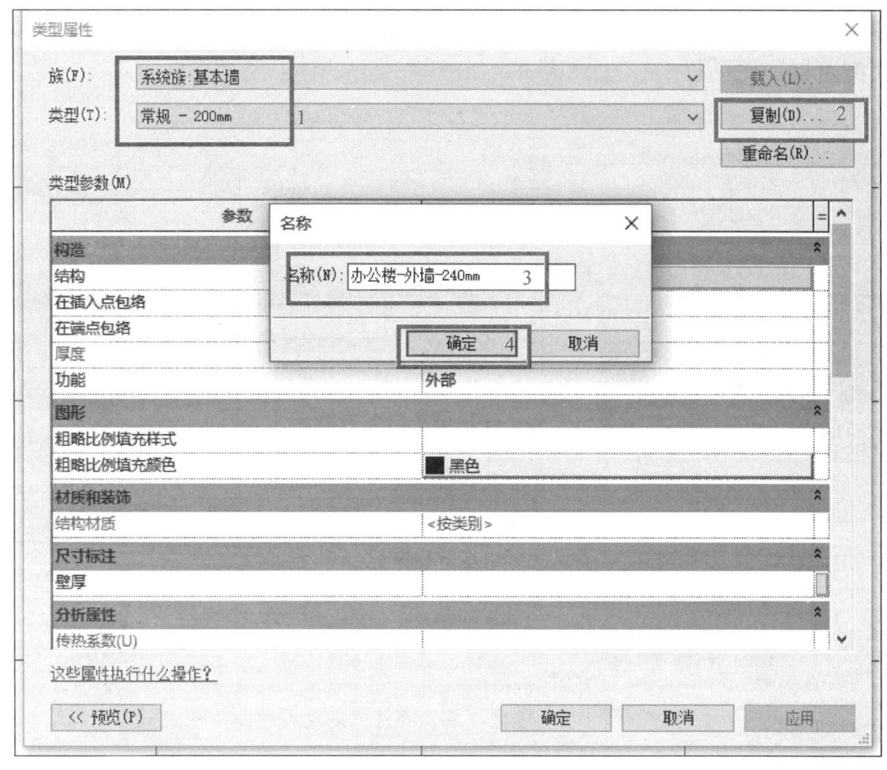

图 5-2 新建墙体

图 5-3 墙体“功能”

（5）如图 5-4 所示，单击“层”参数列表中第二列“材质”单元格中的按钮，弹出“材质浏览器”对话框。

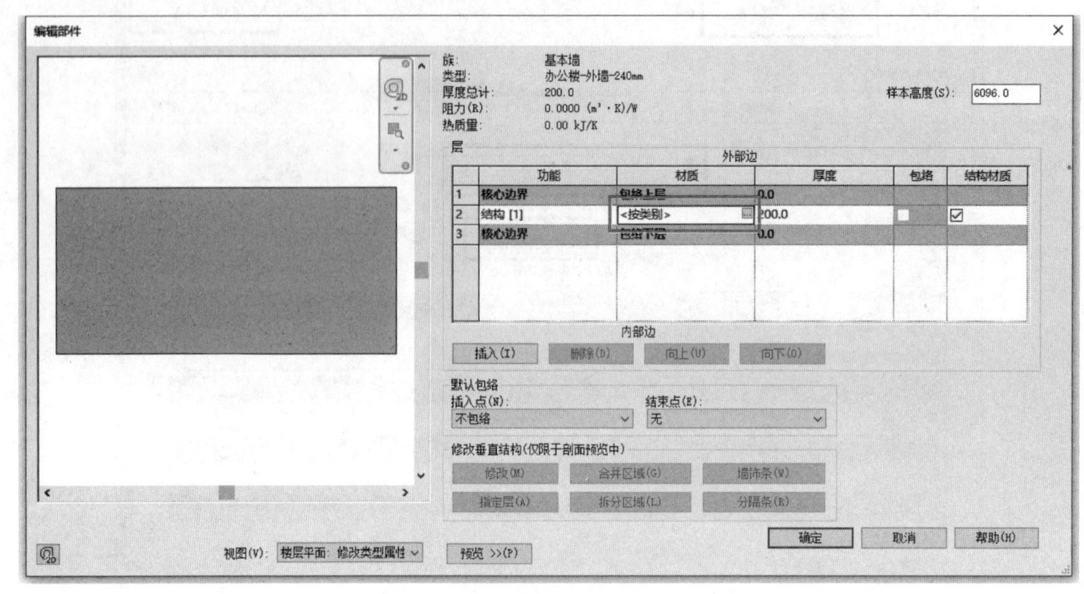

图 5-4　墙体“编辑部件”对话框

（6）如图 5-5 所示，在“材质浏览器”搜索栏中输入“混凝土砌块”，按图中步骤单击确认，返回“编辑部件”对话框。在选择材质后，可在“材质浏览器”右侧区域设置所选材质的“标识”“图形”“外观”等相应技术参数。

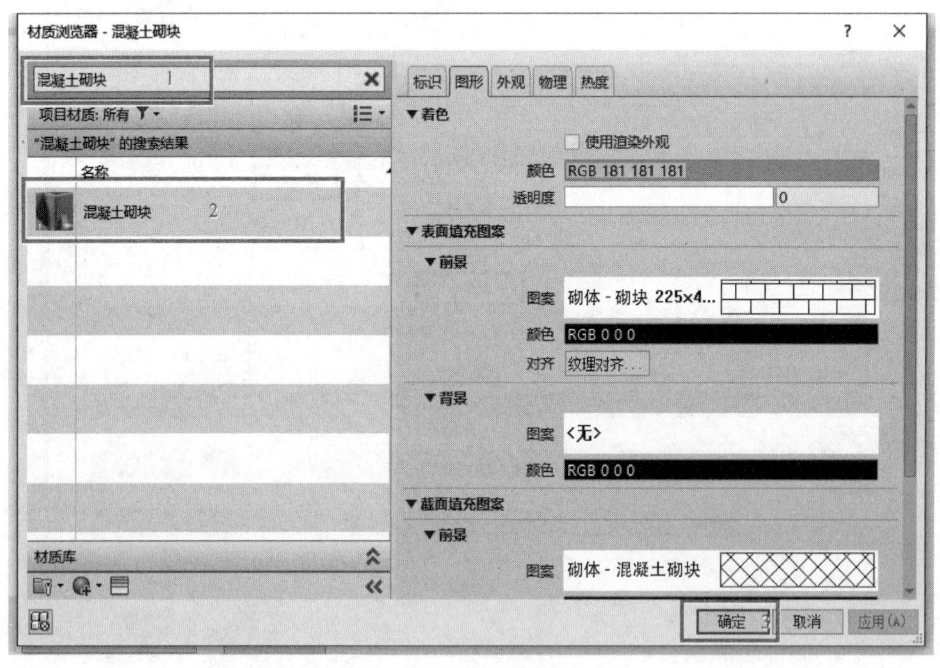

图 5-5　“材质浏览器”对话框

（7）单击“编辑部件”对话框中的“插入”按钮一次，添加一个新层。新插入的层默认功能为“结构 [1]”，厚度为“0.0”，单击“向上”命令，向上移动，将该层置于“核心边界”上层，单击修改该行“功能”，在下拉列表中选择“面层 2[5]”，此时该层编号为“1”。修改该层的“厚度”为“20.0”，单击第一行的“面层 2[5]”右侧“材质”单元格，出现浏览按钮，单击画面进入“材质浏览器”的默认对话框，在下拉材质列表中选择“砌体，普通砖 75×22”。单击编号为“4”的“核心边界”层，单击“编辑部件”对话框中的“插入”按钮一次，添加一个新层“5”，修改新插入的层默认功能为“衬底 [2]”。按上述方法将材质调整为“水泥砂浆”，将“厚度”设为“15.0”，单击“向下”命令，单击“插入”按钮再添加一个新层“6”，修改新插入的层默认功能为“面层 | [4]”，材质按上述方法调整为“涂料 - 黄色”，将“厚度”设为“5.0”，最终设置结果如图 5-6 所示。

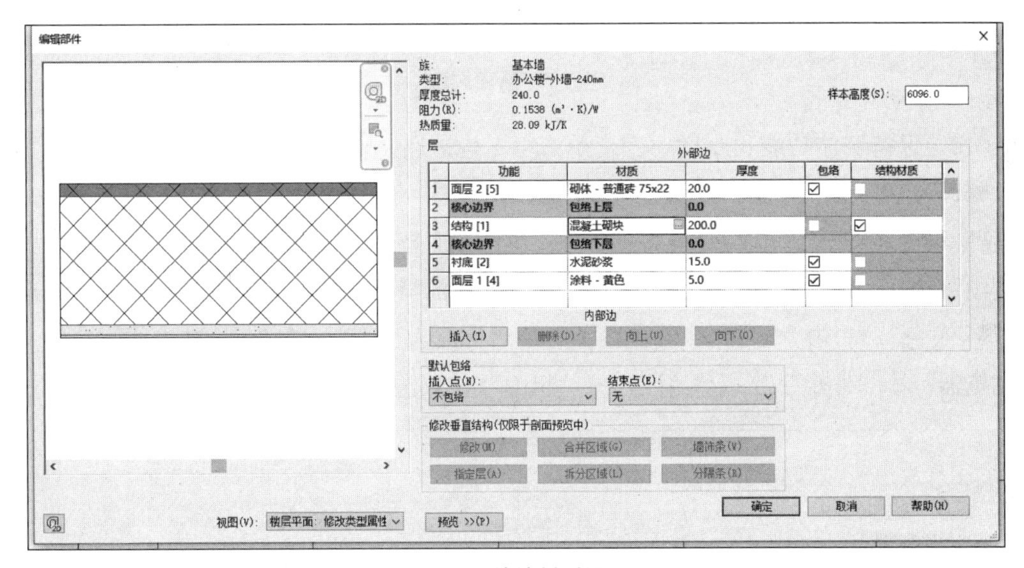

图 5-6　外墙材质设置

单击“编辑部件”对话框左下角的“预览”按钮，确认“预览”对话框“视图”为“楼层平面”，对照确认各构造层的截面显示比例。

提示

墙部件定义中的“层”用于表示墙体的构造层次，定义的墙结构列表从上（外部墙）到下（内部墙）代表墙构造从“外”到“内”的顺序。

（8）继续单击“确定”按钮返回“类型属性”对话框，注意此时的墙总厚度为 240。单击“应用”按钮保存墙类型设置，而不退出“类型属性”对话框。

（9）接下来将采用相同的方式定义办公楼内墙和挡土墙类型，其过程与定义外墙的过程相似。在“类型属性”对话框复制建立墙的新类型，并将其命名为“办公楼 - 内墙 -240mm”，单击“结构”参数后的“编辑”按钮，进入“编辑部件”对话框，如图 5-7 所示。

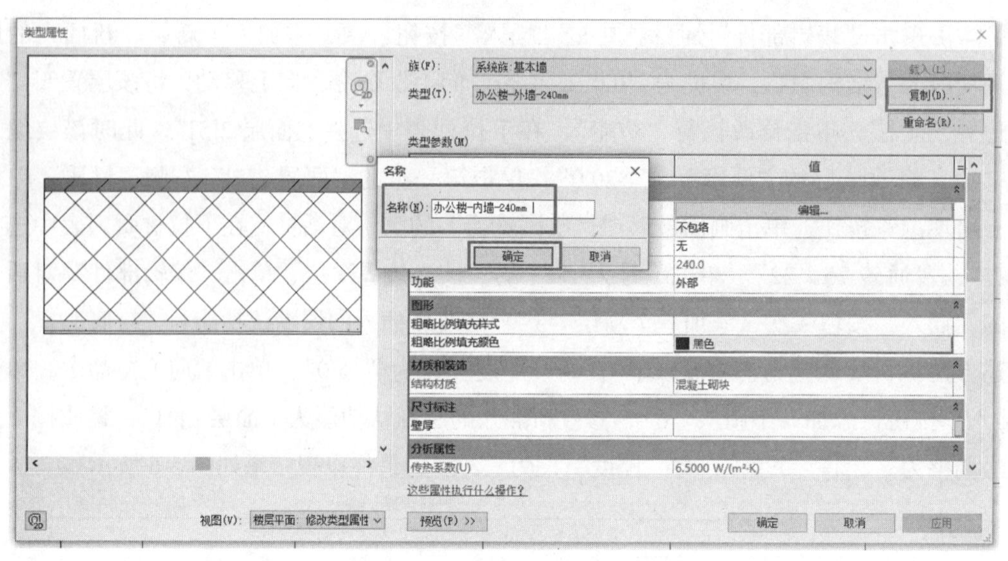

图 5-7 新建内墙

（10）保持墙体功能和厚度不变，单击第 1 构造层，单击“插入”即可添加一个新层次，修改新插入的层默认功能为“衬底 [2]”，材质按上述方法调整为“水泥砂浆”，将“厚度”设为“15.0”，单击“向下”命令；单击“面层 2[5]”右侧“材质”单元格，界面出现浏览按钮，单击此按钮，进入“材质浏览器”的默认对话框，在下拉材质列表中选择“涂料 - 黄色”，右击“复制”，复制出的材质名称改为“涂料 - 白色”，单击 ▤ 打开“资源浏览器”→“外观库”→“墙漆”→“粗面”→双击“白色”选项，如图 5-8 所示。关

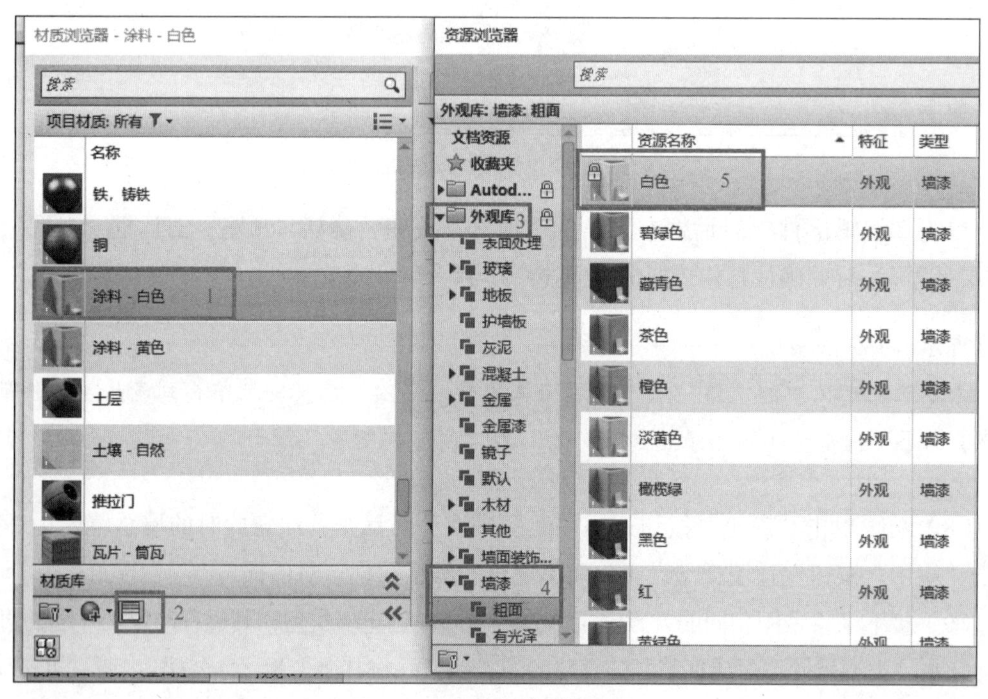

图 5-8 “资源浏览器”设置

闭“资源浏览器”，单击“图形”→“着色”，在“颜色”对话框中进行设置，如图 5-9 所示。单击“确定”按钮返回“编辑部件”对话框，修改“面层 | [4]”→“材质”为“涂料 - 白色”，如图 5-10 所示，单击“确定”按钮返回“类型属性”对话框，注意此时的内墙总厚度为 240。单击“确认”按钮直到退出墙“类型属性”对话框，返回墙绘制状态。

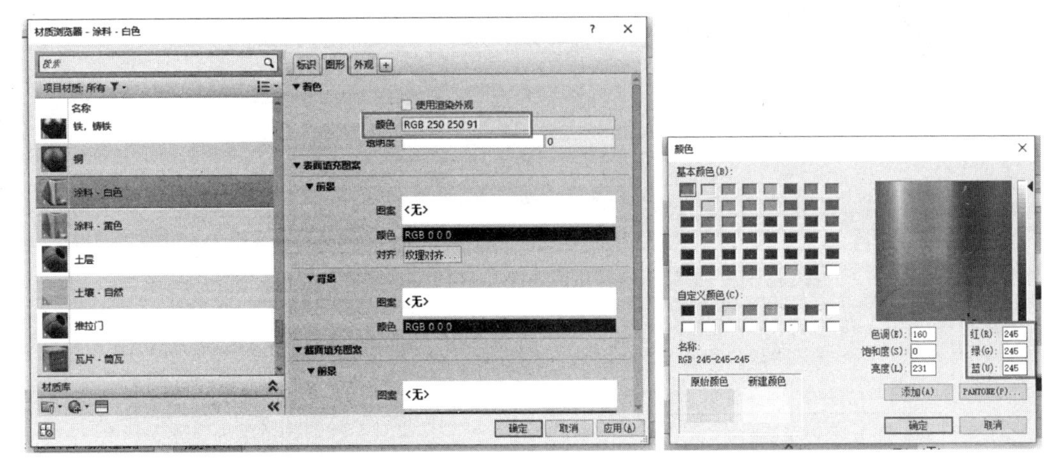

图 5-9　“资源浏览器”设置

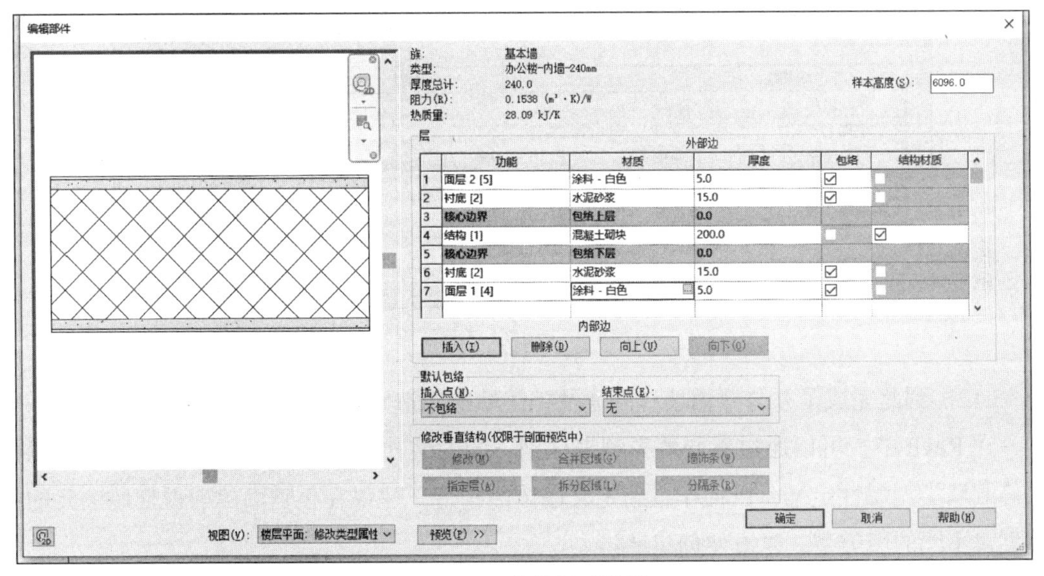

图 5-10　内墙材质设置

（11）单击“建筑”→“墙”→“墙：建筑”→“编辑类型”按钮，打开并在“类型属性”对话框中，确认“族”列表中当前族为“系统族：基本墙”。设置当前类型为“挡土墙 -300mm 混凝土”，单击“复制”按钮，输入名称“办公楼 - 挡土墙 -300mm”作为新墙体类型名称，如图 5-11 所示。完成后，单击“结构”参数后的“编辑”按钮，进入“编辑部件”对话框，对相应的内容进行完善，结果如图 5-12 所示。单击“确认”按钮，直到退出墙“类型属性”对话框，返回墙绘制状态。

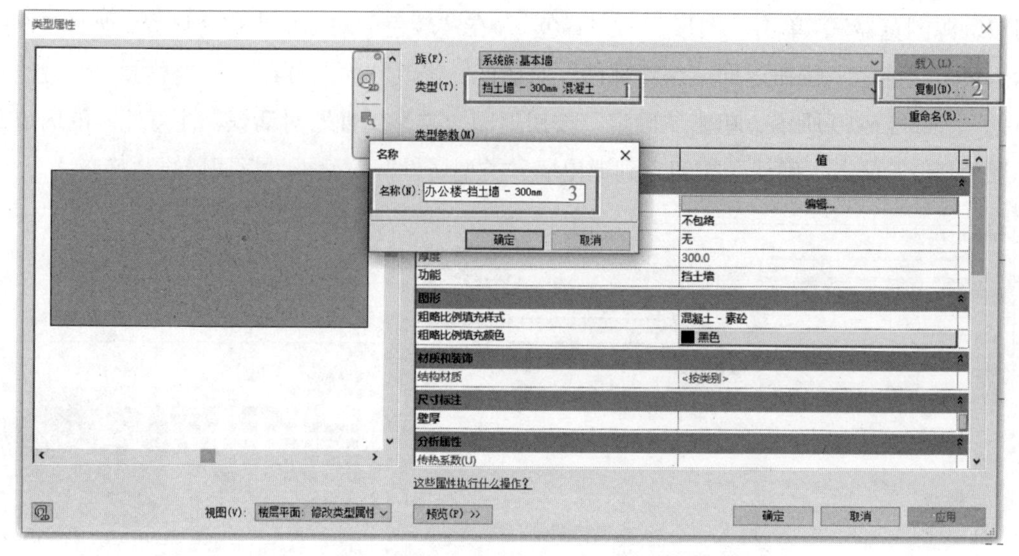

图 5-11 新建挡土墙

族: 基本墙
类型: 办公 -挡土墙 - 300mm²
厚度总计: 305.0
阻力(R): 0.0000 W/(m²·K)
热质量: 0.00 kJ/K
样本高度(S): 6096.0

层

外部边

	功能	材质	厚度	包络	结构材质
1	核心边界	包络上层	0.0		
2	结构 [1]	混凝土 - 现场浇注混凝	300.0	☐	☑
3	核心边界	包络下层	0.0		
4	衬底 [2]	水泥砂浆	15	☑	☐
5	面层 1 [4]	涂料 - 白色	5.0	☑	☐

内部边

图 5-12 挡土墙材质设置

（12）到此完成了办公楼内墙、外墙及挡土墙的构造定义。

在 Revit 中，可以通过不同墙类型来区别不同的墙功能构造。创建完墙图元后可以再次修改墙类型属性定义，以便于重新定义墙体的构造。建议在创建墙体前根据墙图元的特性创建不同的墙类型，以方便创建墙体。

墙在 Revit 中属于系统族。所谓系统族，是指通过 Revit 的系统提供的参数来定义生成不同的墙体类型和构造。Revit 提供了基本墙、叠层墙和幕墙共三种系统族，用于创建不同形式的墙。在办公楼项目中，还将使用幕墙创建室外幕墙模型。

2. 关于材质

在 Revit 中，材质由不同的资源构成。在默认情况下，材质将具备“图形”和“外观”两种资源。

其中，“图形”资源为所有材质必须具备的资源定义，用于控制采用该材质图元颜色显示时的颜色、透明度、立面视图中该图元的表面填充图案样式、被剖切时的截面填充图案样式等。

“外观”资源用于定义材质在真实视觉样式渲染时，采用该材质图元的显示方式，主要用于生成真实的材质外观。在真实的视觉样式下，“图形”特征中设置的颜色、表面填充图案、截面填充图案等均不再起作用。

在为材质添加新的资源特征时，Revit 还将打开“资源浏览器”。如图 5-13 所示，资源浏览器中列举了 Revit 提供的已预定义的各类资源特征，可以根据材质的类别或类型选择相应的特征，并进一步对各参数进行调整。本书后续项目还将使用材质功能讲解渲染材质的具体定义。限于篇幅，本书不再具体介绍材质各特征的定义，读者可自行对不同类型的资源进行修改和定义。

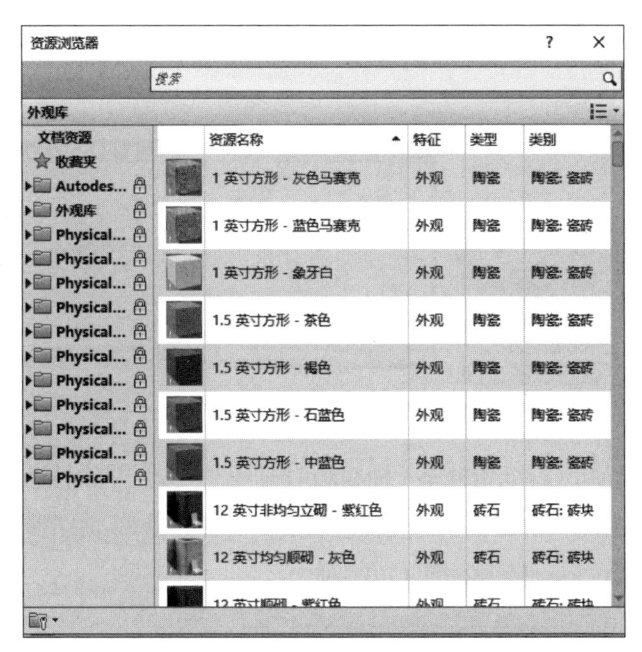

图 5-13　“资源浏览器”对话框

5.1.2　创建 B1/–3.60m 墙体

完成外墙、内墙及挡土墙的类型定义设置工作后，接下来就可以绘制“B1/–3.60m”墙体。

1. 创建挡土墙及外墙

（1）接上节。切换至“B1 室外地坪 /–3.90m”楼层平面图。单击“建筑”选项卡“构建”面板中的“墙：建筑”工具，进入建筑墙绘制状态。在“属性”面板类型选择器中选择“基本墙：办公楼 - 挡土墙 –300mm”墙类型；如图 5-14 所示，确认“修改 | 放置墙”上下文选项卡“绘制”面板中墙的绘制方式为“直线”。

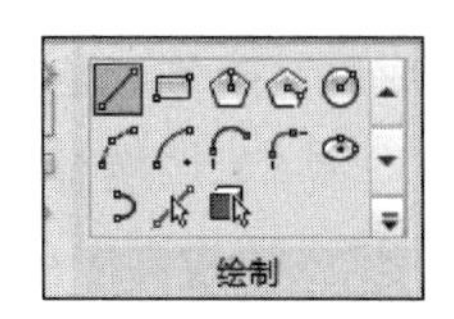

图 5-14　绘制方法

提示

不能在立面视图中绘制墙体。

（2）如图 5-15 所示，设置选项栏中墙生成方式为“高度”，确定高度的标高为“F1/0.00m”；设置墙的绘制定位线为“核心层中心线”，确认勾选“链”选项，设置偏移量为“0.0”。

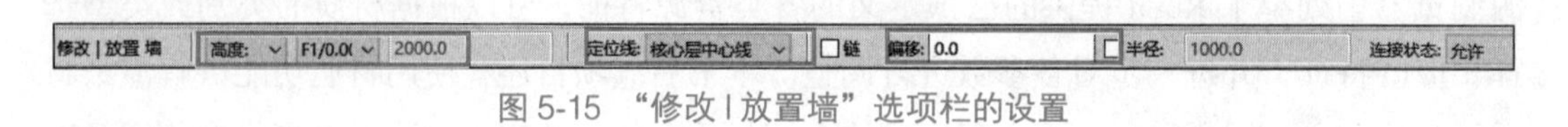

图 5-15 “修改 | 放置墙”选项栏的设置

提示

Revit 提供了五种墙定位方式，可结合图 5-16 对照理解六种定位线的区别，便于在实际工程中灵活运用。

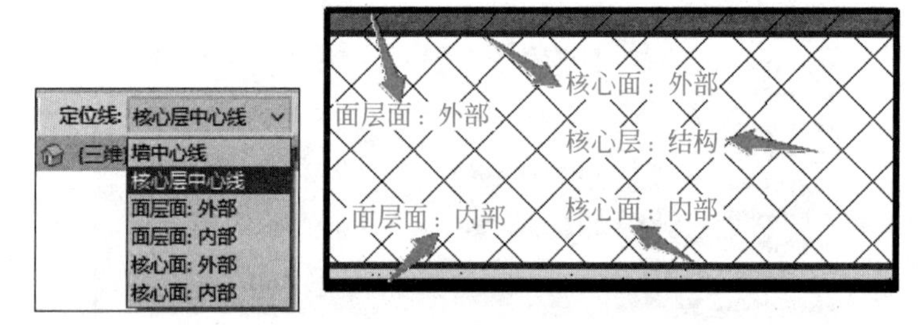

图 5-16 五种墙的定位方式

（3）如图 5-17 所示，移动指针至 1 轴线和Ⓓ轴线交点处，当捕捉到轴线交点时，单击该交点作为墙绘制起点，沿水平方向向右移动鼠标指针，沿Ⓓ轴线捕捉至 7 轴线与Ⓓ轴线交点，绘制第一段墙体。按 Esc 键完成绘制。

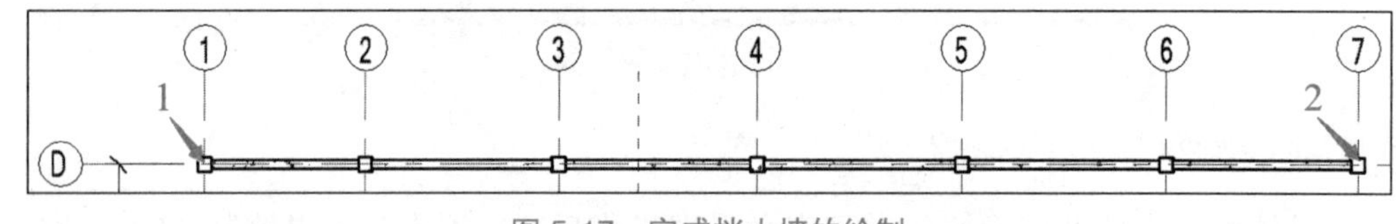

图 5-17 完成挡土墙的绘制

（4）重复步骤（1），在“属性栏”选择“办公楼 - 外墙 –240mm”，使用相同的参数设置并勾选“选项栏”中的“链”选项，从⑦轴线和Ⓓ轴线交点处开始顺时针绘制，完成后，按 Esc 键退出墙绘制状态，如图 5-18 所示。

（5）切换至“B1 室外地坪 /–3.90m”楼层平面图。设置选项栏中墙生成方式为“高度”，确定高度的标高为“B1/–3.60m”；设置墙的绘制定位线为“核心层中心线”，确认不勾选“链”选项，设置偏移量为“0.0”，如图 5-19 所示。

1
2
3
4
5
6
7
D
C
B
A
5700
6900
7200

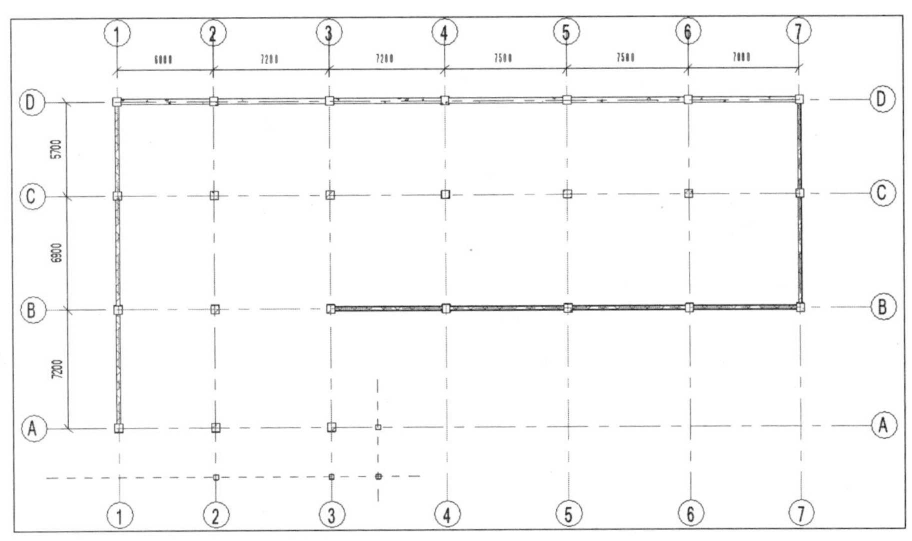

图 5-18　完成 B1 外墙绘制

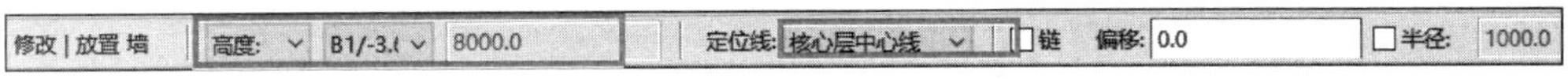

修改 | 放置 墙
高度:
B1/-3.(
8000.0
定位线:
核心层中心线
链
偏移:
0.0
半径:
1000.0

图 5-19 “修改 | 放置墙”选项栏的设置

（6）移动指针至③轴线和Ⓑ轴线交点处，当捕捉到轴线交点时单击，作为墙绘制起点；沿顺时针方向绘制至①轴线和Ⓐ轴线交点。完成后，按 Esc 键完成绘制，如图 5-20 所示。

B
A
1
2
3

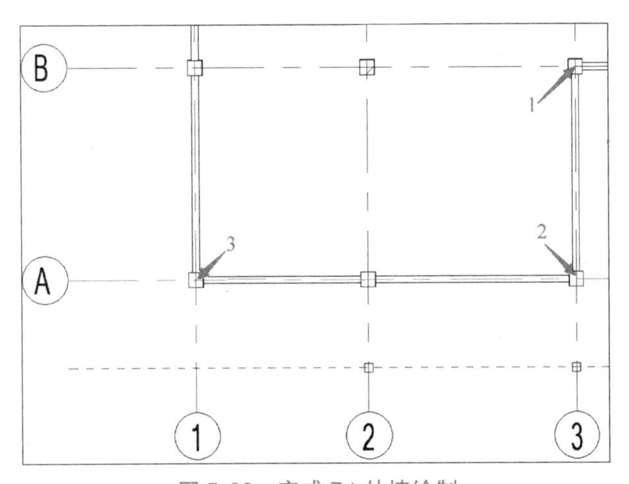

图 5-20　完成 B1 外墙绘制

提示

沿顺时针方向绘制，可以确保墙的正确偏移方向，并保证墙的正确“内、外”方向。Revit 将沿绘制方向的左侧进行墙体偏移，并将绘制方向左侧定义为墙“外”侧。本项目中，采用的“办公楼 - 外墙 -240mm”外侧与内侧的材质定义并不相同。

2. 创建内墙

（1）接上节。切换至“B1/−3.60m”楼层平面图。使用“建筑”选项卡“工作平面”面板中的“参照平面”工具，进入参照平面绘制状态，自动切换至“修改 / 放置参照平面”上下文选项卡，如图 5-21 所示，单击 拾取线，在偏移量中输入“3000.0”，将指针放在Ⓒ轴线上部，单击鼠标左键确认，生成距离Ⓒ轴线 3000mm 的参照平面。按照上述步骤，参照施工图纸，完成距离Ⓓ轴线下部“3600”、②轴线左侧“1800”、②轴线右侧“3600”、③轴线右侧“3600”、④轴线右侧“3900”、⑤轴线右侧“3900”、⑥轴线右侧“3500”的参照平面，绘制完成后，如图 5-22 所示。完成后，按 Esc 键两次，即可退出参照平面绘制模式。可适当调整参照平面线长度。

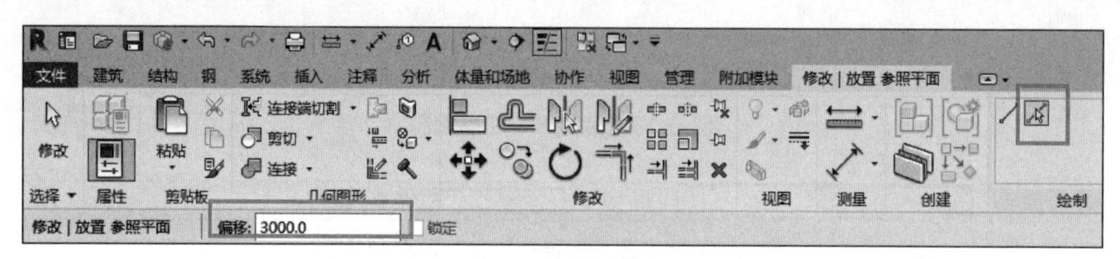

图 5-21 绘制参照平面

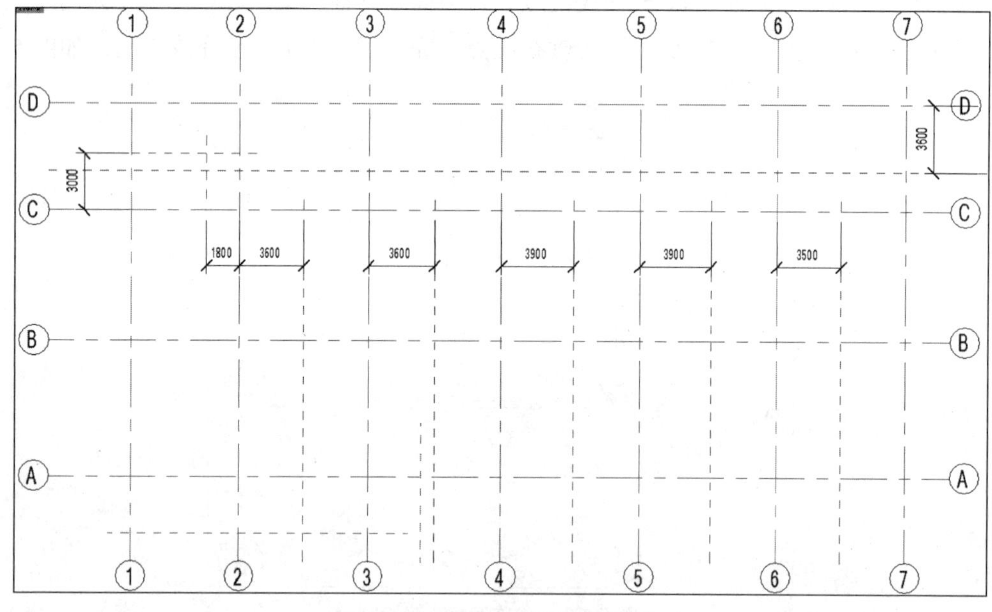

图 5-22 完成参照平面的绘制

（2）单击“建筑”选项卡“构建”面板中的“墙：建筑”工具，进入建筑墙绘制状态。在“属性”面板类型选择器中选择“基本墙：办公楼 - 内墙 −240mm”墙类型，如图 5-23 所示，确认“修改 | 放置墙”上下文选项卡“绘制”面板中墙的绘制方式为“直线”，设置选项栏中墙生成方式为“高度”，确定高度的标高为“F1/0.00m”，设置墙的绘制定位线为“核心层中心线”，确认不勾选“链”选项，设置偏移量为“0.0”。

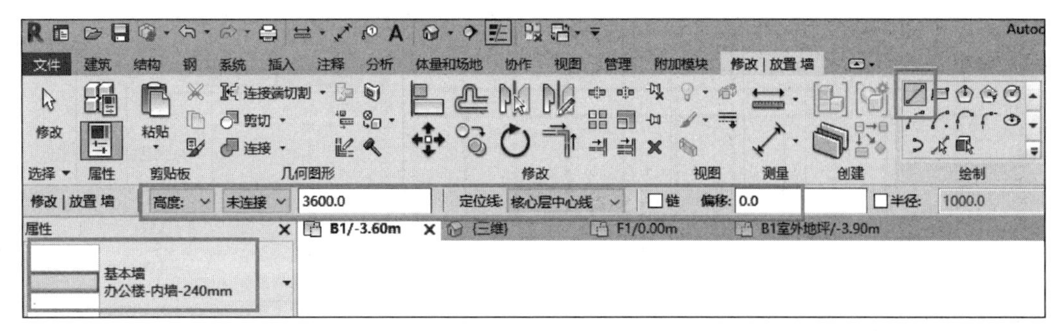

图 5-23 “修改 | 放置墙”选项栏的设置

（3）如图 5-24 所示，分别按图中所示位置绘制内墙。完成后，按 Esc 键两次，退出墙绘制模式。

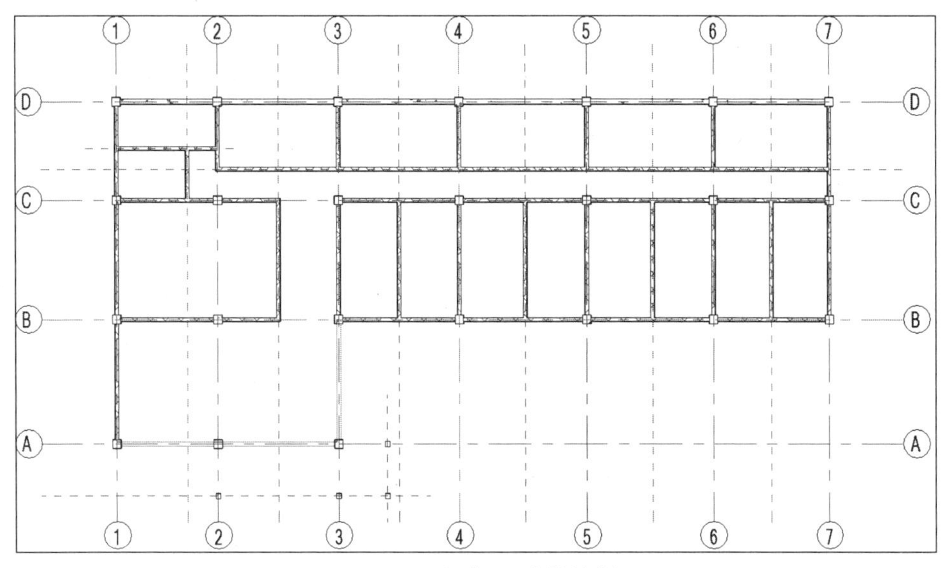

图 5-24 完成 B1 内墙绘制

5.2 创建其他标高墙体

在办公楼项目中，可以采用与 B1 标高墙体相似的方式创建 F1 标高墙体。在本项目中，F1 标高墙体与 B1 标高墙体布置近似，可以采用将 B1 标高墙体复制到剪贴板，并对齐粘贴至 F1 标高墙体的方式，提高相同墙体的创建效率。

5.2.1 创建 F1/0.00m 墙体

（1）接上节练习。切换至 B1/−3.60m 楼层平面视图。使用框选的方式，配合使用选择过滤器选择 B1/−3.60m 标高中部分墙体，自动进入“修改 / 墙”上下文选项卡，选择范围如图 5-25 所示。

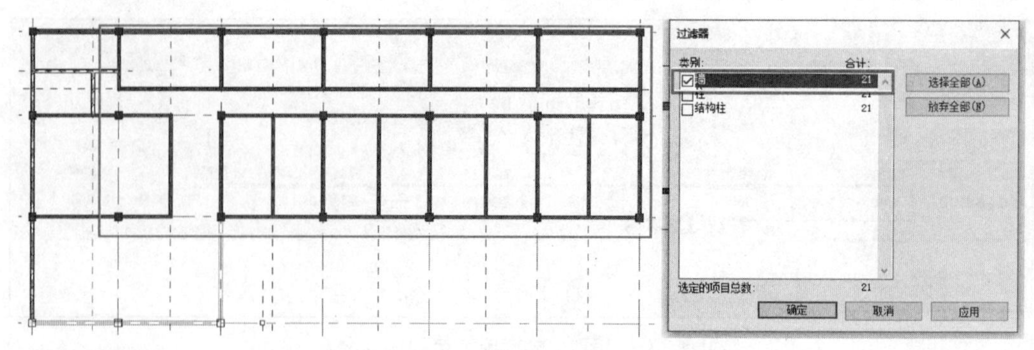

图 5-25 选择与 F1 相同部分墙体

提示

可以采用从右下角至左上角的方式使用虚线框选模式。虚线框选模式除选择所有被虚线框完全包围的图元外，还将选择所有与虚线框相交的图元。可配合使用选择过滤器，以保留对墙体的选择。在选择过程中，漏选图元可以按住 Ctrl 键加选，多选图元可以按住 Shift 键去除。

（2）单击“剪贴板”面板中的“复制到剪贴板”工具，将所选择图元复制到剪贴板，单击“剪贴板”面板中的“粘贴”工具下拉列表，在列表中选择“与选定的标高对齐”选项，界面弹出“选择标高对齐”对话框。在标高列表中选择“F1/0.00m”，单击“确定”按钮，将所选择墙体对齐粘贴至 F1/0.00m 标高，如图 5-26 所示。

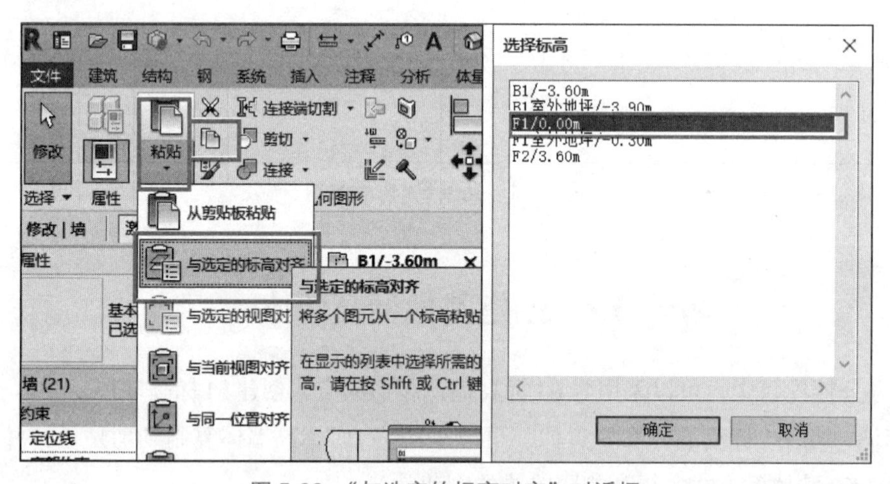

图 5-26 “与选定的标高对齐”对话框

5.2.2 编辑 F1/0.00m 墙体

（1）切换至 F1/0.00m 平面视图。Revit 已在 F1/0.00m 标高生成完全相同的墙体，如图 5-27 所示。使用框选的方式，配合使用选择过滤器选择 F1/0.00m 标高中全部墙体，在“属性”栏中修改“底部约束”为“F1/0.00m”，修改“顶部约束”为“直到标高：F2/3.60m”。

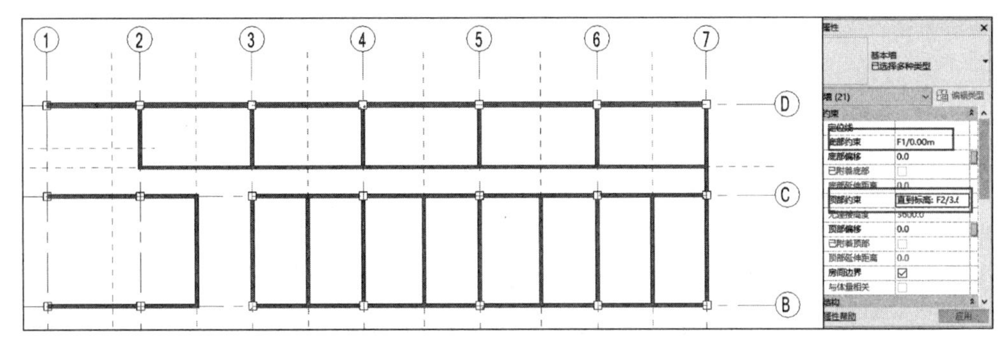

图 5-27　修改 F1 墙体属性

（2）单击“修改”→“ 修剪/延伸多个单元”按钮，单击2轴线再单击Ⓑ、Ⓒ、Ⓓ轴线上与②轴线相交的墙体左侧；单击“修改”→“ 修剪/延伸多个单元”，单击③轴线再单击左侧墙体，延伸至③轴线上，完成编辑如图 5-28 所示。

（3）选中Ⓓ轴线上所有墙体，在“属性”栏中把“基本墙：办公楼-挡土墙–300mm”修改为“基本墙：办公楼-外墙–240mm”，如图 5-29 所示。

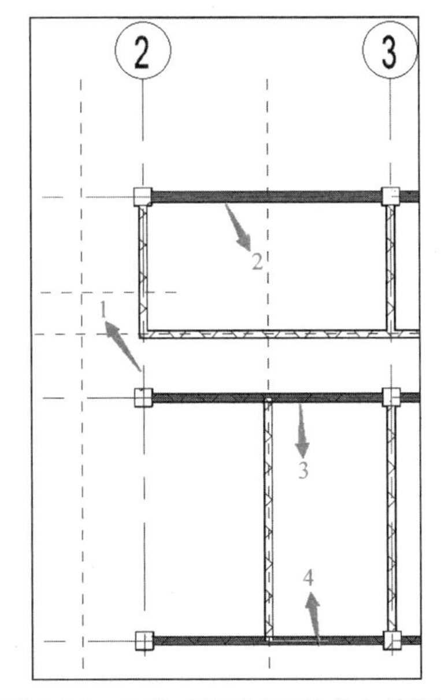

图 5-28　编辑“修剪/延伸多个单元”

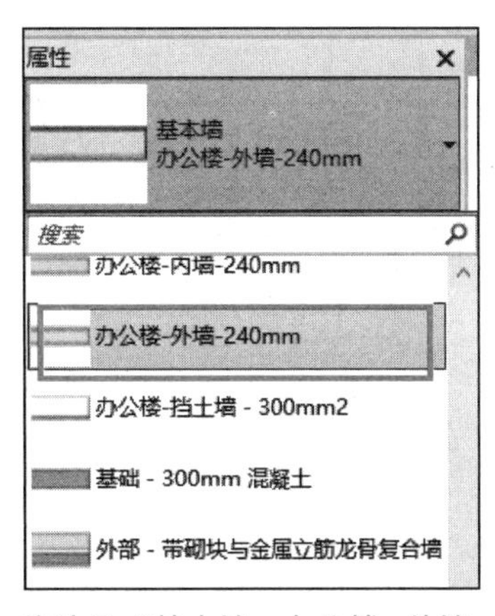

图 5-29　修改为“基本墙：办公楼-外墙–240mm”

（4）删除Ⓑ轴线中②轴线右侧墙体，选中Ⓓ轴线中②轴线下方墙体，在“属性”栏中，把“基本墙：办公楼-内墙–240mm”修改为“基本墙：办公楼-外墙–240mm”，单击“修改”→“ 修剪/延伸为角”，分别单击②轴线上与Ⓑ轴线上墙体，如图 5-30 所示。修剪完成的 F1 外墙如图 5-31 所示。

（5）单击“修改”→“拆分图元”，单击④~⑤轴线和距离Ⓓ轴线 3600mm 墙体上任意位置，单击“修改”→“ 修剪/延伸为角”，分别单击④轴线与下方墙体，完成后，再分别单击⑤轴线与下方墙体，如图 5-32 所示。修剪完成的 F1 外墙如图 5-33 所示。

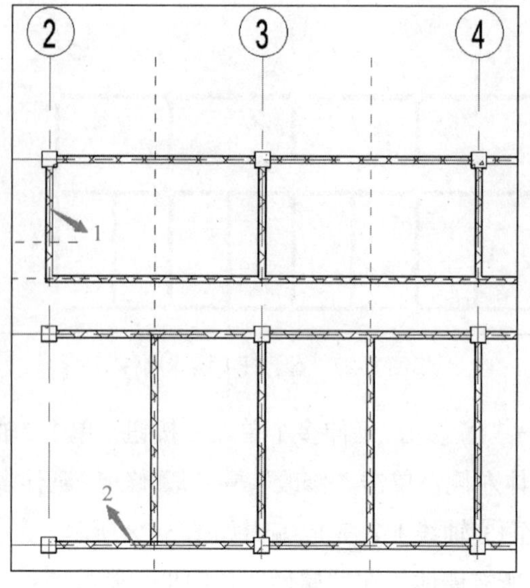

图 5-30 “修剪 / 延伸为角”F1 外墙

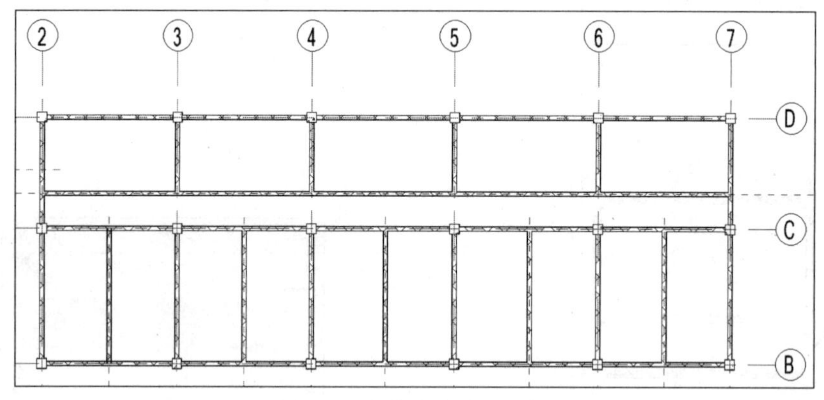

图 5-31 修剪完成的 F1 外墙

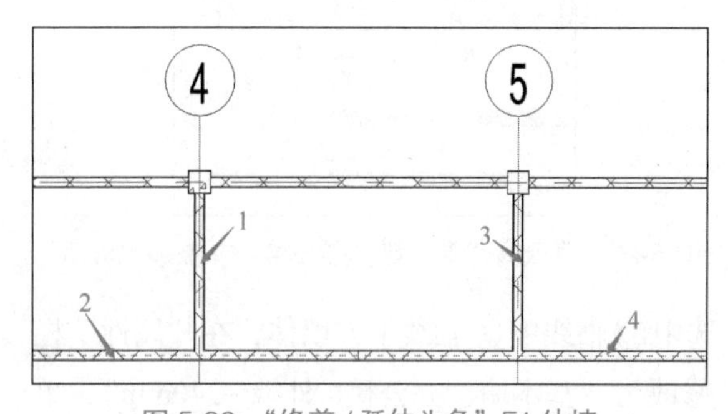

图 5-32 “修剪 / 延伸为角”F1 外墙

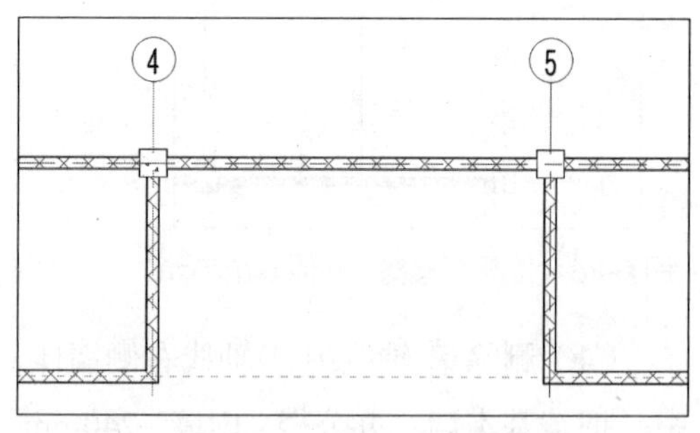

图 5-33 修剪完成的 F1 外墙

（6）单击“建筑”→“墙”→“墙：建筑”，在“属性”选项卡中选择“基本墙：办公楼 - 内墙 –240mm”，确认“修改 / 放置墙”上下文选项卡“绘制”面板中墙的绘制方式为“直线”。设置选项栏中墙生成方式为“高度”，确定高度的标高为“F2/3.60m”，设置墙的绘制定位线为“核心层中心线”，确认不勾选“链”选项，设置偏移量为“0.0”。按

图 5-34 所示尺寸创建墙体。

（7）单击“修改”→“拆分图元”，单击②~③轴线和距离Ⓓ轴线 3600mm 墙体上任意位置，单击“修改”→“ 修剪 / 延伸为角”，如图 5-35 所示，按顺序分别单击所示位置墙体。修剪完成的 F1 墙体如图 5-36 所示。

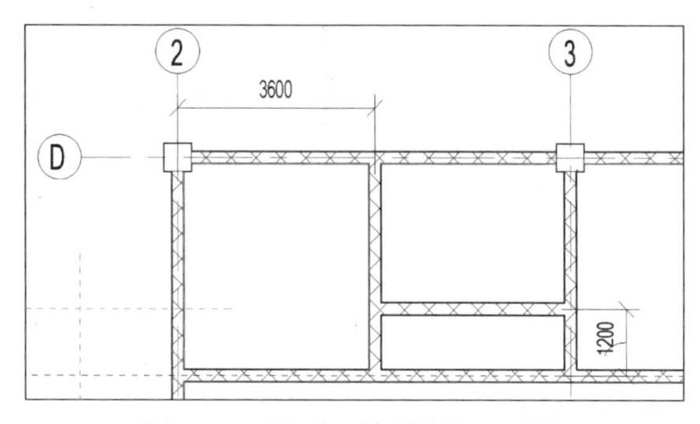

图 5-34 “修改 / 放置墙”F1 外墙

图 5-35 “修剪 / 延伸为角”F1 外墙

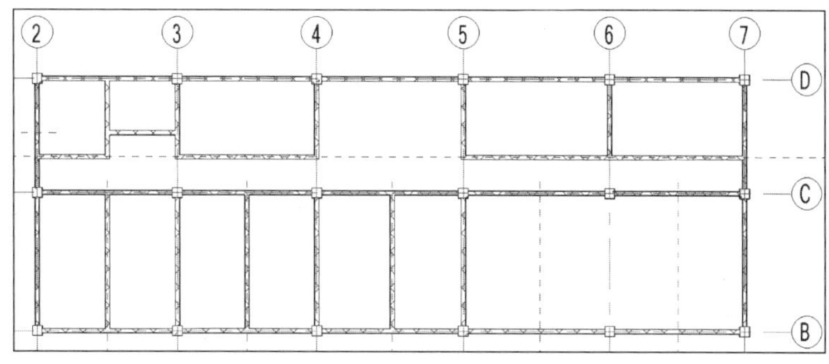

图 5-36 完成的 F1 墙体

（8）到此，即完成办公楼项目的所有主要内墙、外墙及挡土墙的创建任务。

在 Revit 中，对于上、下标高位置相同的墙体及图元，可以采用复制到剪贴板，并配合使用与选定的标高对齐的方式，将所选择图元粘贴至其他标高。还可以根据通过修改墙体属性面板中的底部约束、顶部约束、底部偏移和顶部偏移的方式，通过修改墙体的高度在其他标高视图中创建墙体。

附件：任务单

项目6 幕墙编辑

教学目标：

通过学习本项目内容，了解幕墙系统族、族类型，熟悉幕墙创建的一般步骤，掌握各类幕墙的创建方法；掌握幕墙网格的划分方法和各类嵌板的使用，规范标准制作建筑施工图。

知识目标：

（1）了解幕墙的系统族种类；

（2）能定义幕墙的属性；

（3）能完成幕墙的绘制；

（4）掌握幕墙网格的划分方法和各类嵌板的创建方法。

技能目标：

（1）了解幕墙的系统族和族类型；

（2）熟悉幕墙创建的步骤，掌握幕墙的创建方法；

（3）完成幕墙的创建，掌握幕墙网格与嵌板的创建方法。

项目5创建了办公楼的主墙体，本项目将学习创建和编辑幕墙的方法。幕墙作为墙的一种类型，在当今建筑中的使用非常广泛。本项目将介绍办公楼幕墙的创建过程，还将介绍一些常见的墙体编辑方法。

6.1 幕墙简介

在Revit 2020中，幕墙由“幕墙嵌板”“幕墙网格”和“幕墙竖梃”组成，如图6-1所示。幕墙嵌板是构成幕墙的基本单元，幕墙由一块或者多块幕墙嵌板组成；幕墙网格决定了幕墙嵌板的大小、数量；幕墙竖梃为幕墙龙骨，是沿幕墙网格生成的线性构件。办公楼项目中的幕墙造型比较简单，下面介绍创建和定义幕墙的过程。

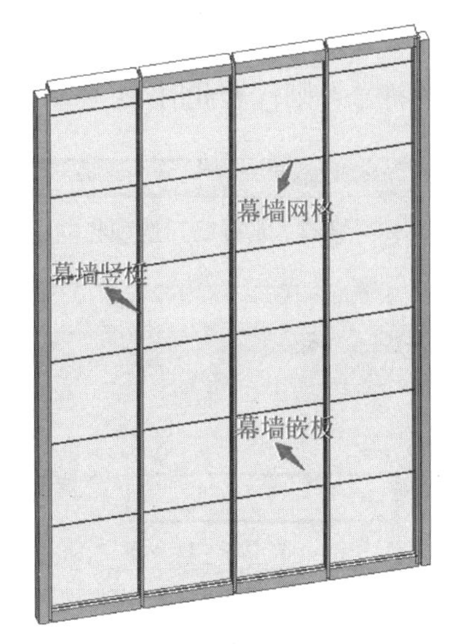

图 6-1　幕墙示意图

6.2 创建幕墙

微课：创建幕墙

对于本项目，幕墙位置在南立面与东立面上，其上包含门，无法直接载入门，因为门窗构件必须基于基本墙或层叠墙主体图元放置，无法应用于幕墙。Revit 2020 提供了更为灵活的幕墙工具来编辑、生成幕墙的门、窗。

（1）接 5.2 节，打开“办公楼项目 .rvt”项目文件。切换至 B1/−3.60m 楼层平面视图。单击“建筑”选项卡“构建”面板中的“墙”工具下拉列表，在列表中选择“墙：建筑”工具，进入“修改 / 放置墙”上下文选项卡。在属性面板类型选择器中选择“幕墙”类型，如图 6-2 所示。

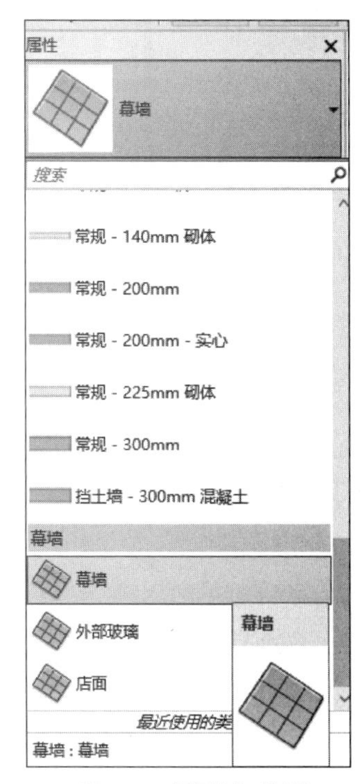

图 6-2 “幕墙”类型

（2）设置选项栏中“高度”为“F1/0.00m”，勾选“链”，设偏移量为“0.0”，如图 6-3 所示。

（3）单击“属性”面板中的“编辑类型”按钮，弹出“类型属性”对话框，如图 6-4 所示，确认“族”列表中当前族为“系统族：幕墙”，单击“复制”按钮，输入“办公楼幕墙”作为新墙体的类型名称，完成后，单击“确定”按钮，返回“类型属性”对话框。

（4）不设置“类型属性”对话框内类型参数下的内容，单击“确定”按钮。选择 B1/−3.60m 楼层平面，以 Ⓑ 轴线交 ② 轴线处为起点，到 ② 轴线交 Ⓐ 轴线处为终点绘制幕墙；

再继续绘制到Ⓐ轴线交①轴线处，绘制完成后，按两次 Esc 键退出。如图 6-5 所示，单击幕墙，如出现图中箭头所指的符号，则代表此时 ↔ 一侧是幕墙外墙。

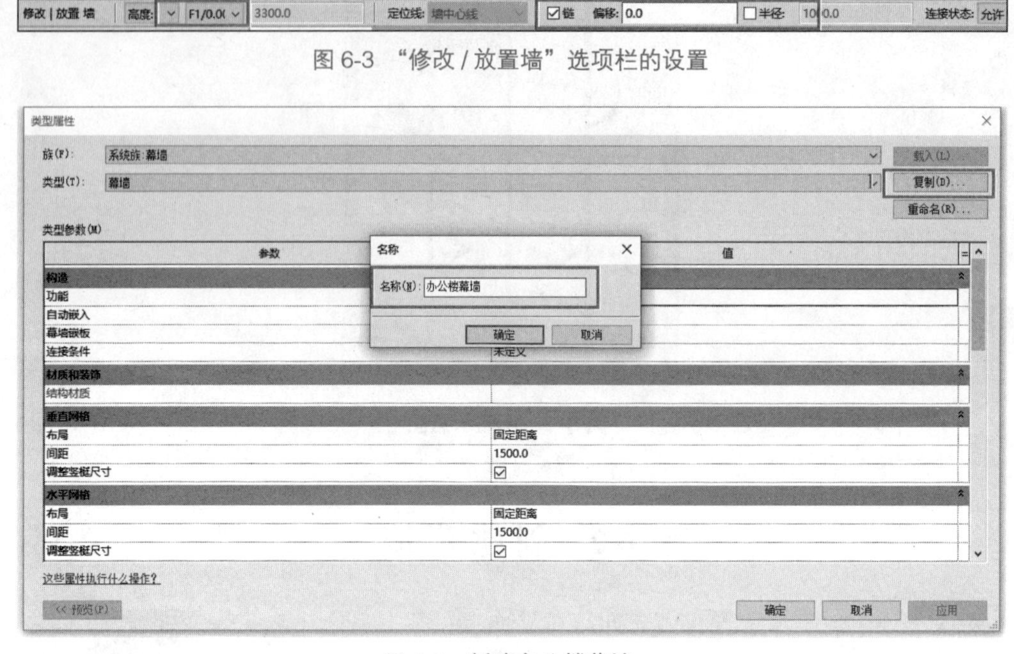

图 6-3 “修改 / 放置墙”选项栏的设置

图 6-4 新建办公楼幕墙

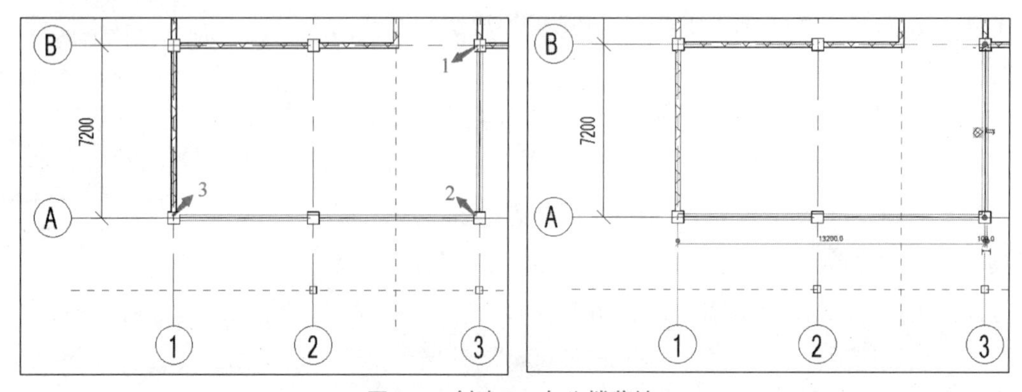

图 6-5 创建 B1 办公楼幕墙

（5）此时，即完成办公楼项目幕墙的基本绘制任务，保存项目。

6.3 划分幕墙网格

完成幕墙的类型定义工作后，接下来就可以绘制项目幕墙。

（1）接 6.2 练习。切换至东立面图，在视觉样式中选择“着色”，如图 6-6 所示。

（2）选择幕墙图元，单击视图控制栏中的 ↔ 按钮，在弹出的菜单中选择“隔离图元”命令，视图中将仅显示所选择的办公楼项目东立面上的幕墙。

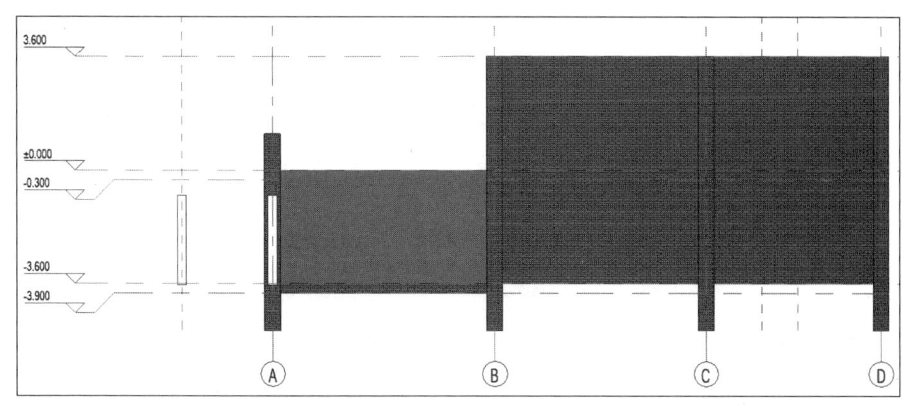

图 6-6　东立面"着色"状态

（3）单击"建筑"选项卡"构建"面板中的"修改 / 放置幕墙网格"选项卡，选择"全部分段"，如图 6-7 所示。

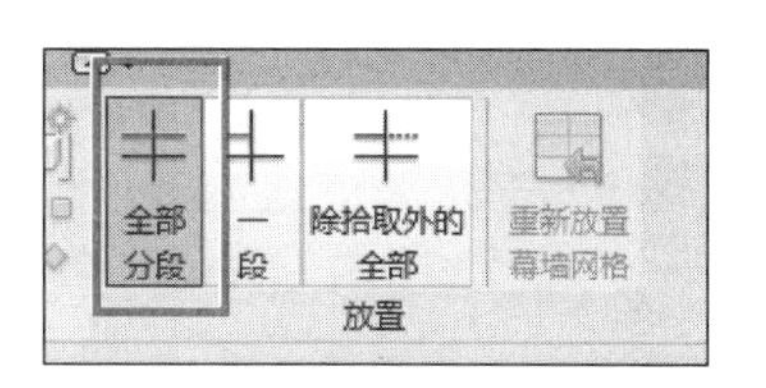

图 6-7　幕墙网格"全部分段"

（4）移动指针至幕墙垂直方向边界位置，将以虚线显示平行于光处幕墙网格的预览，在靠近下方任意位置单击鼠标左键绘制网格线，修改网格线临时尺寸下部数值为 1200，复制该网格线，向上平移 1200 后粘贴，如图 6-8 所示。

（5）使用同样的方法建立垂直网格线，具体尺寸如图 6-9 所示。

图 6-8　水平幕墙网格线尺寸

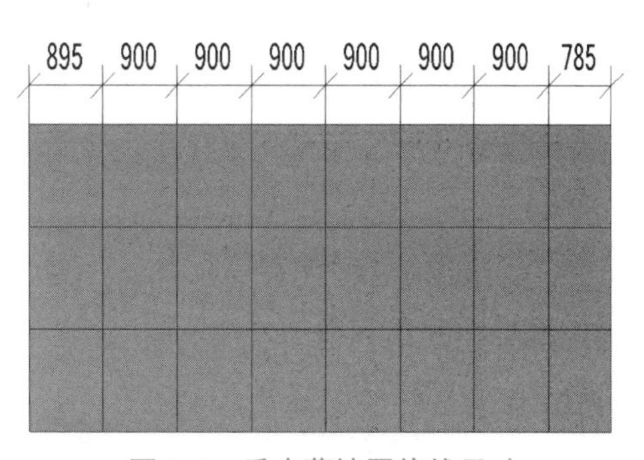

图 6-9　垂直幕墙网格线尺寸

（6）单击视图控制栏中的 按钮，在弹出的菜单中选择"重设临时隐藏 / 隔离"命令，视图中将显示办公楼东立面的所有图元。

（7）切换至南立面图，在视觉样式中选择"着色"，如图 6-10 所示。

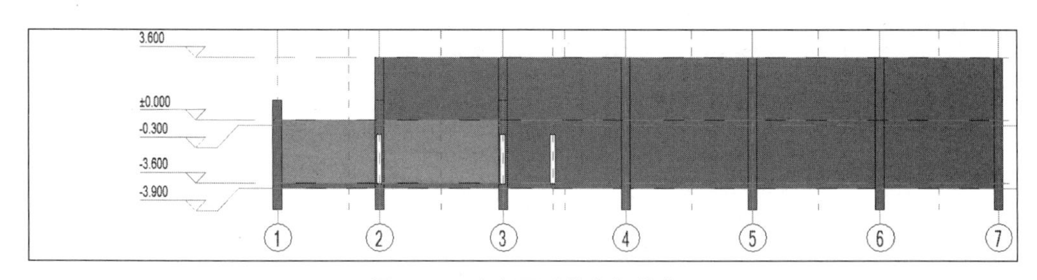

图 6-10　南立面"着色"状态

（8）选择幕墙图元，单击视图控制栏中的 按钮，在弹出的菜单中选择“隔离图元”命令，视图中将仅显示所选择的办公楼项目南立面上的幕墙。

（9）单击“建筑”选项卡“构建”面板中的“修改 / 放置幕墙网格”选项卡，选择“全部分段”，按（4）、（5）所示步骤绘制幕墙网格线，具体尺寸如图 6-11 和图 6-12 所示。

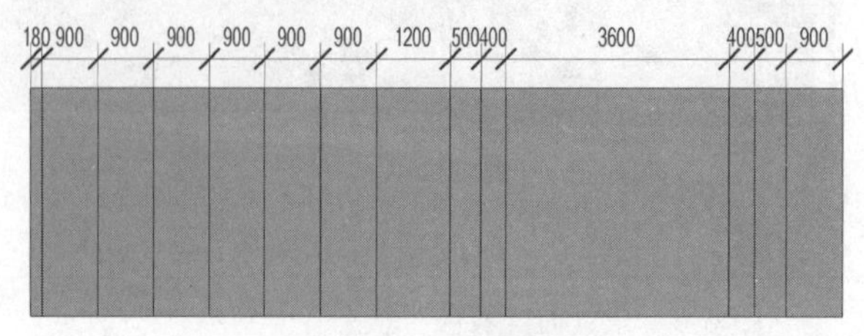

图 6-11 垂直幕墙网格线尺寸

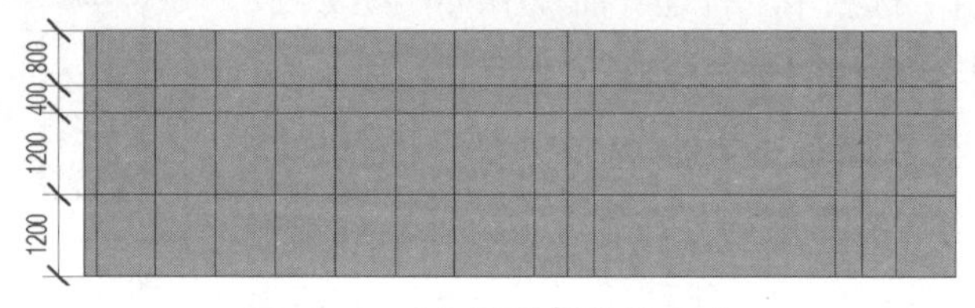

图 6-12 水平幕墙网格线尺寸

（10）选择最下方的水平网格线，自动切换至“修改 / 幕墙网格”选项卡，单击“幕墙网格”面板中的“添加 / 删除线段”工具。

（11）移动指针至如图 6-13 所示的水平网格位置，并单击，完成后，按 Esc 键退出“修改 / 幕墙网格”状态，删除所选位置处幕墙网格。

图 6-13 删除所选位置处幕墙网格

（12）重复上一步操作，修改其他幕墙网格线段，结果如图 6-14 所示。

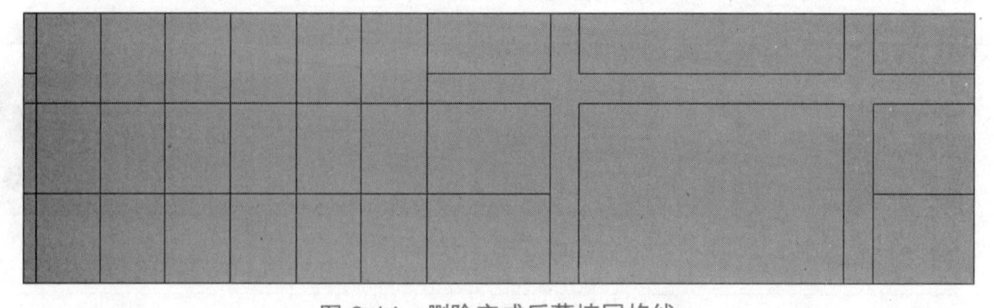

图 6-14 删除完成后幕墙网格线

提示

网格的“添加 / 删除线段”功能仅针对所选择网格有效。“添加 / 删除线段”操作并未删除实际幕墙网格对象，而是对网格进行隐藏。Revit 中的幕墙网格将始终贯穿整个幕墙对象。

（13）进入“建筑”选项卡，选择“幕墙网格”，在“修改 / 放置幕墙网格”选项卡中选择“一段”选项，绘制如图 6-15 所示的网格线。

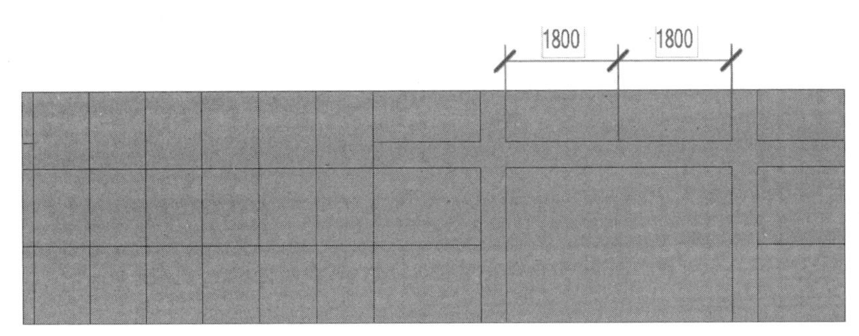

图 6-15　幕墙网格“一段”设置

（14）至此，幕墙网格划分完成，保存该项目。

6.4　划分幕墙嵌板

添加幕墙网格后，Revit 根据幕墙网格线段形状将幕墙分为多个独立的幕墙嵌板，可以自由指定和替换每个幕墙嵌板。嵌板可以替换为系统嵌板族、外部嵌板族或任意基本墙及叠层墙族类型。其中，Revit 提供的“系统嵌板族”包括玻璃、实体和空三种。下面通过替换幕墙嵌板设置幕墙门及墙体。

（1）接上一节练习。切换至南立面图，隔离显示幕墙。单击“插入”选项卡“从库中载入”面板中的“载入族”按钮，单击“浏览”按钮进入“建筑”文件夹，接着进入“幕墙”文件夹，然后进入“门窗嵌板”文件夹，选择 门嵌板_四扇推拉无框铝门.rfa 族文件，将其载入项目中。

（2）移动鼠标指针至图 6-16 所示幕墙底部幕墙网格处，按 Tab 键，直到幕墙网格嵌板高亮显示时，单击鼠标左键，选择该嵌板。软件自动切换至“修改 / 幕墙嵌板”选项卡。

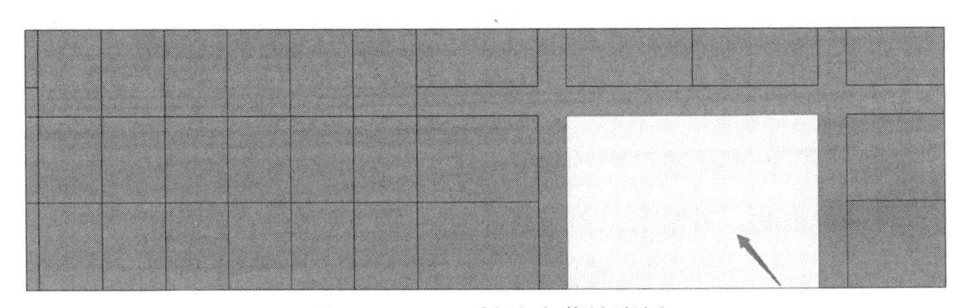

微课：嵌入幕墙门窗

图 6-16　Tab 键选中幕墙嵌板

（3）单击“属性”面板“类型选择器”中的幕墙嵌板类型列表，在列表中选择本节载入的“四扇推拉无框铝门”。完成后，按 Esc 键取消当前选择。Revit 将以该门替换原“系统嵌板：玻璃”，如图 6-17 所示。门嵌板的大小取决于幕墙网格的大小。切换至 B1/-3.60mm 楼层平面图，可以看到，替换面板后，幕墙门显示为门平面符号。

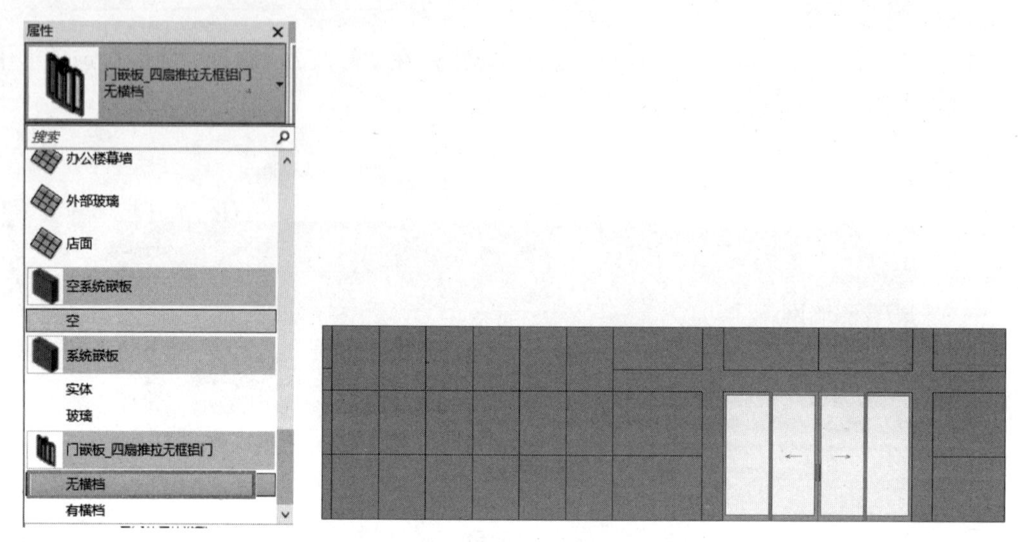

图 6-17 “四扇推拉无框铝门”替换选中幕墙嵌板

提示

在族类型选择器中，除“四扇推拉无框铝门”嵌板族以外，还包括“系统嵌板”和“空系统嵌板”、基础墙和叠层墙族，以及其他包括在项目样板中且已载入的幕墙嵌板。

（4）切换至南立面视图。移动鼠标指针至如图 6-18 所示的幕墙网格，循环 Tab 按键，直到图示嵌板高亮显示时，单击选择该嵌板。

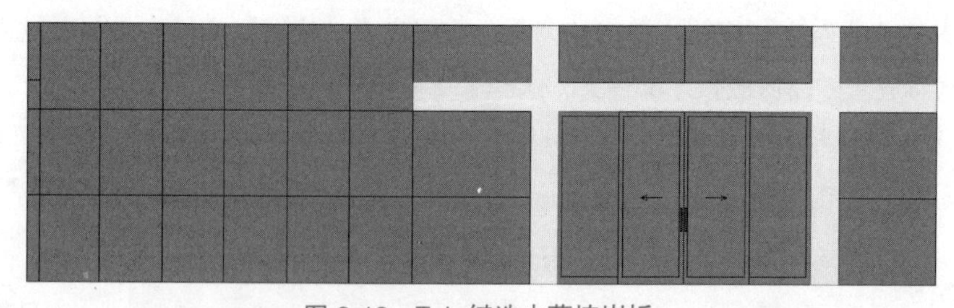
图 6-18 Tab 键选中幕墙嵌板

（5）在“属性”面板“类型选择器”中的幕墙嵌板类型列表中选择“基本墙：办公楼 - 外墙 -240mm”来替换原嵌板，并按幕墙嵌板轮廓生成墙，如图 6-19 所示。

（6）至此，完成入南立面幕墙嵌板的编辑任务。保存该项目。

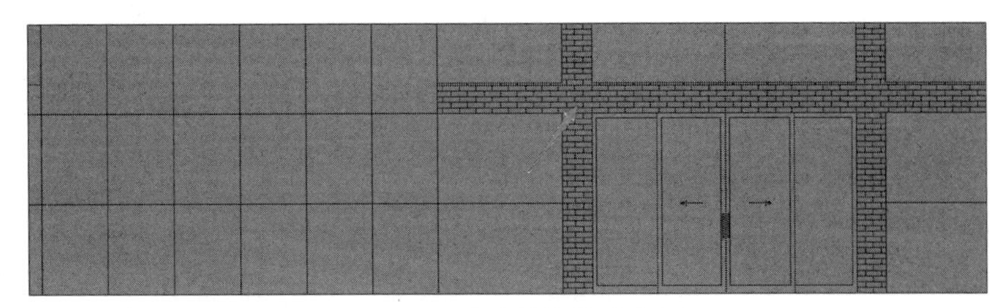

图 6-19　外墙替换幕墙嵌板

6.5　添加幕墙竖梃

使用幕墙竖梃工具，即可自由在幕墙网格处生成指定类型的幕墙竖梃。幕墙竖梃实际上是竖梃轮廓沿幕墙网格方向放样生成的实体模型。使用“公制轮廓 - 竖梃 .rte”族样板，可以定义任意需要的幕墙竖梃轮廓。

下面通过设置办公楼项目中的幕墙竖梃，说明在 Revit 中添加幕墙竖梃的一般方法。

（1）接 6.4 节练习，切换至南立面图，隔离显示 1~3 轴线间入口处幕墙，单击“建筑”选项卡“构建”面板中的“竖梃”工具，软件自动切换至“修改 \ 放置竖梃”选项卡。

（2）在“属性”面板“类型选择器”的类型列表中选择竖梃类型为“矩形竖梃：50mm × 150mm”，打开“类型属性”对话框，如图 6-20 所示，该竖梃使用的轮廓为“默认”系统轮廓；厚度为 150.0，修改边 1 上的宽度为 0.0，边 2 上的宽度为 50.0。完成后单击“确定”，退出“类型属性”对话框。

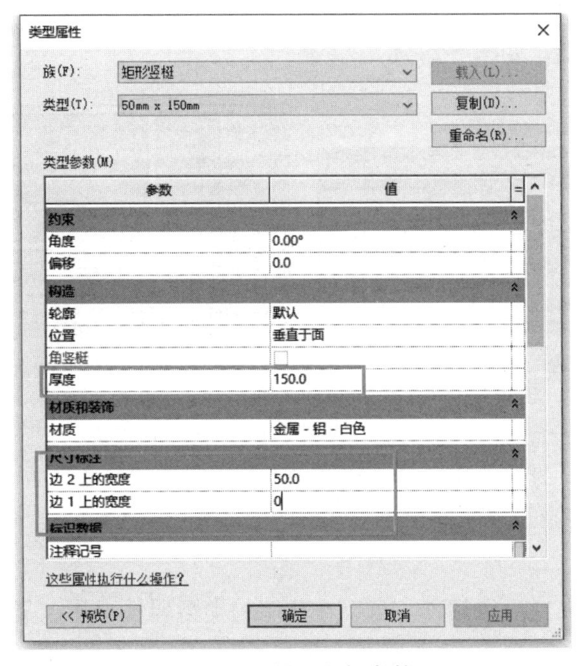

图 6-20　设置竖梃参数

微课：幕墙竖梃

（3）单击“放置”面板中的“全部网格线”选项，如图 6-21 所示。移动指针至幕墙任意网格线处，所有幕墙网格线均高亮显示，表示将在所有幕墙网格上创建竖梃。单击任意网格线，沿网格线生成竖梃，结果如图 6-22 所示。完成后，按 Esc 键退出。

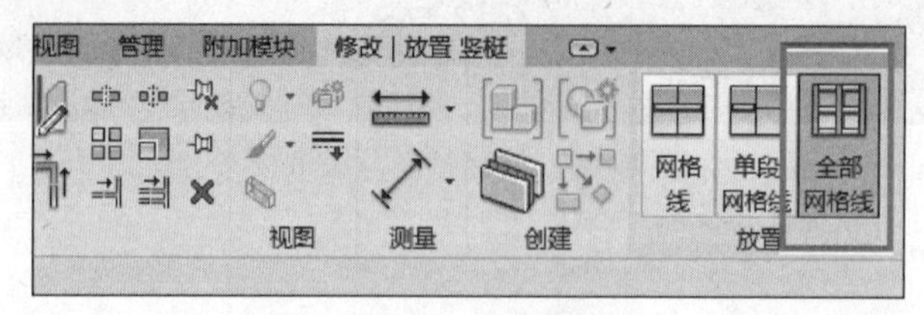

图 6-21　选中“全部网格线”

图 6-22　生成全部竖梃示意图

提示

添加幕墙竖梃后，幕墙嵌板将自动调整大小，以适应竖梃的大小。

（4）适当放大视图，水平方向竖梃被垂直方向竖梃打断，如图 6-23 所示，单击选择任意水平竖梃，竖梃两端出现竖梃打断指示符号“”，单击该符号，竖梃上的这个端点将变成连续，而打断垂直方向竖梃，如图 6-24 所示。

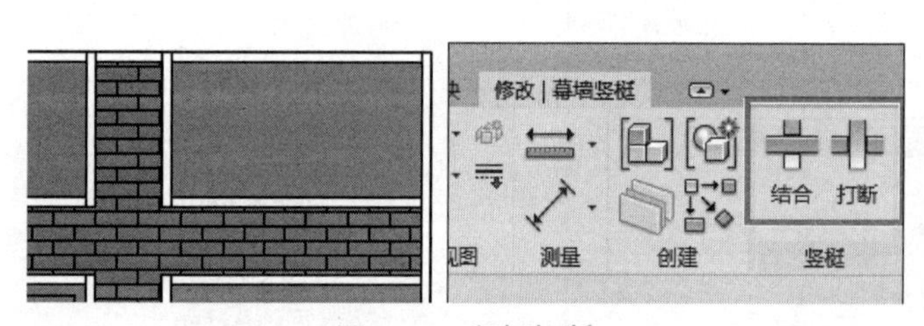

图 6-23　竖梃打断

图 6-24　竖梃打断效果图

提示

选择竖梃后，右击，在弹出的菜单中选择“连接条件”，选择“结合”或“打断”选项，即可沿幕墙网格方向修改竖梃的连接条件。

（5）上述方法对于多条网格来说显得烦琐。可以在幕墙的类型属性中指定竖梃默认连续。移动指针至幕墙边缘，配合使用 Tab 键选择幕墙图元。如图 6-25 所示，打开“类型属性”对话框，修改竖梃“连接条件”，设置项目幕墙竖梃的不同连接方式。

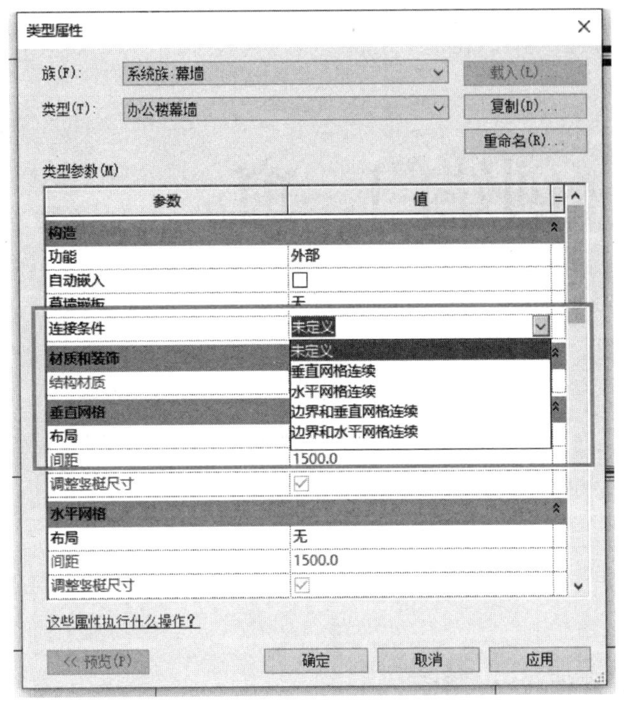

图 6-25　幕墙“类型属性”对话框

（6）根据上述步骤，切换至东立面，用同样方式创建完成幕墙竖梃，完成后如图 6-26 所示，保存项目。

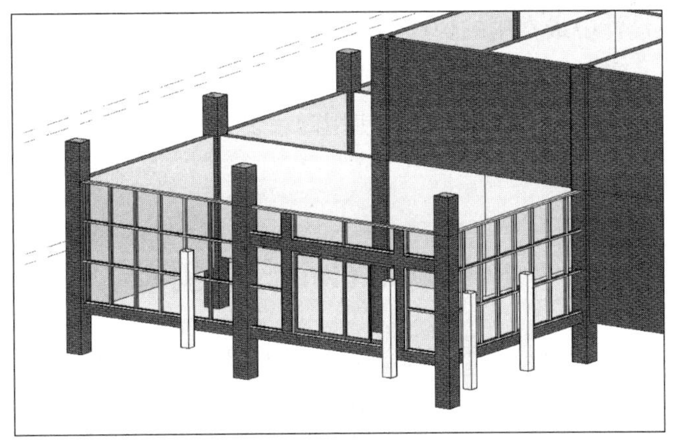

图 6-26　完成幕墙三维视图

附件：任务单

项目 7　创建门、窗

教学目标：

通过学习本项目内容，了解门、窗族类型及其应用，熟悉门、窗创建的一般步骤，掌握门、窗创建的重点和难点，完成门、窗的创建。

知识目标：

（1）载入对应的门、窗族类型，修改相关的参数；

（2）能创建门、窗；

（3）能给门、窗添加标记、修改类型。

技能目标：

（1）了解门、窗族的类型；

（2）掌握门、窗的创建方法。

门、窗是建筑设计中最常用的构件。Revit 2020 提供了门、窗工具，用于在项目中添加门、窗图元。门、窗必须放置于墙、屋顶等主体图元中，这种依赖于主体图元而存在的构件称为“基于主体的构件”。本项目将使用门、窗构件为办公楼项目模型创建门、窗，并学习门、窗的信息修改方法。

7.1　B1/−3.60m 门的创建

添加门的一般步骤如下：单击“建筑”选项卡中“构建”面板的“门”命令，单击“属性”面板“编辑类型”，进入“类型属性”对话框，选择合适的门“族”与“类型”，修改“类型参数”值，确认属性框的实例属性值，在墙上合适的位置添加门。

（1）接 6.5 节，打开“办公楼项目 .rvt”项目文件，切换至 B1/−3.60m 楼层平面视图。

（2）单击“建筑”→“构建”→“门”，进入“修改 / 放置门”界面，单击“属性”面板的“编辑类型”，进入“类型属性”对话框，单击“载入”，在打开的对话框中单击浏览“建筑 | 门 | 普通门 | 平开门 | 单扇”→“单嵌板木门 1”→“打开”按钮，载入此族，如图 7-1 所示。

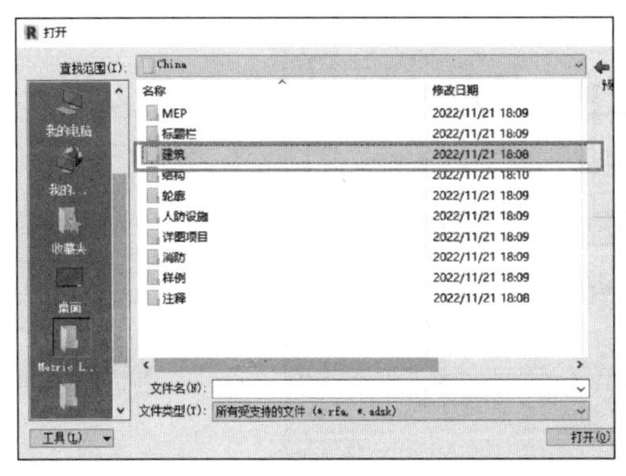

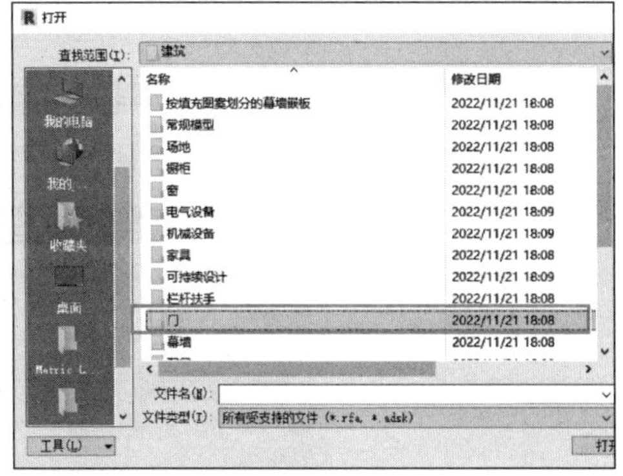

(a) 载入“单嵌板木门1”

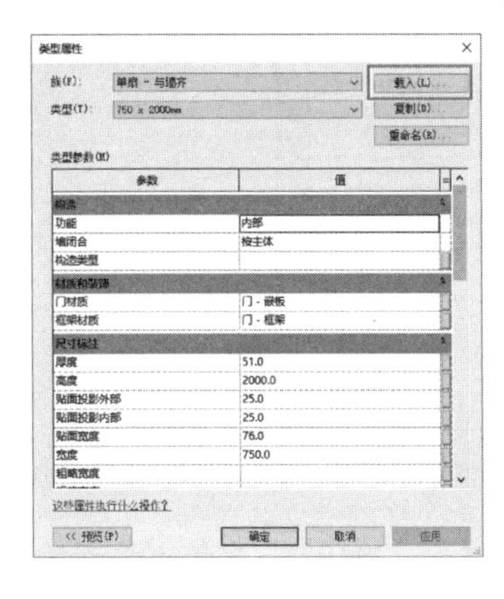

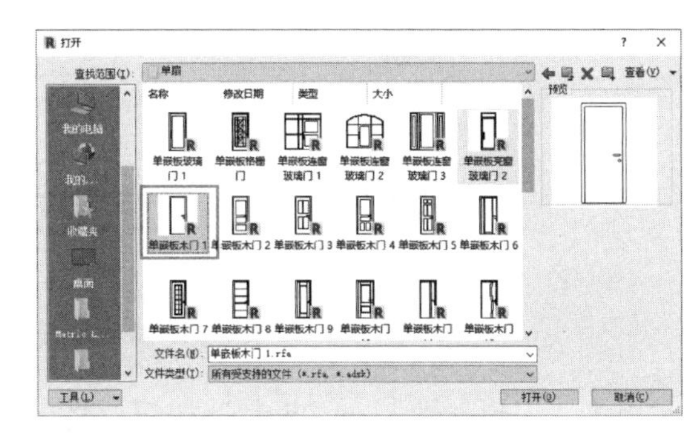

(b) 载入“门”

图 7-1　单嵌板木门

（3）在图元属性对话框“类型选择器”中选择刚刚载入的“单嵌板木门 1”族类型中的“800mm × 2100mm”。单击“编辑类型”，选择“复制”，将名称改为“M0821”，如图7-2所示，修改“材质和装饰”与“标识数据”参数，如图7-3所示，单击“确定”按钮。

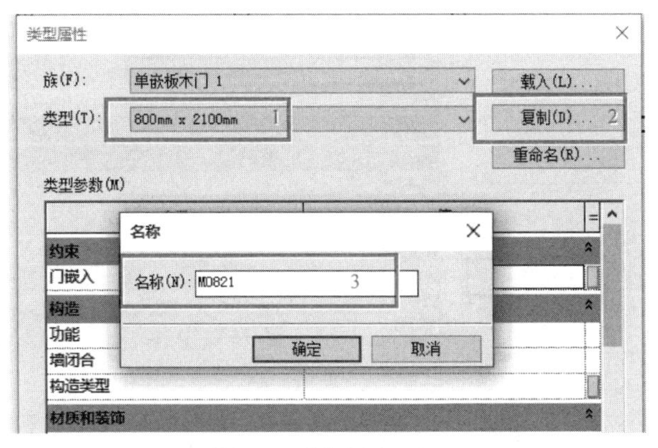

图 7-2　新建 M0821

微课：创建门

提示

门工具的默认快捷键为 DR。

类型参数(M)

参数	值
构造	
功能	内部
墙闭合	按主体
构造类型	
材质和装饰	
贴面材质	樱桃木
把手材质	<按类别>
框架材质	门 - 框架
门嵌板材质	门 - 嵌板
尺寸标注	
分析属性	
标识数据	
类型注释	
防火等级	
说明	
类型图像	
注释记号	
型号	
制造商	
URL	
部件代码	
成本	
部件说明	
类型标记	M0821
OmniClass 编号	23.30.10.00
OmniClass 标题	Doors
代码名称	

图 7-3　修改参数类型

（4）单击“编辑属性”→“复制”按钮，将名称改为“M1021”，在“类型参数”中将“宽度”改为“1000.0”，修改“标识数据”参数中的“类型标记”为“M1021”，如图 7-4 所示，单击“确定”按钮。

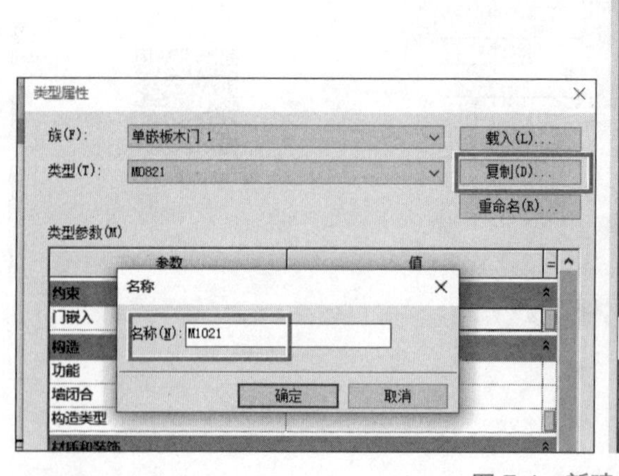

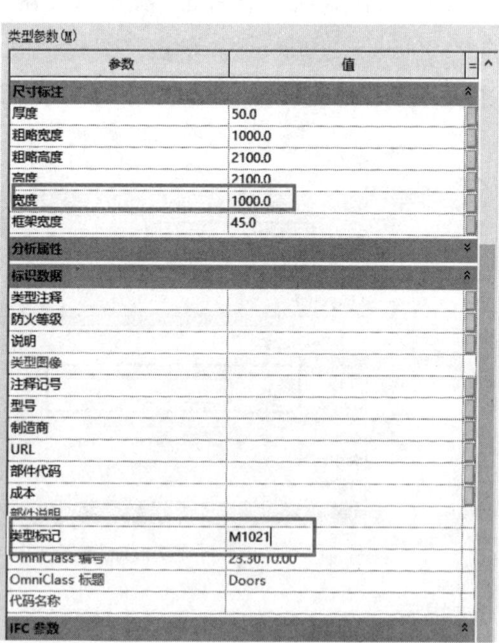

图 7-4　新建 M1021

（5）单击“建筑”→“构建”→“门”，进入“修改 / 放置门”界面，单击“属性”面板的“编辑类型”，进入“类型属性”对话框，单击“载入”，在打开的对话框中单击浏览“建筑 \ 门 \ 普通门平开门 \ 双扇”→“双面嵌板玻璃门”→“打开”按钮，载入此族，如图 7-5 所示。

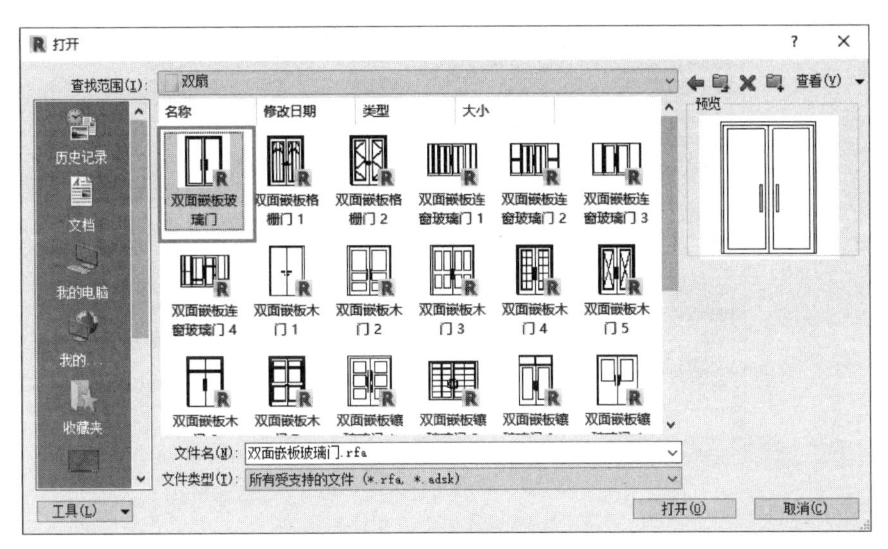

图 7-5　载入“双面嵌板玻璃门”

（6）在图元属性对话框“类型选择器”中选择刚刚载入的“双面嵌板玻璃门”族类型中的“1500mm × 2100mm”，单击“编辑类型”，选择“复制”，将名称改为“M1521”，如图 7-6 所示，修改“材质和装饰”与“标识数据”参数，如图 7-7 所示。

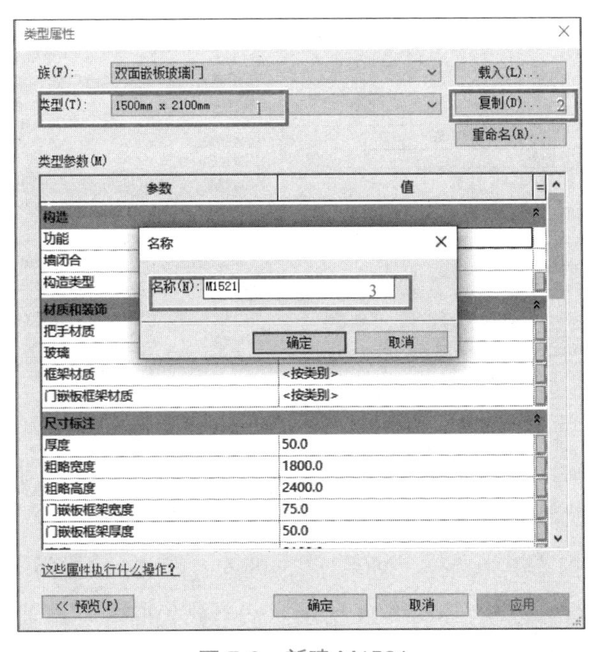

图 7-6　新建 M1521

类型参数(M)

参数	值
材质和装饰	
把手材质	<按类别>
玻璃	玻璃
框架材质	门 - 框架
门嵌板框架材质	门 - 嵌板
尺寸标注	
分析属性	
标识数据	
类型注释	
类型图像	
注释记号	
型号	
制造商	
URL	
说明	
部件代码	
防火等级	
成本	
部件说明	
类型标记	M1521
OmniClass 编号	23.30.10.00
OmniClass 标题	Doors

图 7-7 设置 M1521 参数

（7）单击“复制”按钮，将名称改为“M1527”，在“类型参数”中将“高度”改为“2700.0”，在“构造”中将“功能”改为“外部”，如图 7-8 所示，修改“标识数据”参数中的“类型标记”为“M1527”，单击“确定”按钮。

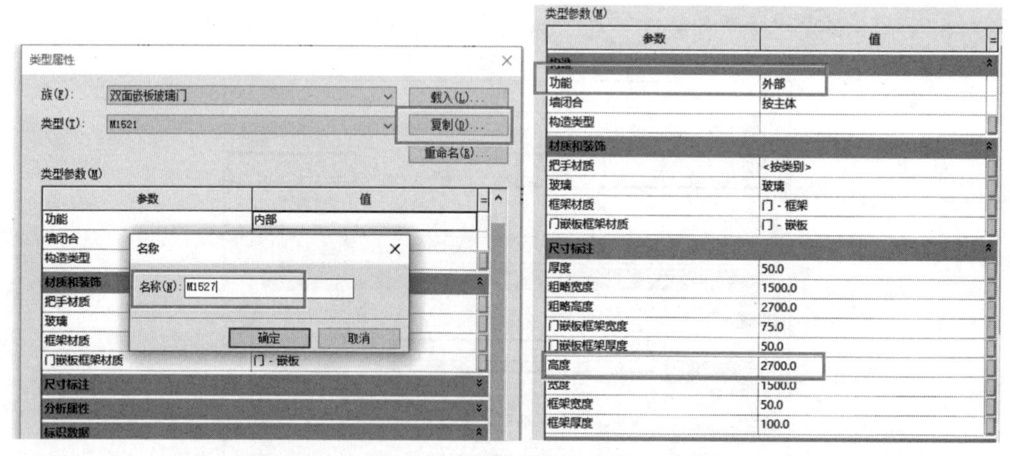

图 7-8 设置 M1527 参数

（8）如图 7-9 所示，单击“管理”→“其他设置”→“临时尺寸标注”，在临时尺寸标注属性框中设置临时尺寸标注测量参照位置，如图 7-10 所示。

（9）在属性框下拉菜单中选择“M0821”，进入“修改 / 放置门”选项卡，在“标记”栏单击“在放置时进行标记”，如图 7-11 所示。适当放大视图至 D 轴线交 2 轴线处，沿着内墙方向预览放置门，调整门的位置如图 7-12 所示。

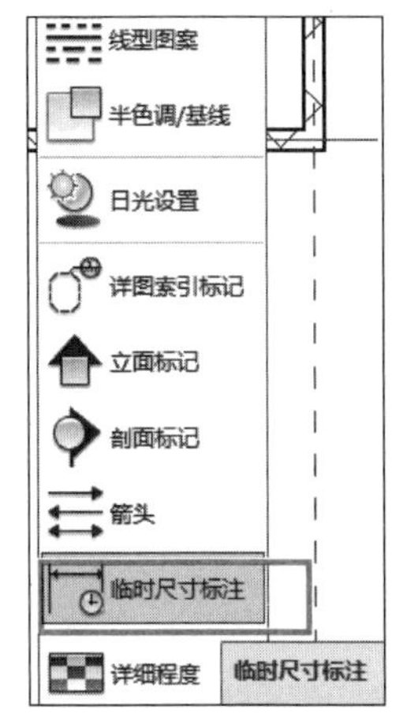

图 7-9　“临时尺寸标注”选项

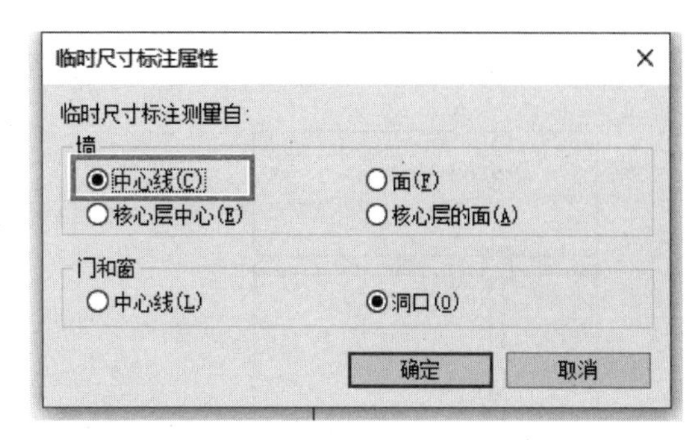

图 7-10　设置临时尺寸标注测量参照位置

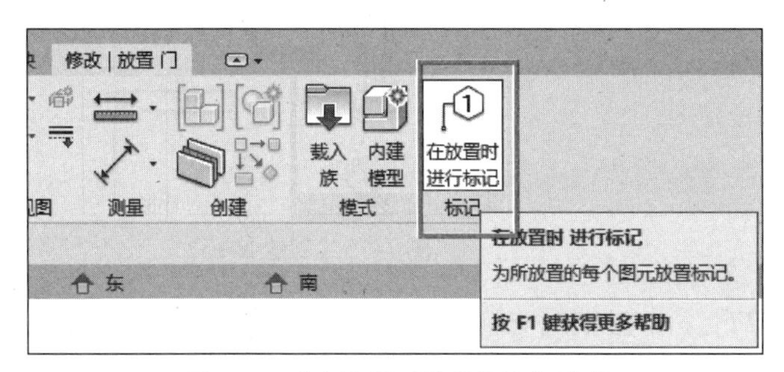

图 7-11　“在放置时进行标记”选项

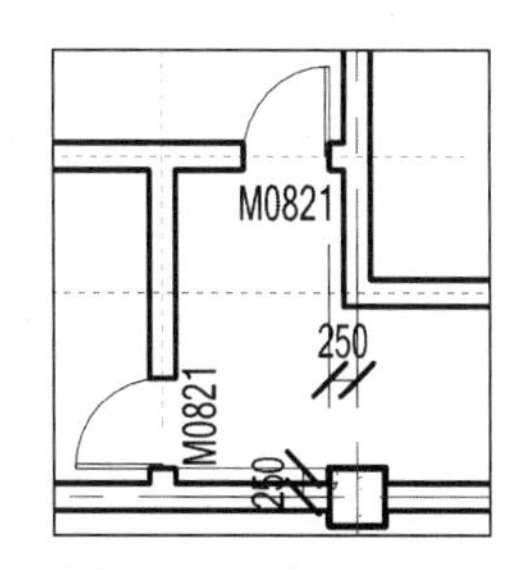

图 7-12　创建 M0821

提示

放置门后，可通过单击并修改临时尺寸线上的数值改变门的位置；同时，选择已经放置好的门后，可以按空格键或单击 ⇆ 和 ⇅ 来改变门的开启方向。

（10）切换至“M1021”，采用前面的步骤进入“修改 / 放置门”选项卡，具体位置如图 7-13 所示，“M1021”距离墙中心线的距离都是“250”。

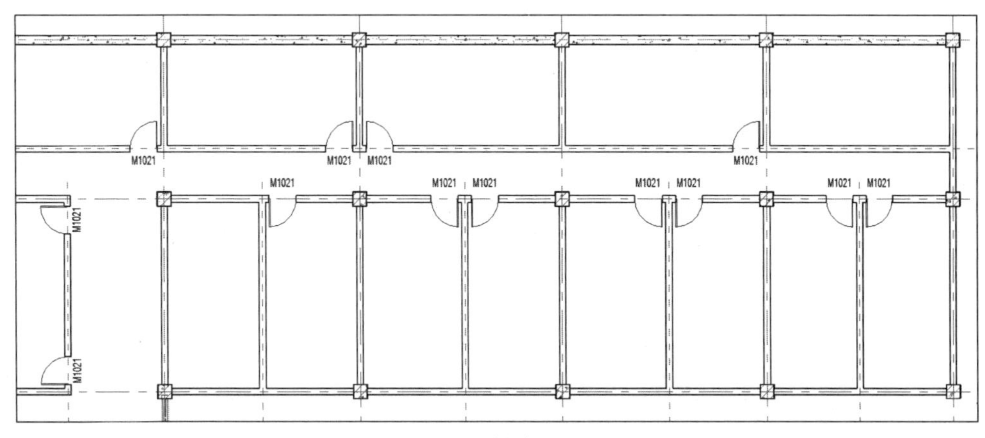

图 7-13　创建 M1021

（11）切换门的类型至“M1521”，沿③轴线右侧放置，门的开启方向及与轴线的距离如图 7-14 所示。同样，在⑥轴线右侧放置“M1521”，门的开启方向及与轴线的距离如图 7-15 所示。

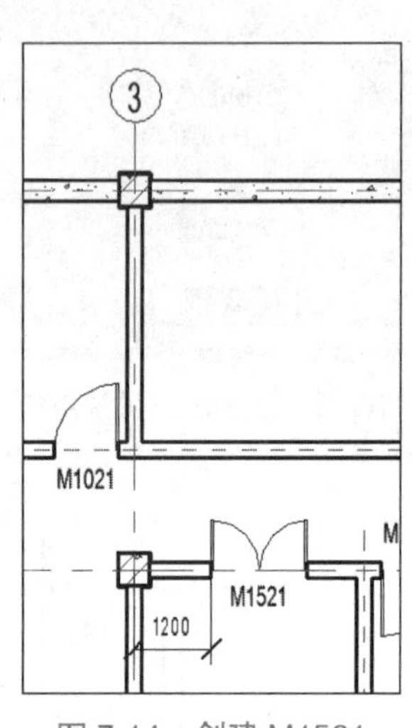

图 7-14 创建 M1521

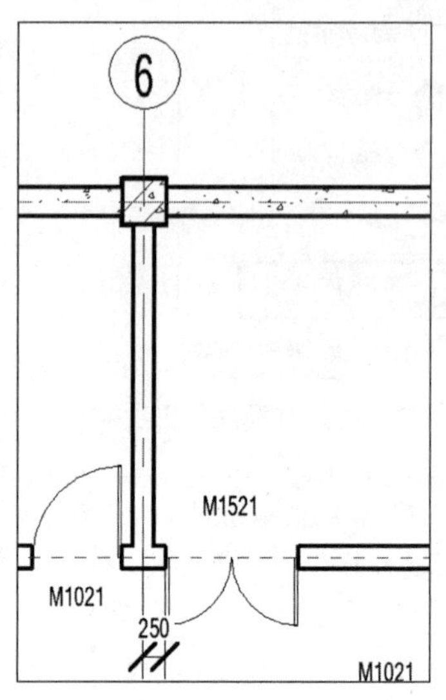

图 7-15 创建 M1521

（12）切换门的类型至“M1527”，沿⑦轴线与Ⓒ轴线相交上方放置，门的开启方向及与轴线的距离如图 7-16 所示，在属性对话框中设置“底高度”为“50.0”，如图 7-17 所示。保存该项目文件，B1/−3.60m 门即创建完成。

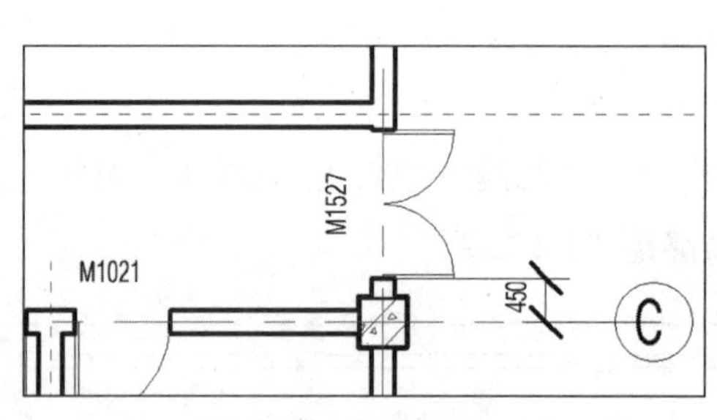

图 7-16 创建 M1527

图 7-17 设置“底高度”

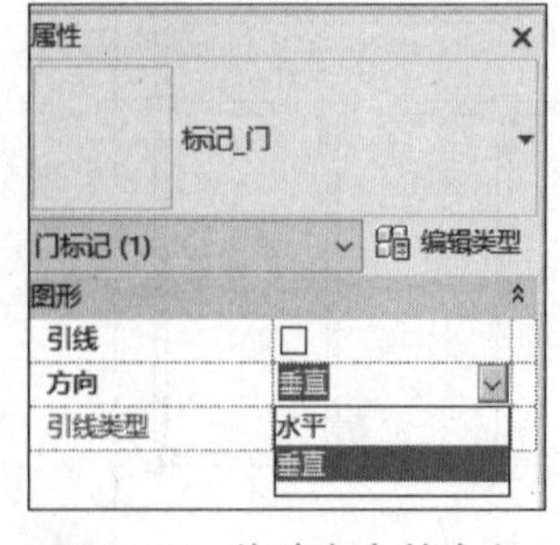

图 7-18 修改文字的方向

在 Revit 中，门的创建方式较为简单。只需要在指定的族，按施工图纸所示门的位置放置即可。在放置门时，标记面板中“在放置时进行标记”选项用于在放置门图元时生成门标记，可以在“属性”对话框中修改文字的方向，如图 7-18 所示。门标记用于以注释信息的方式提取门图元中的信息，信息的具体内容取决于门标记族的定义。Revit 允许用户随时通过使用“按类别标记”工具提取这些信息。

7.2　B1/–3.60m 窗的创建

插入窗的方法与插入门的方法基本相同，与插入门稍有不同的是，在插入窗时，需要考虑窗台高度。

（1）接 7.1 节练习。切换至 B1/–3.60m 楼层平面视图。单击选择“插入 / 载入族”选项卡，再单击“建筑 / 窗 / 样板”，进入文件夹，按住 Ctrl 键，单击选择“三层双列”“双层单列”“双层双列 - 上部单扇”“双层四列”选项，如图 7-19 所示，最后单击“打开”按钮，载入族。

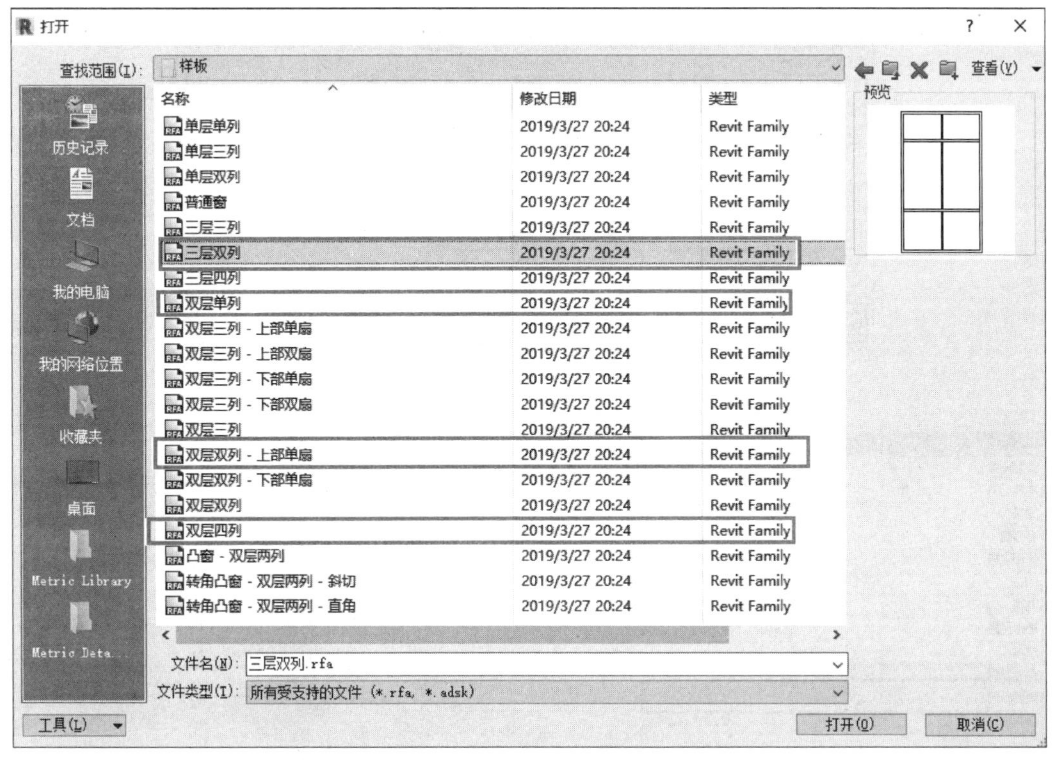

图 7-19　载入各类窗族

（2）单击“建筑”选项卡“构建”面板中的“窗”工具，在“属性”面板中选择“双层双列 - 上部单扇”，单击选择“编辑类型”，在“类型属性”对话框中单击选择“复制”，修改名称为“C1218”，如图 7-20 所示。在“类型参数”中的“材质和装饰”一栏，分别修改“玻璃”为“玻璃”，修改“框架材质”为“铝 1”；在“尺寸标注”一栏，修改“高度”为 1800.0，修改“宽度”为 1200.0；如图 7-21 所示。在“标识数据”一栏，修改“类型标记”为“C1218”。如图 7-22 所示，单击“确定”，其余选项不变。修改属性面板中的“约束 / 底高度”为 900.0，如图 7-23 所示，单击“应用”按钮。

微课：创建窗

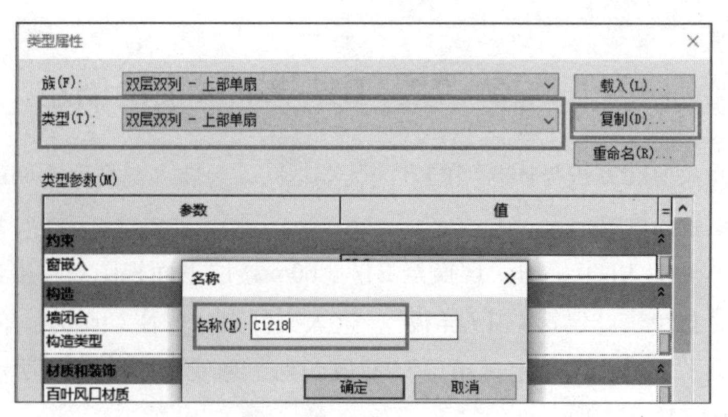

图 7-20　新建 C1218

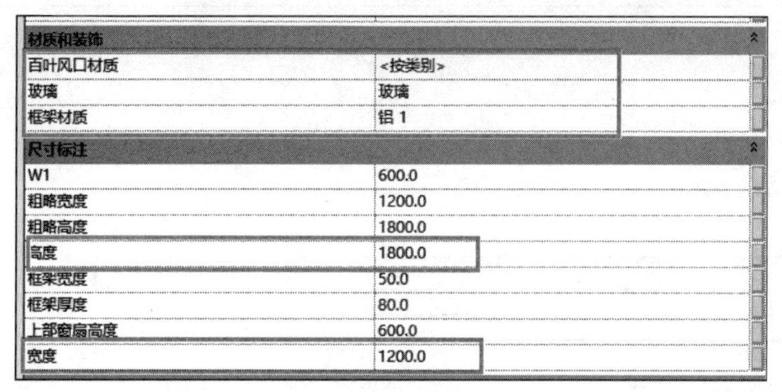

图 7-21　设置窗参数

标识数据	
类型图像	
注释记号	
型号	
制造商	
类型注释	
URL	
说明	
部件代码	
成本	
部件说明	
类型标记	C1218
OmniClass 编号	23.30.20.00
OmniClass 标题	Windows
代码名称	

图 7-22　设置窗“类型标记”

图 7-23　设置窗“底高度”

（3）单击“建筑”选项卡“构建”面板中的“窗”工具，在“属性”面板中选择“双层四列”，单击选择“编辑类型”，在“类型属性”对话框中单击选择“复制”，修改名称为“C2418”。在“类型参数”中的“材质和装饰”一栏，分别修改“玻璃”为“玻璃”，“框架材质”为“铝 1”；在“尺寸标注”一栏，分别修改“高度”为 1800.0，“宽度”为 2400.0，“下部窗扇高度”为 1200.0，“W1”“W2”均为 600.0；在“标识数据”一栏，修改“类型标记”为“C2418”，如图 7-24 所示。单击“确定”，其余选项不变。修改属性面板中的“约束 / 底高度”为 900.0，单击“应用”。

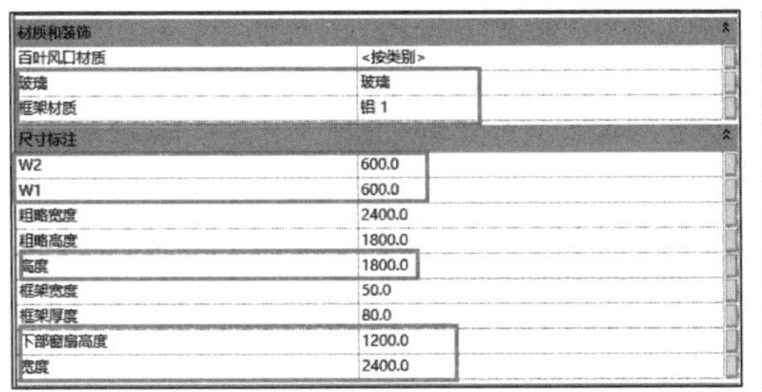

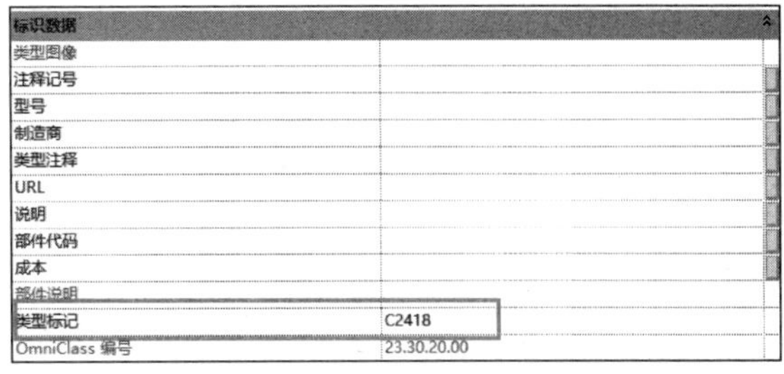

图 7-24　设置 C2418 参数

（4）在“类型属性”对话框中单击选择“复制”，修改名称为“C2818”。在“类型参数”中的“材质和装饰”一栏，分别修改“玻璃”为“玻璃”，“框架材质”为“铝 1”；在“尺寸标注”一栏，分别修改“高度”为 1800.0，“宽度”为 2800.0，“下部窗扇高度”为 1200.0，“W1”“W2”均为 700.0，在“标识数据”一栏，修改“类型标记”为“C2818”，如图 7-25 所示。单击“确定”，其余选项不变。修改属性面板中的“约束 / 底高度”为 900.0，单击“应用”。

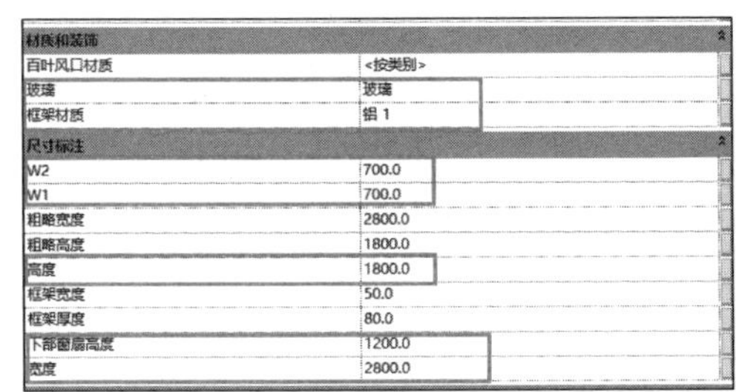

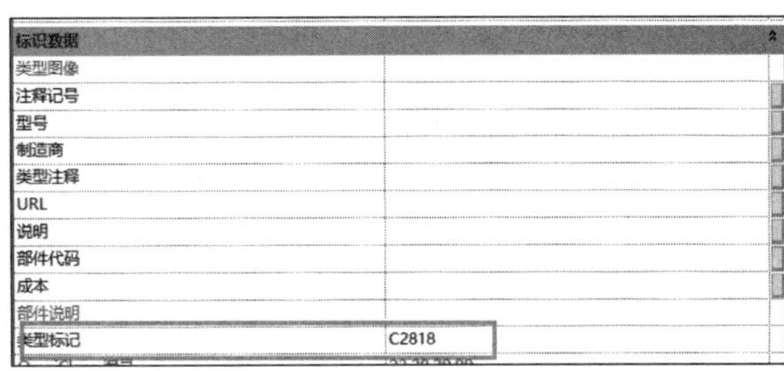

图 7-25　设置 C2818 参数

（5）单击“建筑”选项卡“构建”面板中的“窗”工具，在“属性”面板中选择“双层单列”，单击选择“编辑类型”，在“类型属性”对话框中单击选择“复制”，修改名称为“C0718”。在“类型参数”中的“材质和装饰”一栏，分别修改“玻璃”为“玻璃”，“框架材质”为“铝 1”；在“尺寸标注”一栏，分别修改“高度”为 1800.0，“宽度”为 700.0，“上部窗扇高度”为 600.0；在“标识数据”一栏，修改“类型标记”为“C0718”，单击“确定”，其余选项不变。修改属性面板中的“约束/底高度”为900.0，单击“应用”。

提示

窗的默认快捷键为 WN。

放置窗后，同样可以通过单击并修改临时尺寸线上的数值改变窗的位置，同时，选择已经放置好的窗后，可以按空格键或单击 ⇅ 来改变窗的方向。

（6）单击“建筑”选项卡，选择“窗”，进入“修改 / 放置窗”选项卡，选择前面设置好的 C0718 图元，单击 按钮，沿 ① 轴线和 Ⓒ~Ⓓ 轴线所在的墙进行放置，具体尺寸如图 7-26 所示。标记窗时，可以单击选中文字，在属性对话框中修改文字方向，如图 7-27 所示。

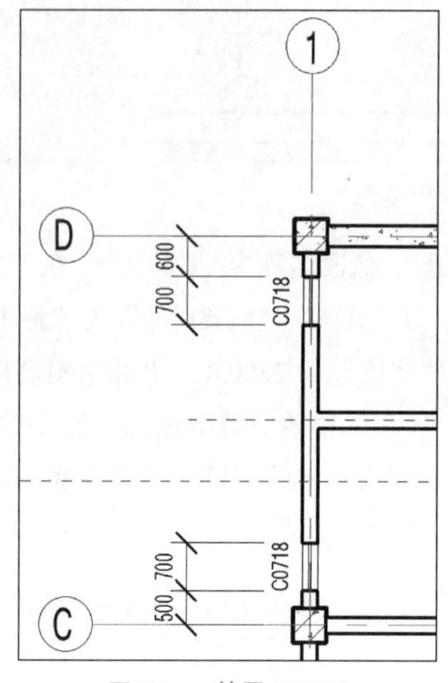

图 7-26　放置 C0718

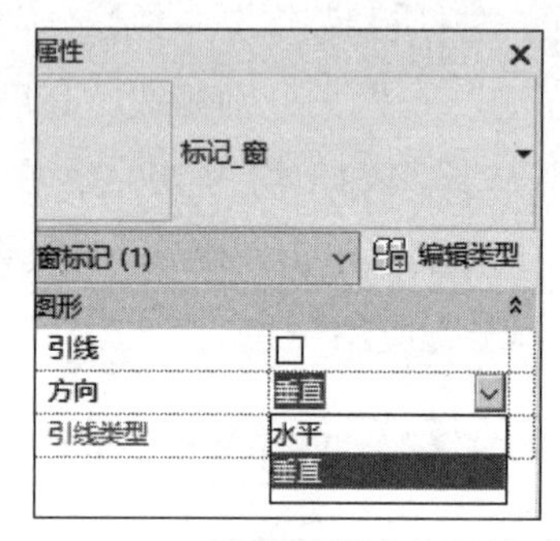

图 7-27　修改文字的方向

（7）重复步骤（6）的操作，沿①轴线和Ⓑ~Ⓒ轴线所在的墙体放置 C1218 图元，窗洞口位置边缘与轴线的距离参照图 7-28 所示。

（8）重复步骤（6）的操作，沿①轴线和Ⓐ~Ⓑ轴线所在的墙体放置 C2818 图元，窗洞口位置边缘与轴线的距离参照图 7-29 所示。

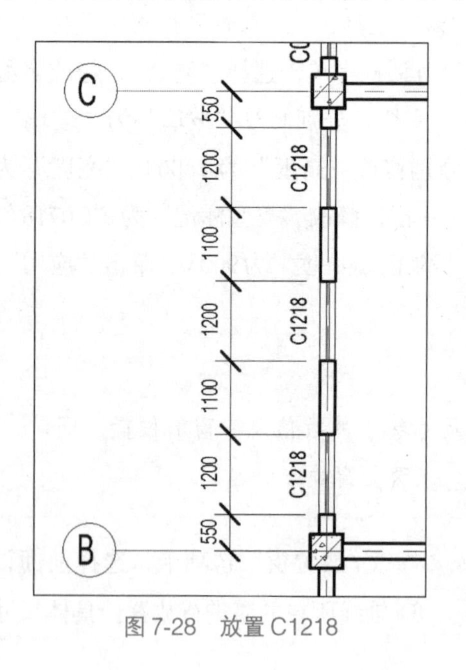

图 7-28　放置 C1218

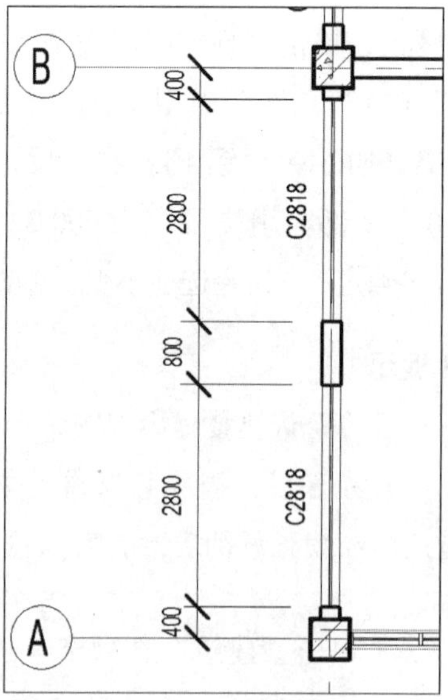

图 7-29　放置 C2818

（9）重复步骤（6）的操作，沿 Ⓑ 轴线和 ③~⑦ 轴线所在的墙体放置 C2418 图元，窗洞口位置边缘与轴线的距离参照图 7-30 所示。

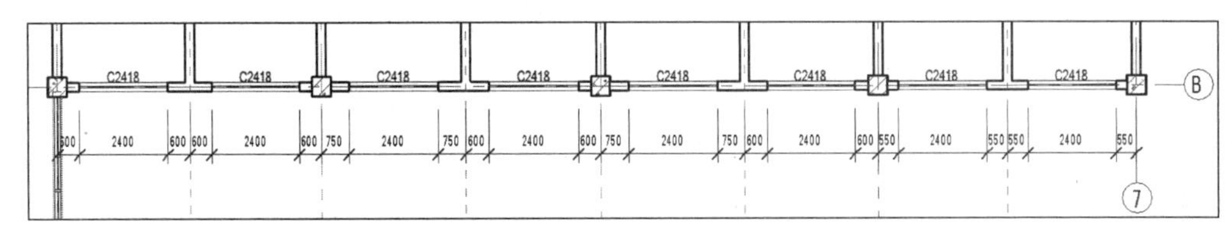

图 7-30　窗洞口位置边缘与轴线的距离参照图

在放置门窗时，除可以在放置前指定“底高度”外，还可以在放置门窗图元后，选择门窗图元，再通过“属性”面板修改“底高度”参数值的方式对图元进行修改。创建完成的 B1/-3.60m 标高门窗三维视图如图 7-31 所示。

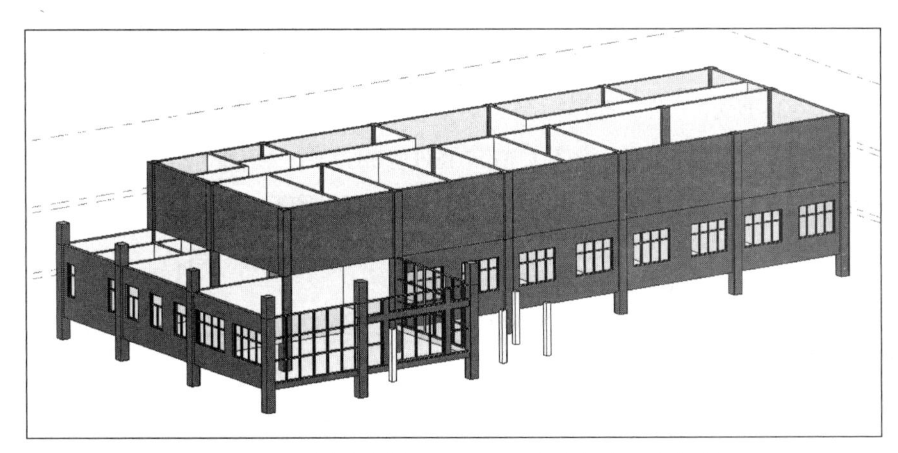

图 7-31　创建完成的 B1/-3.60m 标高门窗三维视图

7.3　其他层门窗的创建

布置完成 B1/-3.60m 标高门窗后，可以按类似的方法布置其他楼层的门窗。对于与 B1/-3.60m 位置完全相同的门窗，可以通过选择 B1/-3.60m 的门窗后，复制到剪贴板，并配合使用“与选定的标高对齐”的方式对齐粘贴至其他标高的相同位置。

（1）接 7.2 节练习，确认当前视图仍为 B1/-3.60m 楼层平面视图。缩放视图至任意 C2418 位置，单击选中 C2418 图元（注意不要选择窗标记），右击，在如图 7-32 所示的快捷菜单中选择“选择全部实例→在整个项目中”选项。

（2）Revit 将自动切换到“修改窗”上下文选项卡。单击“剪贴板”面板中的“复制”按钮，将所选窗图元复制到 Windows 剪贴板。然后单击“粘贴”下拉菜单中的“与选定的标高对齐”，如图 7-33 所示。界面将弹出“选择标高”对话框。

微课：二层门窗创建

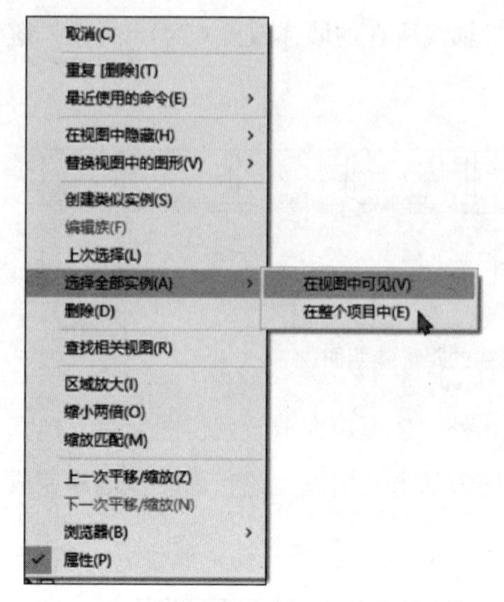

图 7-32 选择全部实例→在整个项目中

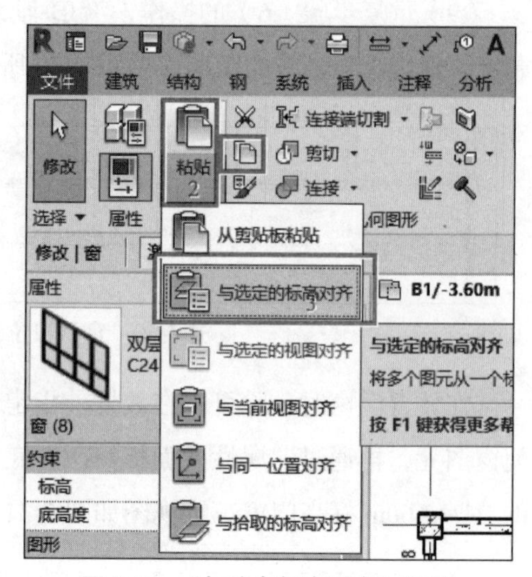

图 7-33 “与选定标高对齐”选项

（3）如图 7-34 所示，在“选择标高”对话框中，选择 F1/0.00m，单击“确定”按钮，将 B1/−3.60m 标高所有的 C2418 窗图元粘贴至对应的位置。使用 7.2 节的方式沿 Ⓑ轴线和②~③轴线间外墙放置“C2418”，窗洞口边缘与轴线的距离参照图 7-35 所示。

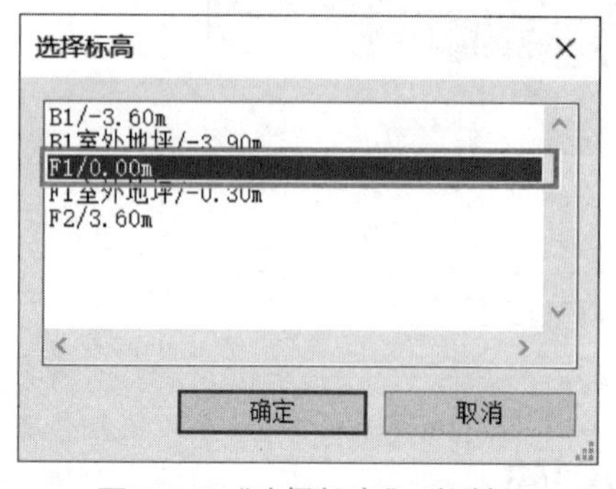

图 7-34 “选择标高”对话框

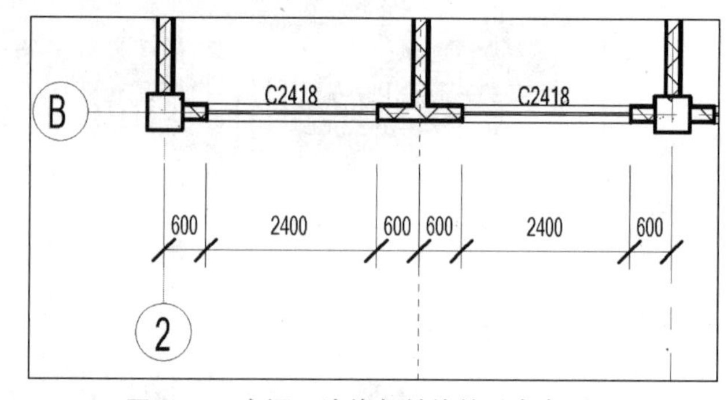

图 7-35 窗洞口边缘与轴线的距离参照图

（4）单击“建筑”选项卡“构建”面板中的“窗”工具，在“属性”面板中选择“三层双列”单击选择“编辑类型”，在“类型属性”对话框中单击选择“复制”，修改名称为“C1224”。在“类型参数”中的“材质和装饰”一栏，分别修改“玻璃”为“玻璃”，“框架材质”为“铝 1”；在“尺寸标注”一栏，分别修改“高度”为 2400.0，“宽度”为 1200.0，“上部窗扇高度”为 800.0，“下部窗扇高度”为 800.0，“W1”为 600.0；在“标识数据”一栏，修改“类型标记”为“C1224”。单击“确定”按钮，其余选项不变。修改属性面板中的“约束 / 底高度”为 300.0，单击“应用”按钮。沿 Ⓓ轴线交②~⑦轴线放置窗，沿 7 轴线交 C~D 轴线放置窗，窗洞口边缘与轴线的距离参照图 7-36 所示。

（5）采用同样的方法，分别将 B1/−3.60m 标高中与 F1/0.00m 标高中位置相同的 M1021、M1521 图元复制、粘贴到 F1/0.00m 标高。使用 7.1 节的方法创建其余的门图元

M0821、M1021、M1521，创建完成如图 7-37 所示，图中门洞口边缘到轴线的距离除标识有数据的，其余全为 250mm。

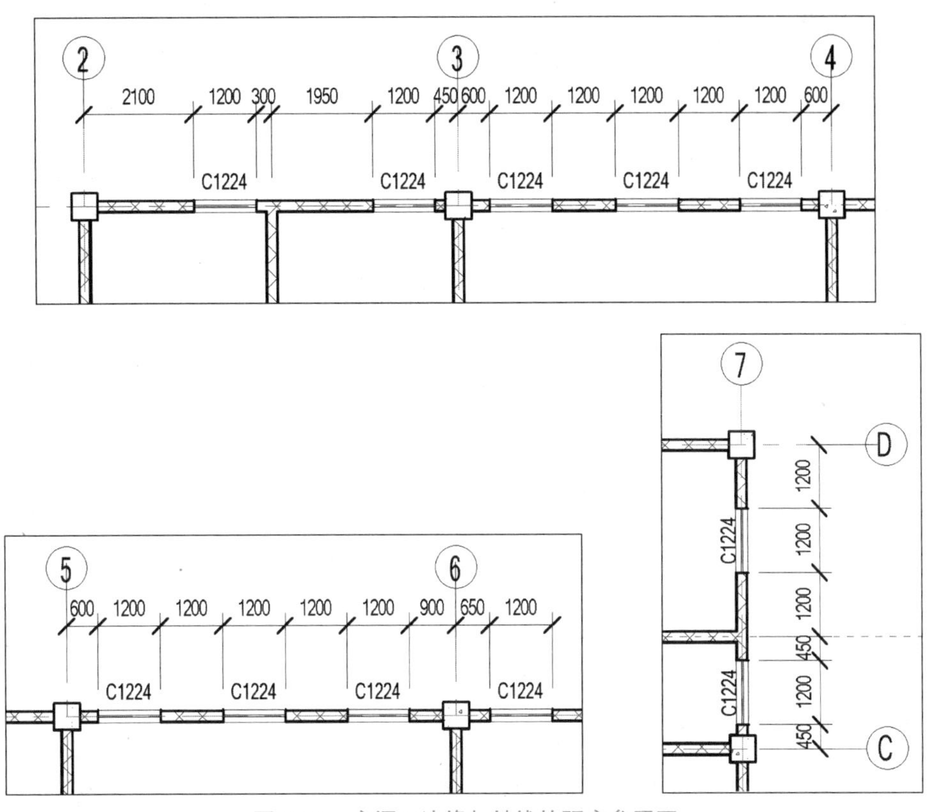

图 7-36　窗洞口边缘与轴线的距离参照图

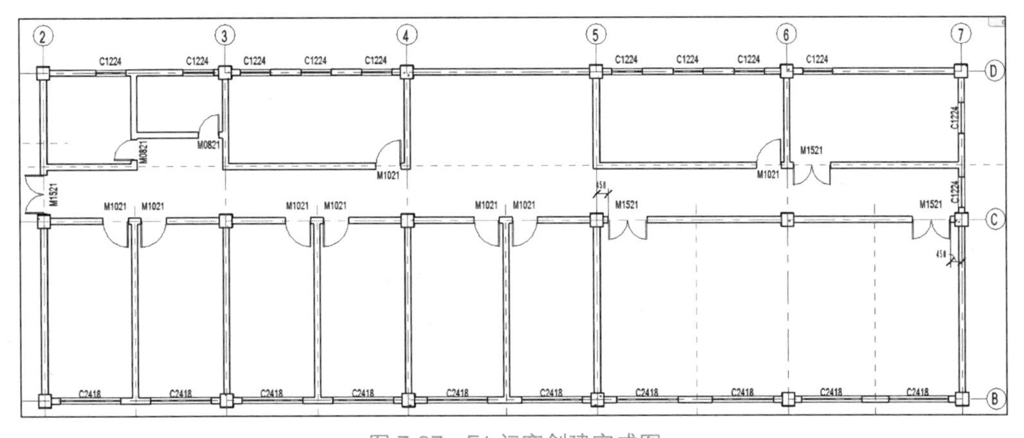

图 7-37　F1 门窗创建完成图

提示

F1 楼层平面视图不会出现门窗的标记。如果想在该视图中出现标记，可以用“注释”选项卡“标记”面板中的“按类别标记”工具进行标记。

（6）单击“建筑”→“构建”→“门”工具，进入“修改 | 放置门”界面。单击“属性”面板的“编辑类型”，进入“类型属性”对话框，单击“载入”，在打开的对话框中单击浏览“建筑 | 门 | 普通门 | 推拉门”，单击选择“四扇推拉门 1”，单击“打开”按钮，载入此族，在“类型属性”对话框中单击选择“复制”，修改名称为“M-2”。在“类型参数”中的“材质和装饰”一栏，修改“门窗嵌板材质”为“玻璃”，“框架材质”为“铝 1”，在“尺寸标注”一栏，修改“高度”为“2700.0”，“宽度”为“4500.0”，在“标识数据”一栏，修改“类型标记”为“M-2”，单击“确定”按钮，其余选项不变。修改属性面板中的“约束 | 底高度”为“50.0”，单击“应用”。沿 Ⓓ 轴线交 ④~⑤ 轴线放置门，门洞口边缘与轴线的距离参照图 7-38 所示。保存整个项目文件。办公楼项目门窗创建完成后的三维效果图如图 7-39 所示。

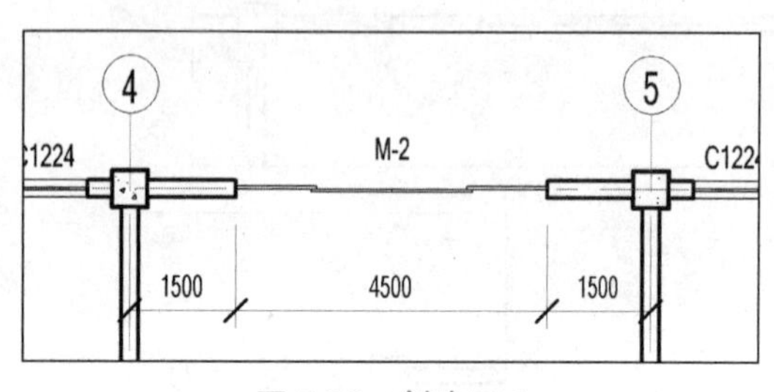

图 7-38　创建 M-2

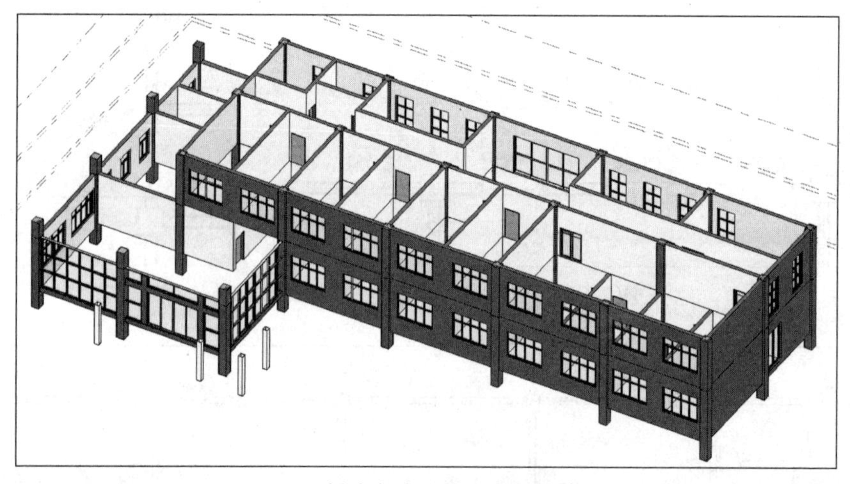

图 7-39　创建完成后的门窗三维效果图

本项目主要结合办公楼项目介绍了门和窗的布置过程，以及如何修改门、窗的参数。门和窗均属于可载入族。通过载入指定的门窗族，放置在项目中指定的位置即可。在放置时，可以通过修改门窗的实例或类型属性以及临时尺寸标注，来修改门和窗的具体位置。项目 8 将按照办公楼项目的创建流程介绍 Revit 中关于楼板的布置方法。

附件：任务单

项目8　创建楼板

教学目标：

通过学习本项目内容，掌握建筑楼板、结构楼板、面楼板的区别，类型参数的设置方法；掌握本项目室内外楼板的创建方法。

知识目标：

（1）了解建筑楼板、结构楼板、面楼板；

（2）掌握项目楼板的创建和编辑方法。

技能目标：

（1）了解建筑楼板、结构楼板、面楼板类型；

（2）掌握门楼板的创建方法。

在 Revit 2020 中，楼板分为建筑楼板、结构楼板、面楼板和楼板边缘。建筑楼板和结构楼板的区别在于是否进行结构受力分析，在绘制方法上没有区别。本项目以建筑楼板为例，讲解楼板的创建及编辑方法。楼板边缘主要用于一些楼板的附属设施，比如室外楼板的台阶等。面楼板主要用于体量楼层的楼板创建。天花板主要有自动创建和绘制创建两种方法，本项目主要介绍案例中所涉及楼板和楼板边缘的绘制方法。

8.1　创建 B1 室内楼板

8.1.1　绘制 B1/–3.60m（除卫生间外）室内楼板

1. 定义楼板

与墙类似，楼板属于系统族。为项目创建楼板，需要通过楼板的类型属性定义项目中楼板的构造。在 Revit 中，楼板与墙的类型定义过程类似。

（1）打开项目 7 创建完成的“办公楼项目 .rvt”项目文件，切换到 B1/–3.60m 楼层平面视图。

（2）单击“建筑”→“构件”→“楼板”工具下拉列表，在列表中选择“楼板：建筑”命令，进入“修改 | 创建楼层边界”，如图 8-1 所示。

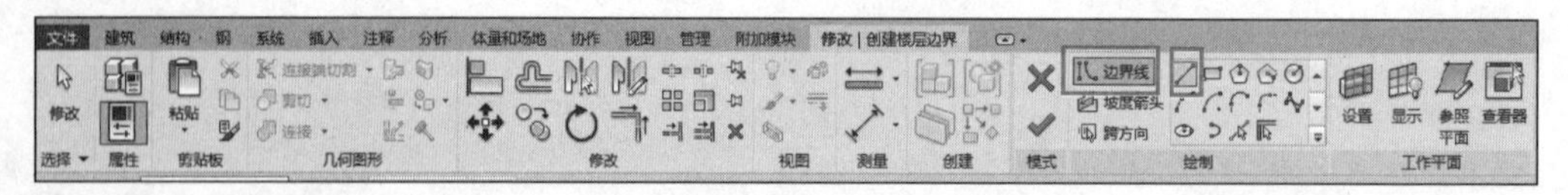

图 8-1 “修改 | 创建楼层边界”选项卡

提示

在楼板绘制界面，需要单击“完成编辑模式”✔或者“取消编辑模式”×，才能退出当前命令，否则无法进行下一命令的操作。

（3）单击“属性”面板→“编辑类型”，进入“类型属性”对话框，选择族“类型”为“常规 -150mm- 实心”并复制，将其命名为“办公楼 -B1 室内楼板”，确认“构造”中的“功能”为“内部”，“图形”中的“粗略比例填充样式”为“实体填充”，如图 8-2 所示。

微课：创建楼板

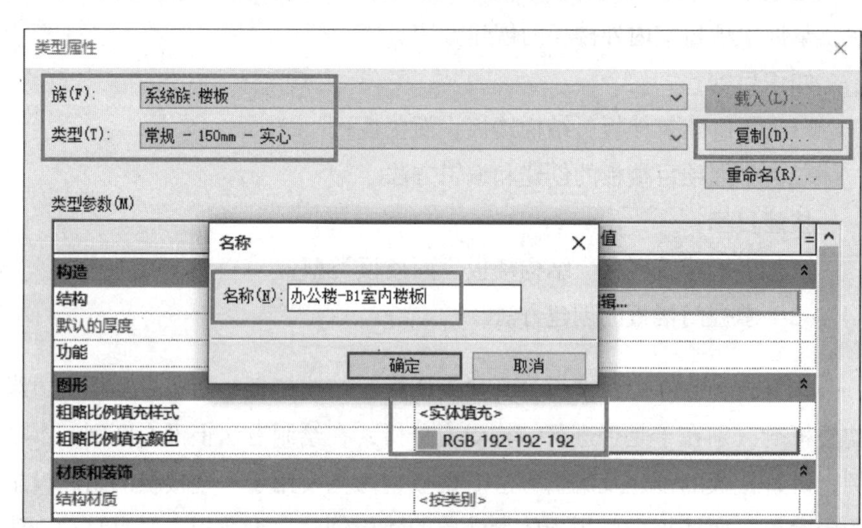

图 8-2 新建 B1 室内楼板

（4）单击“类型参数”中“结构”后面的“编辑”按钮，进入楼板的“编辑部件”对话框，单击左下角的“预览”。打开左侧的“预览”按钮。

（5）单击第二行“结构 1”，修改其“厚度”为“120.0”，单击“材质”单元格，进入“材质浏览器”，搜索“混凝土”，在搜索结果中选择“混凝土 - 现场浇筑混凝土”，并将材质复制，将其重命名为“办公楼 -B1 混凝土楼板”，并确认其“截面填充图案”为“混凝土 - 钢砼”图例，如图 8-3 所示。单击“确定”按钮，返回“编辑部件”对话框。

（6）单击“插入”命令，在“核心边界”→“包络上层”上面插入一层“衬底 [2]”层，修改其“厚度”为“20.0”，修改其“材质”为“办公楼 - 楼板水泥砂浆”。

（7）继续单击“插入”命令，在“衬底”上添加一层“面层 1[4]”，修改其“厚度”为“10.0”，单击“材质”单元格，选择“默认楼板”，右击“复制”，命名为“办公楼 - 室内楼板面层”，单击下方 ▤，在“资源浏览器”中选择“水磨石 - 灰白色”，如图 8-4

所示，并确认“截面填充图案”为“垂直 -1.5mm”图例。单击“确定”按钮，返回“编辑部件”对话框。

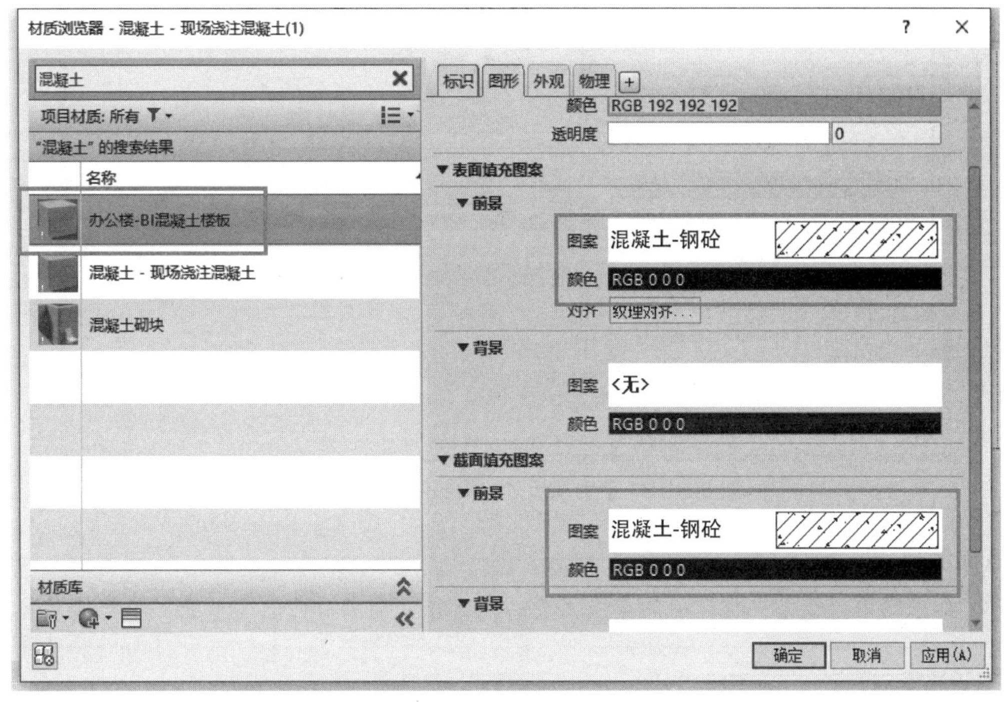

图 8-3　楼板材质设置

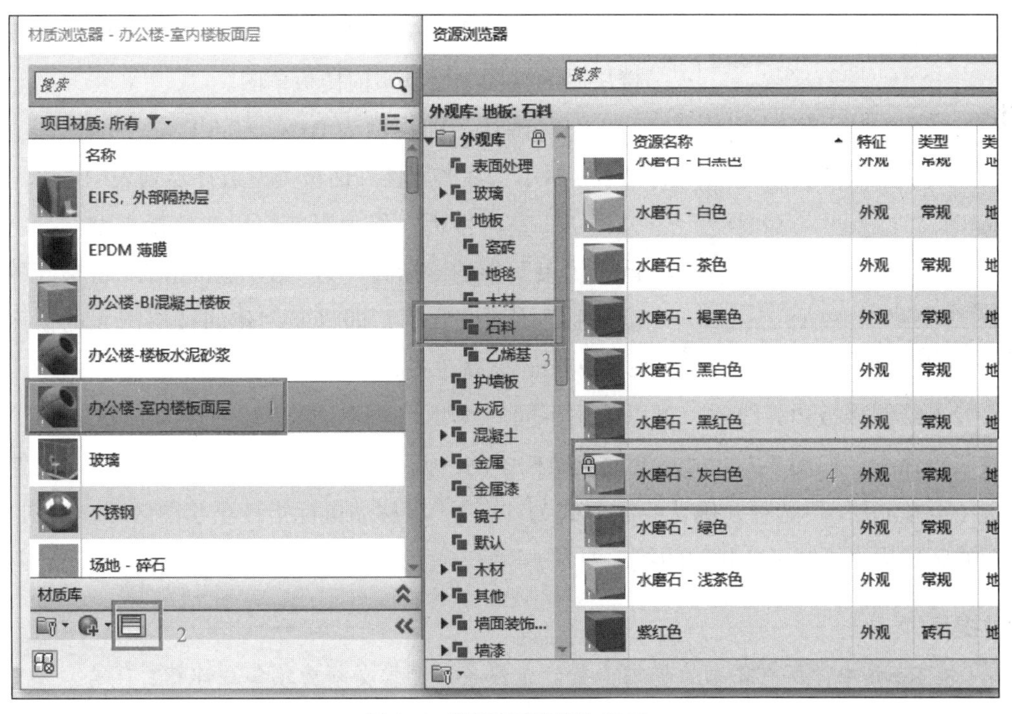

图 8-4　“资源浏览器”设置

（8）如图 8-5 所示，确认“编辑部件”对话框的材质构造层，勾选“结构层”的“结构材质”，单击“确定”按钮后，再次单击“确定”按钮，返回楼板绘制界面。

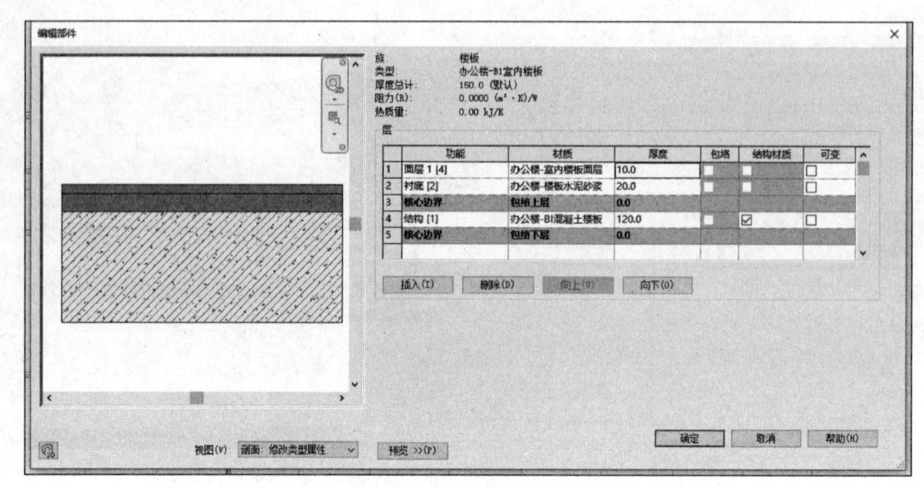

图 8-5　B1 室内楼板“编辑部件”的参数设置

提示

如果需要楼板某一构造层的厚度可变，勾选该功能层后面的“可变”单元格即可。

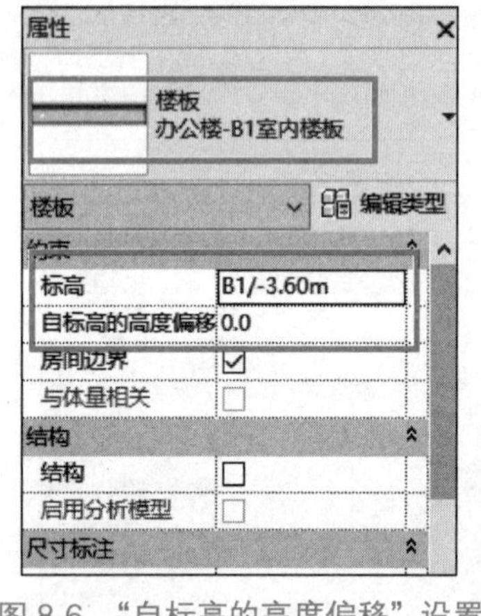

图 8-6 “自标高的高度偏移”设置

2. 创建楼板

定义完成楼板类型后，接下来进行楼板的创建工作。由于创建楼板时，需要绘制轮廓投影草图，因此建议在楼层平面视图中绘制室内楼板草图。

（1）确认当前视图为 B1/−3.60m 楼层平面视图。如图 8-6 所示，在“属性”面板类型选择器列表中选择“办公楼 -B1 室内楼板”作为当前使用的楼板类型。分别确认“约束”中的“标高”为“B1/−3.60m”，“自标高的高度偏移”值为“0.0”，即将要创建的楼层图元的顶面与 B1/−3.60m 标高对齐。

（2）绘制楼板边界线时，可以选用不同的线型，这里主要讲述“直线”“拾取墙”“拾取线”等命令。如图 8-7 所示，设置选项栏中的“偏移量”为“0.0”，确认勾选“延伸到墙中（至核心层）”选项，确认绘制方式为“直线”，移动鼠标指针至绘图区域，沿图 8-8 所示的区域边界绘制一条封闭的线。

提示

在 Revit 中，所有轮廓边界均为紫红色线条，要求必须为单条、连续、闭合、不重叠、不相交、不断开的线条，才能完成编辑。

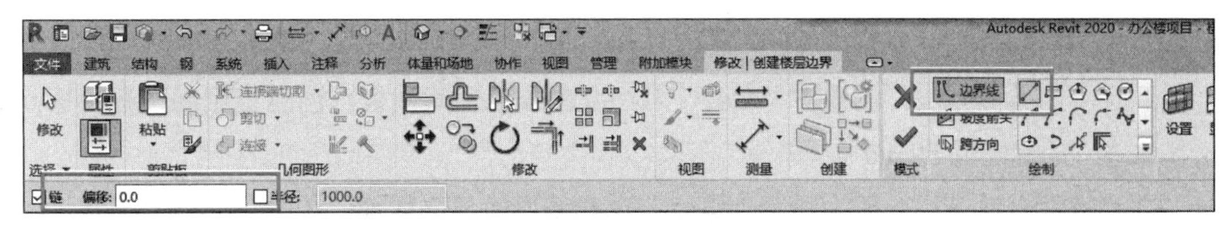

图 8-7　“修改 | 创建楼板边界”选项卡设置

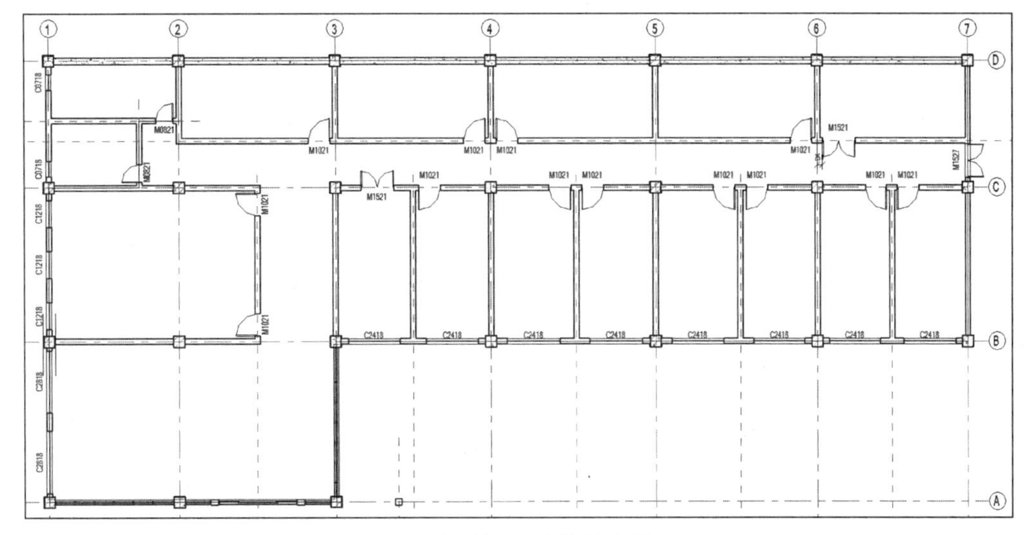

图 8-8　B1 室内楼板边缘

（3）单击“完成编辑模式”→“否”按钮，完成对 B1/−3.60m 层楼板（除卫生间外）的绘制任务。绘制完成后的绘图区域如图 8-9 所示。

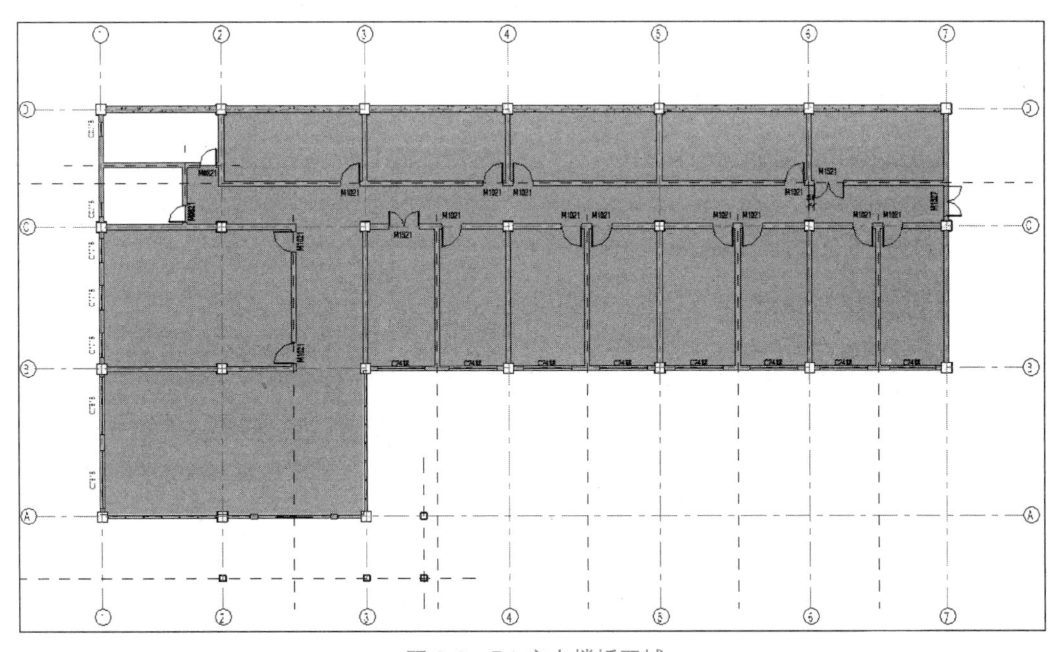

图 8-9　B1 室内楼板区域

8.1.2 绘制 B1/–3.60m 卫生间楼板

下面使用类似方法，创建“办公楼”B1/–3.60m 卫生间楼板。注意卫生间楼板的标高比其他地方的标高低 50mm。

（1）使用“楼板”工具，进入“修改、创建楼层边界”界面。单击“属性”面板“编辑类型”，进入“类型属性”对话框，复制“办公楼 -B1 室内楼板”，将其重命名为“办公楼 -B1 卫生间楼板”。

（2）单击“类型参数”中“结构”后面的“编辑”按钮，进入“编辑部件”对话框。单击第一层“面层 1[4]”的“材质”单元格，进入“材质浏览器”。如图 8-10 所示，选择“默认楼板”复制，将其重命名为“办公楼 - 卫生间楼板面层”，修改其“图形”参数，单击“确定”按钮，回到“编辑部件”对话框。

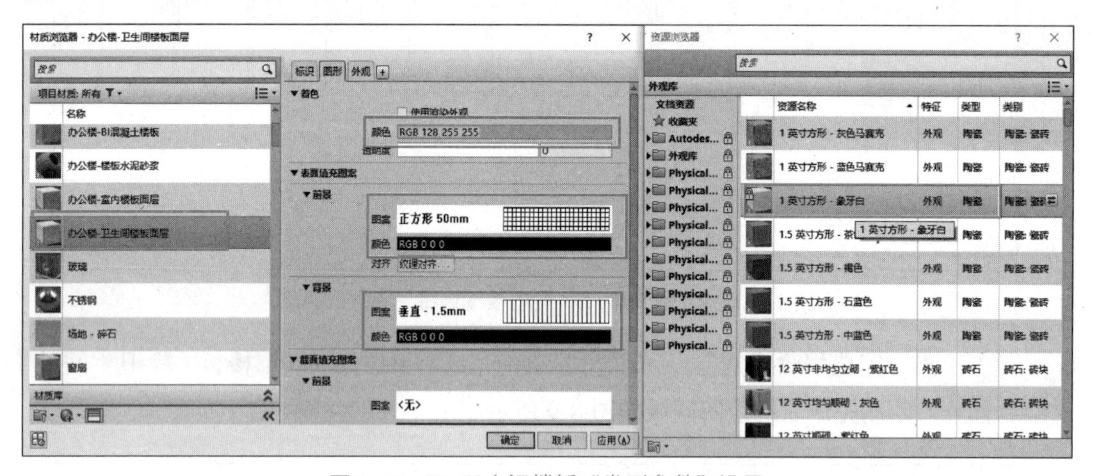

图 8-10　B1 卫生间楼板“类型参数”设置

（3）按图 8-11 所示，勾选第一层“面层 1[4]”后的“可变”单元格，以实现卫生间层面找坡的目的。单击“确定”按钮两次，回到创建楼板边界面。

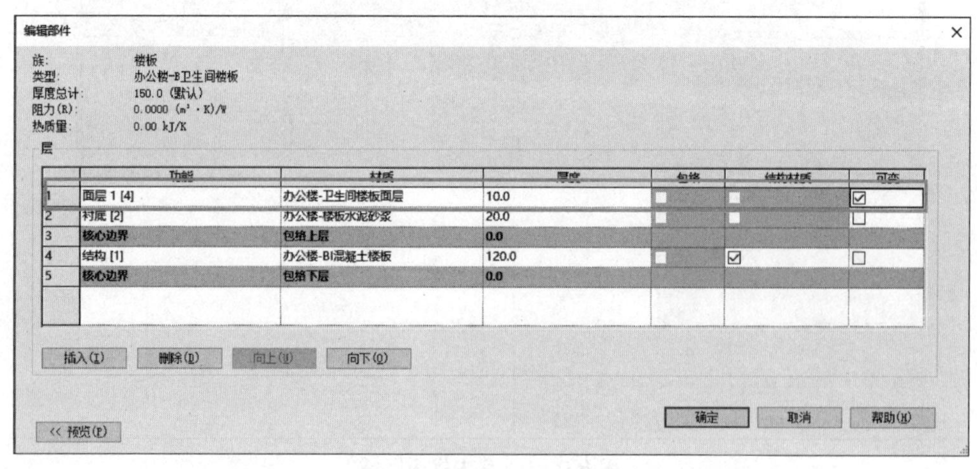

图 8-11　B1 卫生间楼板“编辑部件”的参数设置

（4）确认选项栏中“偏移”值为“0.0”，勾选“延伸到墙中（至核心层）”选项，修改“属性”面板“自标高的高度偏移”为“−50.0”，单击“应用”按钮，完成对卫生间楼板的参数设置，如图 8-12 所示。

（5）确认“绘制”面板“边界线”绘制方式为“拾取墙”，移动鼠标指针至绘图区域，一次拾取卫生间的所有墙体边界线，如图 8-13 所示。利用“修剪 / 延伸为角”命令修剪边界轮廓线，如图 8-14 所示，使所有边界线为首尾相连。修改完成的结果如图 8-15 所示。

微课：卫生间楼板

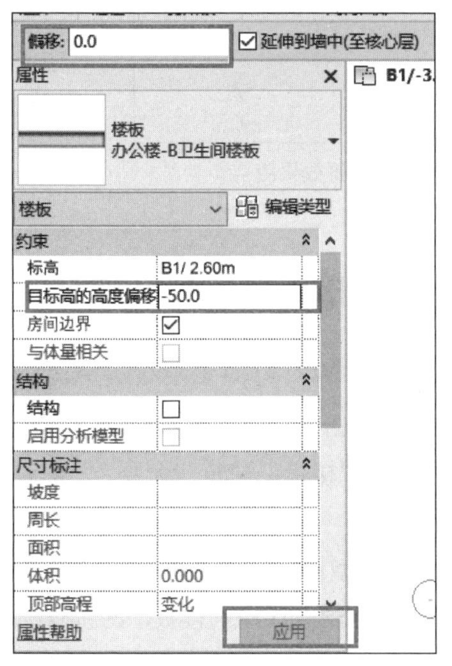

图 8-12 “自标高的高度偏移”设置

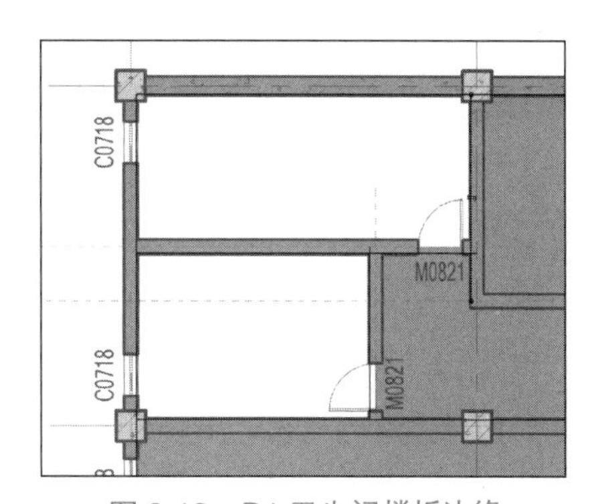

图 8-13　B1 卫生间楼板边缘

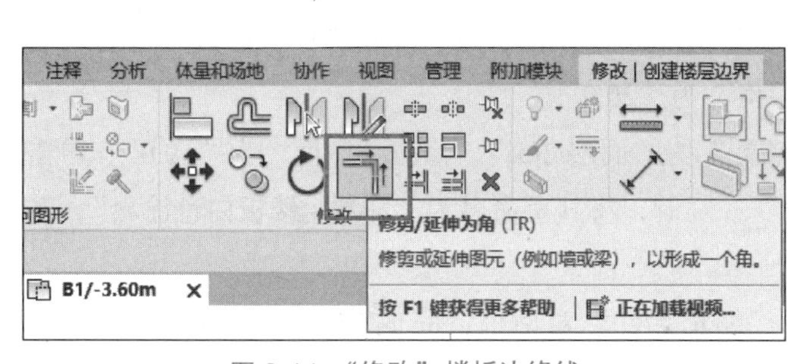

图 8-14 “修改”楼板边缘线

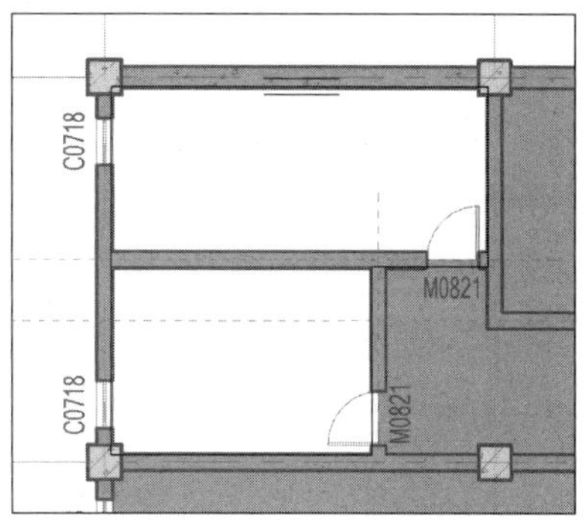

图 8-15 “修改”后楼板边缘线

（6）单击“完成编辑模式”→“否”按钮，完成对 B1/−3.60m 卫生间楼板的绘制工作。绘制完成后的三维效果图如图 8-16 所示。

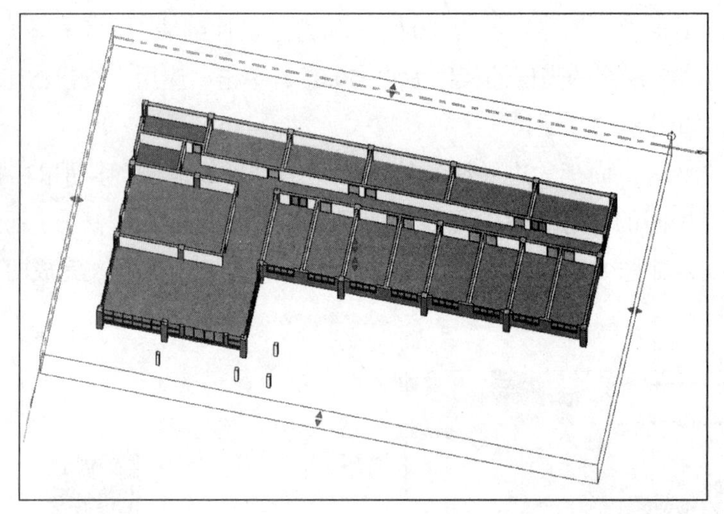

图 8-16　B1/–3.60m 卫生间楼板三维效果图

8.2　创建其他层室内楼板

8.2.1　绘制 F1/0.00m（除卫生间外）室内楼板

微课：其他层楼板 1

（1）将项目文件切换到 F1/0.00m 楼层平面视图。单击“建筑”选项卡→“构件”面板→“楼板”工具下拉列表，在列表中选择“楼板：建筑”命令，进入“修改 | 创建楼板边界”界面。

（2）单击“属性”面板→“编辑类型”，进入“类型属性”对话框，选择族“类型”为“办公楼 -B1 室内楼板”并复制，将其重命名为“办公楼 -F1 室内楼板”的新楼板类型，打开“结构”参数的“编辑部件”对话框。

（3）单击“结构 1”的“材质”单元格，进入“材质浏览器”，选择族“类型”为“办公楼 -B1 混凝土楼板”并复制，将其重命名为“办公楼 -F1 混凝土楼板”。

（4）单击“插入”，插入第 6 行，修改其“功能”为“衬底 [2]”，修改“材质”为“办公楼 - 楼板水泥砂浆”，修改“厚度”为“20.0”。

（5）再次插入第 7 行，修改“功能”为“面层 2[5]”，修改“厚度”为“10.0”，单击“材质”单元格，选择“涂料 - 黄色”并复制，将其重命名为“涂料 - 楼板白色涂料”，并修改其他“图形”参数，如图 8-17 所示。

（6）单击“确定”按钮，返回“编辑部件”对话框，完成 F1 楼板材质的定义，如图 8-18 所示。单击“确定”按钮，返回主界面绘图区域。

（7）确认“绘制”面板“边界线”的绘制方式为“直线”，确认“属性”面板“自标高的高度偏移”为“0.0”，单击“应用”按钮，移动鼠标指针至绘图区域，沿如图 8-19 所示的区域边界绘制一条封闭的线。

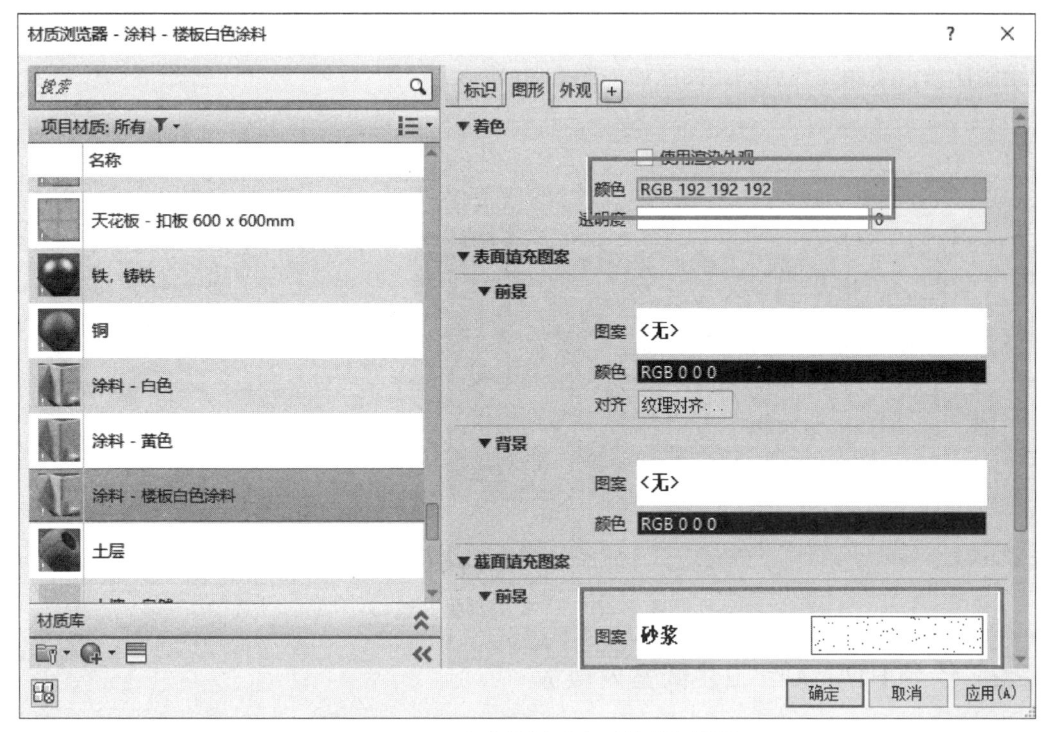

图 8-17　F1 室内楼板“类型参数”设置

	功能	材质	厚度	包络	结构材质	可变
1	面层 1 [4]	办公楼-室内楼板面层	10.0	☐	☐	☐
2	衬底 [2]	办公楼-楼板水泥砂浆	20.0	☐	☐	☐
3	**核心边界**	**包络上层**	**0.0**			
4	结构 [1]	办公楼-F1混凝土楼板	120.0	☐	☑	☐
5	**核心边界**	**包络下层**	**0.0**			
6	衬底 [2]	办公楼-楼板水泥砂浆	20.0	☐	☐	☐
7	面层 2 [5]	涂料 - 楼板白色涂料	10.0	☐	☐	☐

图 8-18　F1 室内楼板“编辑部件”的参数设置

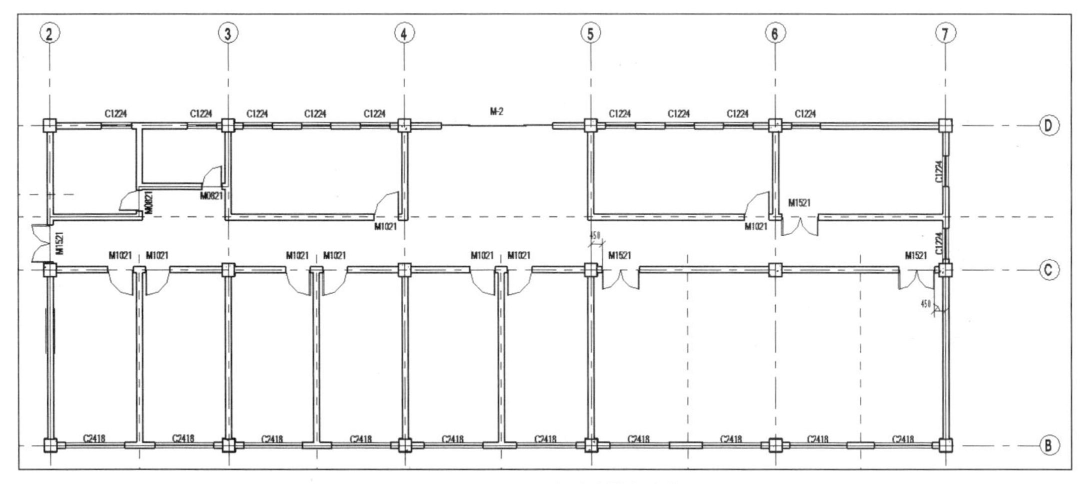

图 8-19　F1 室内楼板边缘

（8）单击“完成编辑模式”→“否”按钮，完成对 F1/0.00m 层楼板（除卫生间外）的绘制任务。绘制完成后的绘图区域如图 8-20 所示。

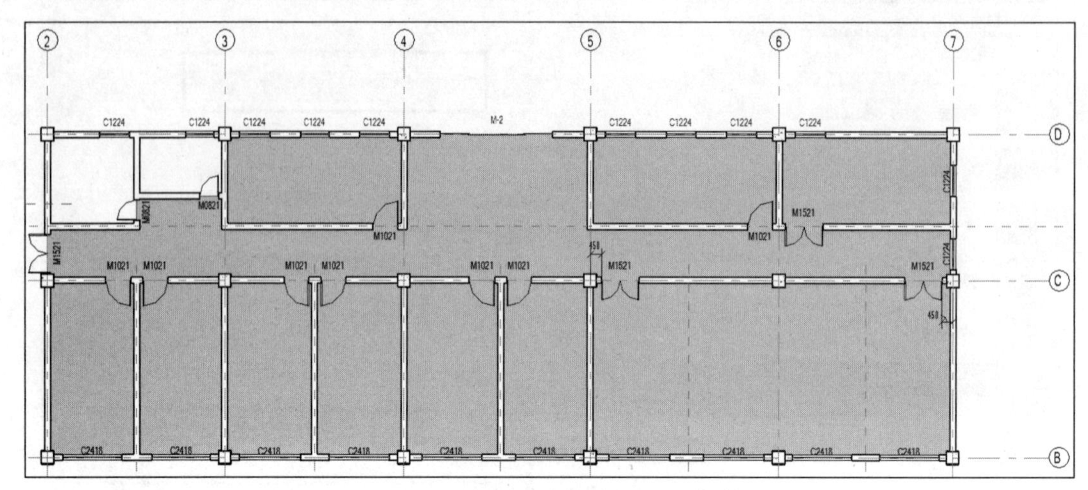

图 8-20　F1 室内楼板区域

8.2.2　绘制 F1/0.00m 卫生间室内楼板

（1）单击“属性”面板→“编辑类型”，进入“类型属性”对话框，选择族“类型”为“办公楼 -B1 卫生间楼板”并复制，将其重命名为“办公楼 -F1 卫生间楼板”的新楼板类型，打开“结构”参数的“编辑部件”对话框。

（2）单击“结构 1”右边的“材质”单元格，进入“材质浏览器”，选择族“类型”为“办公楼 -F1 混凝土楼板”。

（3）单击“确定”按钮，返回“编辑部件”对话框，完成 F1 卫生间楼板材质的定义。单击“确定”，返回主界面绘图区域。

（4）确认“绘制”面板“边界线”的绘制方式为“直线”，确认“属性”面板“自标高的高度偏移”值为“-50”，单击“应用”按钮，移动鼠标指针至绘图区域，沿如图 8-21 所示的区域边界绘制一条封闭的线。

微课：二层
卫生间楼板

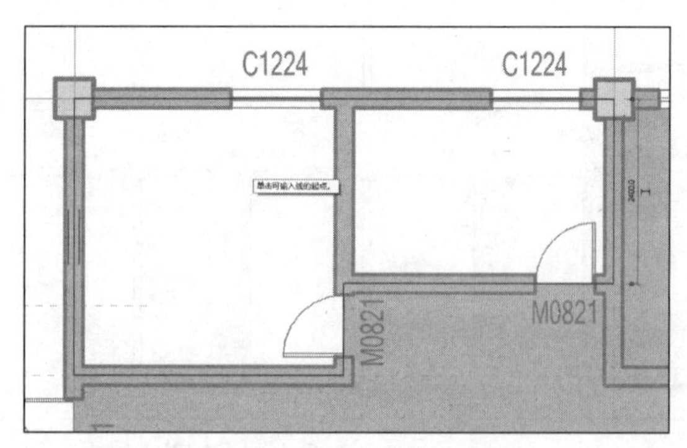

图 8-21　F1 卫生间楼板边缘

（5）单击“完成编辑模式”→“否”按钮，完成对 F1/0.00m 层卫生间楼板的绘制任务。绘制完成后的绘图区域如图 8-22 所示。

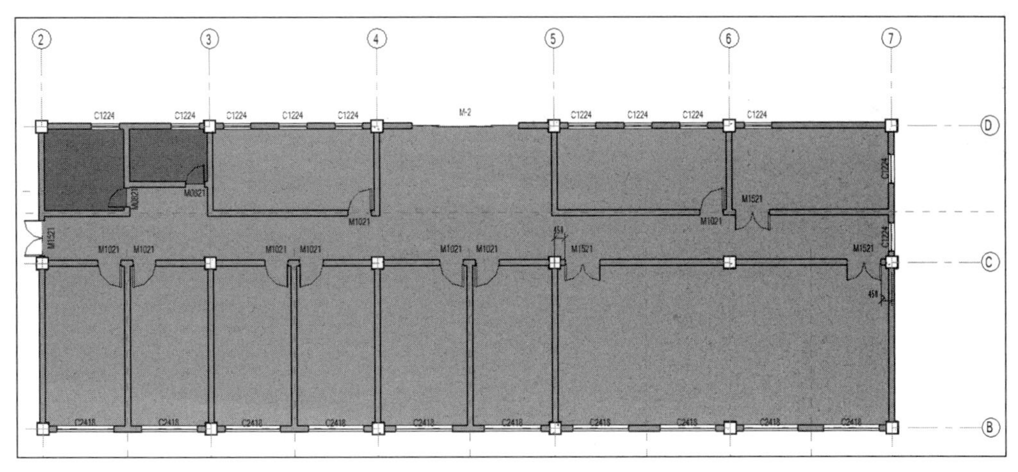

图 8-22　F1 卫生间楼板区域

附件：任务单

项目9 屋 顶

教学目标：

通过学习本项目内容，了解迹线屋顶、拉伸屋顶和面屋顶的概念；熟悉坡屋顶和拉伸屋顶的创建方法；掌握平屋顶、坡屋顶的创建和编辑方法。

知识目标：

（1）屋顶：迹线屋顶、拉伸屋顶、面屋顶；

（2）创建平屋顶与坡屋顶，创建迹线屋顶；

（3）屋顶类型属性定义；

（4）平屋顶与坡屋顶的创建与编辑方法；

（5）熟悉墙体的附着和分离。

技能目标：

（1）了解迹线屋顶、拉伸屋顶和面屋顶；

（2）熟悉坡屋顶和迹线屋顶的创建方法；

（3）掌握平屋顶、坡屋顶的创建和编辑方法。

在 Revit 2020 中，可以直接使用建筑楼板来创建简单的平屋顶。对于复杂形式的坡屋顶，Revit 2020 还提供了专门的屋顶工具，用于创建各种形式的复杂屋顶。Revit 2020 提供了迹线屋顶、拉伸屋顶和面屋顶三种创建屋顶的方式。其中，迹线屋顶的使用方式与楼板类似，通过在平面视图中绘制屋顶投影轮廓边界的方式创建屋顶，并在迹线中指定屋顶坡度，形成复杂的坡屋顶。本项目主要介绍通过迹线屋顶的方式为办公楼项目创建屋顶。

9.1 创建平屋顶

（1）接项目 8 练习。在 F1/0.00m 楼层平面视图选择“属性”面板“范围”栏中的“视图范围”，单击“编辑”按钮，在弹出的对话框中修改“视图深度”中的标高为“B1/−3.60m”，单击“确定”按钮，如图 9-1 所示。

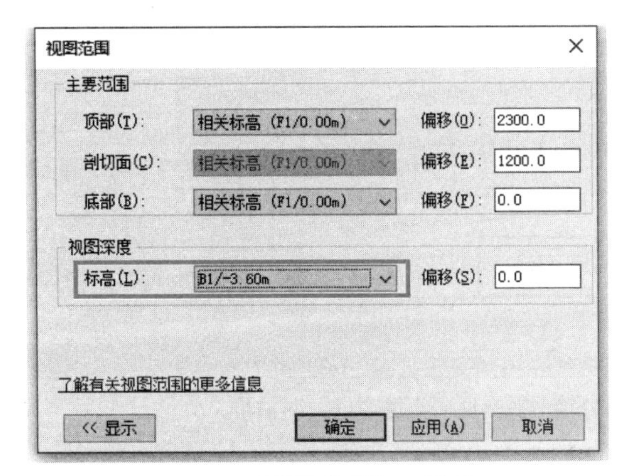

图 9-1　“视图范围”对话框

微课：屋顶创建

（2）如图 9-2 所示，单击“建筑”选项卡“构建”面板中的“屋顶”工具下拉按钮，在下拉列表中选择“迹线屋顶”工具，进入“修改 / 创建屋顶迹线”模式。

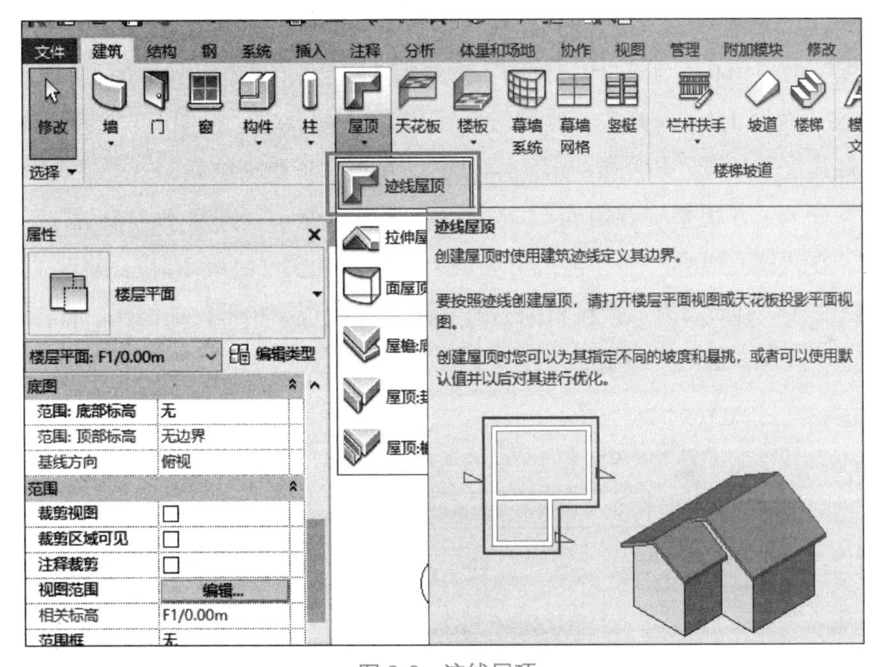

图 9-2　迹线屋顶

提示

屋顶下拉列表还提供了封檐板、檐槽两种属于基于屋顶的放样工具。“底板”的用法类似于楼板用于生成屋顶屋檐下方的檐板。

（3）单击“属性”面板中的“编辑类型”，进入“类型属性”对话框，如图 9-3 所示。基于“常规 -125mm”复制名为“办公楼 - 平屋顶”的新族类型，单击“确定”，返回“类型属性”对话框。

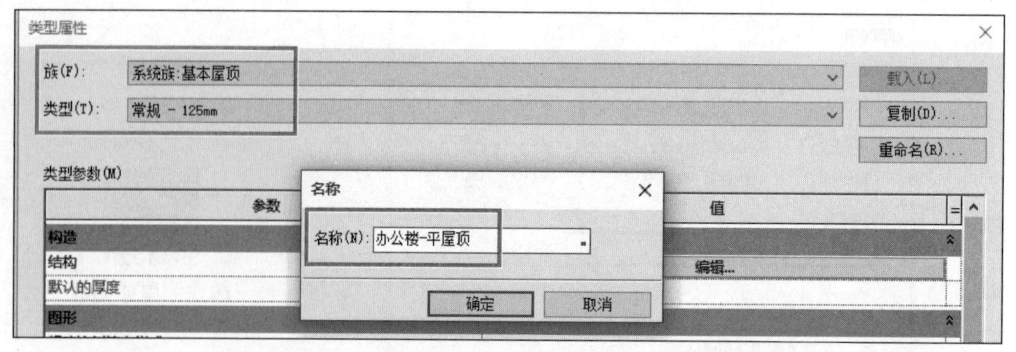

图 9-3 办公楼 - 平屋顶“类型属性”对话框

（4）单击“类型参数”中“结构”的“编辑”按钮，进入“编辑部件”对话框。修改“结构层材质”为“混凝土 - 现场浇筑混凝土”；单击第 1 行“核心边界”，单击“插入”，在“核心边界”→“包络上层”上面插入一层“衬底 [2]”，修改“厚度”为“20.0”，修改其“材质”为“水泥砂浆”；在“衬底 [2]”上面插入一层“涂膜层”，修改“厚度”为“0.0”，修改其“材质”为“按类别”；在“涂膜层”上面插入一层“保温层 / 空气层 [3]”，修改“厚度”为“50.0”，修改其“材质”为“刚性隔热层”；在“保温层 / 空气层 [3]”上面插入一层“面层 1[4]”，修改“厚度”为“15.0”，修改其“材质”，选择“默认屋顶”并复制，将其重命名为“办公楼 - 平屋顶面层”，单击“资源浏览器”→“外观库”→“砖石”→“花岗岩 - 方块叠层砌抛光”，按图 9-4 所示，修改“图形基本设置”，单击“确定”按钮，在“核心边界”→“包络下层”上面插入一层“面层 2[5]”，修改“厚度”为“20.0”，修改其“材质”为“涂料 - 楼板白色涂料”，完成结构部件的编辑，如图 9-5 所示。单击“确定”按钮，退出“类型属性”对话框。

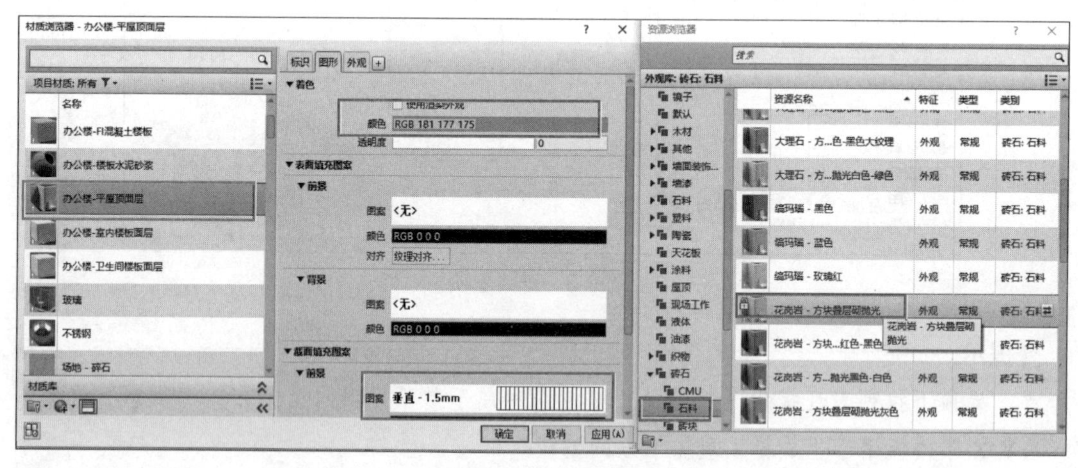

图 9-4 材质设置

（5）如图 9-6 所示，确认绘制面板中当前绘制的对象为“边界线”，确认生成边界线的方式为“拾取墙”。确认不勾选选项栏“定义坡度”选项，设置“悬挑”值为“0.0”，勾选“延伸到墙中（至核心层）”选项。

族: 基本屋顶
类型: 办公楼-平屋顶
厚度总计: 210.0 (默认)
阻力(R): 1.4286 (m²·K)/W
热质量: 0.16 kJ/K

层

	功能	材质	厚度	包络	可变
1	面层 1 [4]	办公楼-平屋顶面层	15.0	☐	☐
2	保温层/空气层 [3]	刚性隔热层	50.0	☐	☐
3	涂膜层	<按类别>	0.0	☐	☐
4	衬底 [2]	水泥砂浆	20.0	☐	☐
5	**核心边界**	**包络上层**	**0.0**		
6	结构 [1]	混凝土 - 现场浇筑混凝土	125.0	☐	☐
7	**核心边界**	**包络下层**	**0.0**		
8	面层 2 [5]	涂料 - 楼板白色涂料	10	☐	☐

图 9-5 办公楼 - 平屋顶“编辑部件”的参数设置

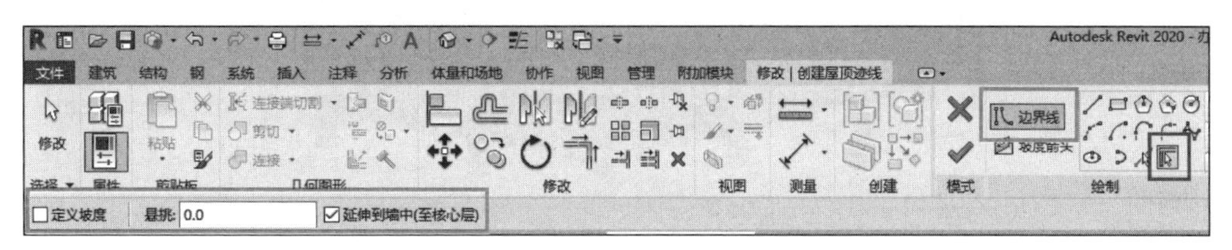

图 9-6 “修改 | 创建屋顶迹线”选项设置

提示

“悬挑”值用于确定生成的迹线位置与所拾取的墙位置的偏移量。

（6）如图 9-7 所示，依次沿外墙外表面单击“拾取墙体”，Revit 将沿墙体位置生成屋顶迹线，单击“修改”工具栏中的“修改 / 延伸为角”，修改拾取到不相交的线。

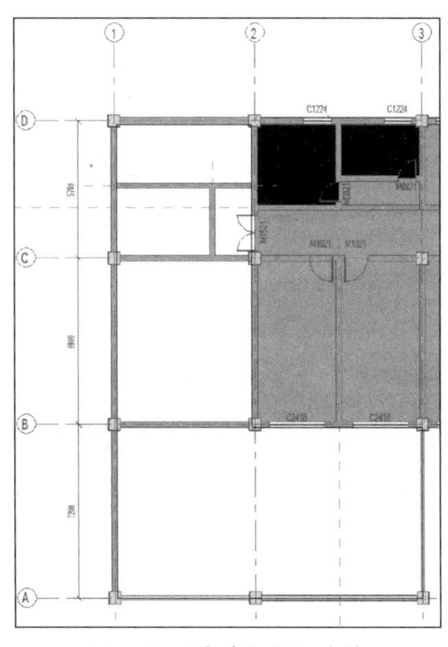

图 9-7 “修改”屋顶迹线

（7）确认“属性”面板中“底部标高”设置为“F1/0.00m”。在 Revit 中，屋顶工具创建的屋顶图元的底面将与所指定的标高对齐。

（8）单击功能区“模式”面板中的“完成编辑模式”按钮，完成屋顶的编辑工作。为确保屋顶的“顶面”与标高面对齐，修改“属性”面板中“自标高的底部偏移”的值为“-220”，单击“应用”按钮应用该设置。完成后的办公楼 - 平屋顶三维图如图 9-8 所示。

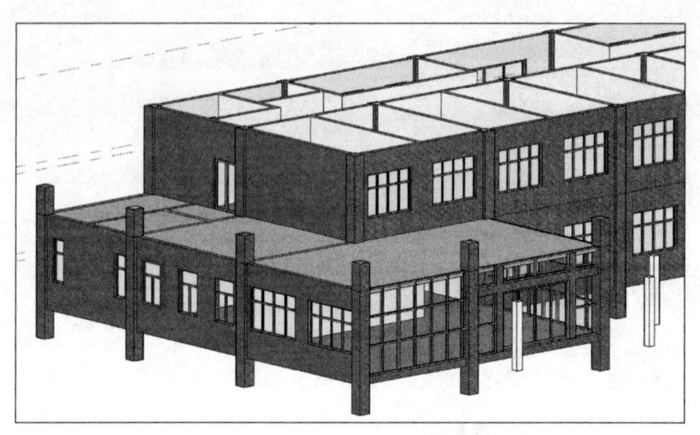

图 9-8 完成的办公楼 - 平屋顶三维图

9.2 创建坡屋顶

9.2.1 创建 F2/3.60m 标高坡屋顶

（1）接 9.1 练习。切换至 F2/3.60m 标高楼层平面视图。单击“建筑”选项卡“构建”面板中的“屋顶”工具下拉按钮，在下拉列表中选择“迹线屋顶”工具，进入“修改 | 创建屋顶迹线”模式。

（2）单击“属性”面板“编辑类型”，进入“类型属性”对话框。如图 9-9 所示，基于“办公楼 - 平屋顶”复制名为“办公楼 - 坡屋顶”的新族类型，单击“确定”按钮，返回“类型属性”对话框。

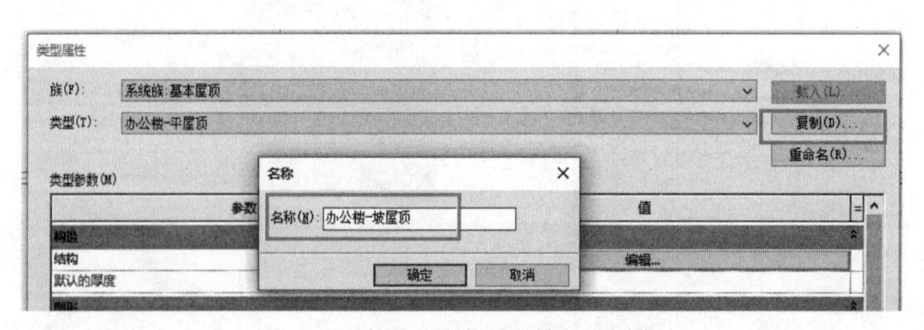

图 9-9 坡屋顶“类型属性”对话框

（3）单击“类型参数”→“结构”→“编辑部件”，修改“面层 1[4]”其“材质”为“瓦片 - 筒瓦”。如图 9-10 所示。完成后，单击“确定”按钮两次，退出“类型属性”对话框。

族：　基本屋顶
类型：　办公楼-坡屋顶
厚度总计：　220.0（默认）
阻力(R)：　1.4286 (m²·K)/W
热质量：　0.16 kJ/K

层

	功能	材质	厚度	包络	可变
1	面层 1 [4]	瓦片 - 筒瓦	15.0	☐	☐
2	保温层/空气层 [3]	刚性隔热层	50.0	☐	☐
3	涂膜层	<按类别>	0.0	☐	☐
4	衬底 [2]	水泥砂浆	20.0	☐	☐
5	核心边界	包络上层	0.0		
6	结构 [1]	混凝土 - 现场浇筑混凝土	125.0	☐	☐
7	核心边界	包络下层	0.0		
8	面层 2 [5]	涂料 - 楼板白色涂料	10.0	☐	☐

图 9-10　坡屋顶“编辑部件”的参数设置

（4）单击“工作平面”→“参照平面”，进入“放置参照平面”界面，如图 9-11 所示，分别在距离②轴、⑦轴、Ⓑ轴、Ⓓ轴 1020mm 的位置绘制参照平面。在④~⑤轴之间绘制一个距离Ⓓ轴 1800mm 的参照平面，绘制距离④轴左侧 300mm 的参照平面和距离⑤轴右侧 300mm 的参照平面。

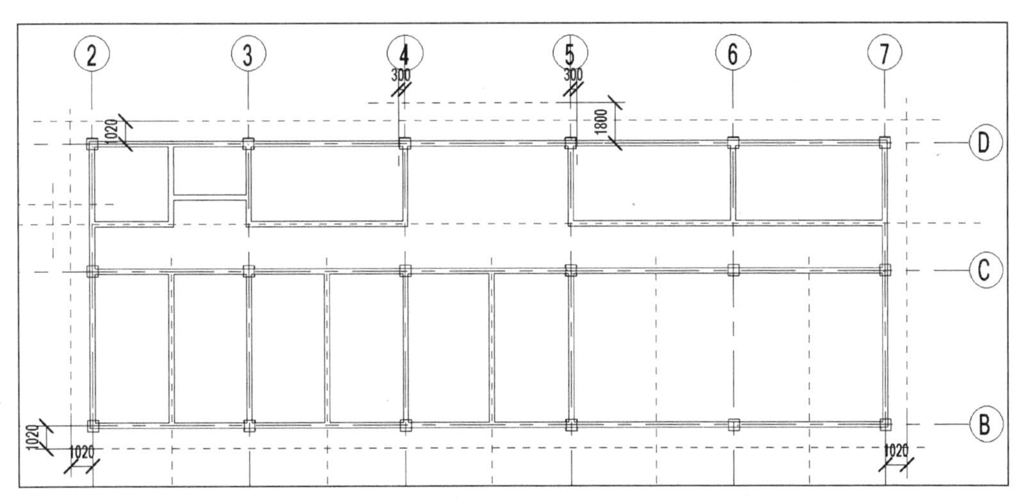

图 9-11　绘制参照平面

（5）确认绘制面板中当前绘制的对象为“边界线”，确认生成边界线的方式为“直线”。确认勾选选项栏“定义坡度”复选框，设置“偏移量”值为“0.0”，勾选“链”复选框，如图 9-12 所示。沿着所绘制的参照平面相交点绘制屋顶迹线，如图 9-13 所示。

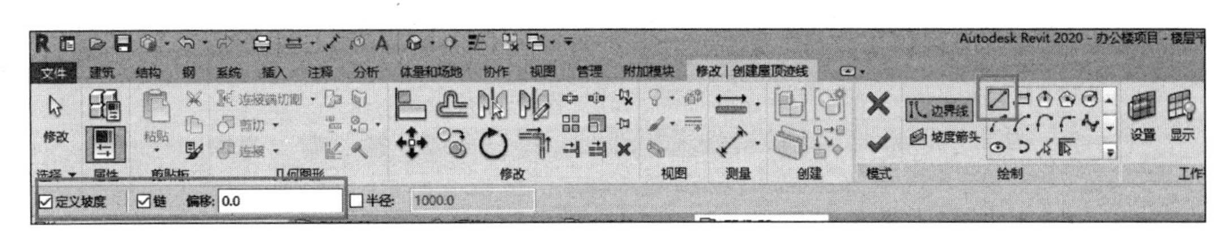

图 9-12　“修改 | 创建屋顶迹线”选项设置

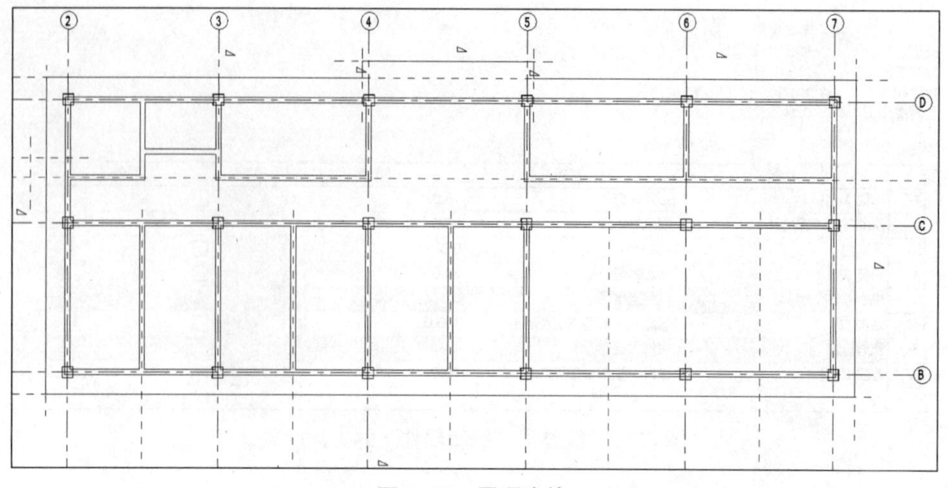

图 9-13 屋顶迹线

（6）单击选择④~⑤轴线间的屋顶迹线，在“属性”对话框中不勾选“定义屋顶坡度”，如图 9-14 所示。选择其余屋顶迹线，确认“属性”对话框中“坡度”为“30.00° ”，如图 9-15 所示。

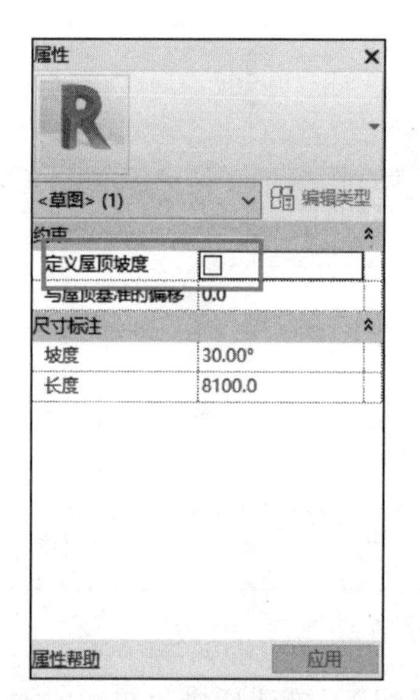

图 9-14 “定义屋顶坡度”

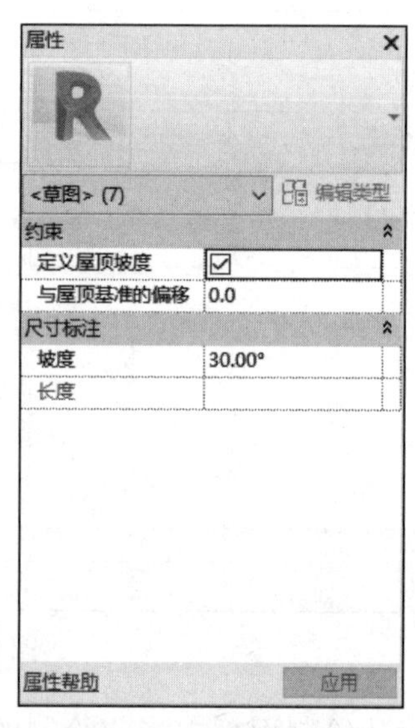

图 9-15 屋顶坡度值

（7）修改实例属性值“自标高的底部偏移”为“–600”，单击“完成编辑模式”按钮，完成对“办公楼 - 坡屋顶”的创建任务。

9.2.2 墙体附着

当墙体与顶部、底部水平连接构件未相连时，可以通过“修改墙”面板的“附着”命令来形成。

（1）在三维视图下，可以看到刚绘制的屋顶与相邻墙体没有相连，如图 9-16 所示。

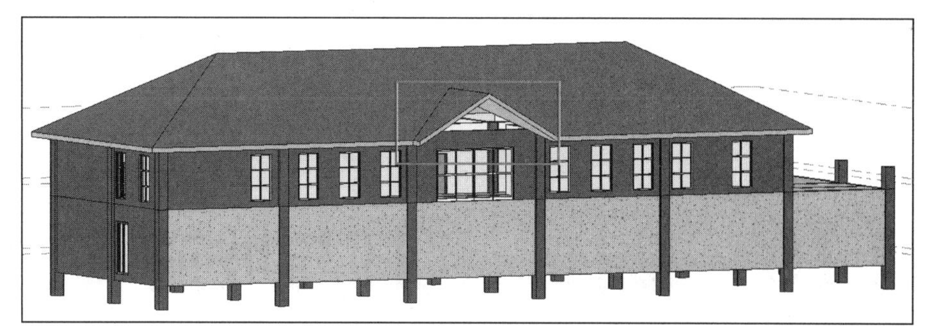

图 9-16　检查屋顶与墙体

（2）选中需要与屋顶相连的墙体，自动切换至“修改 | 墙”界面，单击“修改 | 墙”面板的“附着顶部 | 底部”命令，如图 9-17 所示。此时选项栏默认“附着墙”为“顶部”，如图 9-18 所示。再单击要附着的屋面，完成附着后的墙，如图 9-19 所示。

（3）保存项目文件，完成对墙体与屋顶的附着。

图 9-17　“修改墙”面板

图 9-18　附着墙为顶部

图 9-19　墙体顶部与屋顶的自动附着

附件：任务单

项目 10 楼梯、栏杆与坡道

教学目标：

通过学习本项目内容，了解按构件创建楼梯、按面创建洞口和垂直洞口的方法；熟悉楼梯、扶手、栏杆类型定义的参数；掌握楼梯、扶手和竖井的创建重点，完成项目楼梯、扶手和竖井的创建。

知识目标：

（1）构件楼梯、草图楼梯；

（2）面洞口、墙洞口；

（3）楼梯参数的定义，扶手参数、栏杆参数的设置方法；

（4）楼梯、扶手、竖井的创建与编辑方法。

技能目标：

（1）了解按构件创建楼梯、按面创建洞口的方法；

（2）熟悉楼梯、扶手、栏杆类型定义的参数；

（3）完成项目楼梯、扶手和竖井的创建。

在 Revit 2020 中，通过定义不同的楼梯、扶手类型，可以生成不同形式的楼梯、扶手构件。通过洞口工具，可以实现对墙体、楼板、天花板、屋顶等图元对象的剪切，达到设计要求。本项目将结合教材案例详细介绍楼梯（含台阶）、扶手（栏杆）、洞口、坡道等的创建与编辑方法。

10.1 创建楼梯

楼梯由连接各踏步的梯段、休息平台和扶手组成。楼梯的最低与最高一级踏步间的水平投影距离为梯段长，踏步的总高度为梯段高。踏步有踏面（行走时脚踏的水平部分）和踢面（行走时脚尖对的立面）。楼梯按梯段可分为单跑楼梯、双跑楼梯和多跑楼梯，梯段的水平形状有直线、折线和曲线。

10.1.1　定义 B1/-3.60m 室内楼梯

（1）打开项目 9 完成的“办公楼项目 .rvt”项目文件，切换至 B1/-3.60m 楼层平面视图。

（2）单击“建筑”→“工作平面”→“参照平面”，进入“修改 | 放置 参照平面”界面。确认“绘制方式”为“直线”，确认选项栏中的“偏移量”为“0.0”。按图 10-1 所示，移动鼠标指针至楼梯间，绘制参照平面。按 Esc 键，退出当前命令。

（3）单击“建筑”→“楼梯坡道”→“楼梯”工具下拉符号列表，选择“楼梯”命令，进入“修改 | 创建楼梯”界面，如图 10-2 所示。

（4）在“属性”面板类型选择器中选择“整体浇筑楼梯”类型，如图 10-3 所示。

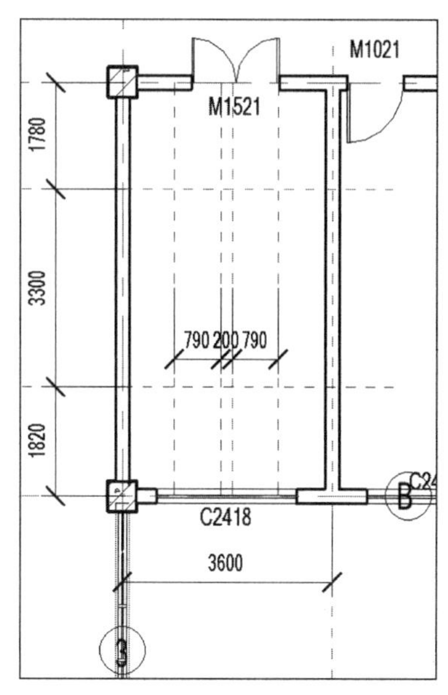

图 10-1　楼梯参照平面

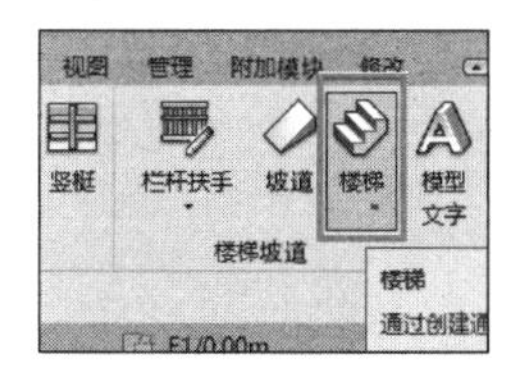

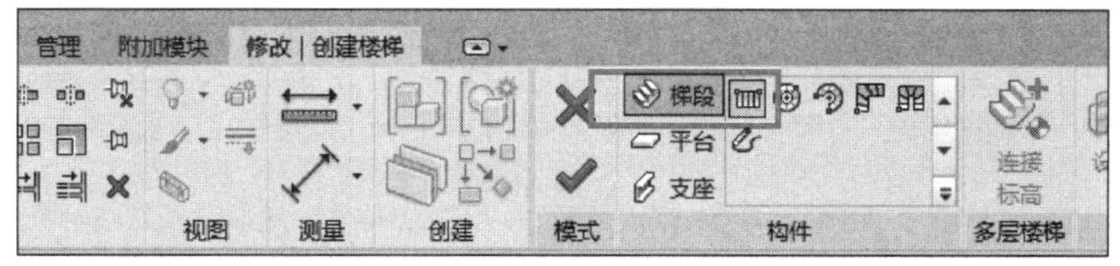

图 10-2　“修改 | 创建楼梯”选项卡

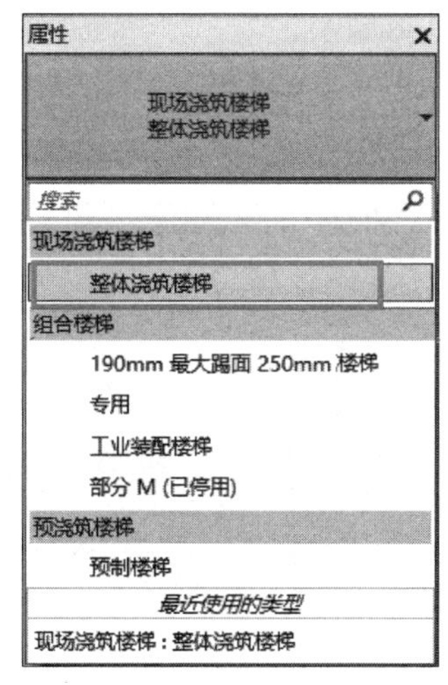

图 10-3　“整体浇筑楼梯”类型

微课：楼梯创建

（5）单击图元属性对话框中的“编辑类型”，界面弹出“类型属性”对话框。如图 10-4 所示，确认“族”列表中当前族为“系统族：现场浇筑楼梯”，单击“复制”按钮，输入名称“办公楼 -1# 楼梯”作为新楼梯的类型名称，完成后，单击“确定”按钮，返回“类型属性”对话框。

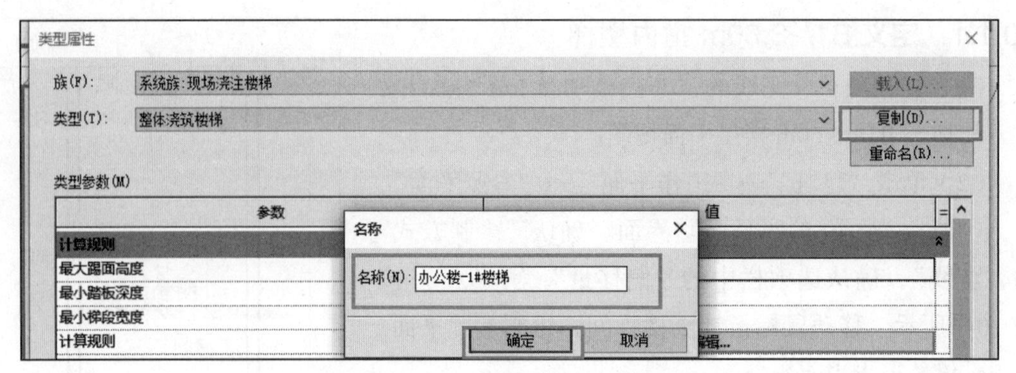

图 10-4 “办公楼 -1# 楼梯”命名

（6）如图 10-5 所示，分别修改“计算规则”中的“最小踏板深度”为“300.0”,“最大踢面高度”为“150.0”。

（7）如图 10-6 所示，分别修改“材质和装饰”中“踏板材质”和“整体式材质”为“混凝土 - 现场浇筑混凝土”。

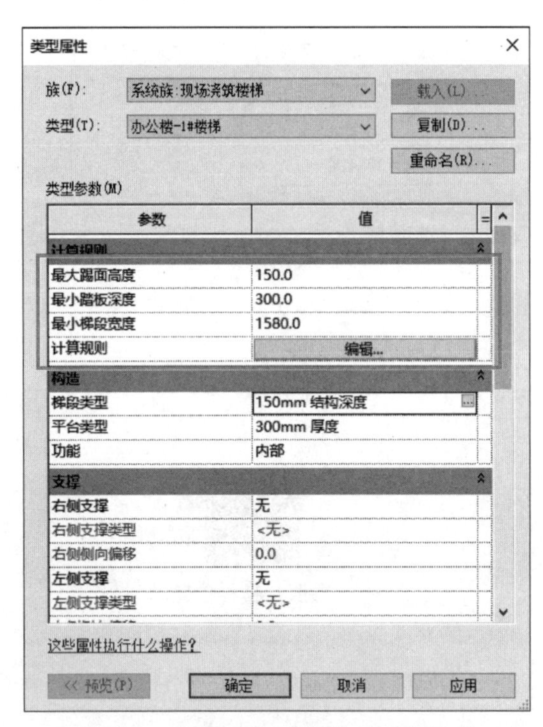

图 10-5 楼梯“类型参数”的参数设置

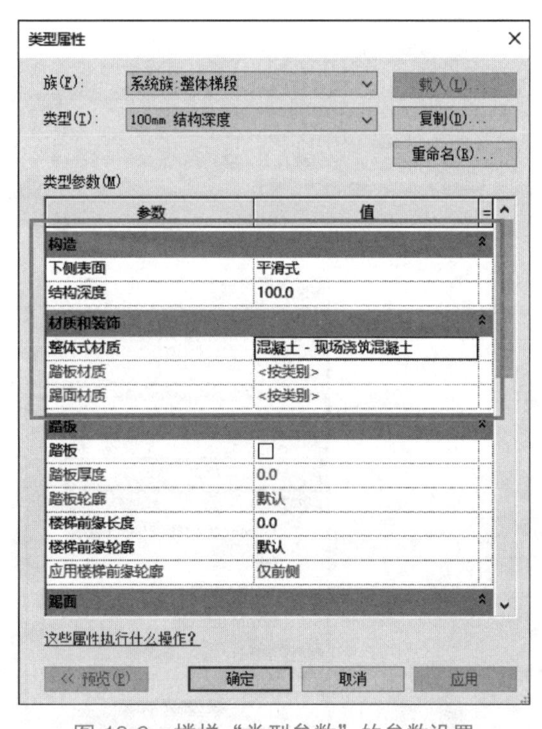

图 10-6 楼梯“类型参数”的参数设置

（8）继续设置楼梯类型参数。如图 10-7 所示，修改“踏板”参数分组中的设置“踏板厚度”为“30.0”,“楼梯前缘长度”为“5.0”,“楼梯前缘轮廓”为“默认”；在“踢面”参数中，设置“踢面类型”为“直梯”,“踢面厚度”为 30.0,“踢面至踏板连接”为“踢面延伸至踏板后”，单击“确定”。单击“构造→平台类型”，复制“300mm 厚度”，命名为“100mm 厚度”，设置“整体厚度”为“100.0”,“整体式材质”为“混凝土 - 现场浇筑混凝土”。完成后单击“确定”按钮，退出“类型属性”对话框。

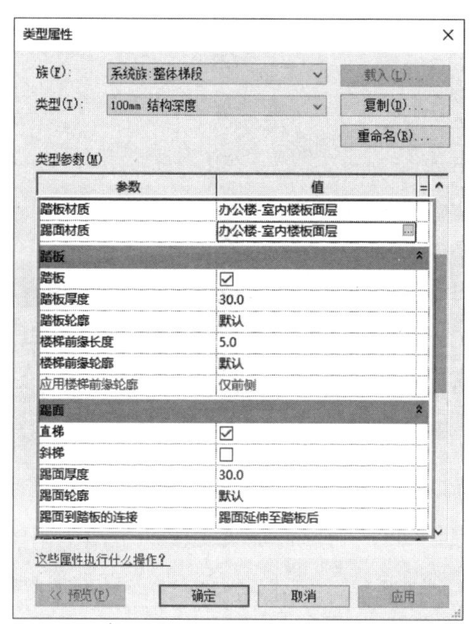

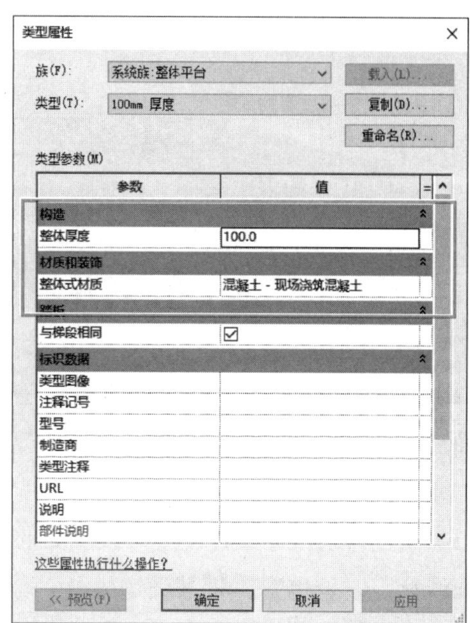

图 10-7 楼梯“类型”的参数设置

（9）如图 10-8 所示，在属性面板中确认“约束”中的“底部标高”为 B1/−3.60m，“顶部标高”为 F1/0.00m。

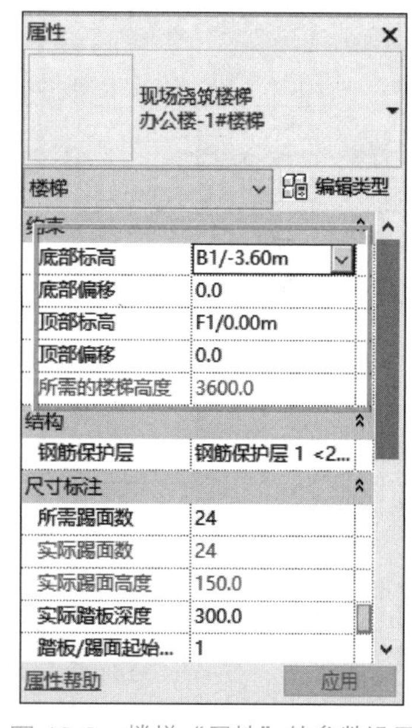

图 10-8 楼梯“属性”的参数设置

提示

可以在“属性”面板中修改“所需踢面数”的参数值。该值决定最终实际楼梯的踏步数。注意，该踢面数不得小于最大踢面高度所确定的最少踢面数。

（10）如图 10-9 所示，单击上下文选项卡“工具”面板中的“栏杆扶手”按钮，界面弹出“栏杆扶手”对话框，在扶手类型列表中选择“900mm”，位置选择为“梯边梁”，完成后，单击“确定”按钮。到此，即完成办公楼楼梯的构造定义。

图 10-9 “栏杆扶手”对话框

10.1.2 绘制 B1/−3.60m 室内楼梯

（1）如图 10-10 所示，单击上下文关联选项卡“绘制”面板中选择“梯段”绘制模式，绘制方式选择“直梯”。

图 10-10 “绘制”面板

（2）如图 10-11 所示，移动鼠标指针至楼梯间中心线下方的参照平面处，在图示两参照平面交点处捕捉起点然后单击，将其确定为楼梯起点，沿垂直方向向下移动鼠标指针，单击，完成第一个梯段。

（3）向左移动鼠标指针至中心线上面的参照平面，当指针捕捉至参照平面于第一个梯段延长线交点时，单击，将其确定为第二个梯段的起点。沿垂直方向向上移动鼠标指针，单击，完成第二个梯段。完成后的梯段如图 10-12 所示。

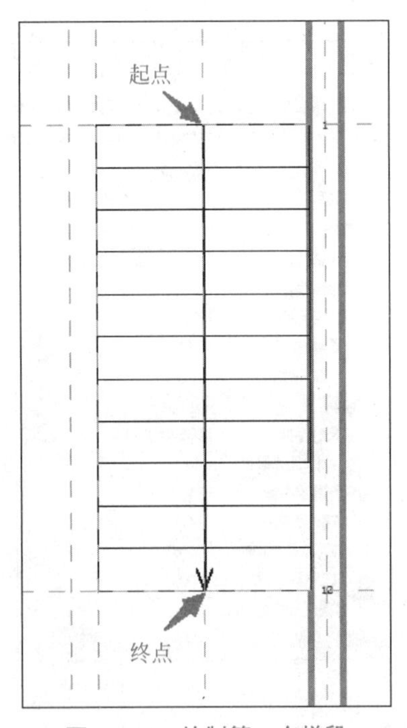

图 10-11 绘制第一个梯段

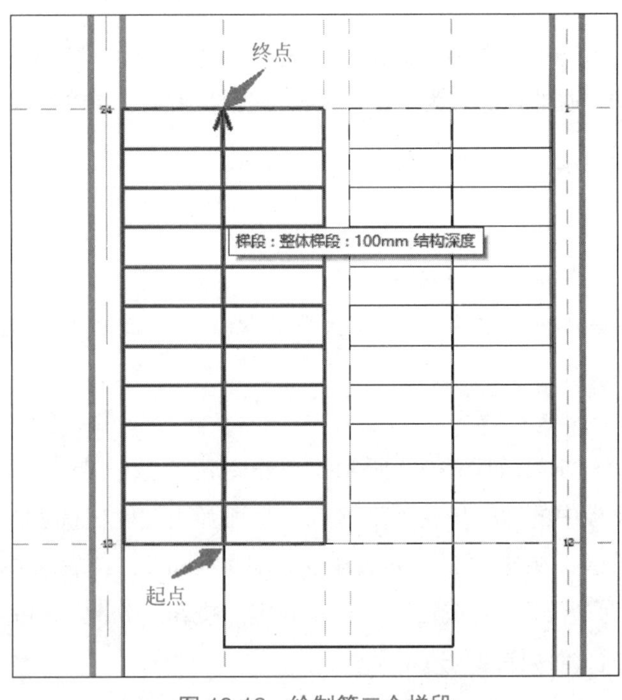

图 10-12 绘制第二个梯段

（4）如图 10-13 所示，选择楼梯休息平台，拖动下方三角符号，使之与下方墙体内侧重合。完成后单击上下文关联选项卡“模式”面板中的“完成编辑模式”按钮，完成楼梯的绘制。

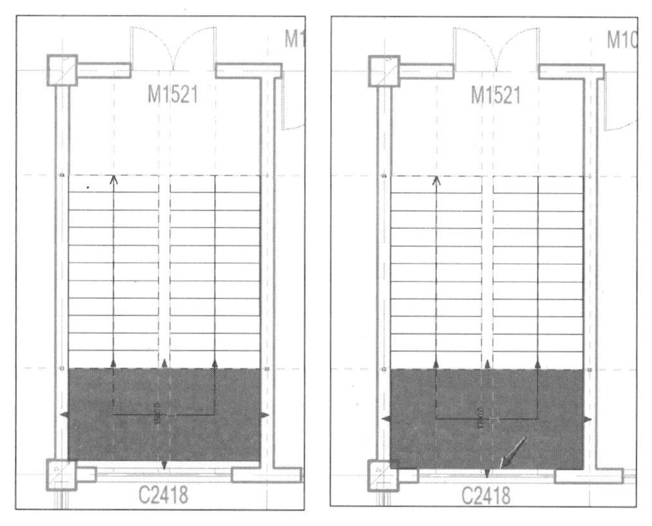

图 10-13　修改楼梯边界线

（5）如图 10-14 所示，在 B1/−3.60m 楼层平面视图选择楼梯外侧靠墙扶手，删除选中的靠墙扶手，完成扶手的修改任务。

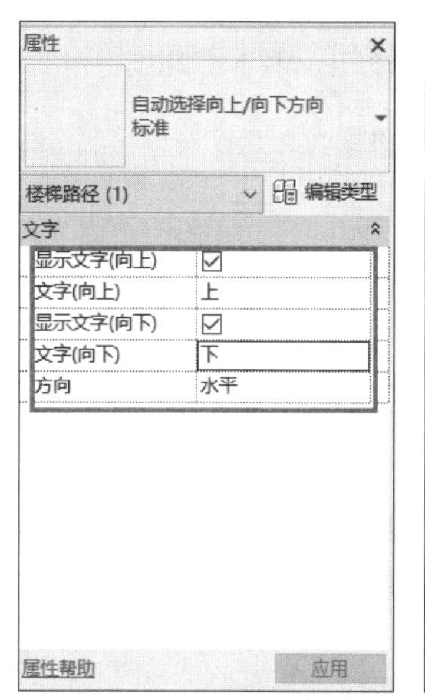

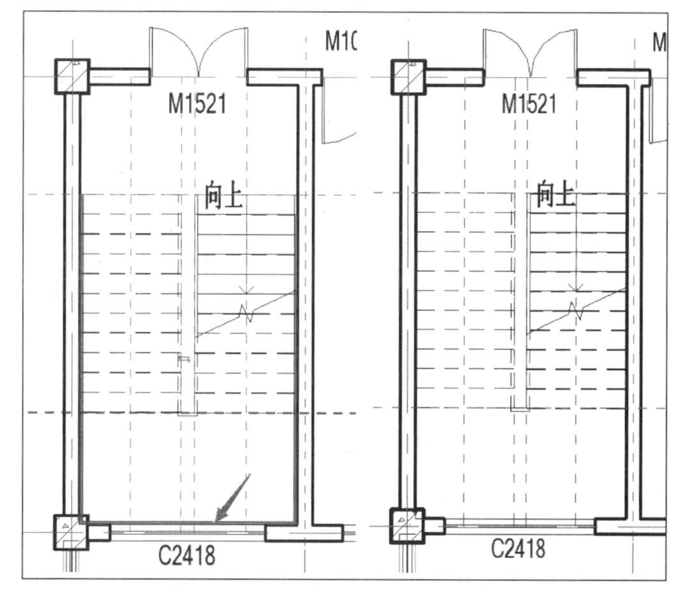

图 10-14　“修改 / 栏杆扶手”

（6）选中“向上”文字，如图 10-14 所示，修改在属性对话框的“文字（向上）”为“上”。

（7）参照上述步骤，完成 B1/−3.60m 右侧楼梯间 2# 楼梯的创建任务。

（8）切换至 F1/0.00m 标高楼层平面，选择楼梯间处扶手，单击“修改 | 栏杆扶手”选项卡“模式”面板中的“编辑路径”按钮，选择“绘制”面板中的“直线”绘制模式，勾选选项栏中的“链”复选框，如图 10-15 所示，用鼠标指针捕捉至扶手已有路径左侧端点，

单击鼠标左键，将其作为路径起点，先垂直向上绘制 120mm 路径，再沿水平方向向右绘制直线至楼梯间内墙表面。完成后，单击“完成编辑模式”按钮，完成扶手的编辑任务。

（9）重复上一步骤的方法，完成 F1/0.00m 楼层平面视图中右侧楼梯间 2# 楼梯扶手的编辑任务。完成后，楼梯扶手的状态如图 10-16 所示。

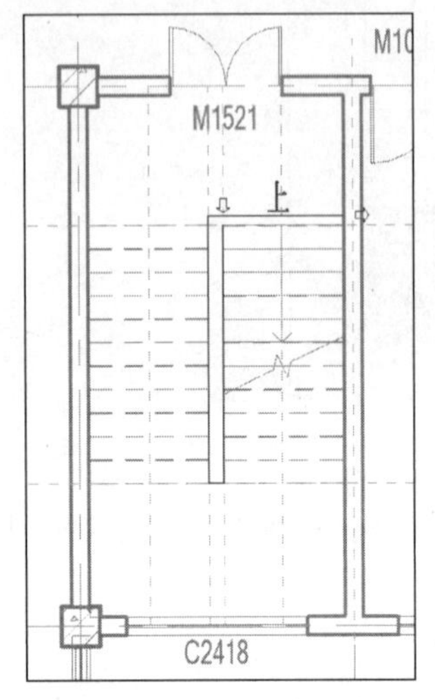

图 10-15　编辑扶手线

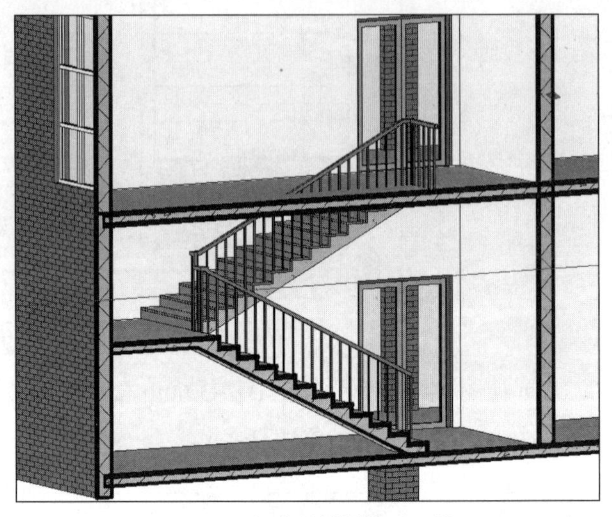

图 10-16　完成后楼梯扶手三维图

（10）在三维视图中可以看出，F1/0.00m 楼层中楼梯间楼板尚未开设洞口，楼梯扶手伸出到 F1/0.00m 楼层楼面。10.2 节讲述开设方法。

10.2 添加洞口

在 Revit 中，可以通过编辑部件轮廓的方式创建不同形式的洞口。同时，软件提供了洞口工具，可以在楼板、天花板、墙、屋顶等各种图元上开设不同形式的洞口，软件还提供了竖井命令，可以同时在多重楼板上开设楼梯间洞口、电梯井或管道井等垂直洞口。下面分别介绍采用“竖井洞口”和“面洞口”方式为楼梯间的楼板添加洞口。

下面创建楼梯间洞口。

（1）打开 10.1 节完成的项目文件，切换至 B1/–3.60m 楼层平面视图。

（2）单击“建筑”→“洞口”→“竖井”，进入“修改 / 创建竖井洞口草图”界面。确认选项栏勾选“链”复选框，设置“偏移量”为“0.0”，如图 10-17 所示。

微课：添加洞口

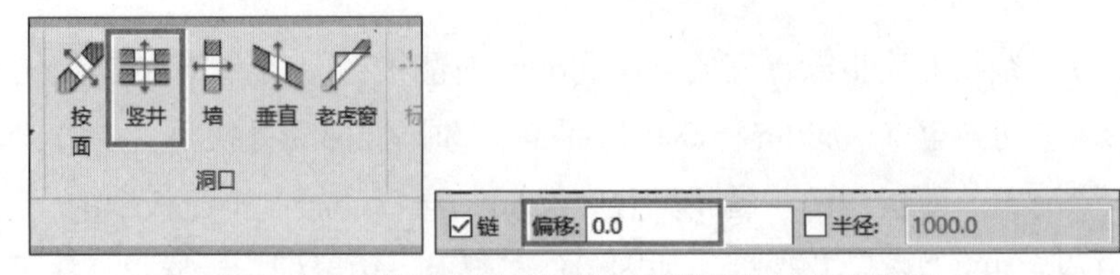

图 10-17　“修改 / 创建竖井洞口草图”选项卡设置

（3）分别修改“属性”面板“底部约束”为“B1/-3.60m”,“顶部约束”为“直到标高：F1/0.00m”,“顶部偏移”为“0.0”。确认“绘制”面板“边界线”的绘制方式为“矩形”，如图 10-18 所示。

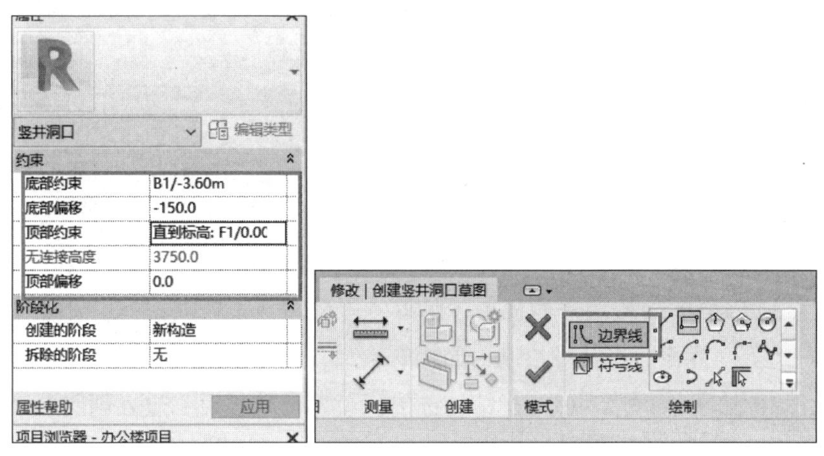

图 10-18 “修改 / 创建竖井洞口草图”绘制设置

（4）移动鼠标指针至 2# 楼梯间，并沿楼板梯界绘制洞口边界，结果如图 10-19 所示。

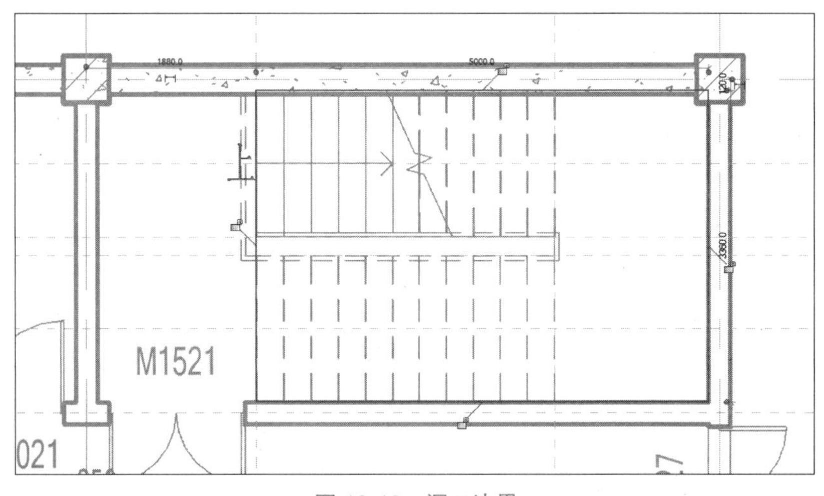

图 10-19　洞口边界

（5）单击上下文关联选项卡“模式”面板中的“完成编辑模式”按钮，完成 2# 楼梯间洞口的创建任务。完成后，办公楼 2# 楼梯间如图 10-20 所示。

提示

如图 10-21 所示，选中绘制完成的竖井，竖井的顶部和底部均有可编辑的三角符号，可以通过拖曳三角箭头修改竖井的顶部和底部约束，也可以直接修改实例属性值。

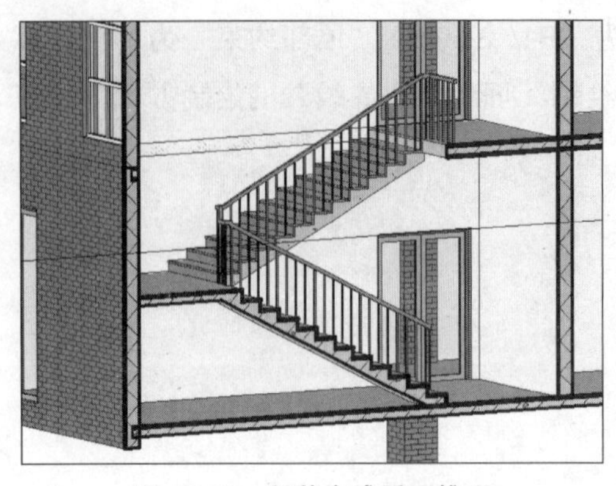

图 10-20 竖井完成后三维图

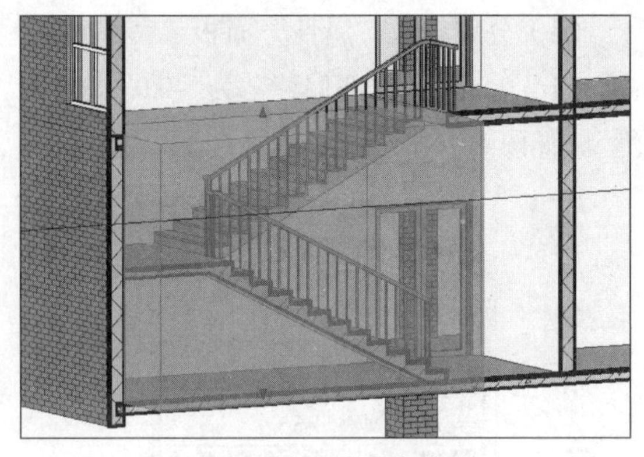

图 10-21 编辑竖井

（6）切换到 F1/0.00m 楼层平面视图，单击“建筑”→“洞口”→“按面”，进入“修改 | 创建洞口边界”界面，确认“绘制”面板的绘制方式为“矩形”，如图 10-22 所示。

（7）如图 10-23 所示，移动鼠标指针，选中 F1/0.00m 楼板后，进入创建洞口边界模式，移动鼠标指针至 1# 楼梯间，并沿楼板梯界绘制洞口边界。

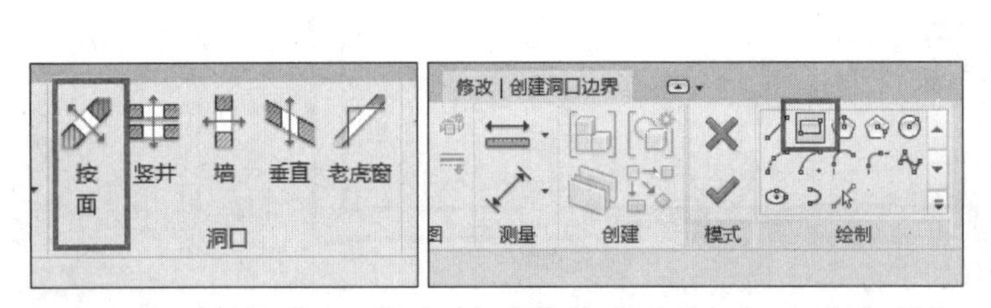

图 10-22 洞口绘制方式

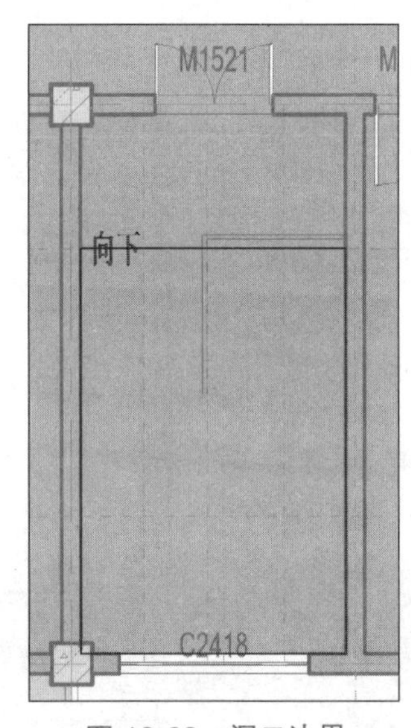

图 10-23 洞口边界

（8）单击上下文关联选项卡“模式”面板中的“完成编辑模式”按钮，完成 F1/0.00m1# 楼梯间洞口的创建任务。

（9）至此，完成办公楼楼梯的创建任务。保存项目文件。

10.3 创建栏杆及扶手

在 Revit 中，创建楼梯时，系统会自动沿梯段边界生成扶手。同时，也可以通过设置扶手的参数，自定义生成不同形式的扶手。

下面创建 F1/0.00m 露台安全护栏。

（1）打开 10.2 节完成的项目文件，切换为 F1/0.00m 楼层平面视图。

（2）单击“建筑”→“墙：建筑”,“属性”对话框中选择“办公楼 - 外墙 –240mm”，如图 10-24 所示，单击“编辑类型”打开“类型属性”对话框，单击“复制”按钮，将其重命名为“办公楼 - 露台矮墙”，单击“确定”按钮。如图 10-25 所示，单击“结构”→“编辑部件”创建墙体结构。如图 10-26 所示，修改“属性”选项卡中的数据，沿Ⓓ轴线交①~②轴线，①轴线交Ⓐ~Ⓓ轴线，Ⓐ轴线交①~③轴线，③轴线交Ⓐ~Ⓑ轴线，绘制高 200mm 的矮墙。

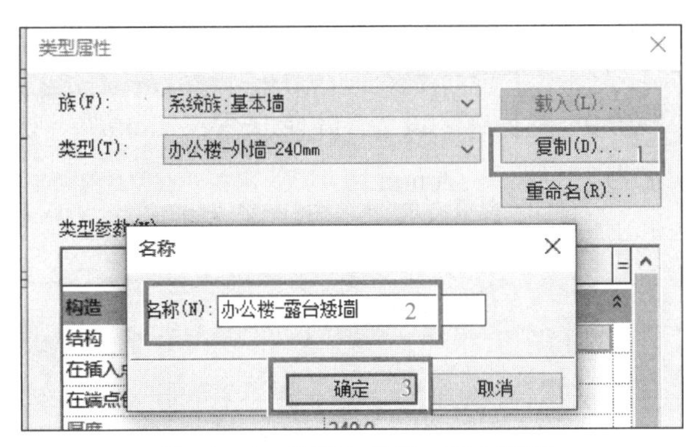

图 10-24　新建办公楼 - 露台矮墙

微课：扶手材质设置 1

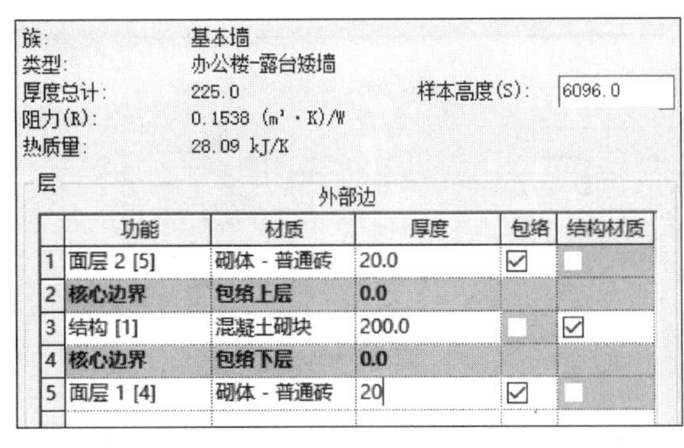

图 10-25　办公楼 - 露台矮墙编辑部件设置

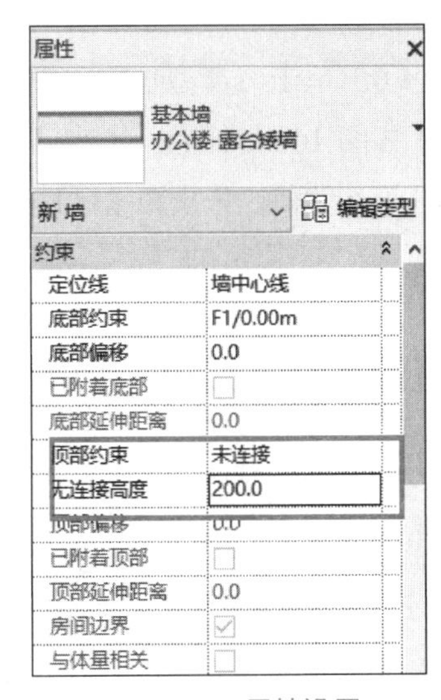

图 10-26　属性设置

（3）单击“建筑”→“楼梯坡道”→“栏杆扶手”的下拉三角符号，选择“绘制路径”命令，进入“修改 | 创建栏杆扶手路径”界面，如图 10-27 所示。

（4）单击“属性”面板“编辑类型”，进入“类型属性”对话框，如图 10-28 所示，复制“900mm 圆管”族类型，命名为“办公楼 - 露台栏杆”。

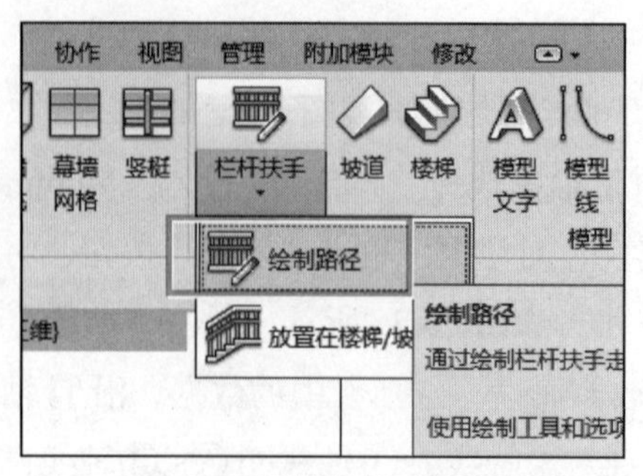

图 10-27 “栏杆扶手”选项

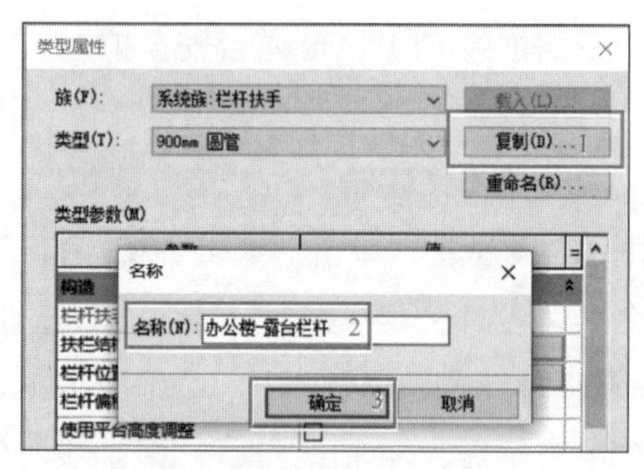

图 10-28 新建露台栏杆

（5）单击“类型参数”中“栏杆结构（非连接）”的“编辑”按钮，进入“编辑扶手（非连续）”的对话框。如图 10-29 所示，单击“删除”按钮，删除“扶栏 4”“扶栏 3”，分别将“扶栏 1”的高度修改为“750.0”，“轮廓”设为“矩形扶手：20mm”；“扶栏 2”的高度修改为“100.0”，“轮廓”设为“矩形扶手：20mm”。

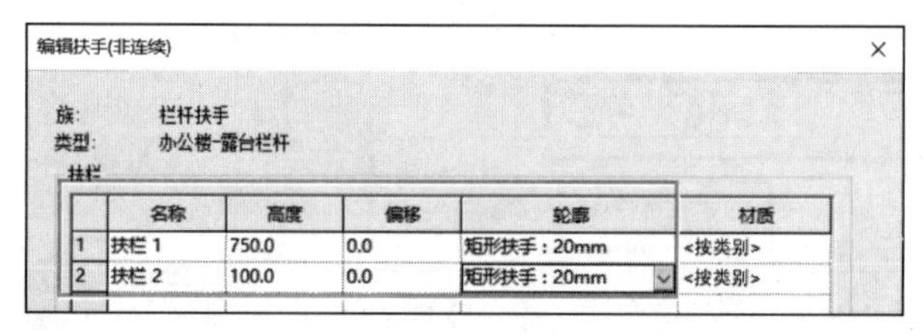

	名称	高度	偏移	轮廓	材质
1	扶栏 1	750.0	0.0	矩形扶手：20mm	<按类别>
2	扶栏 2	100.0	0.0	矩形扶手：20mm	<按类别>

图 10-29 编辑扶手参数设置

（6）单击“类型参数”中“栏杆位置”的“编辑”按钮，进入“编辑栏杆位置”对话框。如图 10-30 所示，修改调整“主样式”下各栏杆的“底部”“顶部”“相对前一栏的距离”等参数值。依次单击“应用”“确定”按钮，返回“类型属性”对话框。

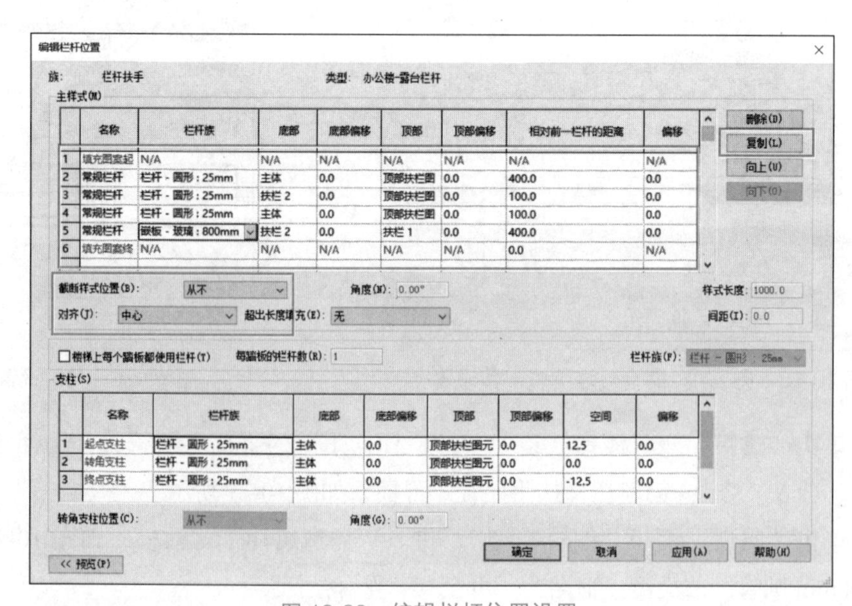

	名称	栏杆族	底部	底部偏移	顶部	顶部偏移	相对前一栏杆的距离	偏移
1	填充图案起点	N/A	N/A	N/A	N/A	N/A	N/A	N/A
2	常规栏杆	栏杆 - 圆形：25mm	主体	0.0	顶部扶栏图	0.0	400.0	0.0
3	常规栏杆	栏杆 - 圆形：25mm	扶栏 2	0.0	顶部扶栏图	0.0	100.0	0.0
4	常规栏杆	栏杆 - 圆形：25mm	主体	0.0	顶部扶栏图	0.0	100.0	0.0
5	常规栏杆	嵌板 - 玻璃：800mm	扶栏 2	0.0	扶栏 1	0.0	400.0	0.0
6	填充图案终点	N/A	N/A	N/A	N/A	N/A	0.0	N/A

	名称	栏杆族	底部	底部偏移	顶部	顶部偏移	空间	偏移
1	起点支柱	栏杆 - 圆形：25mm	主体	0.0	顶部扶栏图元	0.0	12.5	0.0
2	转角支柱	栏杆 - 圆形：25mm	主体	0.0	顶部扶栏图元	0.0	0.0	0.0
3	终点支柱	栏杆 - 圆形：25mm	主体	0.0	顶部扶栏图元	0.0	-12.5	0.0

图 10-30 编辑栏杆位置设置

（7）确认“属性”面板“底部标高”为 F1/0.00m，“底部偏移”为 200.0，确认“绘制”面板绘制方式为“直线”，移动鼠标指针至Ⓓ轴线交②轴线处，单击鼠标左键，沿Ⓓ轴线向左绘制 5490mm，如图 10-31 所示。

（8）单击“完成编辑模式”，切换至三维视图，如图 10-32 所示，可看到绘制完成的此段露台栏杆。

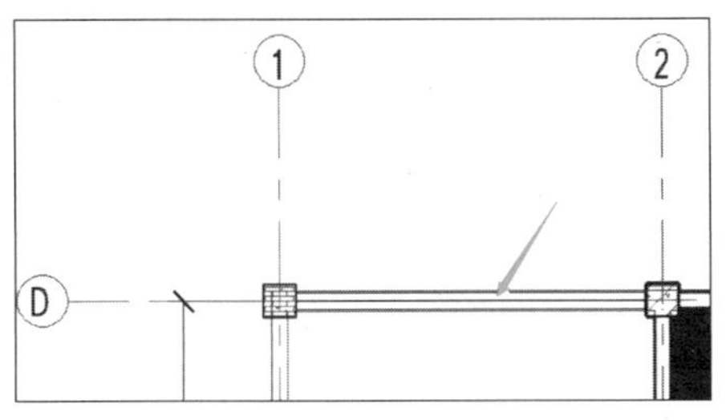

图 10-31　绘制露台栏杆线

图 10-32　露台栏杆三维视图

（9）按上述绘制方式依次完成①轴线交Ⓐ~Ⓓ轴线，Ⓐ轴线交①~③轴线，③轴线交Ⓐ~Ⓑ轴线露台栏杆的创建任务，创建完成的三维效果如图 10-33 所示。

图 10-33　露台栏杆创建完成的三维效果图

附件：任务单

项目 11　结构梁及基础

教学目标：

通过学习本项目内容，掌握结构梁及基础的类型参数设置方法；掌握本项目结构梁及基础的创建方法。

知识目标：

（1）了解结构梁、基础；

（2）掌握结构梁、基础的创建和编辑方法。

技能目标：

（1）了解结构梁、基础的创建方法；

（2）熟悉结构梁、基础类型定义的参数；

（3）完成项目结构梁、基础的创建方法。

Revit 2020 提供了梁、基础等一系列结构工具，用于完成结构专业模型，项目 4 介绍了如何使用结构柱工具为办公楼项目创建结构柱，本项目将继续创建结构梁和基础。

11.1　创建结构梁

Revit 2020 提供了梁和梁系统两种创建结构梁的使用方法。使用梁时，必须先载入相关的梁族文件。接下来为办公楼添加部分楼层梁，介绍梁的使用方法。为了便于建模，将为各标高创建结构楼层平面视图，并在该视图中隐藏除结构柱和轴网外的其他图元。

（1）接项目 10 练习，打开项目文件。切换至 B1/−3.60m 楼层平面视图。如图 11-1 所示，单击“视图”选项卡“创建”面板中的“平面视图”下拉列表，在列表中选择“结构平面”选项，界面弹出“新建结构平面”的对话框。

（2）如图 11-2 所示，“新建结构平面”对话框中列出所有未创建结构平面视图的标高。配合 Ctrl 键，在标高列表中选择 B1/−3.60m、B1 室外地坪 /−3.90m、F1/0.00m、F2/3.60m 标高。单击“确定”按钮，退出“新建结构平面”的对话框。Revit 将为多选的标高创建结构平面视图，并在项目浏览器“视图”类别中创建“结构平面”视图类别。

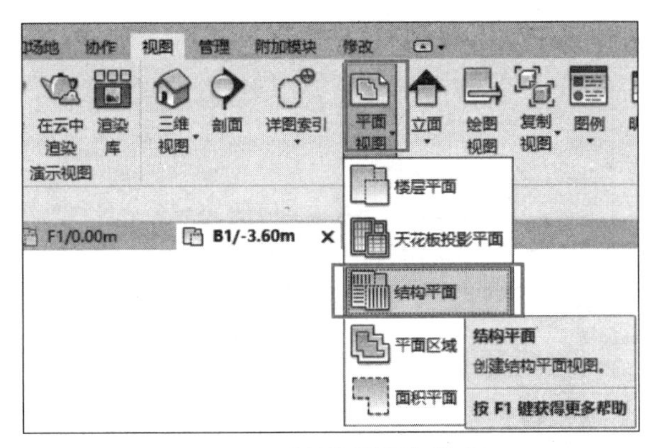

图 11-1 “结构平面”选项

微课：其余层梁创建

（3）切换至 B1/−3.60m 结构平面视图。不选择任何图元，在“属性”面板中显示当前视图属性。如图 11-3 所示，修改“属性”面板“规程”为“结构”，单击“应用”按钮，确认以上设置内容。Revit 将在当前视图中隐藏所有建筑墙、建筑楼板等非结构图元。单击“视图”→“可见性 | 图形”，勾选不需要在结构视图中显示的图元，如窗、门、楼梯、扶手栏杆等。

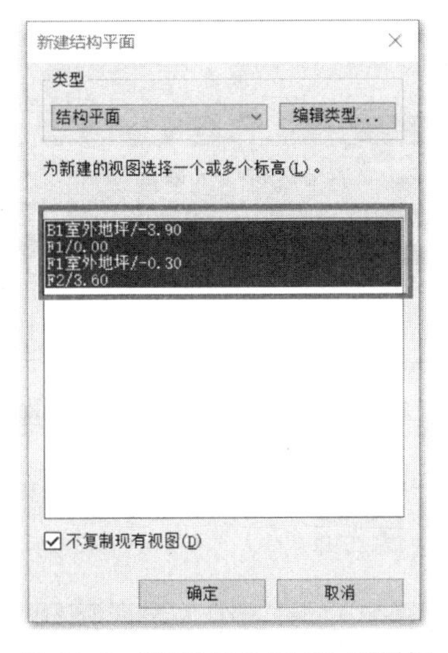

图 11-2 “新建结构平面”对话框

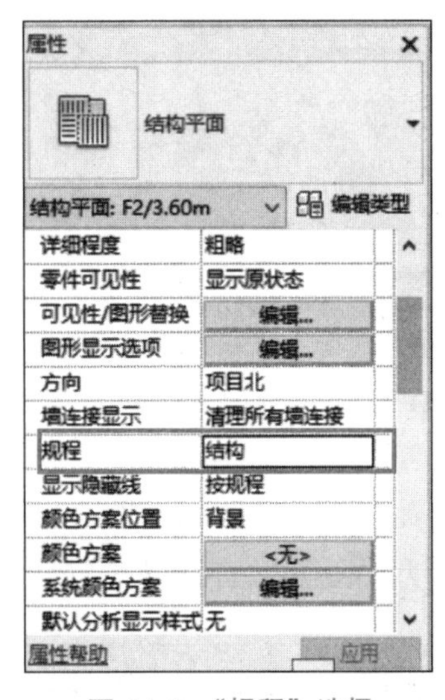

图 11-3 “规程”选择

（4）单击“结构”→“梁”工具，自动切换至“修改 | 放置梁”上下文选项卡，梁工具的默认快捷键为 BM。

（5）单击“插入”面板中的“载入族”工具，载入“结构→框架→混凝土→混凝土 - 矩形梁 .raf”族文件。Revit 将当前族类型设置为刚刚载入的族文件。

（6）打开“类型属性”对话框，复制并新建名称为“250 × 700”的梁类型。如图 11-4 所示，修改类型参数中的“宽度”为“250.0”，“高度”为“700.0”。注意修改“类型标记”值为“250 × 700”。完成后，单击“确定”按钮，退出“类型属性”对话框。

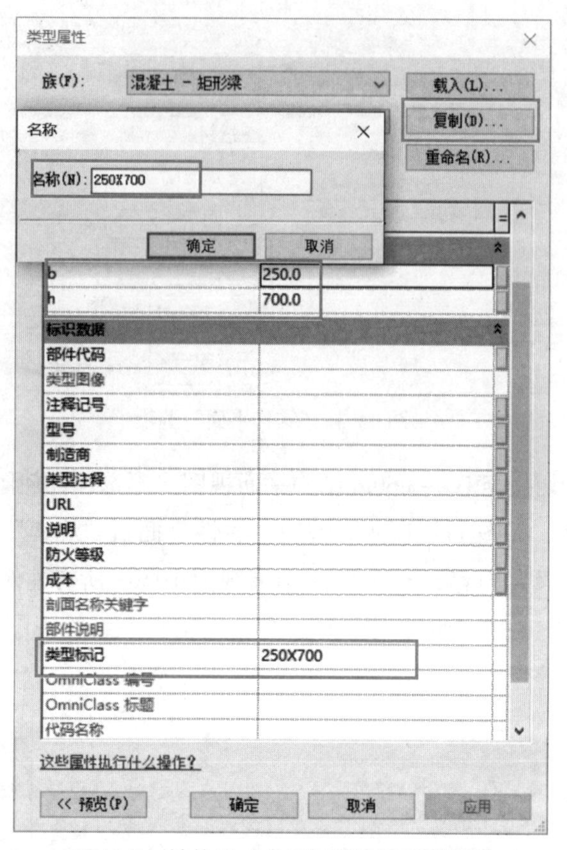

微课：结构梁

图 11-4 结构梁“类型属性”的参数设置

提示

“类型标记”值将在绘制时出现在梁标签中。

（7）如图 11-5 所示，确认“绘制”面板中的绘制方式为“直线”，激活“标记”面板中“在放置时进行标记”选项；设置选项栏中的“放置平面”为“B1/−3.60m”，修改“结构用途”为“大梁”，不勾选“三维捕捉”和“链”复选框。

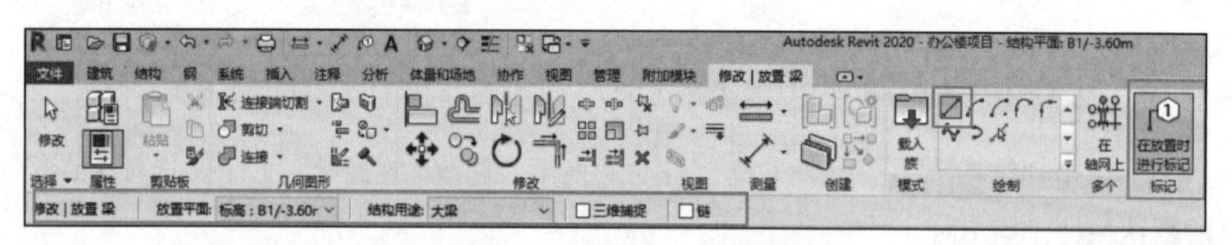

图 11-5 “修改 | 放置梁”选项设置

（8）确认“属性”面板中“Z 方向对正”设置为“顶”，即所绘制的梁将以梁图元顶面与“放置平面”标高对齐。如图 11-6 所示，移动鼠标指针至①轴线与Ⓓ轴线相交位置单击，将其作为梁起点，沿Ⓓ轴线水平向右移动鼠标指针，直到⑦轴线相交位置，单击该位置作为梁终点，绘制结构梁。

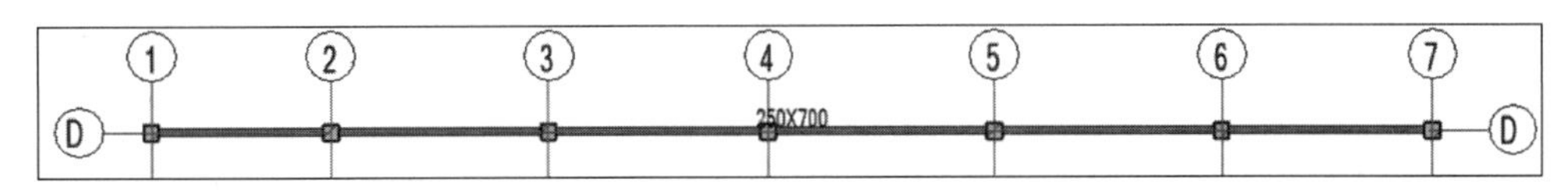

图 11-6 结构梁绘制

（9）使用类似的方式，绘制 B1/−3.60m 其他部分的梁。结果如图 11-7 所示。

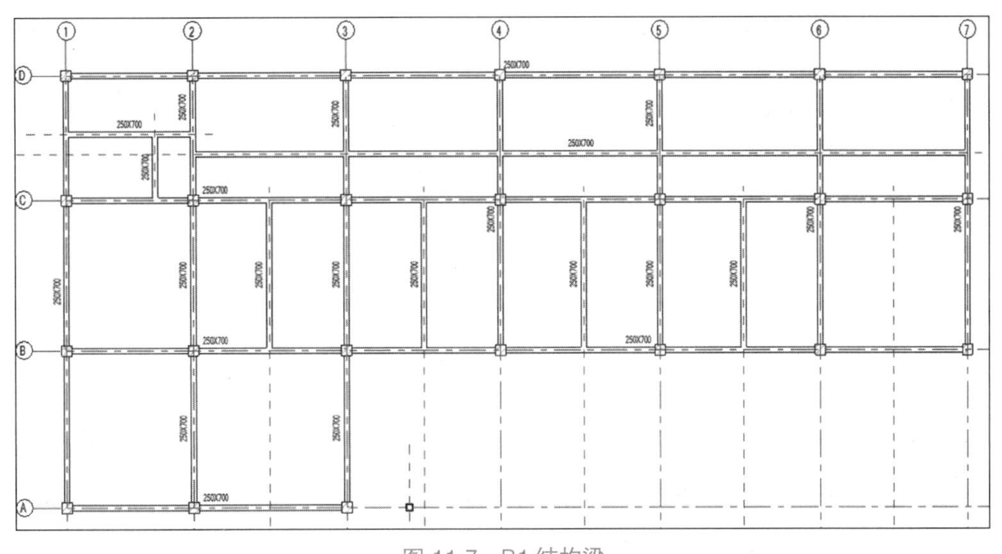

图 11-7 B1 结构梁

（10）用相同方式完成 F1/0.00m、F2/3.60m 结构平面视图中所有梁图元及梁的标记任务。切换至默认三维视图，创建完成后的框架梁如图 11-8 所示。

（11）保存该项目文件。

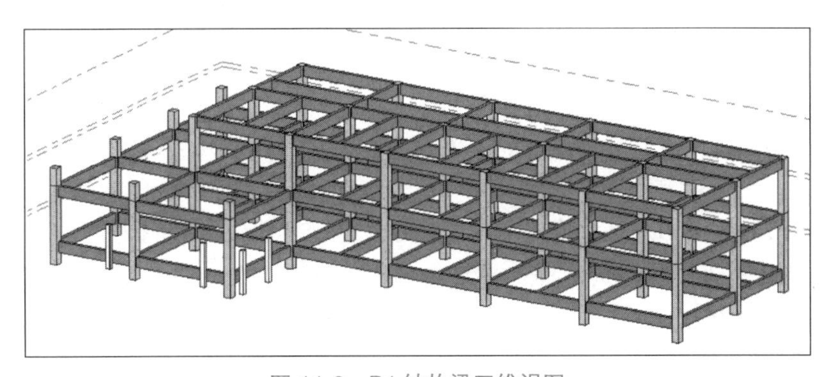

图 11-8 B1 结构梁三维视图

11.2 创建基础

Revit 提供了三种基础形式，分别是条形基础、独立基础和基础底板，用于生成建筑不同类型的基础，办公楼框架结构，柱下独立基础形式。接下来，将为办公楼项目创建基础模型。

（1）接 11.1 节练习。切换至 B1/–3.60m 结构平面视图。设置结构平面视图“属性”面板中“规程”为“结构”，单击功能区“结构”→“基础”→“独立”基础命令，由于当前项目所使用的项目样板中不包含可用的独立基础族，因此弹出提示框“项目中未载入结构基础族。是否要现在载入？”对话框，如图 11-9 所示。

微课：基础创建

图 11-9　载入“独立”基础

（2）单击“是”，界面打开“载入族”对话框。浏览至教学资源中“结构 / 基础 / 独立基础三阶 .rfa”族文件，载入该基础族。Revit 将自动切换至“修改 | 放置独立基础”上下文选项卡。

（3）如图 11-10 所示，单击“多个”面板中的“在柱处”选项，进入“修改 | 放置 独立基础 > 在结构柱处”模式。

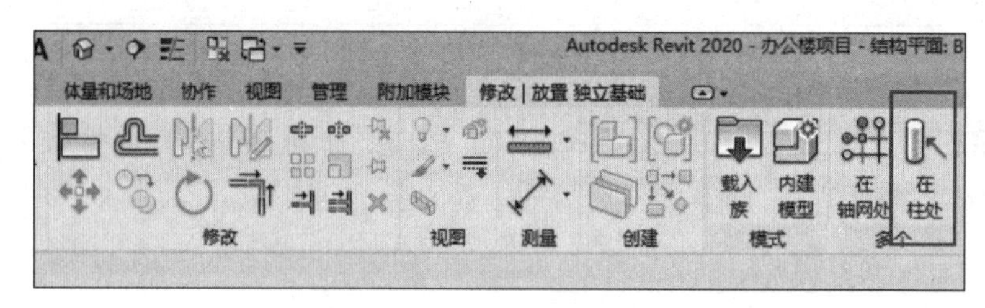

图 11-10　“修改 | 放置独立基础”选项设置

提示

独立基础仅可放置在结构柱图元下方，不可在建筑柱下方生成独立基础。

（4）如图 11-11 所示，在该模式下，Revit 允许用户拾取已放置于项目中的结构柱。框选图中所有的结构柱，Revit 将显示基础放置预览，单击“多个”面板中的“完成”按钮，完成结构柱的选择任务。

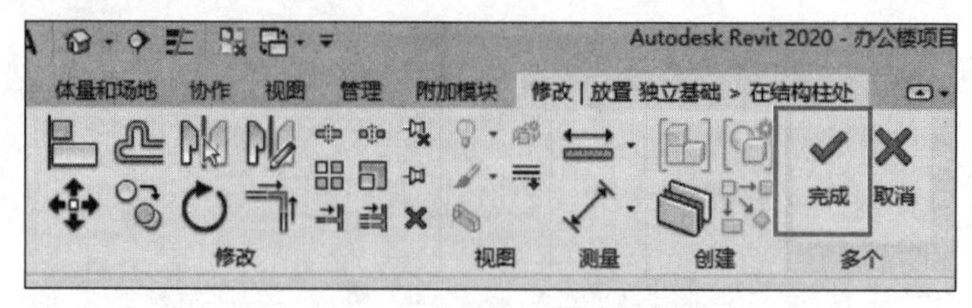

图 11-11　完成结构柱的选择

（5）Revit 将自动在所选择的结构柱底部生成独立基础，并将基础移动至结构柱底部。Revit 会给出如图 11-12 所示的警告对话框。单击视图任意空白位置，关闭该警告对话框。

图 11-12　警告对话框

（6）按 Esc 键两次，退出所有命令。此时“属性”面板中显示当前结构平面视图属性。单击“视图范围”参数后的“编辑”按钮，打开“视图范围”对话框。如图 11-13 所示，修改“视图深度”中的“标高”偏移量为 -1800.0，修改“主要范围”中的“底部”偏移量为 -1200.0。完成后，单击“确定”按钮，退出“视图范围”对话框。

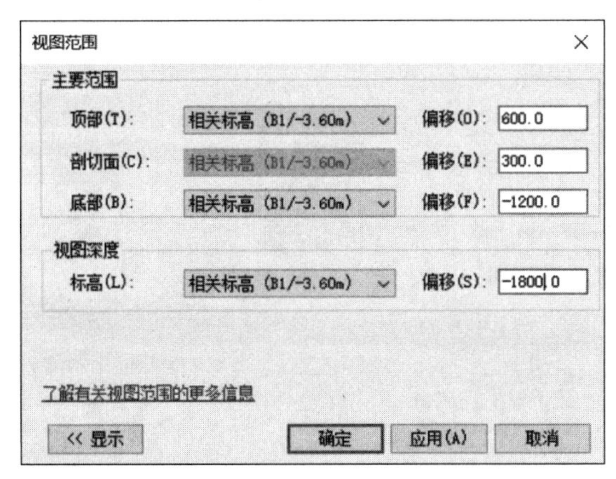

图 11-13　“视图范围”设置

（7）修改视图范围后，基础将显示在当前楼层平面视图中，结果如图 11-14 所示。

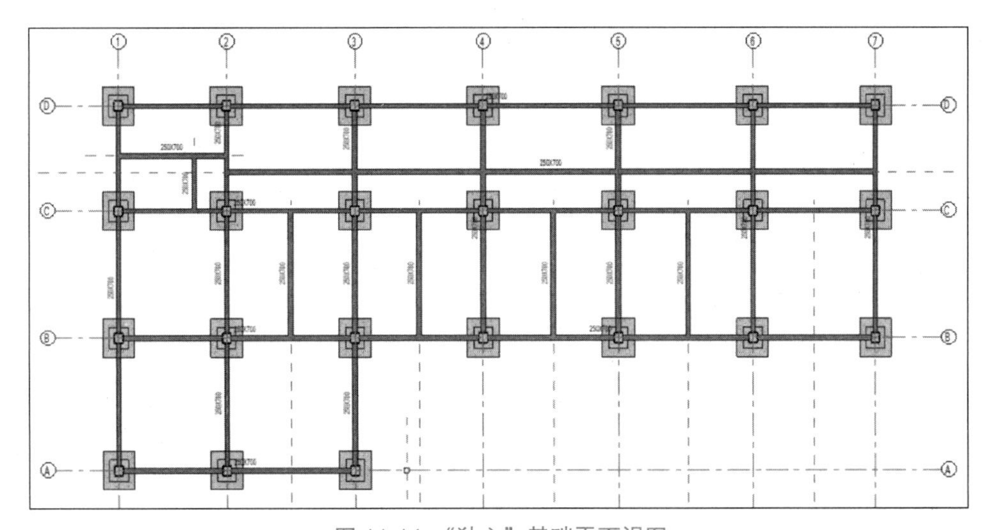

图 11-14　“独立”基础平面视图

（8）当基础尺寸不相同时，可以使用图元“属性”编辑基础的长度、宽度、阶高、材质等，可从类型选择器中切换其他尺寸规格类型。可用移动、复制等编辑命令执行创建、编辑任务。切换至默认三维视图，完成后的“独立”基础模型如图 11-15 所示。

（9）至此，完成独立基础的布置。保存项目文件。

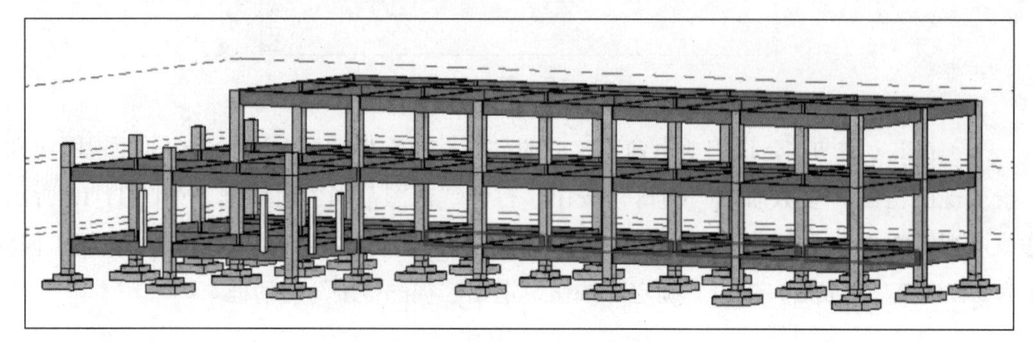

图 11-15 “独立”基础三维视图

附件：任务单

模块三　Revit 建筑建模进阶

思政园地

港珠澳大桥

港珠澳大桥是位于我国广东省珠江口伶仃洋海域内的一座跨海大桥，大桥于2009年12月15日开工建设，2017年7月7日实现主体工程全线贯通，2018年2月6日对工程主体完成验收，2018年10月24日上午9时开通运营。港珠澳大桥全长55km，其中包括22.9km的桥梁和6.7km的海底隧道，隧道由东、西两个人工岛连接；桥墩224座，桥塔7座；桥梁宽度33.1m，沉管隧道长度5664m、宽度28.5m、净高5.1m；桥面最大纵坡为3%，桥面横坡为2.5%，隧道路面横坡为1.5%；桥面按双向六车道高速公路标准建设，设计速度100km/h，全线桥涵设计汽车荷载等级为公路-Ⅰ级，桥面总铺装面积70万m^2；通航桥隧满足近期10万t、远期30万t油轮通行；大桥设计使用寿命120年，可抵御8级地震、16级台风、30万t撞击以及珠江口300年一遇的洪潮。

珠江口伶仃洋海域是我国最繁忙的海域之一，同时也是全球濒危物种中华白海豚的主要活动区域。为减少桥梁建设对海运及中华白海豚的影响，桥梁总设计师孟凡超采用大型化、工厂化、标准化、装配化的“四化”建设理念，将桥梁及隧道的各种构件在预制厂内预制以保证构件的施工质量，预制完成后再运至海上进行安装，最大限度地降低了桥隧作业活动对海运及中华白海豚的影响。

港珠澳大桥是由我国自主建造的迄今为止全世界最长的跨海大桥，其中的沉管隧道工程迄今为止是世界上距离最长、铺设位置最深的海底沉管隧道，也是我国建造的第一条外海沉管隧道，工程的建设规模及建造技术难度位居世界同类工程的首位。港珠澳大桥也因其超大的建筑规模、空前的施工难度和顶尖的建造技术而闻名世界，可以说，港珠澳大桥是我国建筑行业勘察、设计、施工、管理的巅峰之作。

项目 12　放置构件模型

教学目标：

通过学习本项目内容，了解内建模型和载入外部轮廓族的区别；熟悉放置室外台阶、散水、雨篷边梁等构件的方法；掌握放置构件模型的重点、难点。

知识目标：

（1）了解内建模型，外部族：".rfa" 文件；

（2）主入口、次入口室外台阶：拉伸、放样；

（3）雨篷边梁：内建模型；

（4）散水：放置构件；

（5）拉伸的应用；

（6）外部族的载入，类型的创建；

（7）不同的模型构件主体的确定。

技能目标：

（1）了解内建模型和载入外部轮廓族的区别；

（2）熟悉放置室外台阶、雨篷、散水等构件的方法；

（3）掌握放置构件模型的重点、难点。

在 Revit 2020 中，对于一些附着于墙体、楼板或者屋顶的零散构件，可以通过放置构件或者内建模型来创建。放置构件是载入已经建好的外部族，直接用于本项目；内建模型是在本项目内新建内建模型族，此族只可用于本项目，不可载入其他项目。如果需要将新建筑用于不同项目，需要新建可载入族。

12.1　内建模型创建室外台阶及散水

12.1.1　拉伸创建 B1 主入口室外台阶

（1）打开项目 11 完成的项目文件，切换至 B1/−3.60m 楼层平面视图。

（2）单击“建筑”→“构件”下拉三角符号，选择“内建模型”命令，进入“族类别和族参数”对话框，如图 12-1 所示，确认“过滤器列表”中的选项为“建筑”，单击“常规模型”类别后，单击“确定”按钮。修改该“常规模型”名称为“B1 主入口室外台阶”，如图 12-2 所示，单击“确定”按钮，进入内建模型界面。

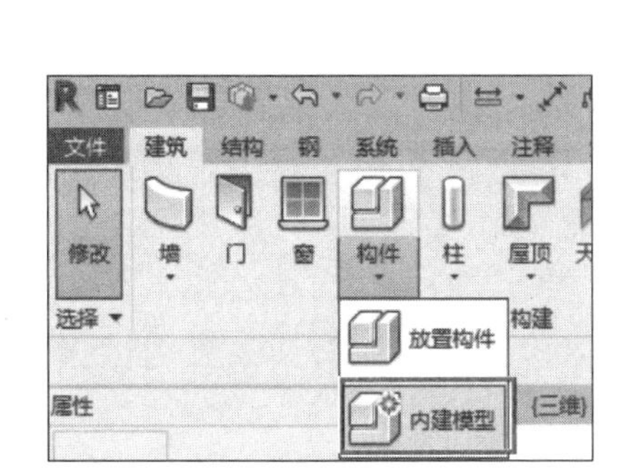

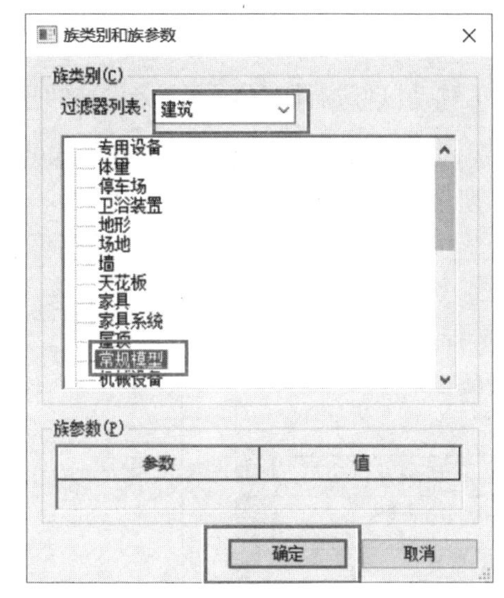

图 12-1　“族类别和族参数”对话框

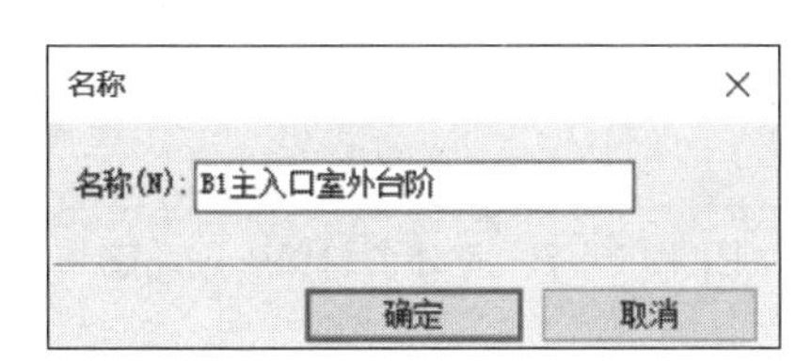

图 12-2　新建 B1 主入口室外台阶

微课：B1 室外台阶

（3）创建内建模型界面的方法与新建可载入族界面类似，只是在创建内建模型完成后要单击“完成模型”按钮，才能将该内建模型应用于本项目，如图 12-3 所示。

图 12-3　创建内建模型选项卡

（4）单击“形状”面板的“拉伸”工具，进入“修改 | 创建拉伸”界面，如图 12-4 所示。单击“绘制路径”命令，进入“修改 | 创建拉伸 > 绘制路径”界面。

（5）确认“绘制”面板中当前绘制方式为“直线”，修改“属性”面板“材质和装饰”中的“材质”为“混凝土 - 现场浇筑混凝土”，将“拉伸终点”设为“−50.0”，将“拉伸起点”设为“−350.0”，如图 12-5 所示。

图 12-4 “修改 | 创建拉伸”选项

（6）移动鼠标指针至Ⓐ轴线交 ②轴线处，如图 12-6 所示，绘制台阶轮廓，绘制完成后单击“完成绘制模式”按钮，完成路径的绘制任务。绘制完成的 B1 室外台阶第一段如图 12-7 所示。

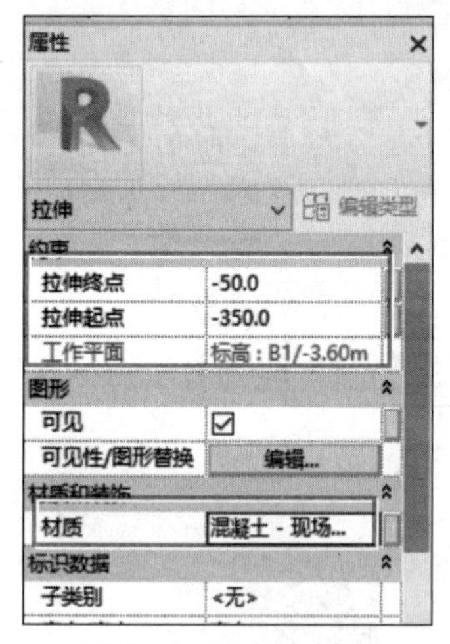

图 12-5 “属性”设置

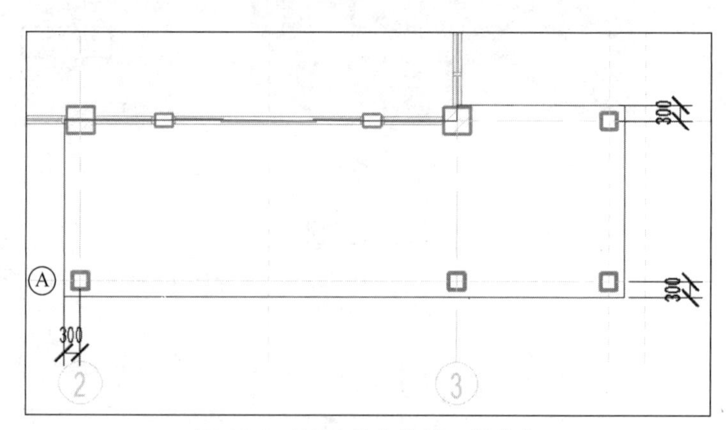

图 12-6 B1 室外台阶第一段轮廓

（7）再次单击“形状”面板的“拉伸”工具，进入“修改 | 创建拉伸”界面，单击“绘制路径”命令，进入“修改 | 拉伸 > 绘制路径”界面，确认“绘制”面板中当前绘制方式为“直线”，修改“属性”面板“材质和装饰”中的“材质”为“混凝土 - 现场浇筑混凝土”，将“拉伸终点”设为“−200.0”，将“拉伸起点”设为“−350.0”，如图 12-8 所示。

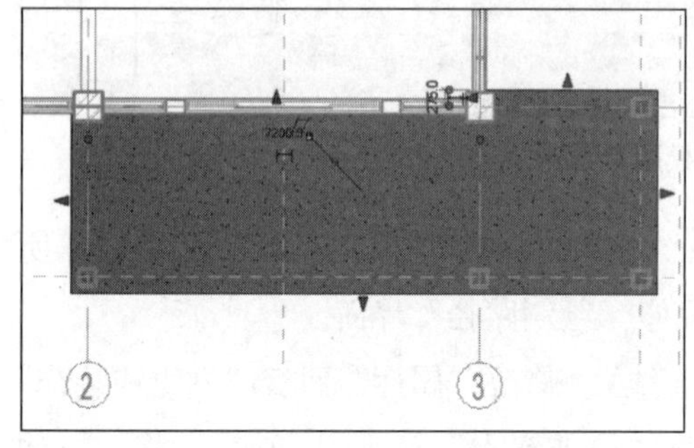

图 12-7 B1 室外台阶第一段

图 12-8 设置“拉伸终点”和“拉伸起点”参数

（8）移动鼠标指针至Ⓐ轴线交②轴线处，如图 12-9 所示，绘制台阶轮廓，绘制完成后单击“完成绘制模式”按钮，完成路径的绘制任务。绘制完成的 B1 室外台阶第二段如图 12-10 所示。

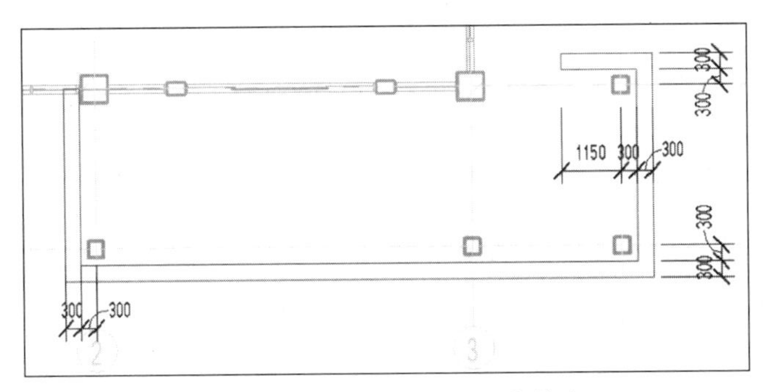

图 12-9　B1 室外台阶第二段轮廓

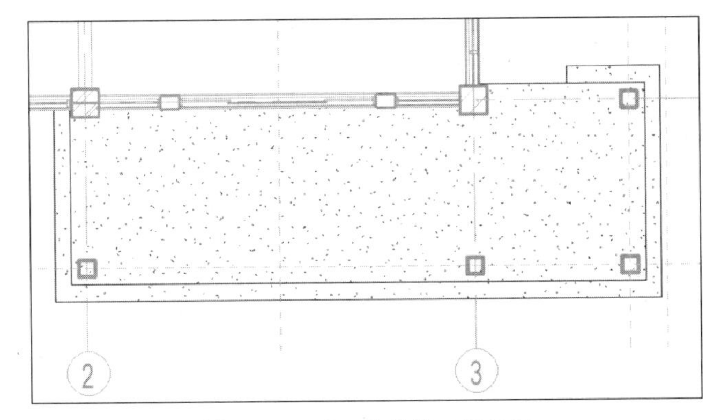

图 12-10　B1 室外第二段台阶

（9）再次单击“完成编辑模式”按钮，完成拉伸命令。绘制完成的 B1 主入口室外台阶默认三维视图如图 12-11 所示。

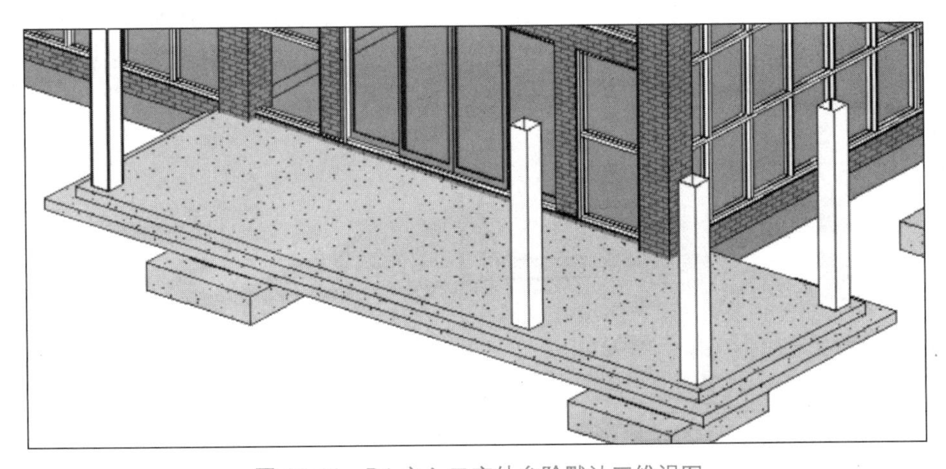

图 12-11　B1 主入口室外台阶默认三维视图

提示

对于建筑台阶的绘制，一般多使用内建模型的“放样”命令完成，由于本例中2级台阶不等长，所以使用拉伸命令更为方便。

在使用拉伸命令的过程中，“约束”中的“拉伸起点”“拉伸终点”是针对所在平面的标高而定的，本例中由于2级台阶的可见性不同，所以绘制过程中要格外注意对“约束”的设置。

12.1.2 放样创建B1次入口室外台阶

（1）接12.1.1节练习，切换至B1/–3.60m楼层平面视图。

（2）单击“建筑”→“构件”下拉三角符号，选择“内建模型”命令，进入“族类别和族参数”对话框，确认“过滤器列表”中为“建筑”，单击“常规模型”类别后，单击“确定”按钮，修改该“常规模型”名称为“B1次入口室外台阶”，单击“确定”按钮，进入内建模型界面。

（3）单击“形状”面板的“放样”工具，进入“修改 | 放样”界面，如图12-12所示。单击“绘制路径”命令，进入“修改 | 放样 > 绘制路径”界面。

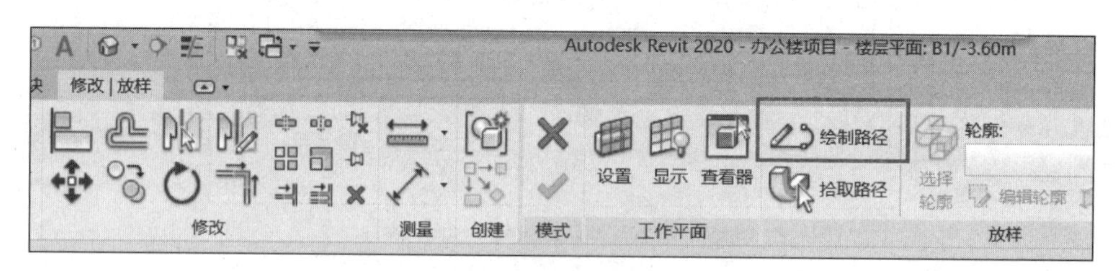

图12-12 “修改 | 放样”选项

（4）确认“绘制”面板中当前绘制方式为“直线”，修改“属性”面板“材质和装饰”中的“材质”为“混凝土 - 现场浇筑混凝土”，移动鼠标指针至⑦轴线交Ⓒ轴线上次入口外侧，绘制图形轮廓，如图12-13所示。单击“完成编辑模式”按钮，完成路径的绘制任务。

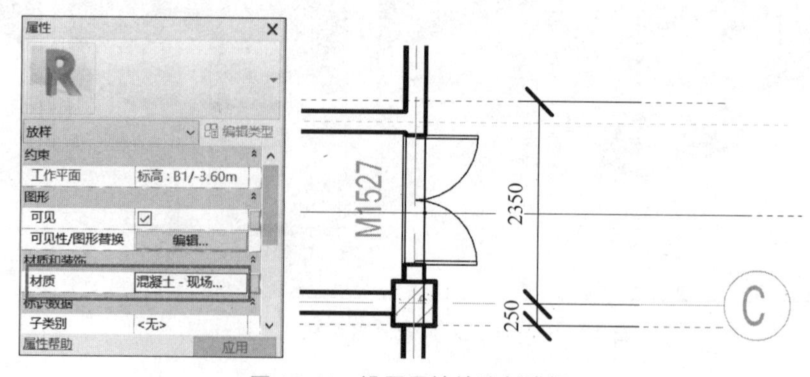

图12-13 设置属性并绘制路径

（5）如图 12-14 所示，单击“放样”面板，“编辑轮廓”命令，在弹出的“转到视图”对话框中选择“立面：南”选项，单击“打开视图”按钮，如图 12-15 所示。

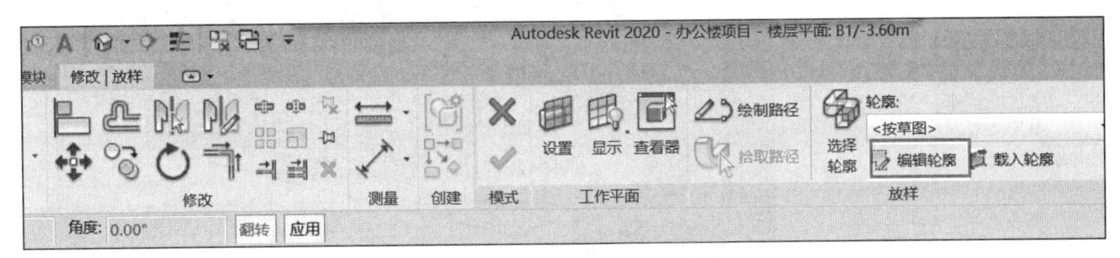

图 12-14　“编辑轮廓”命令

（6）视图进入“修改 | 放样 > 绘制轮廓”界面，确认选项栏中勾选“链”复选框，“偏移量”为“0.0”，当前绘制方式为“直线”。以虚线十字线中间的红点为起点，绘制如图 12-16 所示的室外台阶轮廓。单击“完成编辑模式”按钮，完成对放样轮廓的编辑任务。

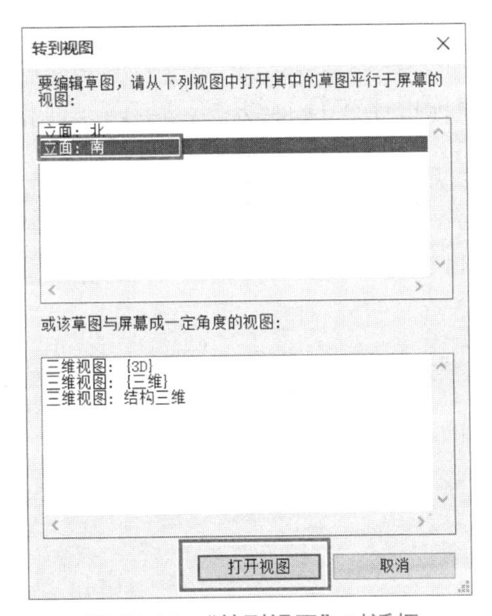

图 12-15　“转到视图”对话框

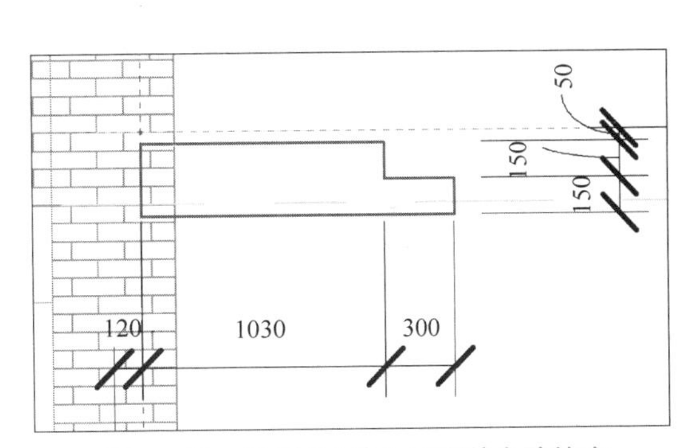

图 12-16　绘制 B1 次入口室外台阶轮廓

（7）再次单击“完成编辑模式”按钮，完成放样命令后再次单击“完成编辑模式”按钮，完成内建模型的命令。这样，就完成了对 B1 次入口室外台阶的创建工作。在三维视图中，可看到绘制完成的 B1 次入口室外台阶，如图 12-17 所示。

12.1.3　创建 B1 室外散水

（1）接 12.1.2 节练习，切换至 B1 室外地坪 /–3.90m 楼层平面视图。

（2）单击“建筑”→“构件”下拉三角符号，选择“内建模型”命令，进入“族类别和族参数”对话框，确认“过滤器列表”中为“建筑”，单击“常规模型”类别后，单击“确定”按钮，修改该“常规模型”名称为“B1 散水”，单击“确定”按钮，进入内建模型界面。

微课：B1 散水

图 12-17　B1 次入口室外台阶三维效果图

（3）单击“形状”面板的“放样”工具，进入“修改 | 放样”界面。单击“绘制路径”命令，进入“修改 | 放样 > 绘制路径”界面。

（4）确认“绘制”面板中当前绘制方式为“直线”，修改“属性”面板“材质和装饰”中的“材质”为“混凝土 - 现场浇筑混凝土”，移动鼠标指针至Ⓓ轴线交①轴线，绘制图形轮廓，如图 12-18 所示。单击“完成编辑模式”按钮，完成路径的绘制任务。

（5）单击“放样”面板编辑“编辑轮廓”命令，在弹出的“转到视图”对话框中选择“立面：南”选项，单击“打开视图”按钮，如图 12-19 所示。

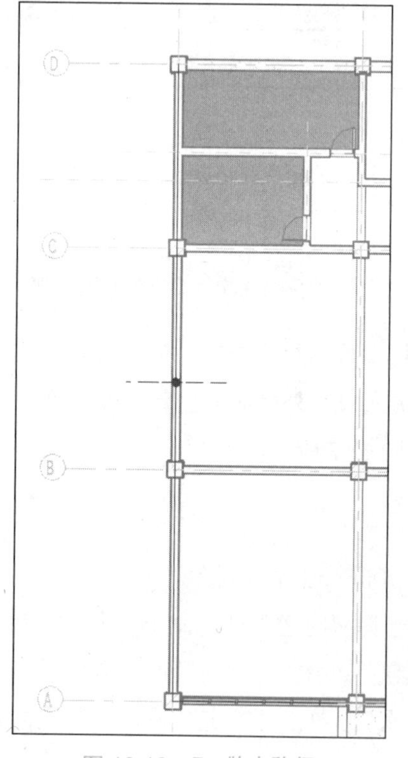

图 12-18　B1 散水路径

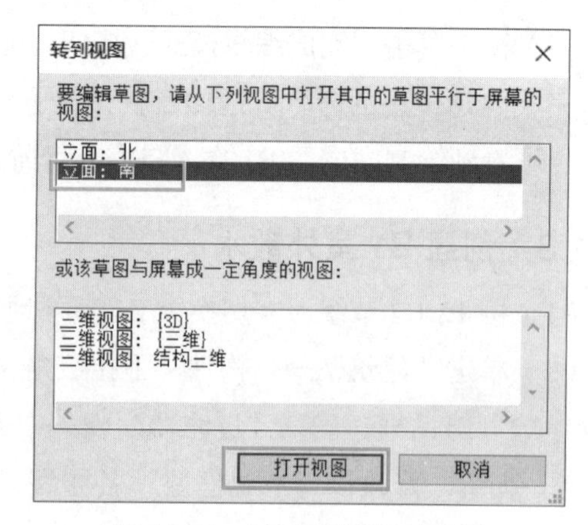

图 12-19　“转到视图”对话框

（6）视图进入“修改 | 放样 > 绘制轮廓”界面，确认选项栏中勾选“链”复选框，分别设置“偏移量”为“0.0”，当前绘制方式为“直线”。以虚线十字线中间红点为起点，绘制如图 12-20 所示的散水轮廓。单击“完成编辑模式”按钮，完成对放样轮廓的编辑。

（7）再次单击“创建”→“放样”→“绘制路径”命令，进入“修改 | 放样 > 绘制路径”界面。移动鼠标指针至Ⓓ轴线交⑦轴线，绘制图形轮廓，如图 12-21 所示。单击“完成编辑模式”按钮，完成路径的绘制任务。

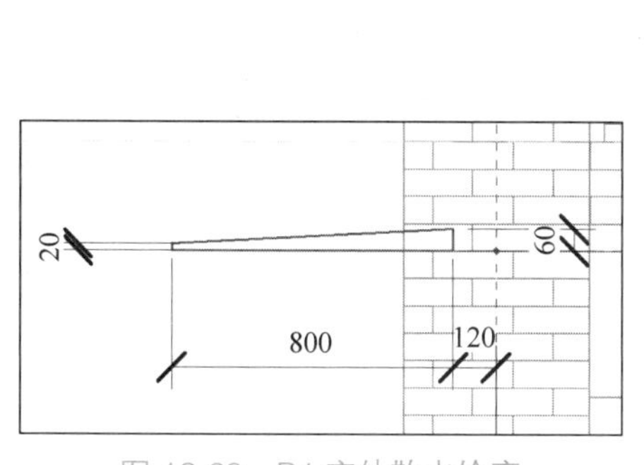

图 12-20　B1 室外散水轮廓

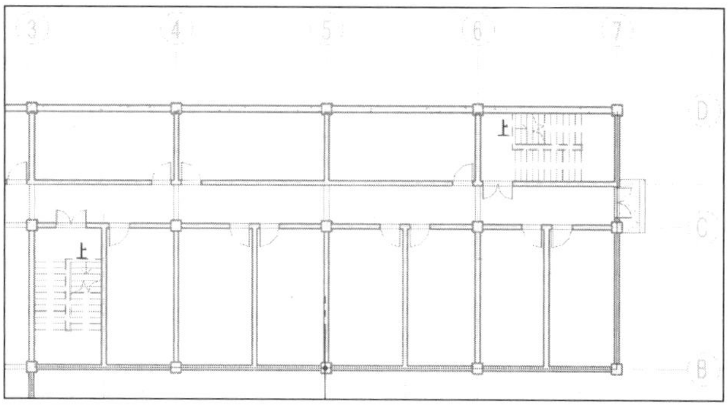

图 12-21　B1 室外散水路径

（8）单击“放样”面板编辑“编辑轮廓”命令，在弹出的“转到视图”对话框中，选择“立面：北”选项，单击“打开视图”按钮。

（9）视图进入“修改 | 放样 > 绘制轮廓”界面，确认选项栏中勾选“链”复选框，分别设置“偏移量”为“0.0”，当前绘制方式为“直线”。以虚线十字线中间红点为起点，绘制如图 12-22 所示的散水轮廓。单击“完成编辑模式”按钮，完成对放样轮廓的编辑任务。

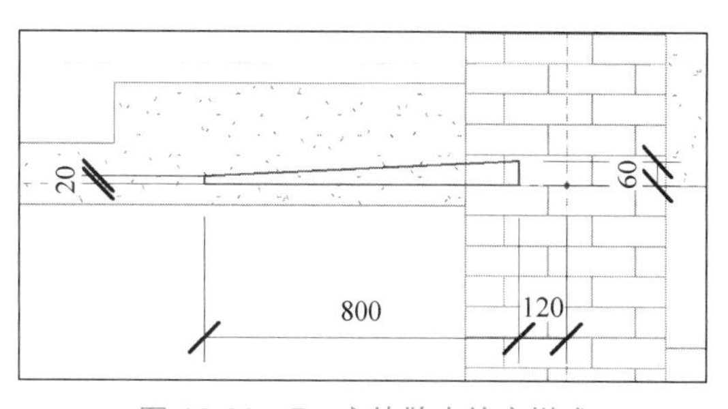

图 12-22　B1 室外散水轮廓样式

（10）再次单击“完成编辑模式”按钮，完成放样命令，之后再次单击“完成编辑模式”按钮，完成内建模型的命令。此时，完成对 B1 室外散水的创建任务。可以在三维视图中看到绘制完成的 B1 室外散水，如图 12-23 和图 12-24 所示。

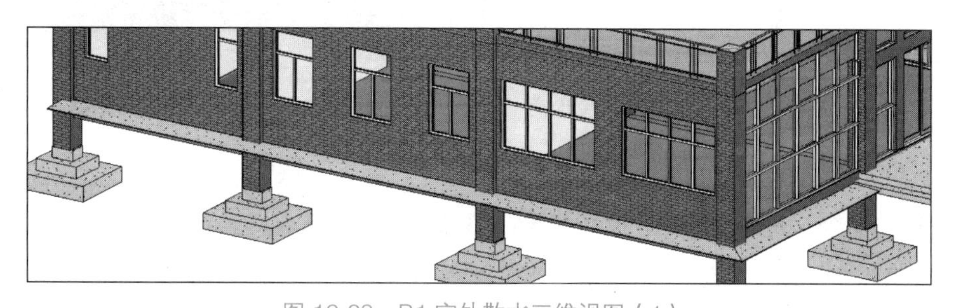
图 12-23　B1 室外散水三维视图（1）

图 12-24　B1 室外散水三维视图（2）

12.1.4　创建 F1 入口室外台阶与散水

（1）接 12.1.3 小节练习，切换至 F1/0.00m 楼层平面视图。

（2）单击“建筑”→“构件”下拉三角符号，选择“内建模型”命令，进入“族类别和族参数”对话框，确认“过滤器列表”中为“建筑”，单击“常规模型”类别后，单击“确定”按钮，修改该“常规模型”名称为“F1 入口室外台阶”，单击“确定”按钮，进入内建模型界面。

（3）单击“形状”面板的“拉伸”工具，进入“修改 | 创建拉伸”界面。单击“绘制路径”命令，进入“修改 | 拉伸 > 绘制路径”界面。

（4）确认“绘制”面板中当前绘制方式为“直线”，修改“属性”面板“材质和装饰”中的“材质”为“混凝土 - 现场浇筑混凝土”，将“拉伸终点”设为“−50.0”，将“拉伸起点”设为“−350.0”。

（5）移动鼠标指针至Ⓓ轴线交④轴线处，如图 12-25 所示，绘制台阶轮廓，绘制完成后，单击“完成绘制模式”按钮，完成路径的绘制任务。绘制完成后的 F1 入口室外台阶第一段如图 12-26 所示。

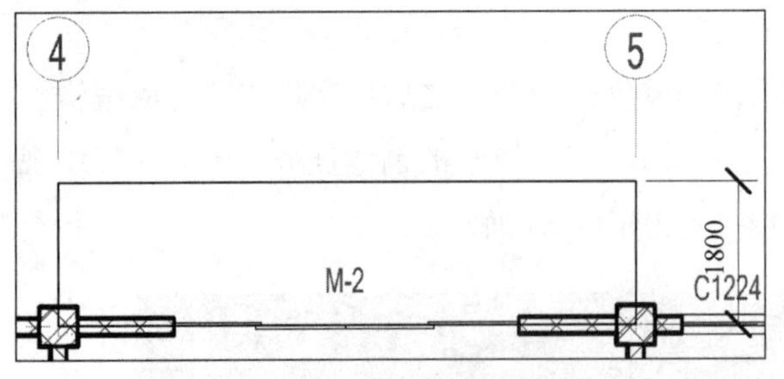

图 12-25　F1 入口室外台阶第一段轮廓

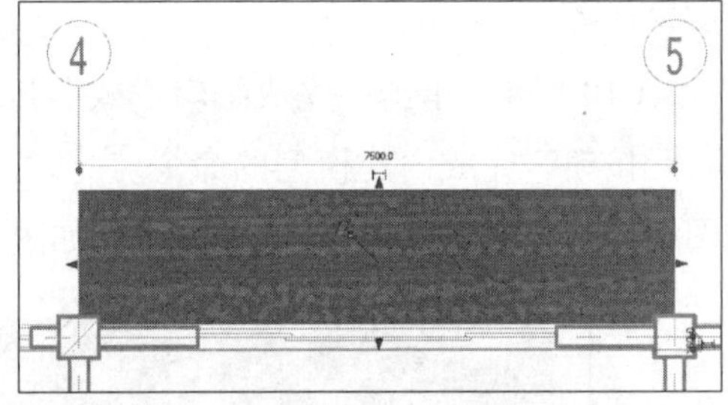

图 12-26　F1 入口室外台阶第一段形状

（6）再次单击“形状”面板的“拉伸”工具，进入“修改 | 创建拉伸”界面，单击“绘制路径”命令，进入“修改 | 拉伸 > 绘制路径”界面，确认“绘制”面板中当前绘制方式为“直线”，修改“属性”面板“材质和装饰”中的“材质”为“混凝土 - 现场浇筑混凝土”，将“拉伸终点”设为“−200”，将“拉伸起点”设为“−350”。

（7）移动鼠标指针至Ⓓ轴线交④轴线处，如图 12-27 所示，绘制台阶轮廓，绘制完成后单击“完成绘制模式”按钮，完成路径的绘制任务。绘制完成后的 F1 入口室外台阶第二段如图 12-28 所示。

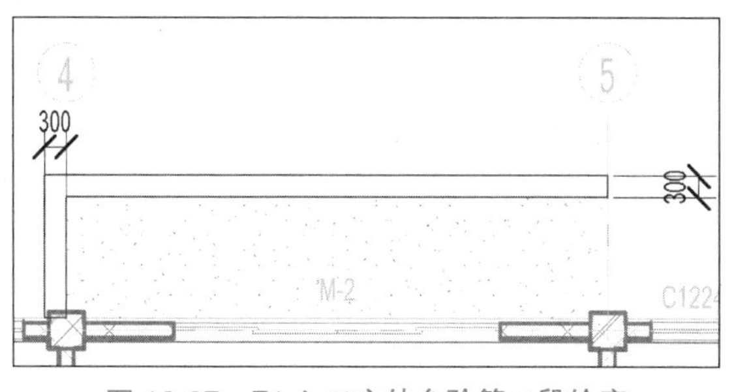

图 12-27 F1 入口室外台阶第二段轮廓

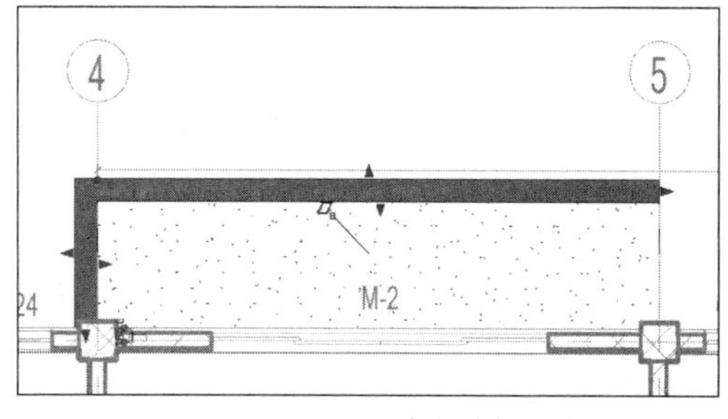

图 12-28 F1 入口室外台阶第二段形状

（8）再次单击“完成编辑模式”按钮，完成拉伸命令。完成后的 F1 入口室外台阶默认三维视图如图 12-29 所示。

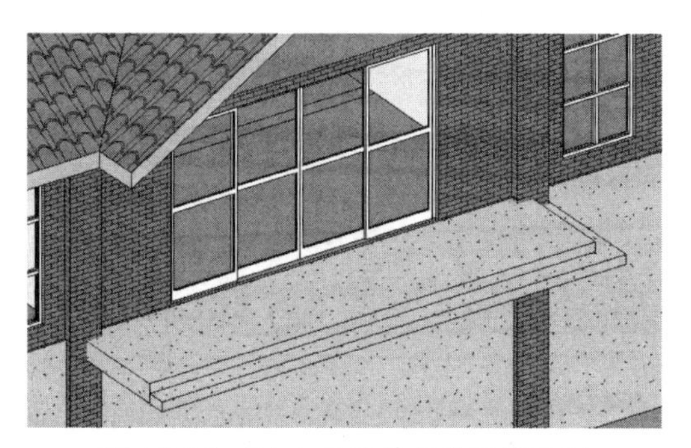
图 12-29 F1 入口室外台阶三维视图

微课：F1 台阶散水

（9）切换至 F1 室外地坪 /−0.36m 楼层平面视图，单击“建筑”→“构件”下拉三角符号，选择“内建模型”命令，进入“族类别和族参数”对话框，确认“过滤器列表”中为“建筑”，单击“常规模型”类别后，单击“确定”按钮，修改该“常规模型”名称为“F1 散水”，单击“起点”按钮，进入内建模型界面。

（10）单击“形状”面板中的“放样”工具，进入“修改 | 放样”界面。单击“绘制路径”命令，进入“修改 | 放样 > 绘制路径”界面。

（11）确认“绘制”面板中当前绘制方式为“直线”，修改“属性”面板“材质和装饰”中的“材质”为“混凝土 - 现场浇筑混凝土”，移动鼠标指针至Ⓓ轴线交①轴线，绘制图形轮廓，如图 12-30 所示。单击“完成编辑模式”按钮，完成路径的绘制任务。

（12）单击“放样”面板编辑“编辑轮廓”命令，在弹出的“转到视图”对话框中，选择“立面：东”，单击“打开视图”按钮。

（13）视图进入“修改 | 放样 > 绘制轮廓”界面，确认选项栏中勾选“链”复选框，分别设置“偏移量”为“0.0”，当前绘制方式为“直线”。以虚线十字线中间红点为起点，

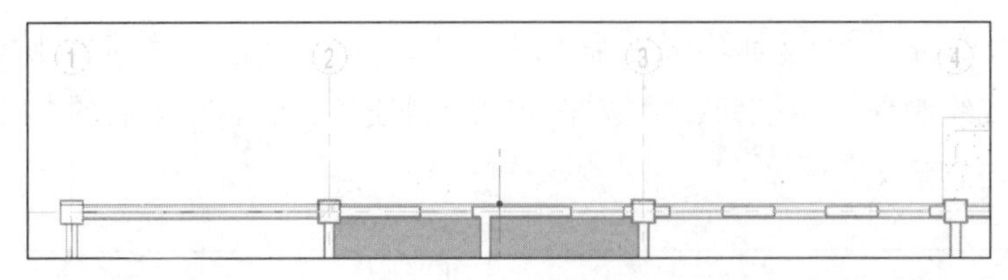

图 12-30 F1 散水路径

绘制如图 12-31 所示的散水轮廓。单击“完成编辑模式”按钮，完成对放样轮廓的编辑任务。

（14）再次单击“形状”面板中的“放样”工具，进入“修改 | 放样”界面。单击“绘制路径”命令，进入“修改 | 放样 > 绘制路径”界面。

（15）确认“绘制”面板中当前绘制方式为“直线”，修改“属性”面板“材质和装饰”中的“材质”为“混凝土 - 现场浇筑混凝土”，移动鼠标指针至Ⓓ轴线交⑦轴线，绘制图形轮廓，如图 12-32 所示。单击“完成编辑模式”按钮，完成 F1 散水路径的绘制任务。

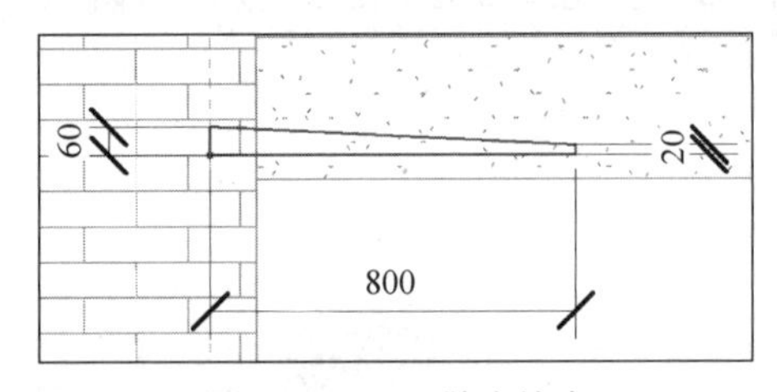

图 12-31 F1 散水轮廓

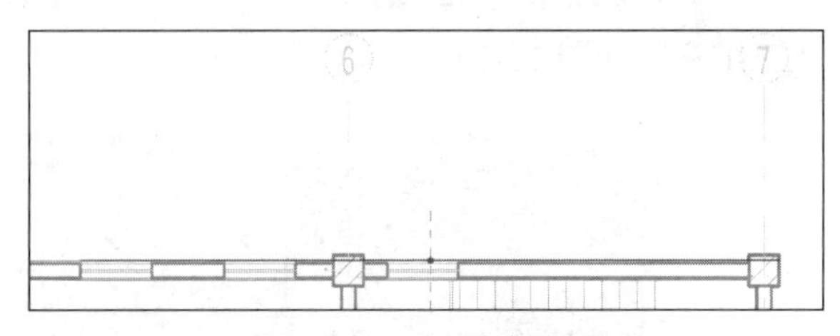

图 12-32 F1 散水路径

（16）单击“放样”面板编辑“编辑轮廓”命令，在弹出的“转到视图”对话框中选择“立面：东”，单击“打开视图”按钮。

（17）视图进入“修改 | 放样 > 绘制轮廓”界面，确认选项栏中勾选“链”复选框，分别设置“偏移量”为“0.0”，当前绘制方式为“直线”。以虚线十字线中间红点为起点，绘制如图 12-31 所示的散水轮廓。单击“完成编辑模式”按钮，完成对放样轮廓的编辑任务。

（18）再次单击“完成编辑模式”按钮，完成放样命令，之后再次单击“完成编辑模式”按钮，完成内建模型的命令。此时，完成对 F1 散水的创建任务。可以在三维视图中看到绘制完成的 F1 散水，如图 12-33 所示。

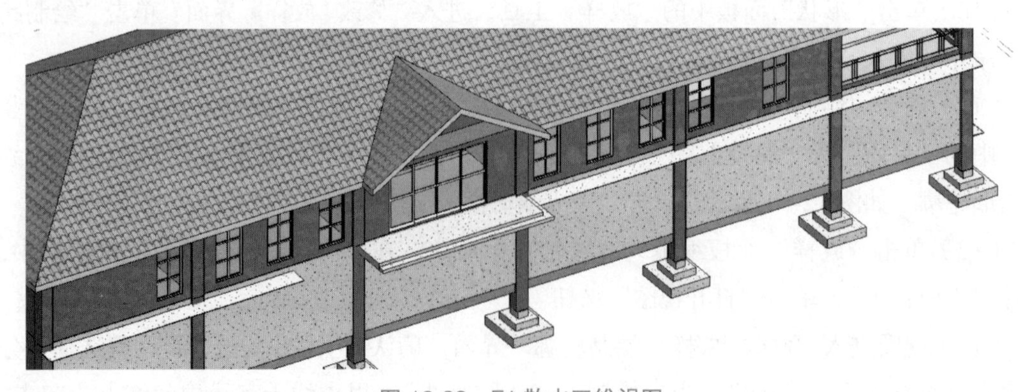
图 12-33 F1 散水三维视图

12.2　创建坡道

下面创建 B1/−3.60m 主入口处坡道。

（1）接 12.1 节练习，打开办公楼项目文件。切换至 B1/−3.60m 楼层平面视图，适当放大办公楼主入口②~③轴线入口位置。在不选择任何图元的情况下，选择“属性”面板中的“视图范围”按钮，单击“编辑”按钮，打开“视图范围”对话框，如图 12-34 所示，设置当前楼层平面的视图范围。

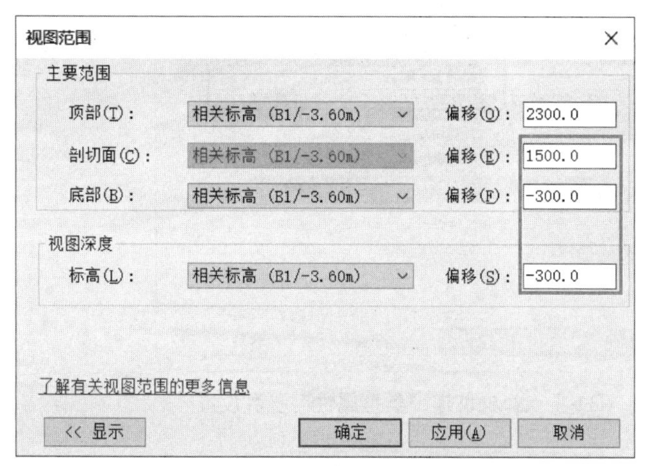

微课：坡道

图 12-34　“视图范围”对话框

（2）单击“建筑”→“坡道”按钮，进入“修改 | 创建坡道”，如图 12-35 所示。单击“编辑属性”，打开“类型属性”对话框，以“坡道 1”为基础复制创建名称为“B1 主入口处坡道”的坡道新类型，如图 12-36 所示，设置坡道“类型参数”，单击“确定”按钮，退出“类型属性”对话框。

图 12-35　“坡道”按钮

（3）如图 12-37 所示，在“属性”面板中分别确认“约束”中的“底部标高”为“B1 室外地坪 /−3.90m”，“顶部标高”为“B1/−3.60m”。修改“尺寸标注”的“宽度”为“1500”，如图 12-38 所示。单击“参照平面”按钮，如图 12-39 所示，绘制坡道参照平面。

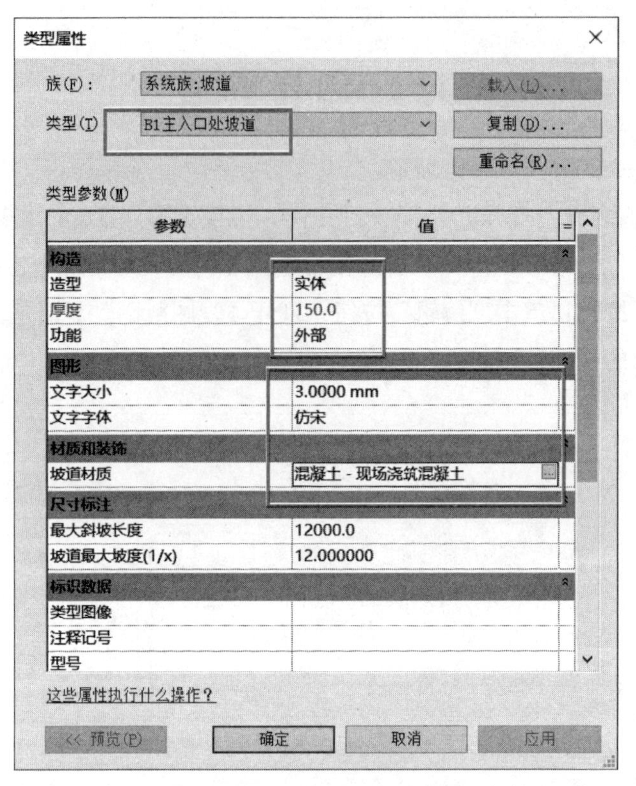

图 12-36　B1 主入口处坡道“类型属性”参数设置

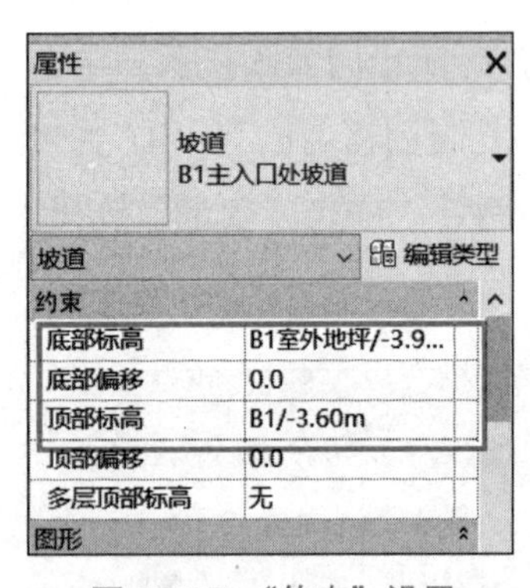

图 12-37　“约束”设置

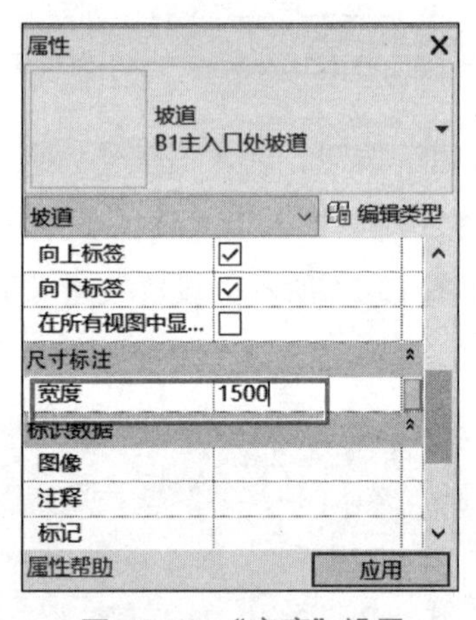

图 12-38　“宽度”设置

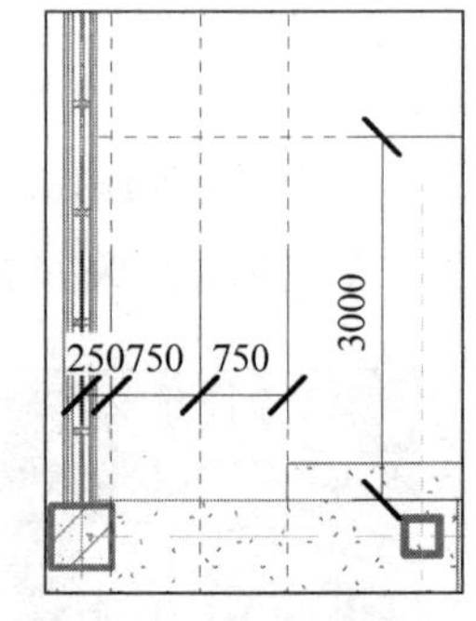

图 12-39　绘制“参照平面”

（4）如图 12-40 所示，在上下文关联选项卡“绘制”面板中选择“梯段”绘制模式，并选择绘制方式为“直线”。

（5）如图 12-41 所示，移动鼠标指针至Ⓐ轴线坡道中心线上方的参照平面处，在图示参照平面交点处捕捉起点后单击鼠标左键，将其确定为坡道起点，沿垂直方向向下移动鼠标指针至参照平面处，单击鼠标左键，完成 B1 主入口处坡道创建。完成后单击上下文关联选项卡“模式”面板中“完成编辑模式”按钮，完成坡道的绘制任务。

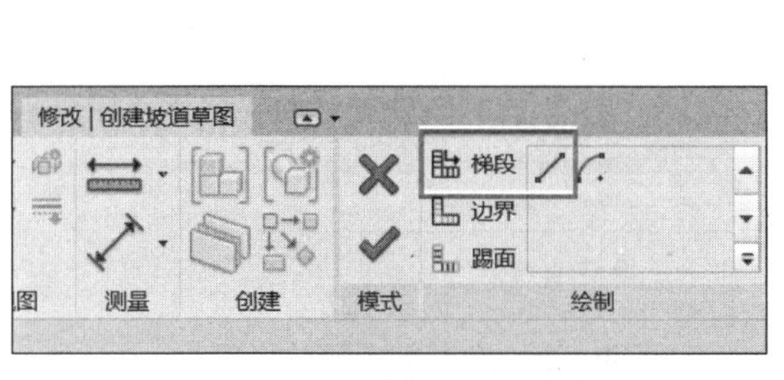

图 12-40　“梯段”绘制模式

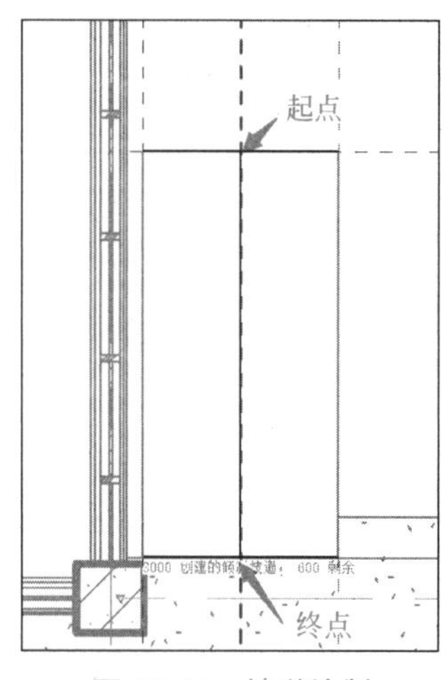

图 12-41　坡道绘制

（6）完成后的 B1 主入口坡道默认三维模型，如图 12-42 所示。

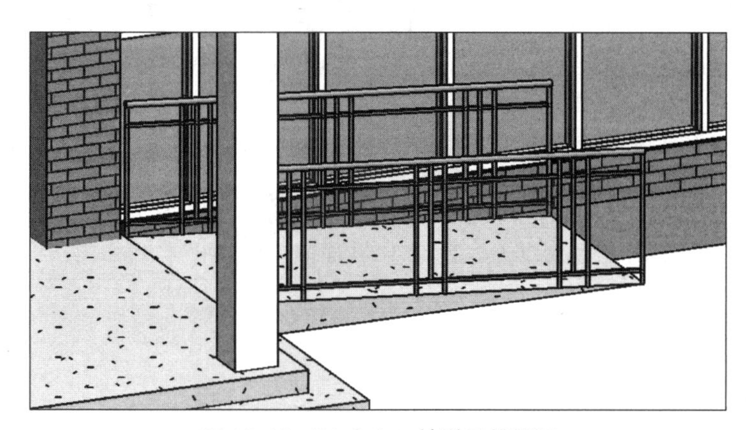

图 12-42　B1 主入口坡道三维视图

（7）切换至 F1/0.00m 楼层平面视图，适当放大办公楼入口④~⑤轴线入口位置。单击“建筑”→“坡道”按钮，进入“修改 | 创建坡道”。单击“编辑属性”按钮，打开“类型属性”对话框，以“B1 主入口处坡道”为基础复制，创建名称为“F1 入口处坡道”的坡道新类型，单击“确定”按钮，退出“类型属性”对话框。

（8）在“属性”面板中确认“约束”中的“底部标高”为“F1 室外地坪 /−0.36m”，设置“顶部标高”为“F1/0.00m”。在上下文关联选项卡“绘制”面板中选择“梯段”绘制模式，并选择绘制方式为“直线”。

（9）如图 12-43 所示，移动鼠标指针至坡道中心线右边的参照平面处，在图示参照平面交点处捕捉起点，之后单击，将其确定为坡道起点，沿水平方向向左移动鼠标指针至参照平面处，单击，完成入口处坡道的创建。完成后单击上下文关联选项卡“模式”面板中“完成编辑模式”按钮，完成坡道的绘制任务。完成后的 F1 入口处坡道默认三维模型，如图 12-44 所示。

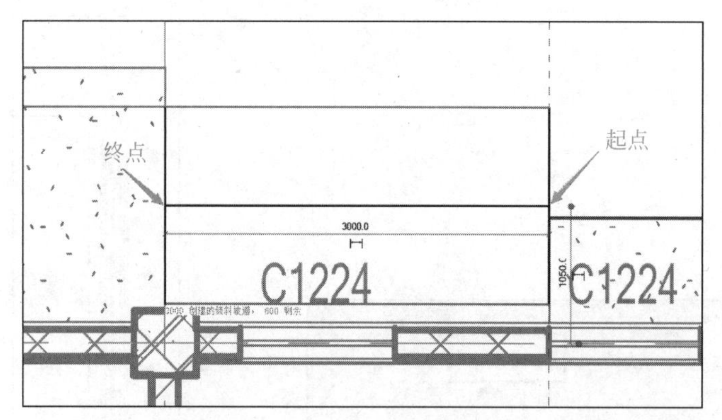

图 12-43　F1 入口处坡道绘制

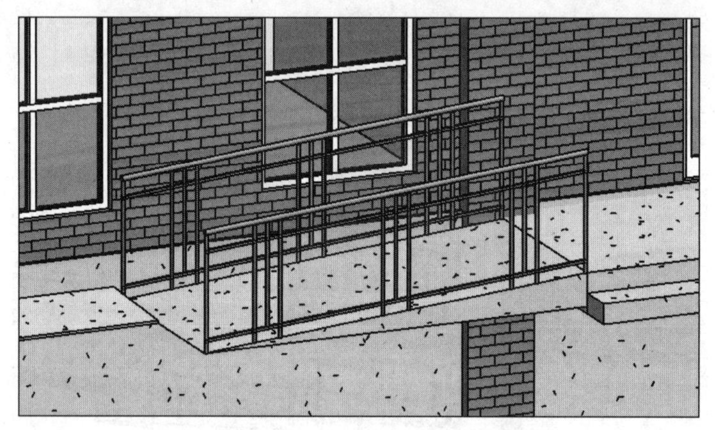
图 12-44　F1 入口处坡道三维视图

12.3　创建雨篷

12.3.1　拉伸创建雨篷

（1）接 12.2 节练习，打开办公楼项目文件，切换到 F1/0.00m 楼层平面视图。

（2）单击“建筑”→“构件”下拉三角符号，选择“内建模型”命令，进入“族类别和族参数”对话框，确认“过滤器列表”中为“建筑”，单击“常规模型”类别后，单击“确定”按钮，修改该“常规模型”名称为“B1 次入口雨篷”，如图 12-45 所示，单击“确定”按钮，进入内建模型界面。

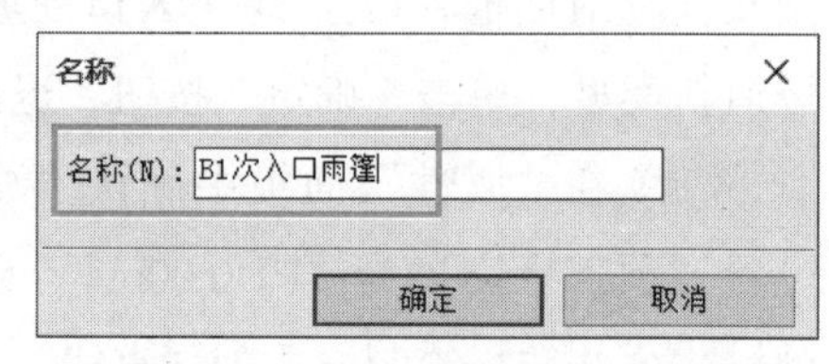

图 12-45　新建 B1 次入口雨篷

（3）单击“形状”面板中的“拉伸”工具，进入“修改 | 创建拉伸”界面。单击“绘制路径”命令，进入“修改 | 拉伸 > 绘制路径”界面。

（4）确认“绘制”面板中当前绘制方式为“直线”，修改“属性”面板“材质和装饰”材质为“混凝土 - 现场浇筑混凝土”，将“拉伸终点”设为“−100.0”，将“拉伸起点”设为“-200.0”，如图 12-46 所示。

（5）移动鼠标指针至Ⓒ轴线交⑦轴线处，如图 12-47 所示，绘制雨篷轮廓，绘制完成后，单击“完成绘制模式”按钮。绘制完成后的 B1 次入口雨篷第一段三维模型，如图 12-48 所示。

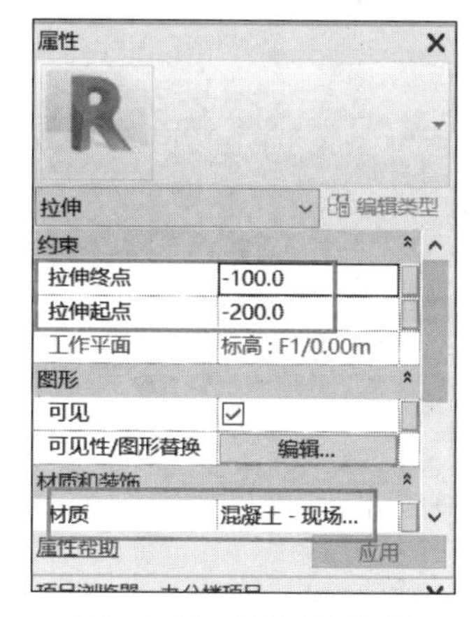

图 12-46 “约束”设置

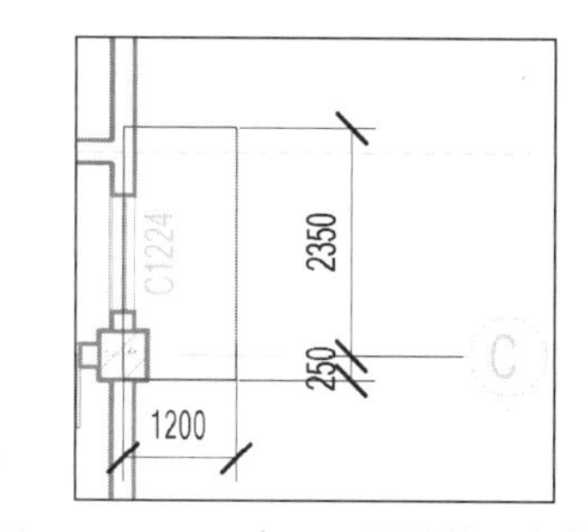

图 12-47 B1 次入口雨篷第一段轮廓

微课：雨篷

（6）再次单击“形状”面板中的“拉伸”工具，进入“修改 | 创建拉伸”界面，单击“绘制路径”命令，进入“修改 | 拉伸 > 绘制路径”界面，确认“绘制”面板中当前绘制方式为“直线”，修改“属性”面板“材质和装饰”中的“材质”为“混凝土 - 现场浇筑混凝土”，将“拉伸终点”设为“0.0”，将“拉伸起点”设为“-100.0”，如图 12-49 所示。

图 12-48 B1 次入口雨篷第一段三维视图

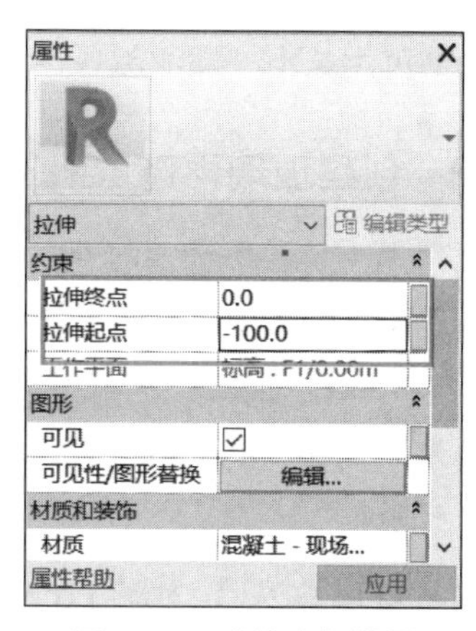

图 12-49 “约束”设置

（7）如图 12-50 所示，移动鼠标指针至Ⓒ轴线交⑦轴线处，绘制雨篷第二段轮廓，绘制完成后，单击“完成绘制模式”按钮，完成路径的绘制任务。绘制完成后的 B1 次入口雨篷第二段三维模型如图 12-51 所示。

（8）如图 12-52 所示，单击“几何图形”选项卡中的“连接”按钮，分别单击刚拉伸创建的两部分雨篷，完成的 B1 次入口雨篷三维视图如图 12-53 所示。

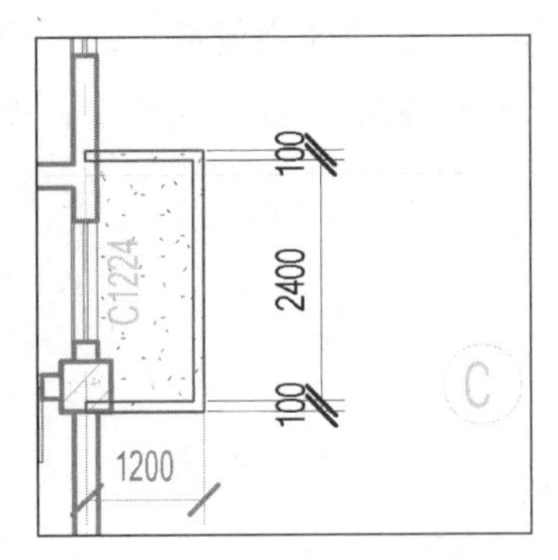

图 12-50　B1 次入口雨篷第二段轮廓

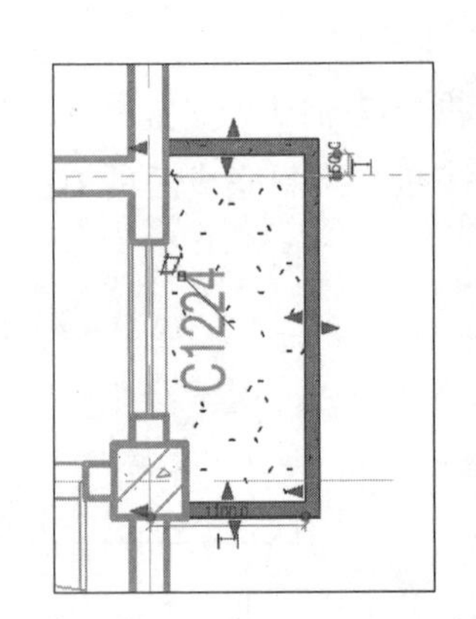

图 12-51　B1 次入口雨篷第二段三维视图

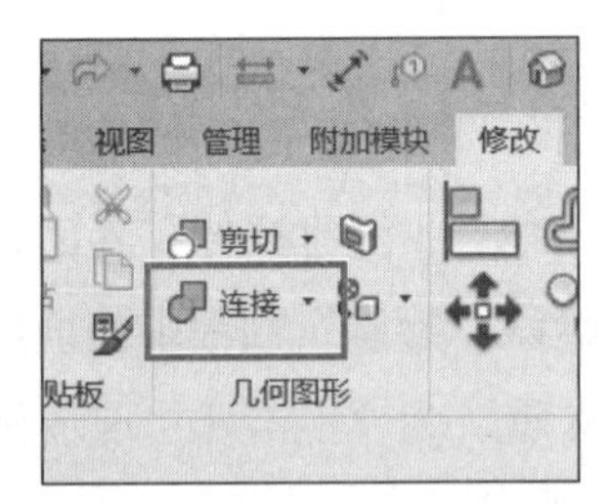

图 12-52　“连接”按钮

图 12-53　B1 次入口雨篷三维视图

（9）再次单击“完成编辑模式”按钮，完成拉伸任务。保存项目文件。

12.3.2　创建玻璃雨篷

1. 放置 B1 主入口雨篷主梁

（1）接 12.3.1 节练习，打开办公楼项目文件，切换到 F1/0.00m 楼层平面视图。单击“结构”→“梁”按钮，单击“属性”面板的“编辑类型”，进入“类型属性”对话框，单击“载入”按钮，选择系统族库中的“结构”→“框架”→“钢”→“矩形冷弯空心型钢”族类型。

（2）以此族类型为基础，复制名称为“办公楼 -B1 钢主梁”的新族类型，编辑“类型参数”,“结构剖面几何图形”的“高度”值修改为“20.00cm”,“宽度”值修改为“18.00cm”，如图 12-54 所示。单击“应用”按钮，再单击“确定”按钮，返回绘制界面。

（3）如图 12-55 所示，确认“绘制”面板中的绘制方式为“直线”，设置选项栏中的“放置平面”为“F1/0.00m”，修改结构用途为“大梁”，不勾选“三维捕捉”和“链”复选框。

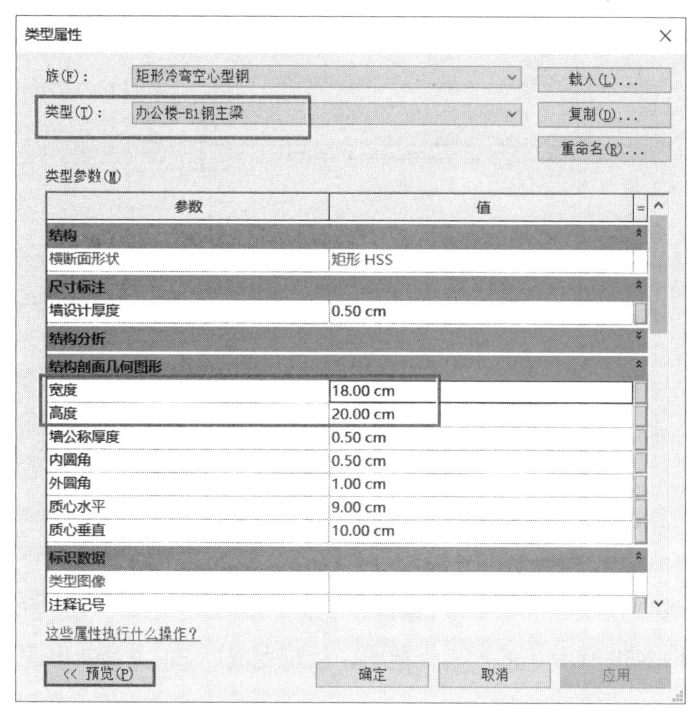

图 12-54　办公楼 -B1 钢主梁“类型属性”设置

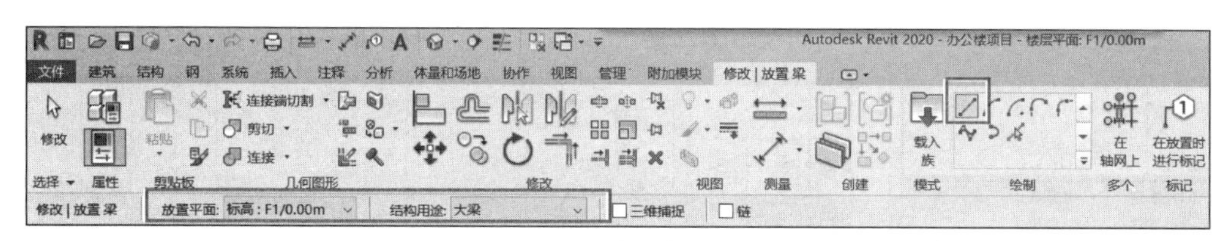

图 12-55　“修改 | 放置梁”设置

（4）确认“属性”面板中“Z 方向对正”设置为“顶”。即所绘制的梁将以梁图元顶面与“放置平面”标高对齐。如图 12-56 所示，移动鼠标指针至②轴线与Ⓐ轴线相交位置单击，将其作为梁起点，沿②轴线向下移动鼠标指针直到雨篷柱相交位置，单击作为梁终点，绘制雨篷主梁。

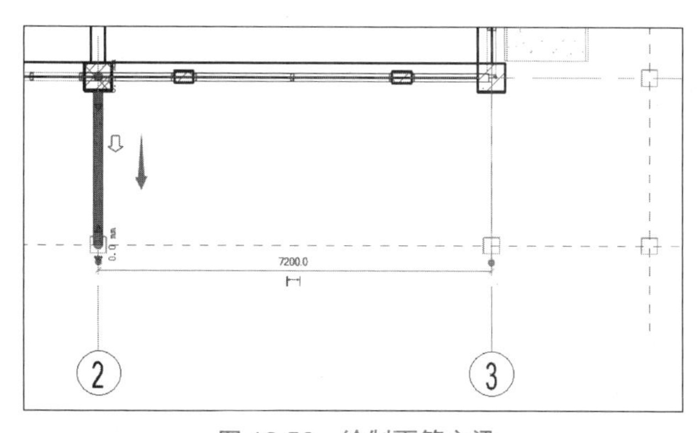

图 12-56　绘制雨篷主梁

（5）使用类似的方式，绘制 B1 主入口处雨篷其他部分的主梁。结果如图 12-57 所示。

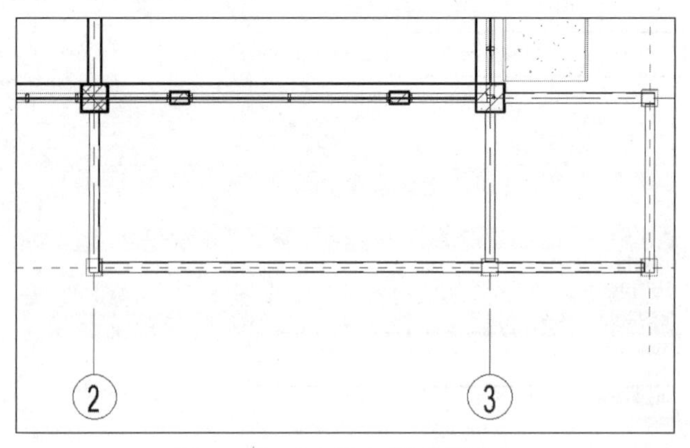

图 12-57　B1 钢主梁平面视图

（6）选择刚绘制的雨篷主梁，分别修改“属性”面板中“约束”中的“起点标高偏移”与“终点标高偏移”值为“-800.0”，修改“材质和装饰”中的“结构材质”为“金属 - 铝 - 白色”，如图 12-58 所示。进入三维视图，绘制完成的 B1 主梁效果图如图 12-59 所示。

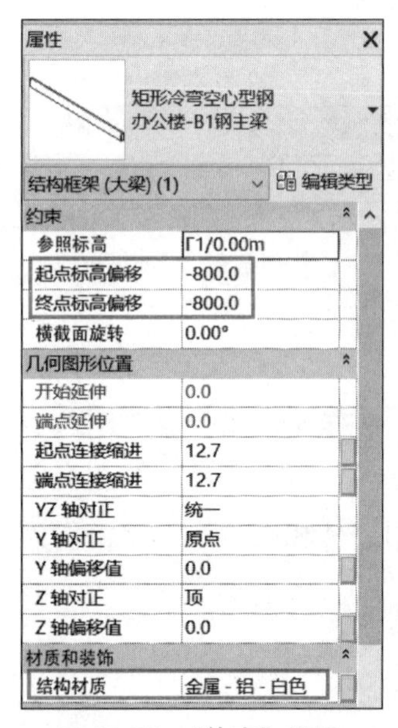

图 12-58　“约束”设置

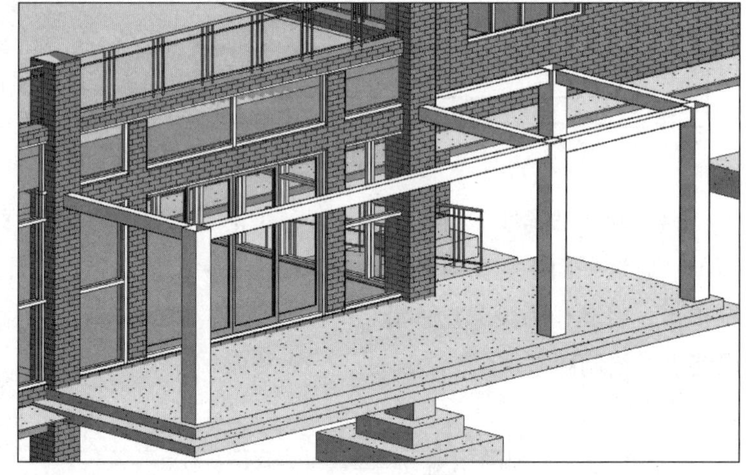

图 12-59　B1 钢主梁的效果图

2. 放置 B1 主入口雨篷次梁

（1）接上一节练习，打开办公楼项目文件，切换到 F1/0.00m 楼层平面视图。如图 12-60 所示，单击“建筑”选项卡中的“参照平面”按钮，确认绘制方式为“拾取”，修改上下文关联选项卡中的“偏移”量为“900.0”，沿②轴线向右依次单击“拾取”；修改上下文关联选项卡中的“偏移”量为“950.0”，沿③轴线向右依次单击“拾取”。绘制完成的雨篷次梁参照平面如图 12-61 所示。

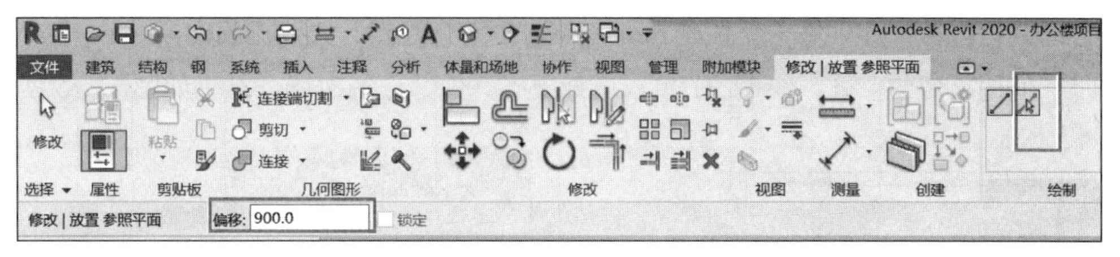

图 12-60 “参照平面”设置

（2）单击“属性”面板的“编辑类型”，进入“类型属性”对话框，以“办公楼 -B1 钢主梁”为基础，复制命名为“办公楼 -B1 钢次梁”的新族类型，编辑“类型参数”，分别将“结构剖面几何图形”的“高度”值修改为“20.00cm”，“宽度”值修改为“10.00cm”，如图 12-62 所示。单击“应用”按钮，再单击“确定”按钮，返回绘制界面。

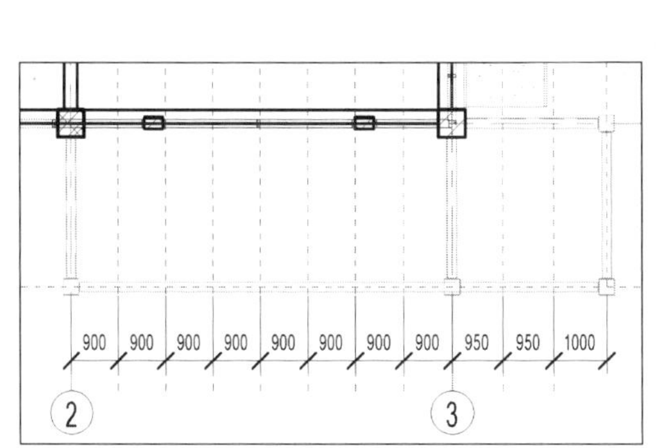

图 12-61 雨篷次梁参照平面　　　图 12-62 办公楼 -B1 钢次梁“类型属性”设置

（3）如图 12-63 所示，确认“绘制”面板中的绘制方式为“直线”，设置选项栏中的“放置平面”为“标高：F1/0.00m”，修改“结构用途”为“其他”，不勾选“三维捕捉”和“链”复选框。

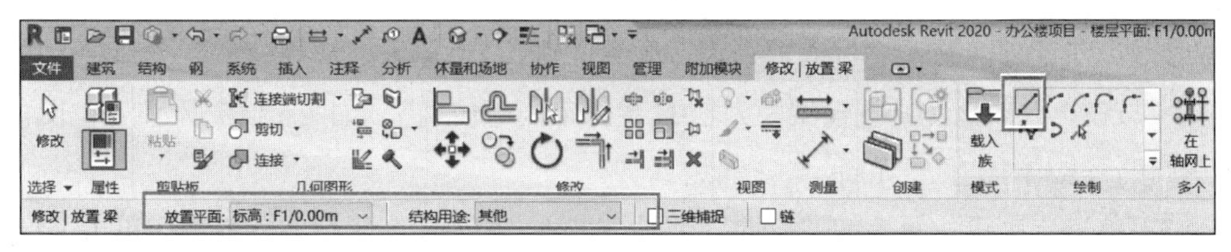

图 12-63 “修改 | 放置 梁”设置

（4）确认“属性”面板中“Z 方向对正”设置为“顶”。即所绘制的梁将以梁图元顶面与“放置平面”标高对齐。如图 12-64 所示，移动鼠标指针交②轴线右边参照平面位置，向下移动鼠标指针直到雨篷主梁相交位置，单击作为梁终点，绘制雨篷次梁。

（5）使用类似的方式，绘制 B1 主入口处雨篷其他部分的次梁。结果如图 12-65 所示。

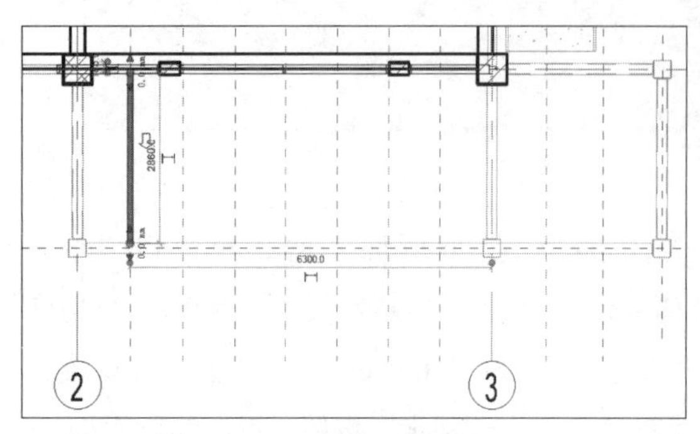

图 12-64　绘制雨篷次梁

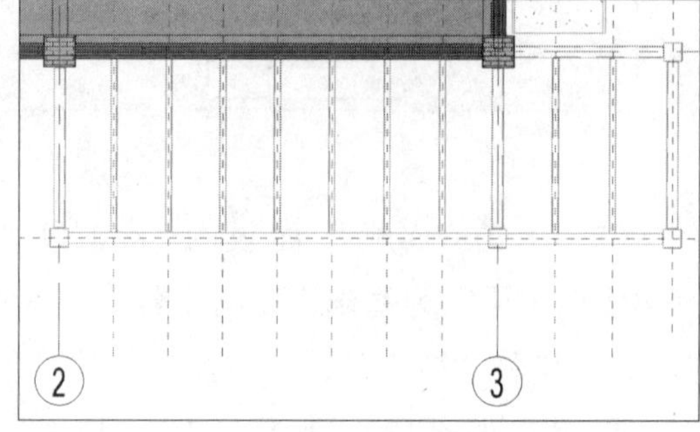

图 12-65　B1 钢次梁平面视图

（6）选择刚绘制的雨篷次梁，分别修改“属性”面板中“约束”中的“起点标高偏移”与“终点标高偏移”值为“–800.0”，修改“材质和装饰”中的“结构材质”为“金属 - 铝 - 白色”。进入三维视图，绘制完成的 B1 主入口处雨篷主、次梁三维视图如图 12-66 所示。

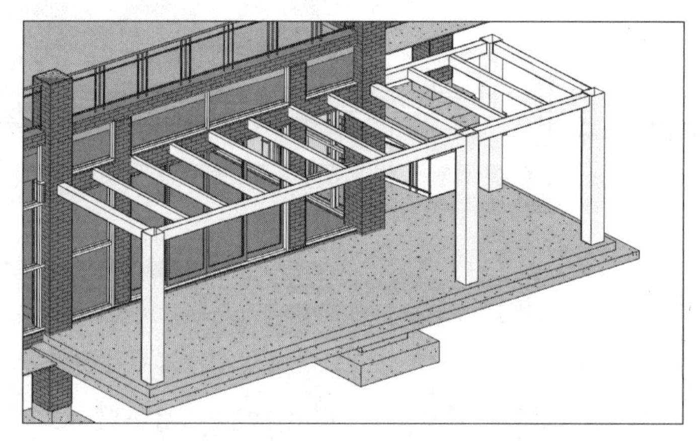

图 12-66　B1 主入口处雨篷主、次梁三维视图

3. 拉伸创建 B1 主入口雨篷玻璃

（1）接上一节练习，打开办公楼项目文件，切换到 F1/0.00m 楼层平面视图。

（2）单击“建筑”→“构件”下拉三角符号，选择“内建模型”命令，进入“族类别和族参数”对话框，确认“过滤器列表”中为“建筑”，单击“常规模型”类别后，单击“确定”按钮，修改该“常规模型”为“B1 主入口雨篷玻璃”，如图 12-67 所示，单击“确定”按钮，进入内建模型界面。

（3）单击“形状”面板的“拉伸”工具，进入“修改 | 创建拉伸”界面。单击“绘制路径”命令，进入“修改 | 拉伸 > 绘制路径”界面。

（4）确认“绘制”面板中当前绘制方式为“直线”，进入“属性”面板，修改“材质和装饰”中的“材质”为“玻璃”，“拉伸终点”设为“–790.0”，“拉伸起点”设为

“-800.0”，如图 12-68 所示。

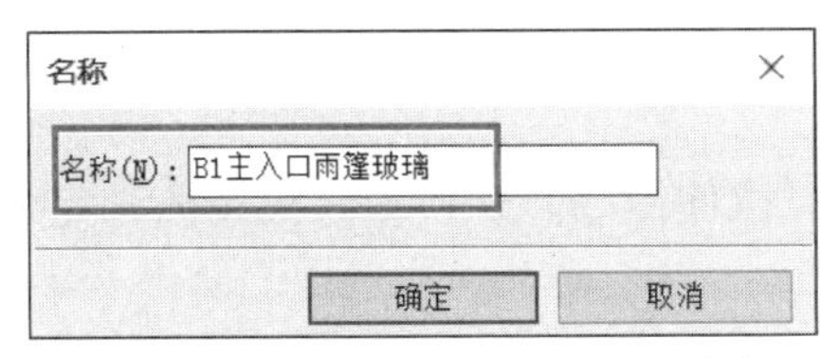

图 12-67　新建 B1 主入口雨篷玻璃

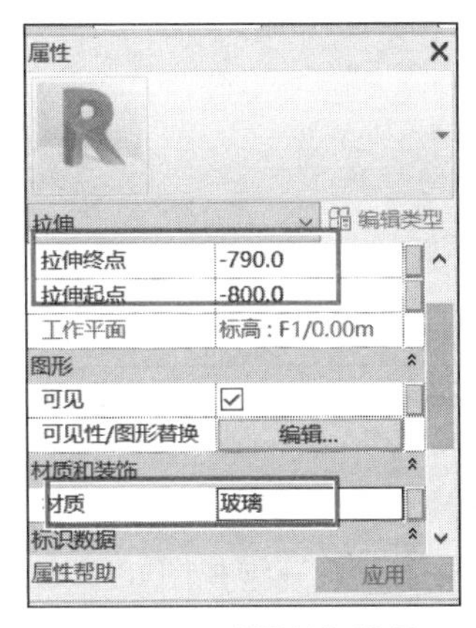

图 12-68　“属性”设置

（5）如图 12-69 所示，确认“修改 | 创建拉伸”绘制模式为“拾取”，“偏移”量为“600.0”，分别拾取雨篷主梁中心线，修改“偏移”量值为“0.0”，分别拾取Ⓐ轴线与③轴线，拾取结果如图 12-70 所示。

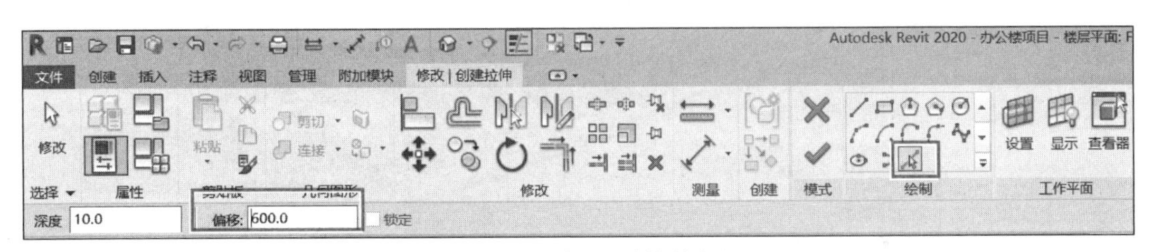

图 12-69　“修改 | 创建拉伸”设置

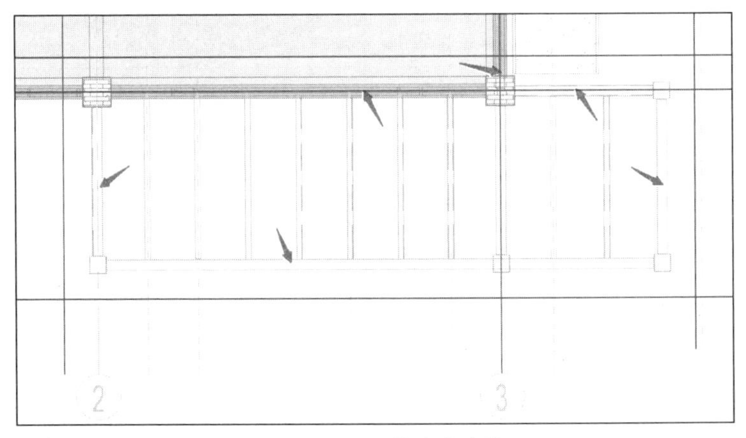

图 12-70　雨篷玻璃边界

（6）单击“修改”选项卡中的“修剪”，如图 12-71 所示，修剪雨篷玻璃轮廓。完成后单击“完成绘制模式”按钮，完成路径的绘制任务。绘制完成后的 B1 主入口雨篷玻璃如图 12-72 所示。

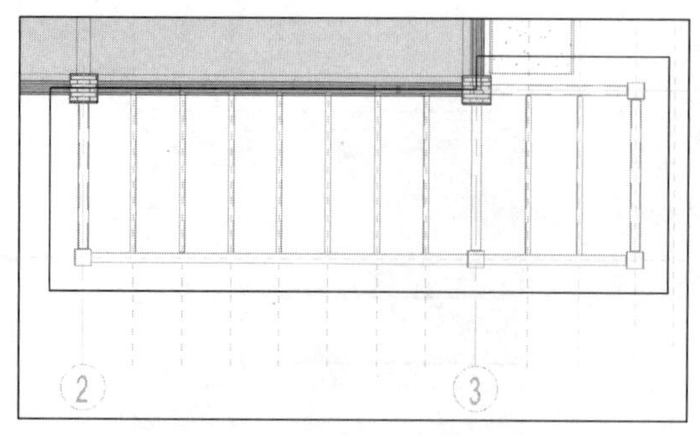

图 12-71 “修剪”雨篷玻璃边界

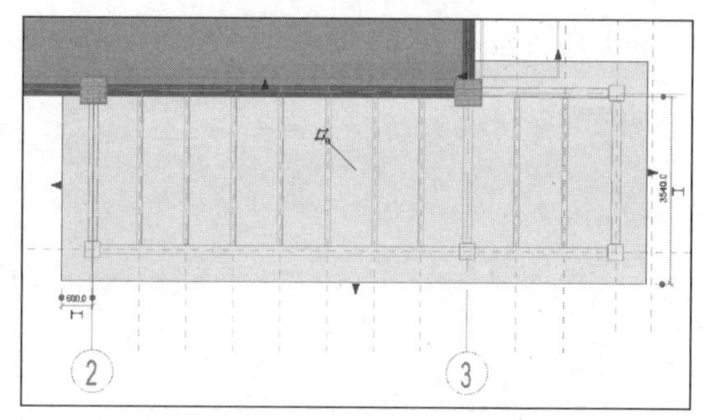

图 12-72 B1 主入口雨篷玻璃图形

（7）再次单击“完成编辑模式”按钮，完成拉伸命令。切换至三维视图，完成的 B1 主入口雨篷默认三维视图如图 12-73 所示。保存该项目文件。

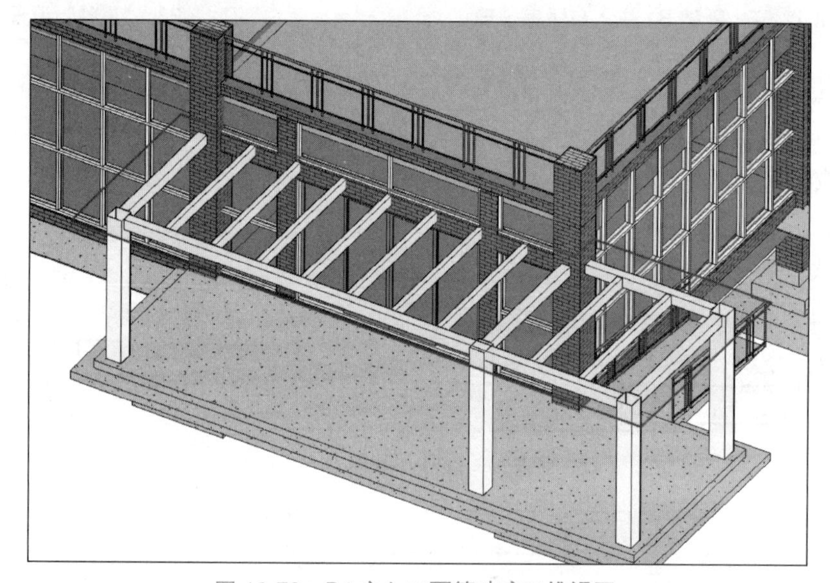

图 12-73 B1 主入口雨篷玻璃三维视图

附件：任务单

项目13 族与体量

教学目标：

通过学习本项目内容，了解族类型、族参数、体量等基本概念；熟悉创建三维形状、体量和对体量进行表面有理化等方法；掌握创建族的一般步骤和方法。

知识目标：

（1）族参数：实例参数和类型参数；
（2）体量的基本概念：内建体量和概念体量；
（3）熟悉拉伸、融合、旋转、放样等的应用；
（4）熟悉概念体量的创建形式；
（5）熟悉概念体量表面有理化的应用；
（6）掌握创建中式窗族的步骤；
（7）掌握窗族平面显示样式的设置方法。

技能目标：

（1）了解族类型、族参数、体量等基本概念；
（2）熟悉创建族三维形状、体量和对体量进行表面有理化等方法；
（3）掌握族创建的一般步骤和方法。

13.1 族的基本知识

族是构成 Revit 的基本元素，Revit 中的所有图元都是基于族的。族在 Revit 中功能强大，有助于用户更轻松地管理和修改数据。族创建者能在每个族图元内定义多种类型，每种类型可以有不同的尺寸、形状、材质或其他参数变量。使用族编辑器，整个族创建过程在预定义的样板中执行，可以根据需要在族中加入各种参数，如尺寸、材质、可见性等。可以使用族编辑器创建现实生活中的建筑构件、图形和注释构件。

13.1.1 族的类型

1）系统族

系统族是 Revit 中预定义的族，样板文件中提供的族包含基本建筑构件，例如墙、楼

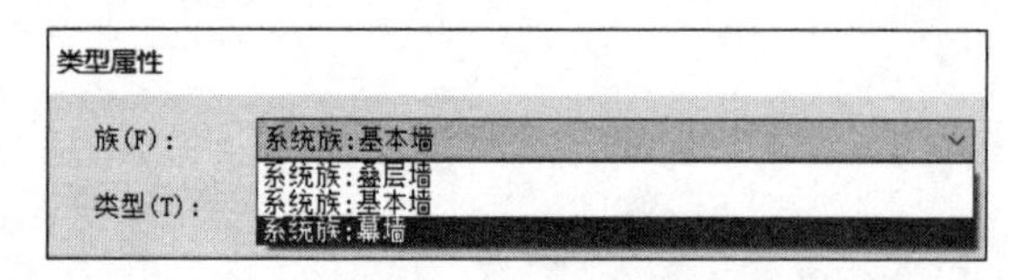

图 13-1 系统族

板、天花板、楼梯灯。建筑墙包括基本墙、叠层墙、幕墙三种，墙体的族如图 13-1 所示，基本墙又包含一个或多个可以复制和修改的系统族类型，但不能创建新系统族，可以通过制定新参数定义新的族类型，如图 13-2 所示。

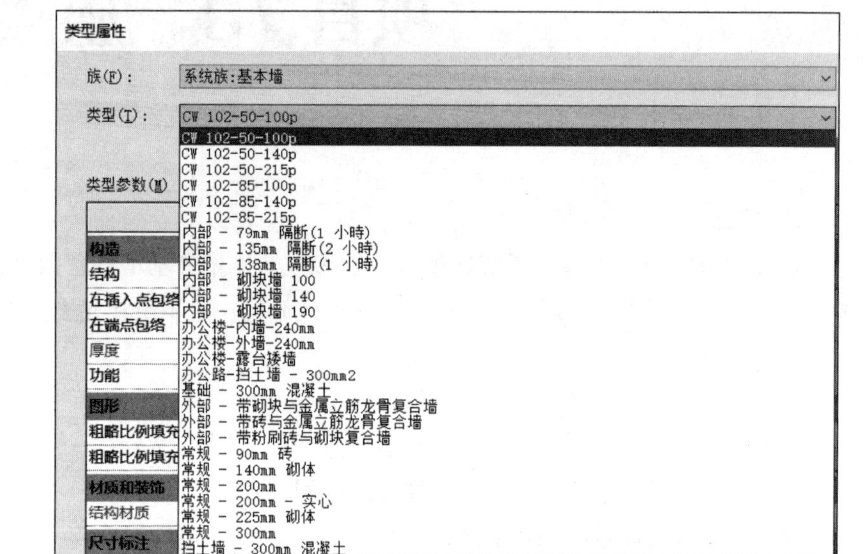

微课：中式窗族

图 13-2 族类型

系统族包含基本建筑构件，例如墙、窗和门、楼梯、楼板、顶棚、屋顶以及其他要在施工场地装配的图元。另外，能够影响项目环境且包含标高、轴网、图样和视口类型的系统设置也是系统族。

2）标准构件族

在默认情况下，应在项目样板中载入标准构件族，但更多标准构件族存储在构件库中。使用族编辑器创建和修改构件，可以复制和修改现有构件族，也可以根据各种族样板创建新的构件族。族样板可以是基于主体的样板，也可以是独立的样板。基于主体的族包括需要主体的构件，例如以墙族为主体的门族。独立族包括柱、树和家具。族样板有助于创建和操作构件族。标准构件族可以位于项目环境外，其扩展名为 .rfa。可以将它们载入项目，从一个项目传递到另一个项目，如果需要，还可以将其从项目文件保存到库中。

3）内建族

内建族可以是特定项目中的模型构件，也可以是注释构件。只能在当前项目中创建内建族，因此它们仅可用于该项目特定的对象，例如自定义墙的处理。创建内建族时，可以选择类别，且使用的类别将决定构件在项目中的外观和显示。

4）族样板

样板文件是创建模型的基本模板，样板文件通常是依据相应的标准、规范来编制的，目的是使用户在一个统一标准的框架内进行专业设计，以满足将来成果的规范性、协调性和通用性，从而最大限度减少工作人员的重复工作量。之前所进行的一系列模型创建工作都是基于我国建筑制图标准所编制的建筑样板来完成的。

对于族的创建，同样需要有样本文件，与项目样板明显不同的是，项目样板文件的扩展名为 .rfe，族样板的文件名为 *.rft，另外，族样板文件多是为创建可载入族（*.rfa）而编制。创建族时，必须先选择族样板。

13.1.2　族的参数

在创建“办公楼”模型的过程中，会多次用到图元的“属性”面板及“类型属性”的对话框来调节构件的实例参数和类型参数，比如窗的高度、宽度、材质等。Revit Architecture 允许用户根据需要自定义族的任何参数，在定义过程中，可以选择“实例参数”或者“类型参数”，“实例参数”就会出现在“图元属性”对话框中。

自定义族时所采用的族样板文件中会提供该族对象默认族参数。在统计明细表时，这些族参数可以作为统计字段使用。用户可以根据需要定义任何族参数，这时定义的参数呈现在“属性”面板或者“类型属性”对话框中，但不能在明细表统计时作为统计字段使用。如果需要自定义的参数出现在明细表统计中，需要使用共享参数。

13.2　族三维形状的创建

用户可以根据需要自定义族，下面介绍创建族的操作方法。

（1）单击“应用程序”按钮，选择“新建”中的“族”文件，界面会弹出族样板文件供用户选择，如图 13-3 所示，用户可以根据需要作出样板文件的选择，比如要创建一个

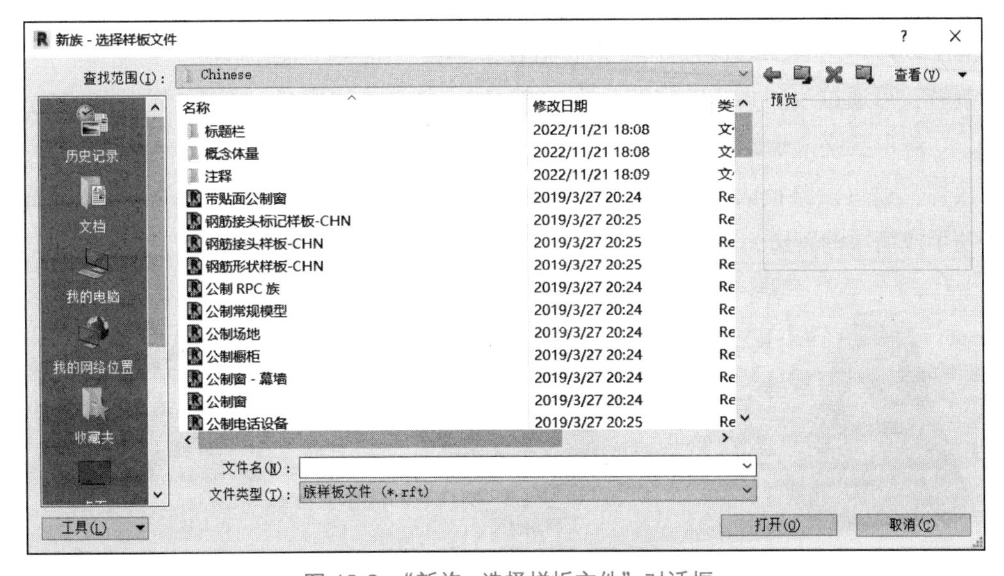

图 13-3　“新族 - 选择样板文件”对话框

窗，就可以选择公制窗族样板文件，选择“公制窗”，单击打开，进入族编辑界面。创建族的操作界面与项目文件创建时的操作界面类似，如图 13-4 所示。

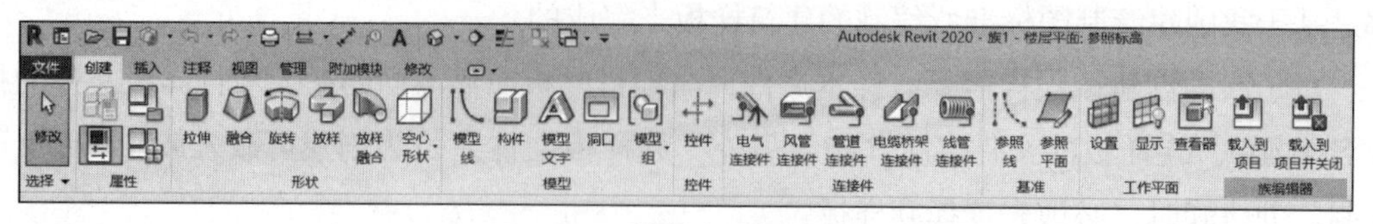

图 13-4　创建族的操作界面

（2）“面板”用于创建族的三维模型，可以创建空心和实心两种形状，创建的方法包括“拉伸”“融合”“旋转”“放样”“放样融合”五种方式。

拉伸：可以创建拉伸形式族的三维模型，包括实心形状和空心形状，可以在公制平面上绘制形状的二维轮廓，然后拉伸该轮廓，使其与绘制它的平面垂直，如在平面绘制一矩形轮廓完成拉伸，可创建一长方体，如图 13-5 所示。

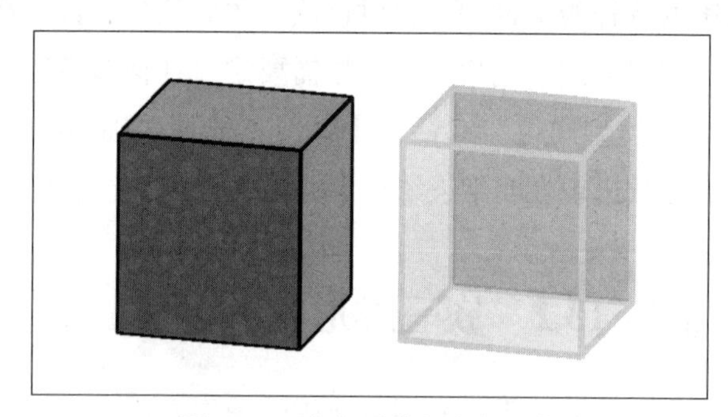

图 13-5　实心形状和空心形状

融合：用于创建实心三维形状，该形状将沿其长度发生变化，从起始形状融合到最终形状。融合工具可将两个轮廓（边界）融合在一起。例如，绘制一个六边形，并在其顶部绘制一个圆形，则 Revit 会将这两个形状融合在一起，如图 13-6 所示。

旋转：可通过线和共享工作平面的二维轮廓来创建旋转形状。旋转中的线用于定义旋转轴，二维形状绕该轴旋转后形成三维形状，如图 13-7 所示。

放样：通过沿路径放样二维轮廓，可以创建三维形状。可以使用放样方式创建饰条、栏杆扶手或简单的管道，如图 13-8 所示。

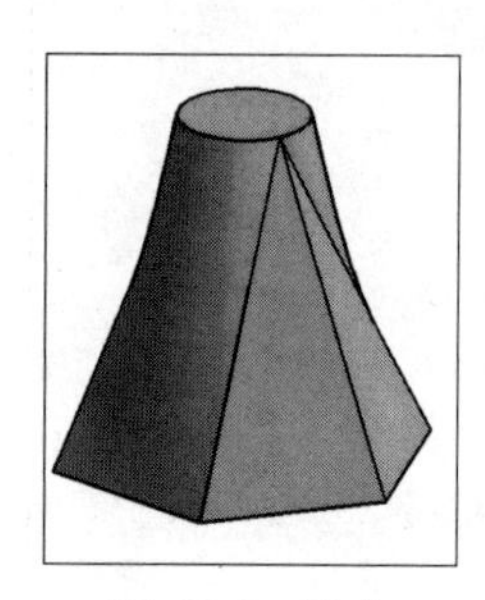

图 13-6　融合

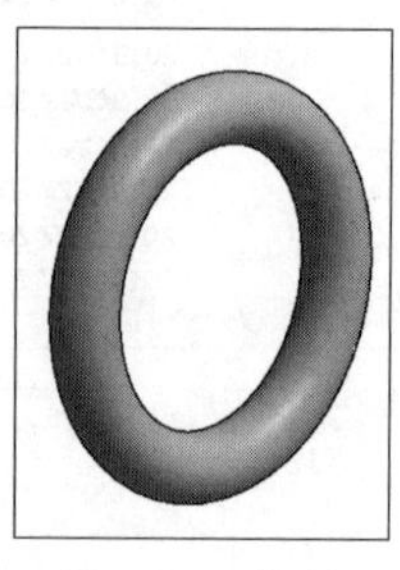

图 13-7　旋转

图 13-8　放样

放样融合：通过垂直于线绘制的线和两个或多个二维轮廓创建放样融合形状，放样融合中的线定义了放样，并融合二维轮廓来创建三维形状的路径。轮廓由线处理组成，线处理垂直于用于定义路径的一条或多条线。与放样形状不同，放样融合无法沿着多段路径创建。但是，轮廓可以打开、闭合或是两者的结合，如图 13-9 所示。

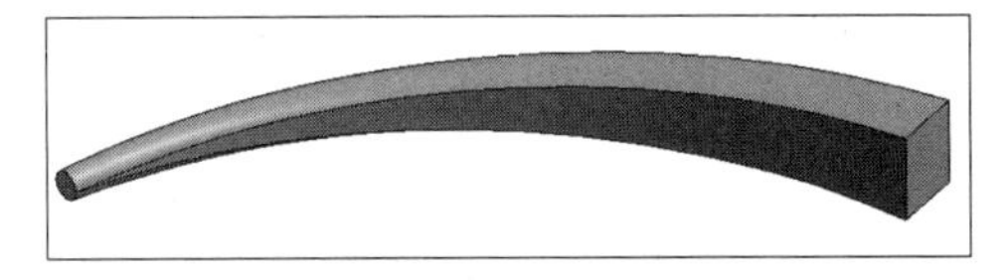

图 13-9　放样融合

提示

空心形状命令的操作方法与实心形状操作方法完全一致，多用于实心形状局部需要剪切时，二者结合应用于创建复杂形体。

Revit Architecture 各种各样的族的三维模型都是通过上述几种方式创建完成的。

13.3　窗族的创建

本书所介绍办公楼项目中平面视图的接待室房间位置，都有一个异形的窗户，需要自定义创建一个族完成绘制任务。

13.3.1　创建窗的三维模型及设置参数

（1）新建族，选择“基于墙的公制常规模型”族样板，如图 13-10 所示。

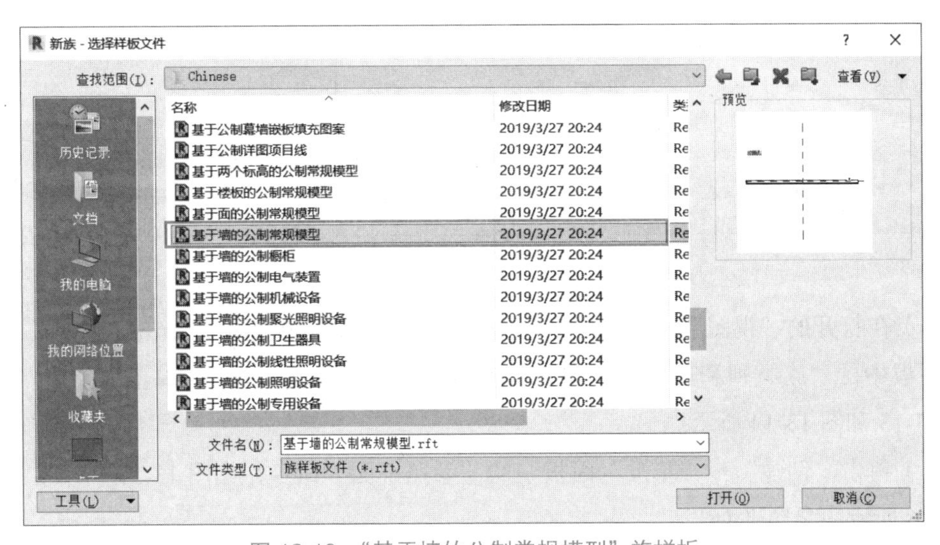

图 13-10　“基于墙的公制常规模型”族样板

（2）如图 13-11 所示，单击程序→“另存为”→“族”，文件名命名为“办公楼 - 窗”，单击“选项”打开“文件保存选项”，设置“最大备份数”为“1”，单击“确定”，最后单击“保存”，如图 13-12 所示。

图 13-11　另存为“族”

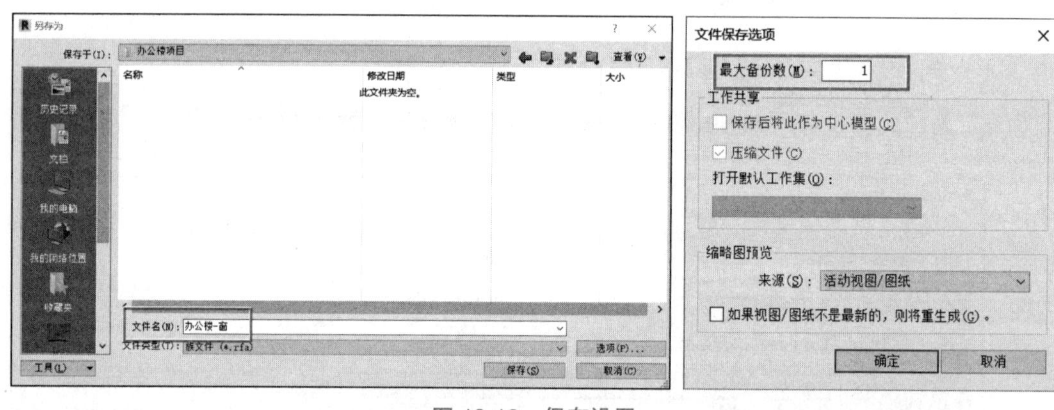

图 13-12　保存设置

（3）在打开的“视图”→“楼层平面”→“参照标高”视图中，单击“创建”→“属性”面板中的“族类别和族参数”按钮，选择“族类别”为“窗”，单击“确定”按钮，如图 13-13 和图 13-14 所示。

（4）单击“创建”→“基准”面板中的“参照平面”命令，如图 13-15 所示。绘制如图 13-16 所示的参照平面。

（5）选择左侧参照平面，单击“修改”，进入“修改 | 参照平面”，先在“属性”面板修改相关参数，分别修改“名称”为“左”，“是参照”为“左”，如图 13-17 所示。单击“应用”按钮。同样，选择右侧参照平面，分别修改相关参数，“名称”为“右”，“是参照”为“右”。

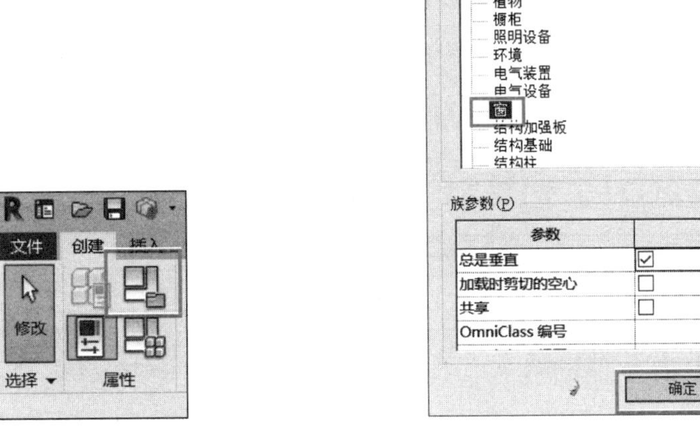

图 13-13　“族类别和族参数”按钮

图 13-14　设置“族类别”为“窗”

图 13-15　“参照平面”命令

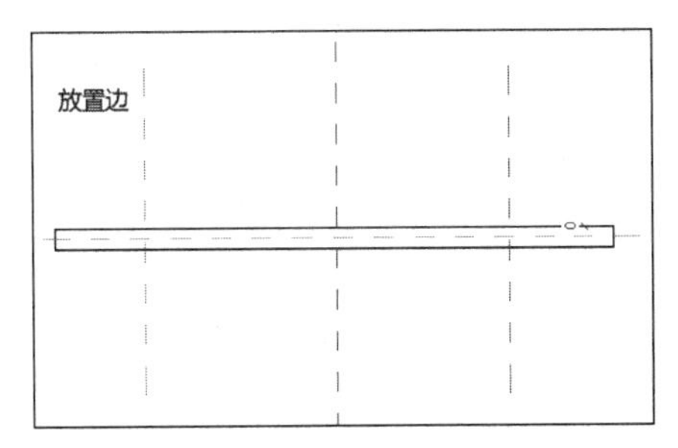

图 13-16　绘制参照平面

（6）使用“注释”→“对齐”工具，对左、右两条参照平面进行注释。选中“EQ”，进入“修改 | 尺寸标注”面板，将“标签”设置为“宽度”，如图 13-18 所示。设置完成后如图 13-19 所示。

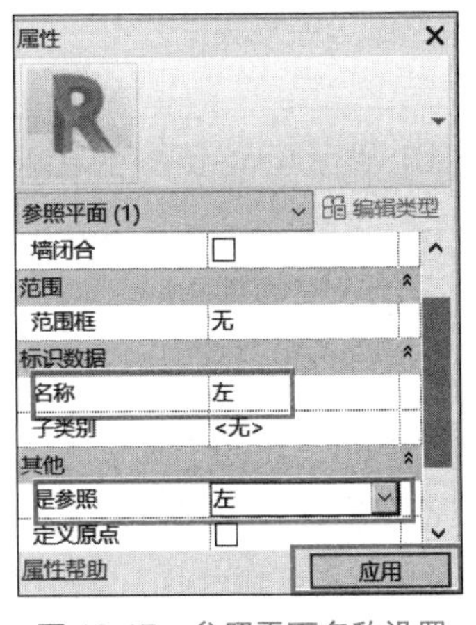

图 13-17　参照平面名称设置

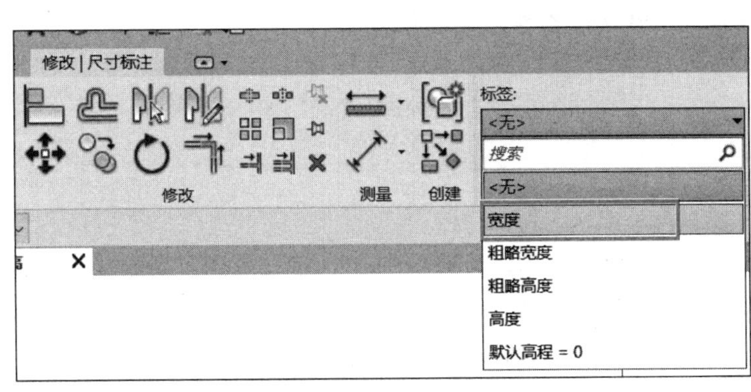

图 13-18　“标签”设置

（7）双击“项目浏览器”→“立面”→“放置边”，进入立面视图。

（8）以同样的方式创建并修改两条水平参照平面。如图 13-20 所示。在“属性”面板中修改相关参数，分别修改“名称”为“顶”，“是参照”为“顶”，单击“应用”按钮。同样地，选择底部参照平面，修改相关参数，“名称”为“底”，“是参照”为“底”。

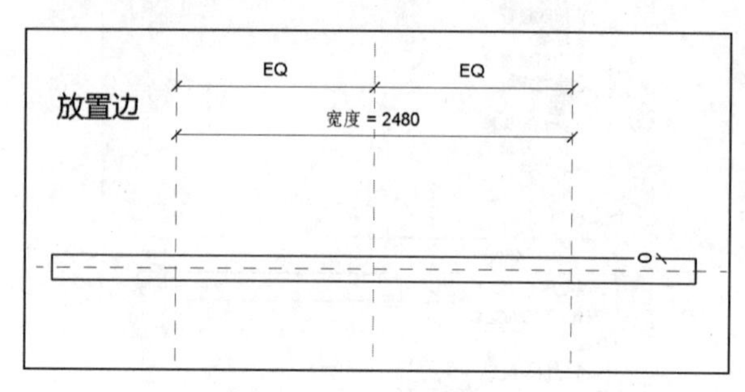

图 13-19　窗族参照平面

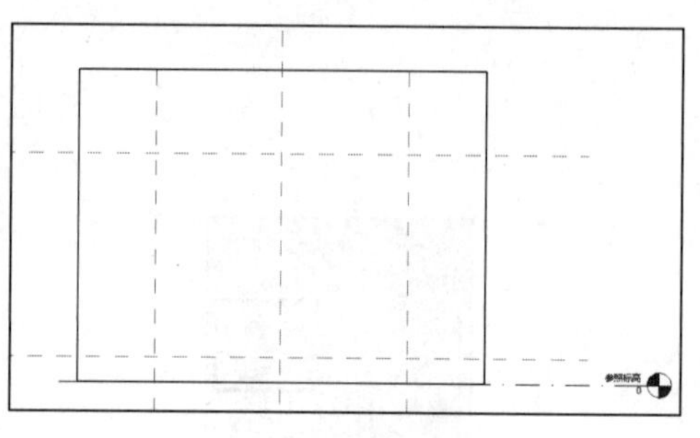

图 13-20　绘制参照平面

（9）使用“注释”→“对齐”工具，对上、下两条参照平面进行注释。然后进入“修改 | 尺寸标注”面板，将“标签”设置为“高度”。

（10）单击“属性”面板中“族类型”按钮，如图 13-21 所示。在弹出的“族类型”对话框中，如图 13-21 所示进行参数设置。

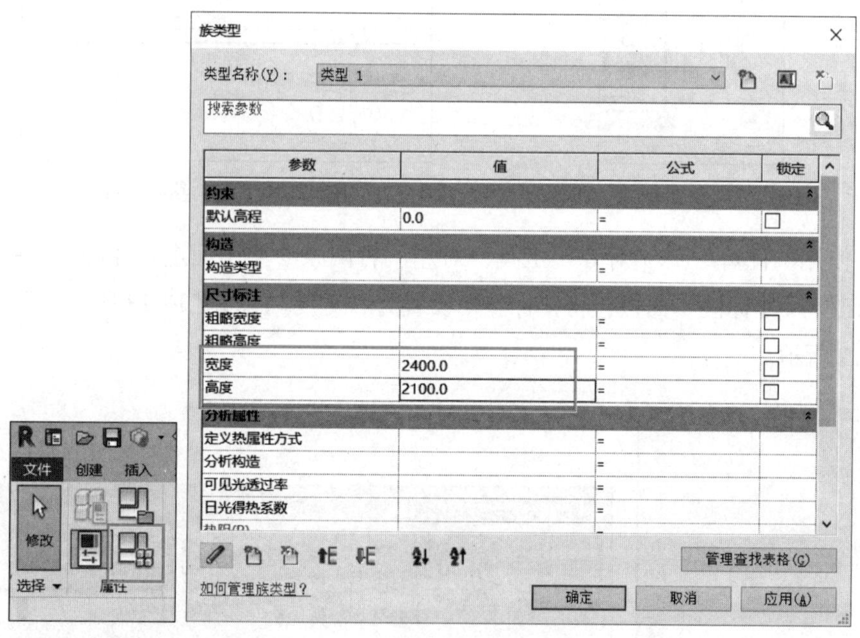

图 13-21　“族类型”参数设置

（11）再次使用“注释”→“对齐”工具，对底部参照平面到墙底部的距离进行尺寸标注，然后进入“修改 | 尺寸标注”面板，将“标签”选择为“创建参数”，如图 13-22 所示，在弹出的“参数属性”对话框中，设置“参数数据”→“名称”为“窗台高”，单击“确定”按钮，如图 13-23 所示。

图 13-22　创建参数

（12）单击“属性”面板中“族类型”按钮，在弹出的“族类型”对话框中将“窗台高”设置为“600”，设置完成后的窗的参照平面如图 13-24 所示。

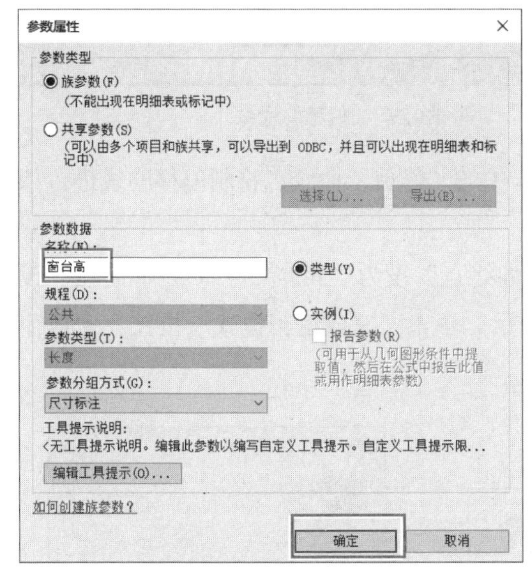

图 13-23　“参数属性”对话框

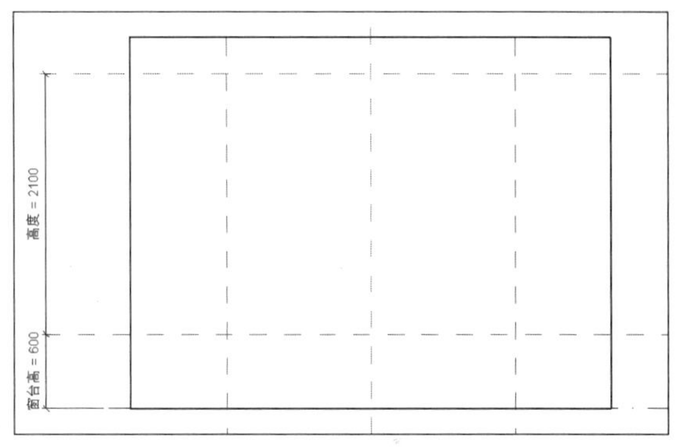

图 13-24　窗的参照平面图

（13）单击“创建”选项卡下“模型”面板中的“洞口”工具，如图 13-25 所示，进入“修改 | 创建洞口边界”上下文选项卡，确认“绘制方式”为“直线”，将鼠标指针移至绘图区域，沿四个参照平面围合的矩形区域绘制如图 13-26 所示的洞口形式，单击“完成编辑模式”按钮退出编辑。

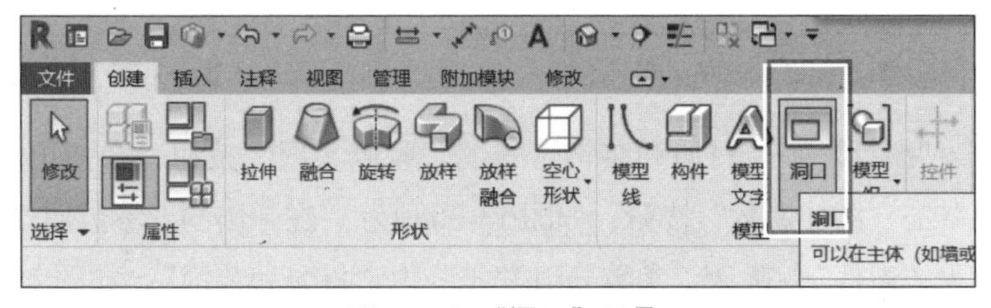

图 13-25　“洞口”工具

（14）单击“创建”选项卡下“形状”面板中的“拉伸”工具，进入“修改 | 创建拉伸”上下文选项卡，确认“绘制方式”为“直线”，鼠标指针移至绘图区域，沿上一步绘制的洞口形状绘制直线。

（15）单击“修改 | 创建拉伸”上下文选项卡中的“偏移”命令，将刚绘制的各直线均向内偏移 60，如图 13-27 所示。

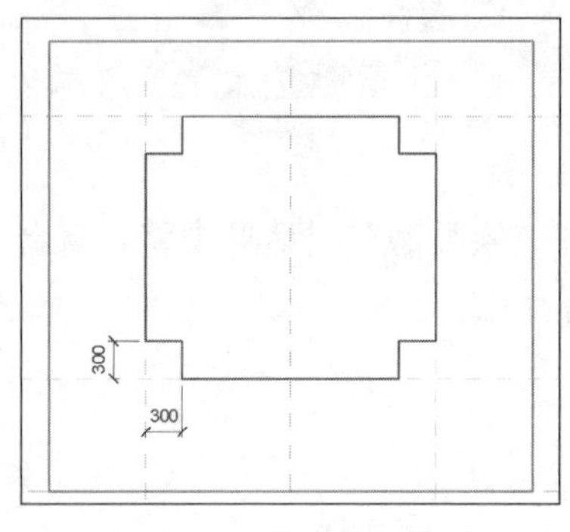

图 13-26　矩形洞口区域

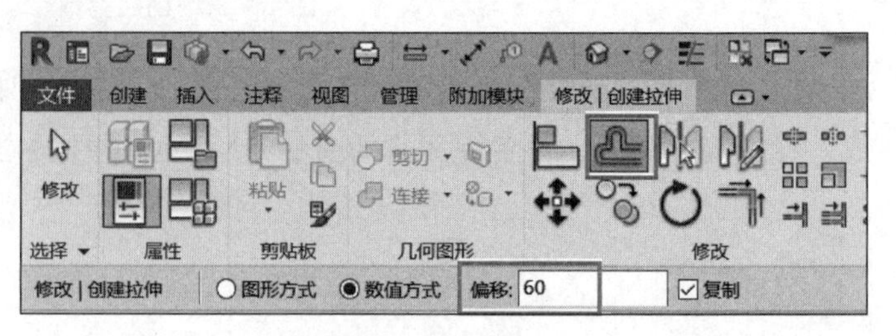

图 13-27　“偏移”命令

（16）单击“修改 | 创建拉伸”上下文选项卡中的“修剪”命令，将刚偏移的线进行如图 13-28 所示的修剪。

（17）在“属性”面板中将“约束”的“拉伸终点”设为“30.0”，将“拉伸起点”设为“-30.0”，单击“应用”按钮，如图 13-29 所示。单击“完成编辑模式”按钮，完成窗框的拉伸任务。

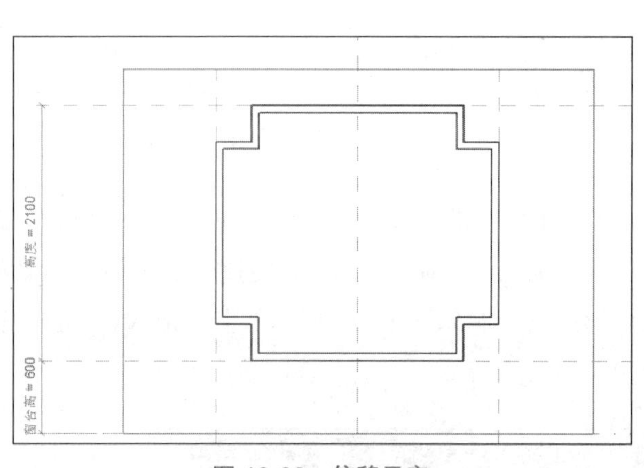

图 13-28　偏移示意

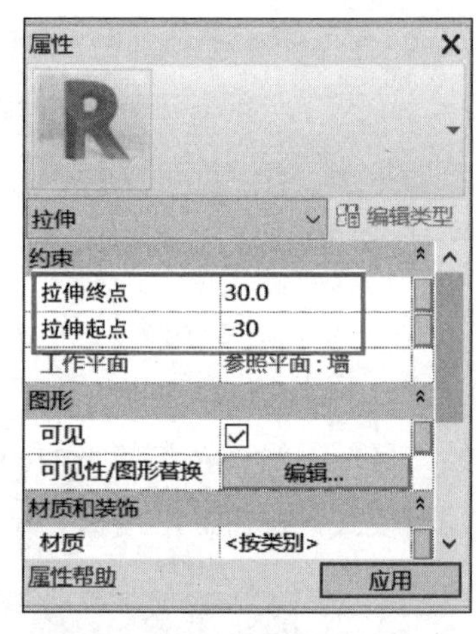

图 13-29　“属性”设置

（18）单击“属性”→“材质和装饰”→“关联族参数”按钮，在弹出的“关联族参数”对话框中单击“添加参数”按钮，如图 13-30 所示。在弹出的“参数属性”对话框中，将“名称”设为“窗框”，确认“参数分组方式”为“材质和装饰”，如图 13-31 所示。设置完成以后，单击两次“确定”，完成窗框的材质编辑任务。

（19）选择刚拉伸完成的窗框，单击“创建”选项卡下“形状”面板中的“拉伸”工具，进入“修改 | 创建拉伸”上下文选项卡，确认“绘制方式”为“直线”，将鼠标指针移至绘图区域，沿上一步绘制的窗框内侧边线形状绘制边界，如图 13-32 所示。

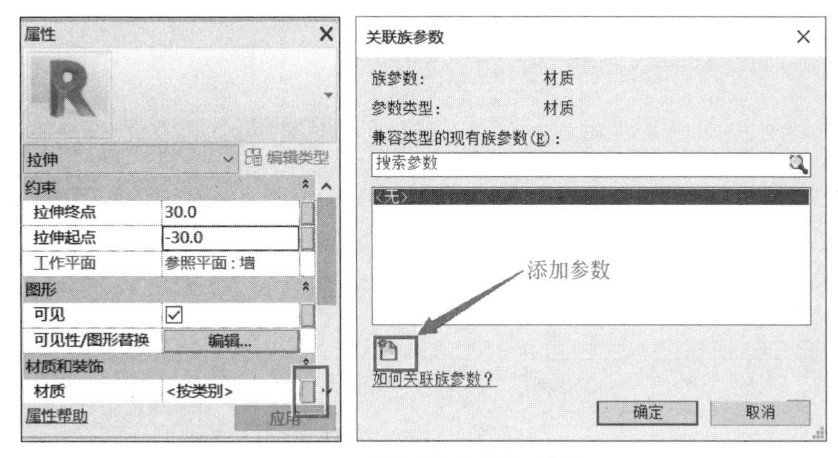

图 13-30 “关联族参数”对话框

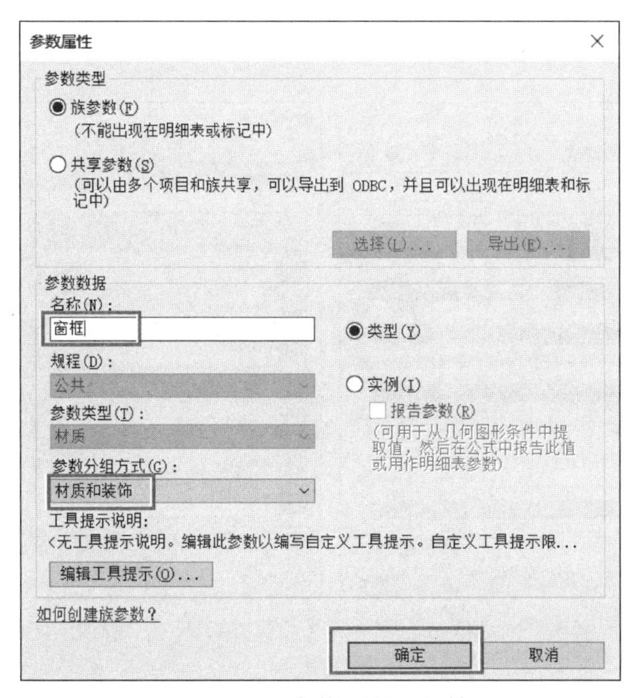

图 13-31 “参数属性”对话框

（20）如图 13-33 所示，在“属性”面板中，分别将“约束”的“拉伸终点”设为“3.0”，“拉伸起点”设为“−3.0”，单击“应用”按钮。再单击“完成编辑模式”按钮，完成窗玻璃的拉伸任务。

（21）单击“属性”→“材质和装饰”→“关联族参数”按钮，在界面弹出的“关联族参数”对话框中单击“创建参数”。在界面弹出的“参数属性”对话框中，将“名称”设为“玻璃”，确认“参数分组方式”为“材质和装饰”，设置完成以后，单击两次“确定”按钮。

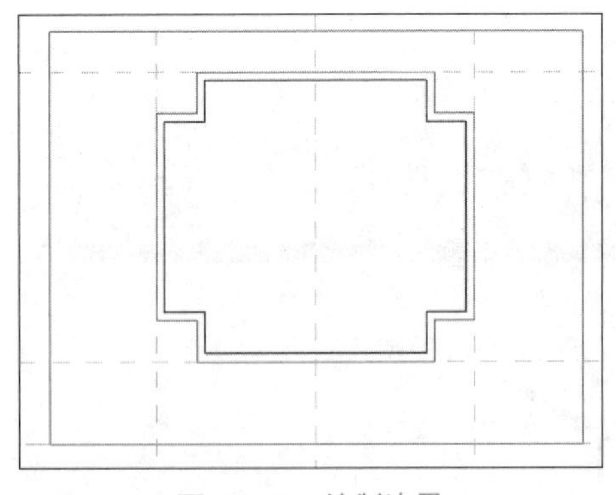

图 13-32　绘制边界

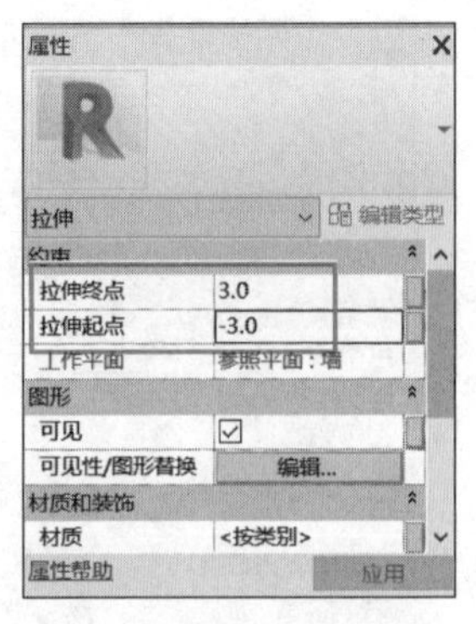

图 13-33　拉伸属性设置

（22）单击“修改”→“属性”→“族类型”按钮，在弹出的“族类型”对话框中，单击“玻璃”右方按钮，如图 13-34 所示。在弹出的“材质浏览器”中选择“玻璃”，如图 13-35 所示，单击“应用”按钮，再单击“确定”按钮。

图 13-34　“族类型”对话框

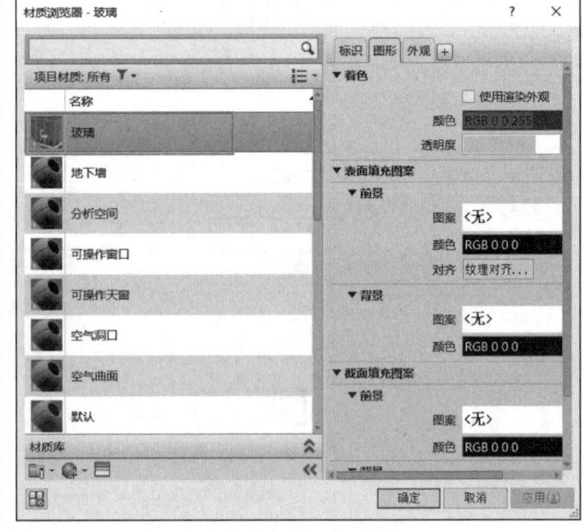

图 13-35　在“材质浏览器”中选择“玻璃”

（23）采用同样的方式，将“窗框”的材质设置为“铝合金”。

（24）再次单击“修改”→“属性”→“族类型”按钮，在弹出的对话框中单击“族类型”下面的“重命名”按钮，将“名称”设置为“C2421”，单击“应用”按钮，再单击“确定”按钮，完成族的创建，如图 13-36 所示。

（25）如图 13-37 所示，单击“载入到项目”按钮，将族文件“办公楼 - 窗”载入“办公楼”项目，在项目中选择“窗”，进入窗的“类型属性”对话框，可以看到已经创建好的固定窗，如图 13-38 所示。

（26）打开“楼层平面”的 B1/−3.60m 视图，将固定窗放置在Ⓑ轴与②轴相交位置的右边墙体上，距离②轴 600mm 的位置，在“属性”面板中，将其“底高度”设为“900”，再单击“应用”按钮。

图 13-36 “族类型”中将“名称”设为“C2421”

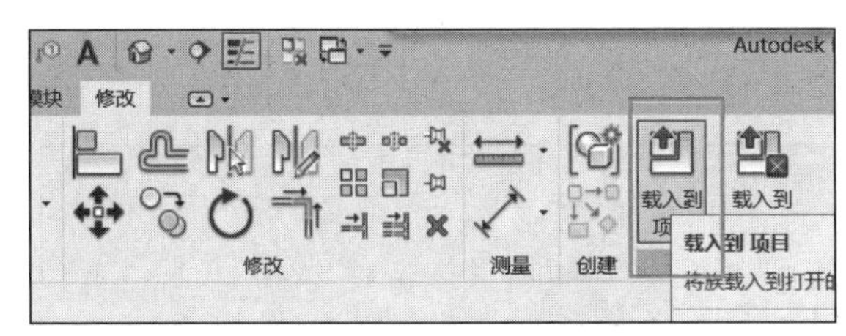

图 13-37 载入到项目

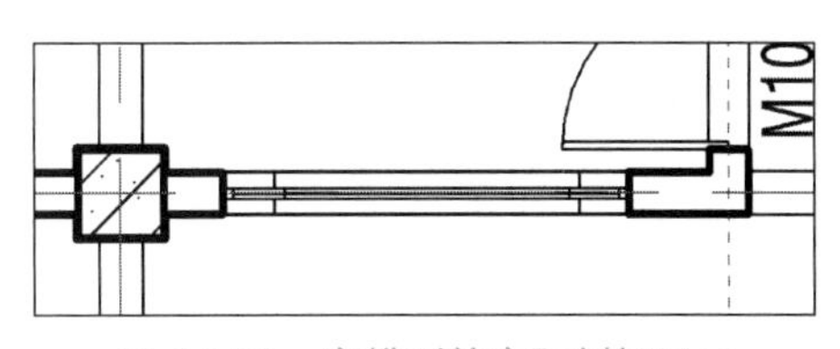

图 13-38 窗模型的实际剖切显示

13.3.2 设置窗的显示样式

根据制图规范，窗在建筑平面视图中显示为四条平行线，而将刚创建好的窗族导入项目文件中时，可以发现 Revit Architecture 默认显示窗模型的实际剖切结果如图 13-38 所示，这与制图规范不符合，因此还应设置模型的模型线在平面视图中的显示样式。

（1）在 B1/−3.60m 视图中选中“固定窗”，单击“修改 | 窗”→“模式”→“编辑族”按钮，如图 13-39 所示，进入“固定窗”编辑视图。

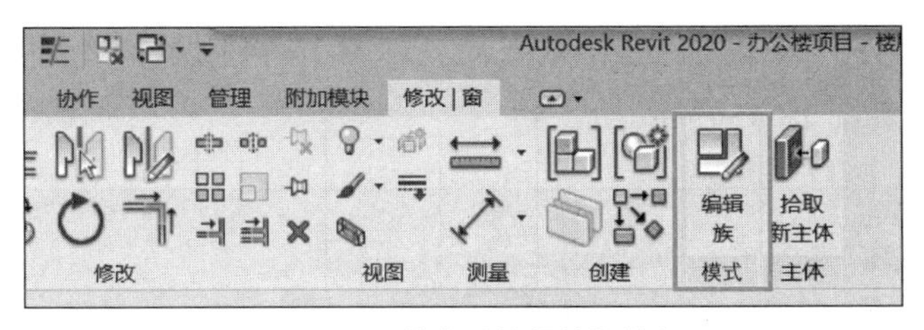

图 13-39 单击“编辑族”按钮

（2）框选模型，在“过滤器”对话框中选中“窗”复选框，如图 13-40 所示，单击“确定”按钮，软件将自动切换至“修改 | 线”上下文选项卡，如图 13-41 所示，单击“属

性”面板中的“可见性 / 图形替换”工具，在弹出的“族图元可见性设置”对话框中取消勾选“平面 / 天花板平面视图”及“当在平面 / 天花板平面视图中被剖切时（如果类别允许）”后，单击“确定”按钮，如图 13-42 所示。

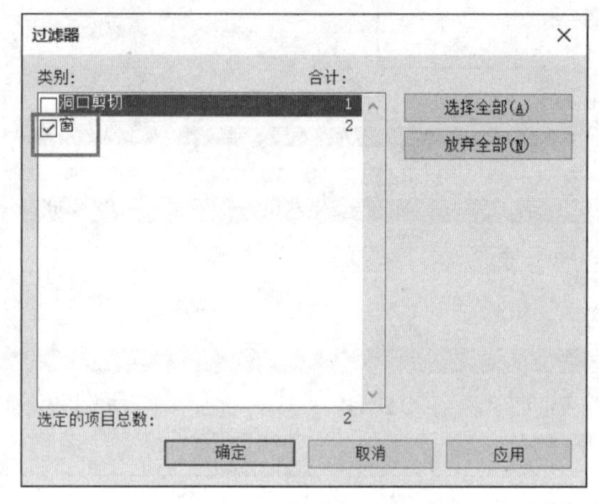

图 13-40 “过滤器”对话框

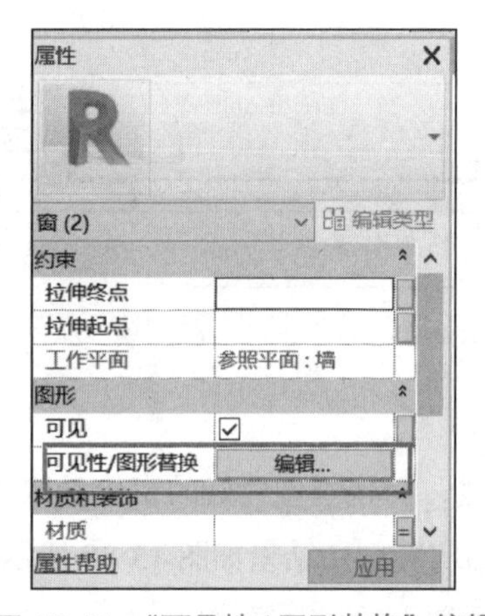

图 13-41 “可见性 / 图形替换”编辑

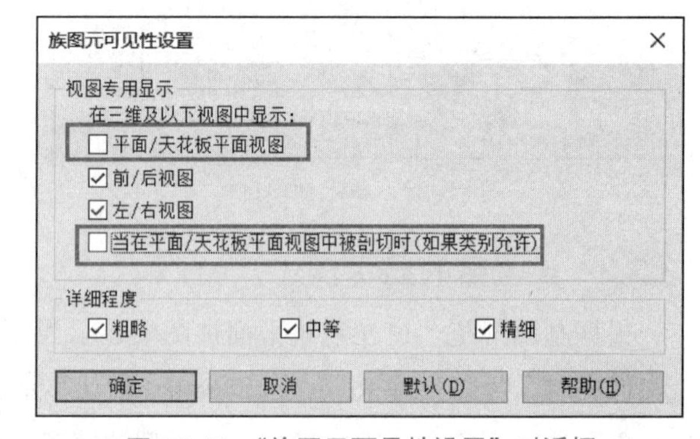

图 13-42 “族图元可见性设置”对话框

（3）切换至参照标高楼层平面视图，单击“注释”选项卡下“详图”面板中的“符号线”按钮，如图 13-43 所示。软件将自动切换至“修改 | 放置符号线”上下文选项卡，将“符号线”的“子类别”设置为“窗［截面］”，如图 13-44 所示，沿着墙线及窗框的位置绘制四条符号线，如图 13-45 所示。

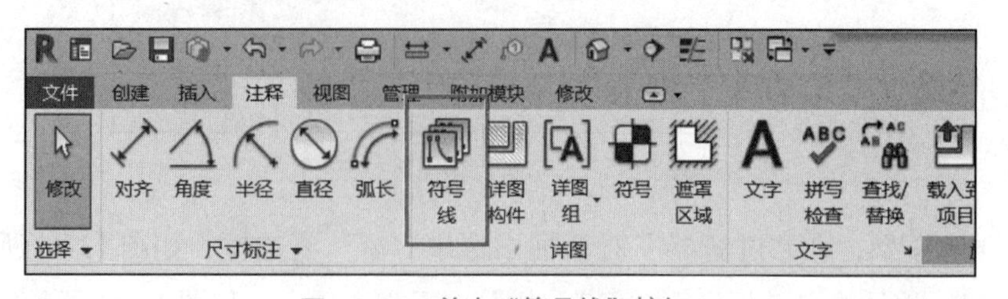

图 13-43 单击“符号线”按钮

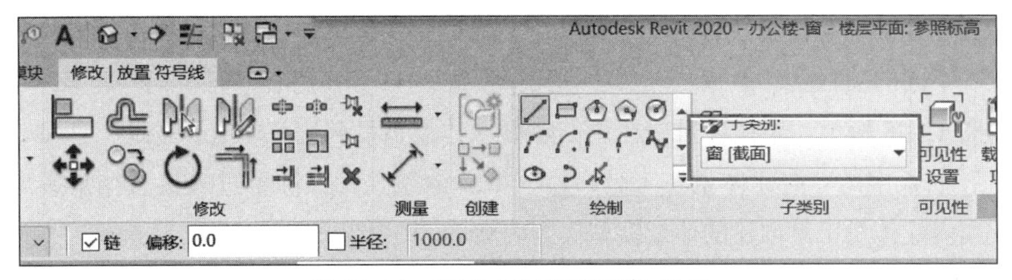

图 13-44　“修改 | 放置符号线”设置

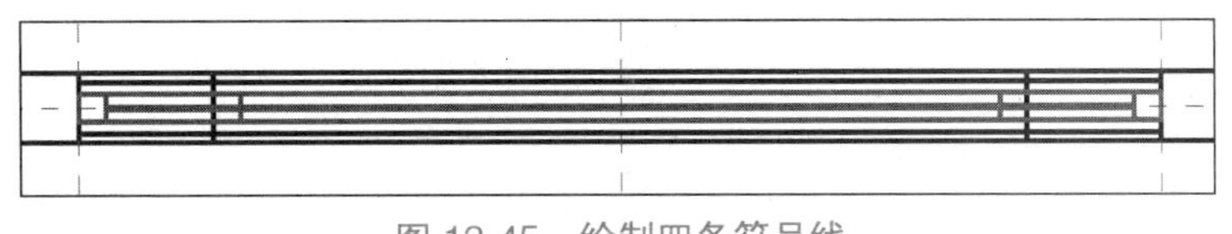

图 13-45　绘制四条符号线

（4）单击“注释”选项卡下的“对齐”按钮，对所绘制四条线进行标注，单击“EQ”，如图 13-46 所示。

（5）将创建好的窗族载入项目，可以看到在项目的平面视图中窗显示的是四条线，如图 13-47 所示。

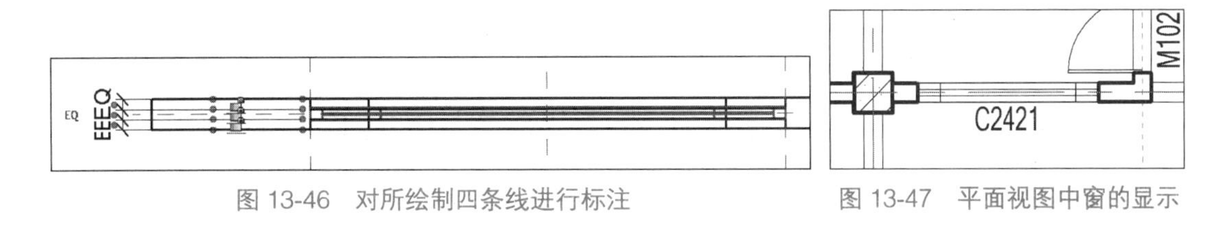

图 13-46　对所绘制四条线进行标注　　图 13-47　平面视图中窗的显示

13.4　体　　量

Revit Architecture 提供了概念体量工具，可在项目前期概念设计阶段为建筑师提供灵活、简单、快速的概念设计模型。使用概念体量模型，建筑师可以推敲建筑形态，还可以统计概念体量模型的建筑楼层面积、占地面积、外表面积等设计数据。可以根据概念体量模型表面创建建筑模型中的墙、楼板、屋顶等图元对象，完成从概念设计阶段到方案、施工图设计的转换。

体量是一种特殊的族，是在建筑模型的初始设计中使用的三维形状。通过体量研究，可以使用造型形成建筑模型概念；可以自由绘制草图，快速创建三维形状，交互式处理各种形状；还可以利用内置的工具构思并表现复杂的形状，准备用于预制和施工环节的模型。

13.4.1　体量模型的创建方式

Revit 提供了两种创建概念体量模型的方式：一是在项目中在位创建概念体量；二是在概念体量族编辑器中创建独立的概念体量族。

在位创建的概念体量仅可用于当前项目，而创建的概念体量族文件可以像其他族文件一样载入不同的项目。

如图 13-48 所示，要在项目中在位创建概念体量，可利用“体量和场地”选项卡“概念体量”面板中的“内建体量”工具，输入概念体量名称，即可进入概念体量族编辑状态。使用内建体量工具创建的体量模型称为内建族。

微课：内建体量创建

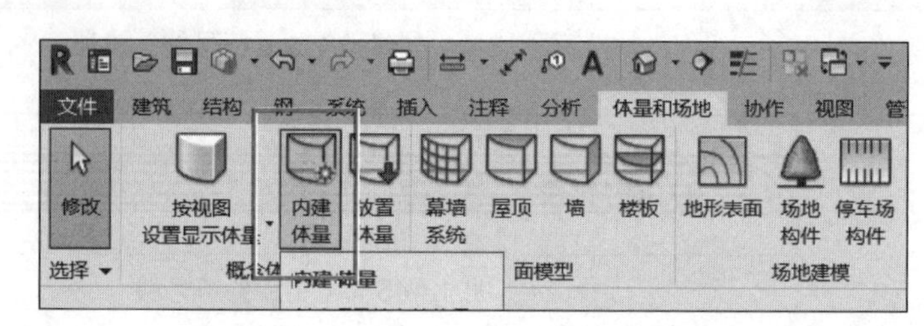

图 13-48 “内建体量”工具

要创建单独的概念体量族，单击“应用程序菜单”按钮，在列表中选择“新建”→“概念体量”命令，在弹出的“新概念体量 - 选择样板文件”对话框中选择“公制体量”族样板文件，单击“打开”按钮即可进入概念体量编辑模式，如图 13-49 所示。

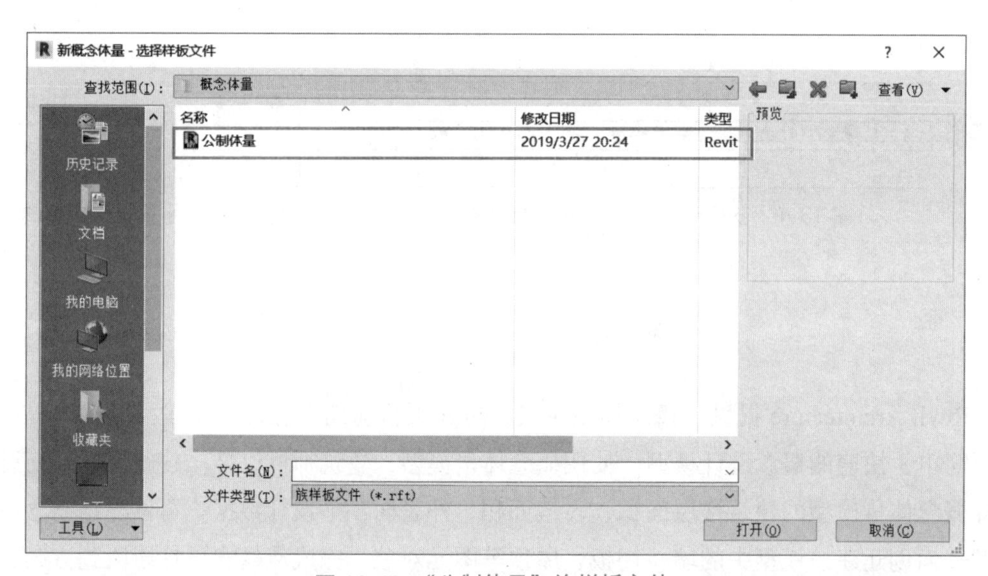

图 13-49 “公制体量”族样板文件

或者在 Revit 2020 欢迎界面的“族”选项区下单击“创建概念体量”选项，在弹出的“新概念体量 - 选择样板文件”对话框中选择并双击“公制体量”族样板文件，同样可以进入概念体量设计环境（体量族编辑器模式）。

13.4.2 内建体量实例

1. 项目基本信息

按照给定尺寸在项目中应用内建体量功能建立楼板。

项目条件参照办公楼项目数据如下。

（1）地下一层、地上一层：标高分别为 -3.600m、 ± 0.000m、3.600m。

（2）平面尺寸参照办公楼项目，创建办公楼体量模型的墙、楼板与屋顶。

2. 内体量模型创建

（1）新建办公楼项目体量模型，打开项目文件，根据给定条件创建标高，如图 13-50 所示。

（2）单击“体量和场地”→“内建体量”按钮，并将其重命名为“办公楼体量模型”，进入编辑模式，如图 13-51 所示。

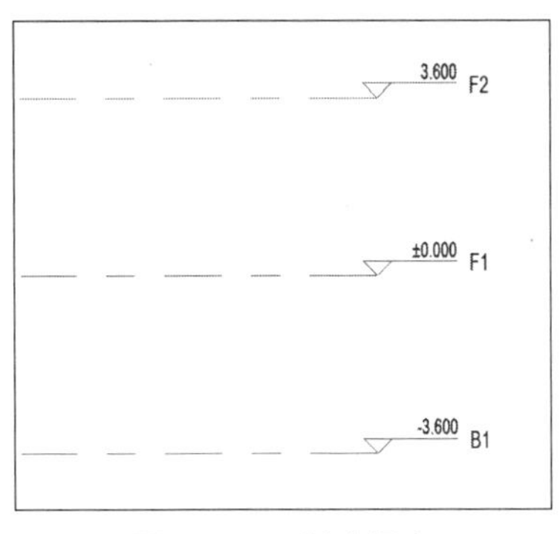

图 13-50　创建标高

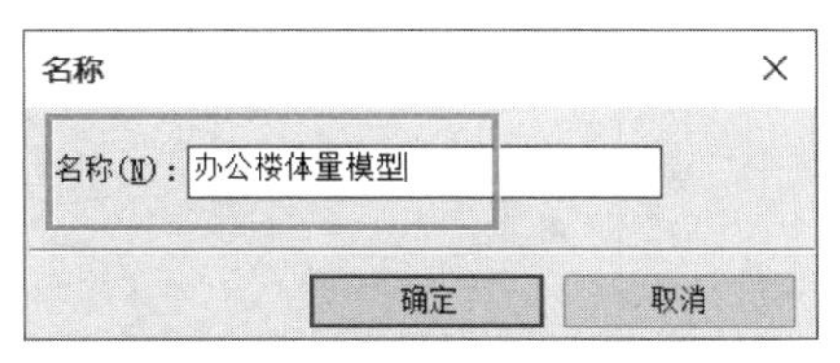

图 13-51　新建办公楼体量模型

（3）进入 B1 楼层平面视图，按照给定尺寸绘制参照平面，如图 13-52 所示。单击“参照平面型线”，确定绘制方式为“直线”绘制参照平面，按照参照平面交点位置单击“模型线”，确定绘制方式为“直线”，绘制 B1 平面轮廓，绘制完的结果如图 13-53 所示。

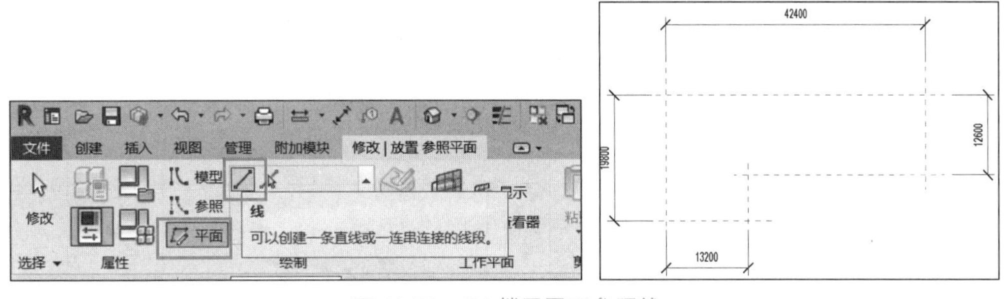

图 13-52　B1 楼层平面参照线

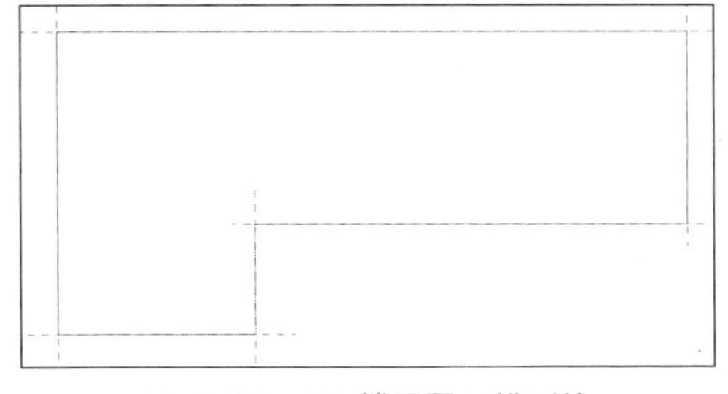

图 13-53　B1 楼层平面模型线

微课：内建体量楼板墙屋顶

（4）进入 F1 楼层平面视图，保持图形右上角交点对齐位置不变，单击“模型线”，确定绘制方式为“直线”，绘制与 B1 楼层相同的平面轮廓。切换至三维视图，如图 13-54 所示。

（5）在三维视图中框选所有矩形模型线，单击“创建形状”→“实心形状”命令，如图 13-55 所示，创建完成的图形如图 13-56 所示。

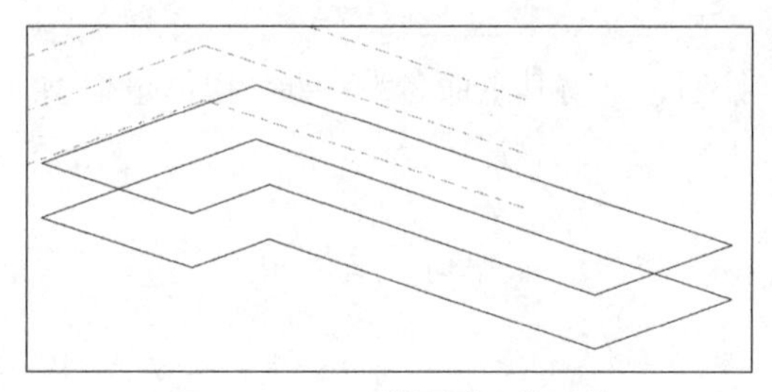

图 13-54　F1 楼层平面模型线

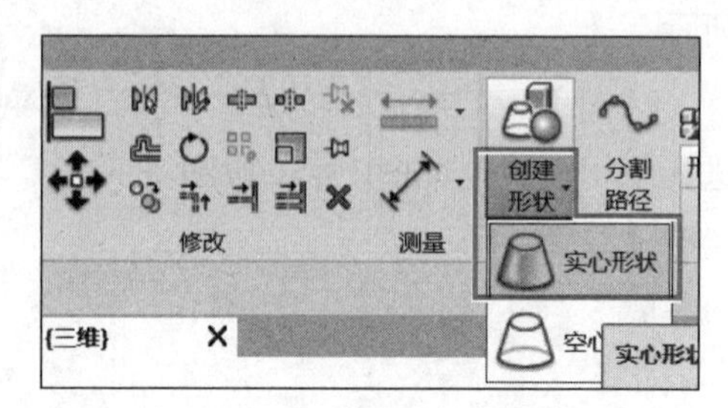

图 13-55　创建“实心形状”

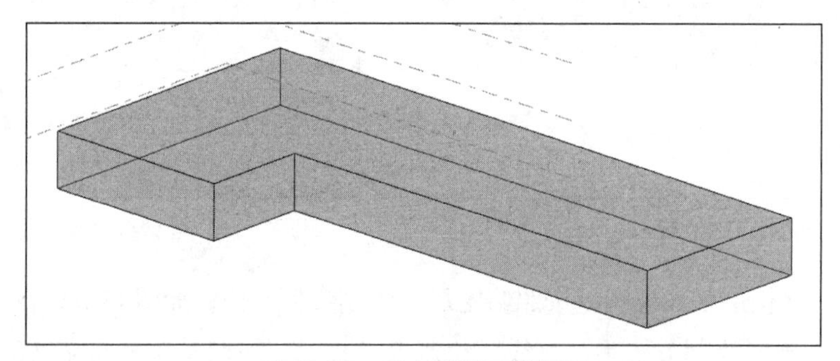

图 13-56　实心形状三维视图

（6）分别切换 F1 和 F2 楼层平面视图，保持图形右上角交点对齐位置不变，单击“模型线”，确定绘制方式为“直线”，按照边长 36400mm × 12600mm，绘制 F1 和 F2 楼层平面轮廓，如图 13-57 所示。绘制完成后，删除所有绘制的参照平面。切换至三维视图，如图 13-58 所示。

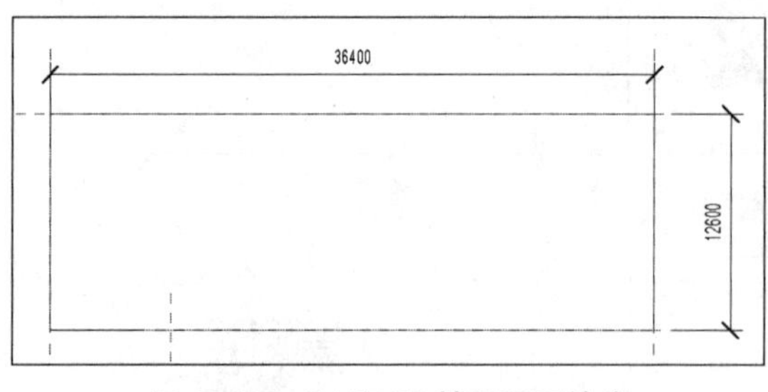

图 13-57　F1 和 F2 楼层平面轮廓

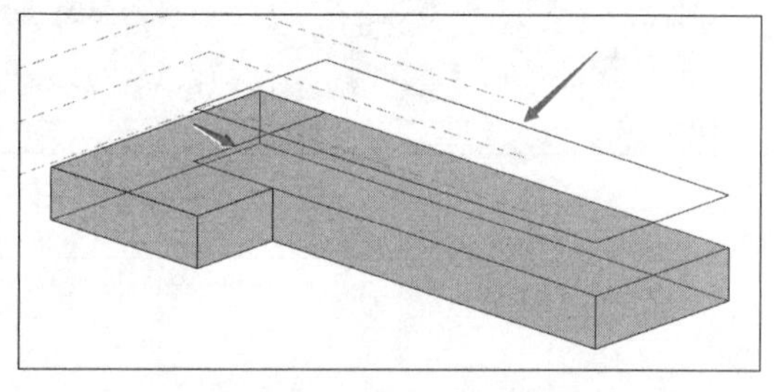

图 13-58　F1 和 F2 楼层平面轮廓三维视图

（7）在三维视图中框选所有刚才所绘制的模型线，单击“创建形状”→“实心形状”命令，如图 13-59 所示。

（8）单击“完成体量”按钮退出编辑状态。

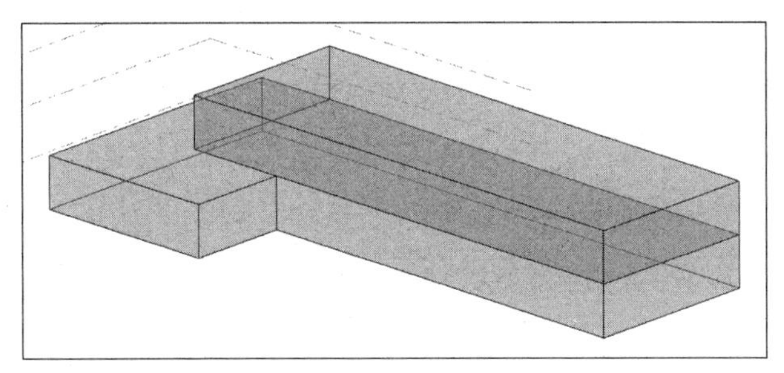

图 13-59　F1 和 F2 楼层平面轮廓效果图

（9）单击选择完成的体量，并在关联选项卡处单击“体量楼层”按钮，如图 13-60 所示，在弹出的对话框中依次勾选 B1、F1、F2，单击“确定”按钮，体量楼层效果图如图 13-61 所示。

图 13-60　“体量楼层”按钮

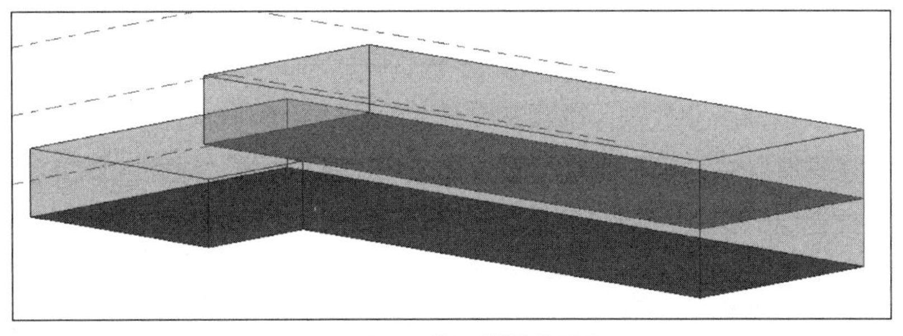

图 13-61　体量楼层效果图

（10）单击“体量和场地”选项卡下的“楼板”按钮，如图 13-62 所示，确定选择方式为“选择多个”，选择所有楼板部分，在“属性”对话框中确定为“楼板 / 常规 –150mm”（此处不再详述楼板部分的属性材质设置方法），单击“创建楼板”，如图 13-63 所示，创建完成的体量模型楼板效果图如图 13-64 所示。

（11）单击“体量和场地”→“墙”命令，单击体量的侧面生成墙体（此处不再详述墙体设置部分），如图 13-65 所示，墙体效果图如图 13-66 所示。

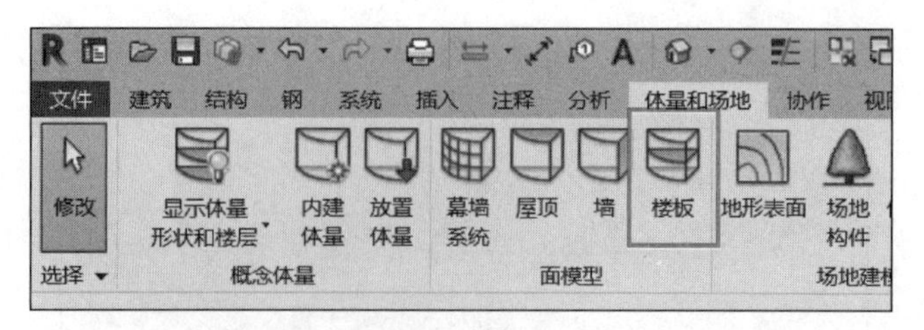

图 13-62 “楼板”工具

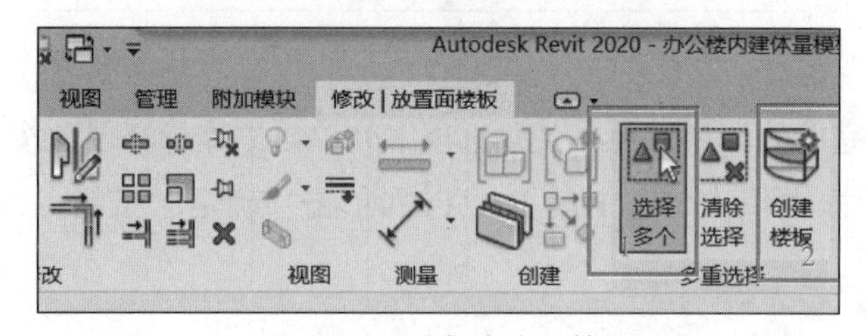

图 13-63 “选择多个”按钮

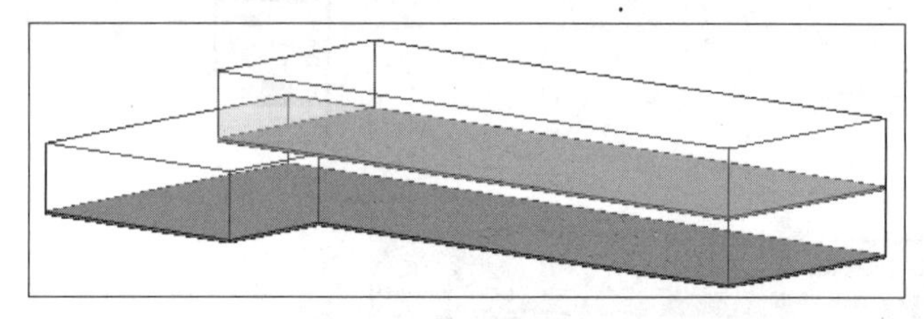

图 13-64 创建完成的体量模型楼板效果图

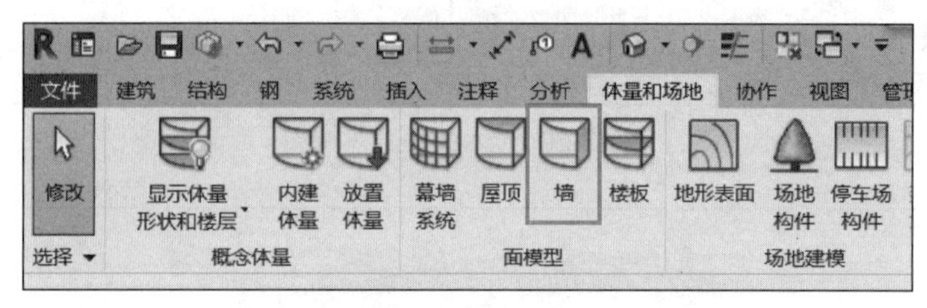

图 13-65 “墙”工具

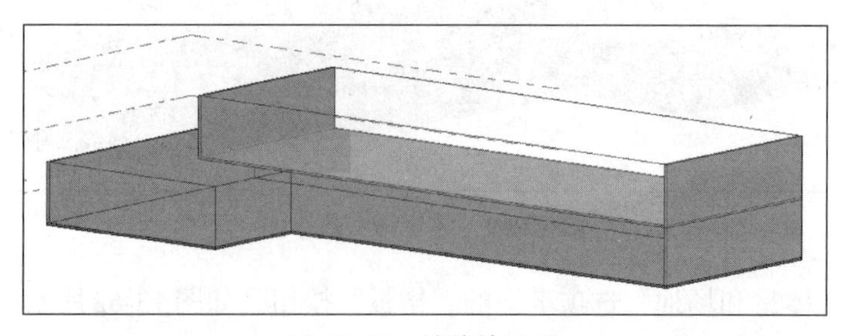

图 13-66 墙体效果图

（12）单击“体量和场地”→“屋顶”命令，选择体量顶部部分并关联选项卡下的“创建屋顶”按钮（此处不再详述屋顶设置部分），如图 13-67 所示，屋顶效果图如图 13-68 所示。

（13）保存项目文件。

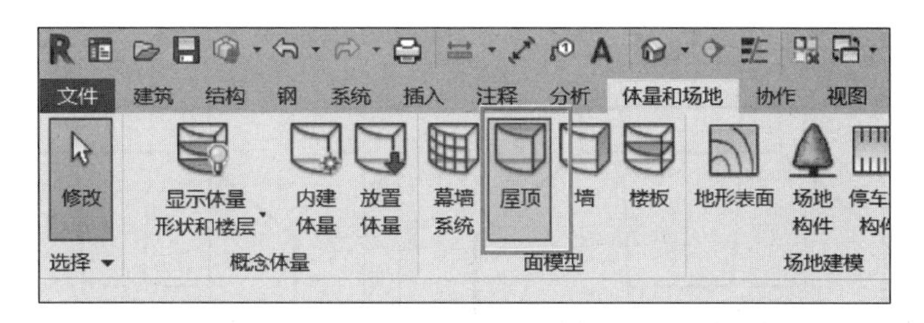

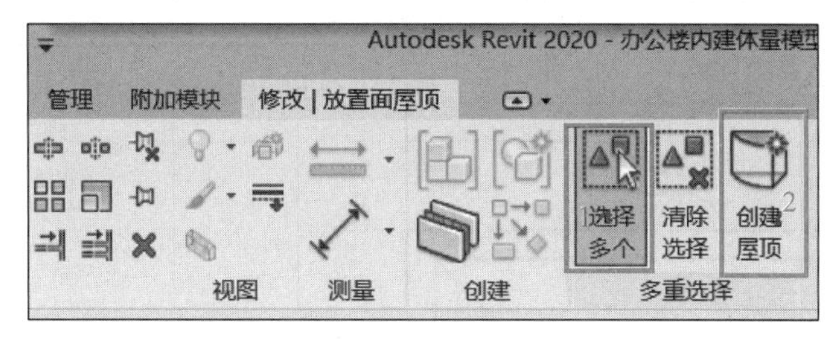

图 13-67　“屋顶”工具

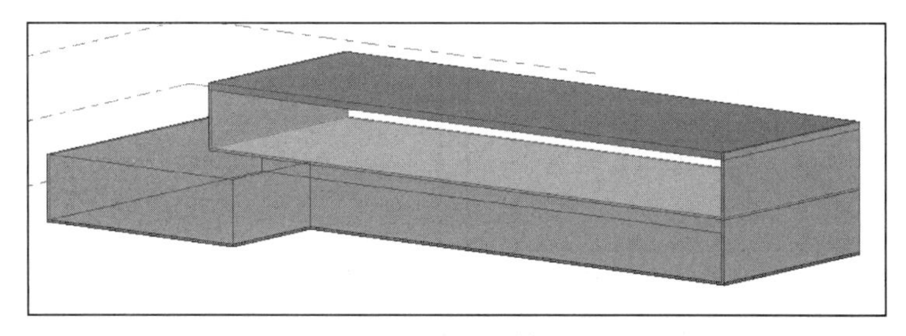

图 13-68　屋顶效果图

13.4.3　创建体量族实例

根据图 13-69 中给定的图纸，创建形体体量模型，基础底标高为 −2.900m，设置该模型材质为混凝土。请将模型文件以“杯形基础”为文件名保存。

微课：概念体量族创建

该杯形基础体量族实例的创建步骤如下。

（1）打开 Revit，单击“新建”→“概念体量”→“公制体量 .rft”族样板文件，单击“打开”按钮，如图 13-70 所示。

（2）单击功能区中“创建”→“绘制”→“平面”命令，绘制如图 13-71 所示的四条参照平面。

（3）单击功能区中“创建”→“绘制”→“模型”命令，单击“矩形”，绘制如图 13-72 所示的矩形轮廓。选择刚绘制的矩形轮廓，在关联的选项卡中依次单击“创建形状”→“实心形状”，即完成实心形状的创建，如图 13-73 所示。

（4）切换至东立面，使用 RP 快捷键在标高 1 上方 2900mm 的位置创建参照平面，使用对齐 命令将长方体形状上部与所绘制的参照平面对齐，如图 13-74 ~ 图 13-76 所示。

（5）如图 13-77 所示，使用 RP 快捷键创建三条参照平面。

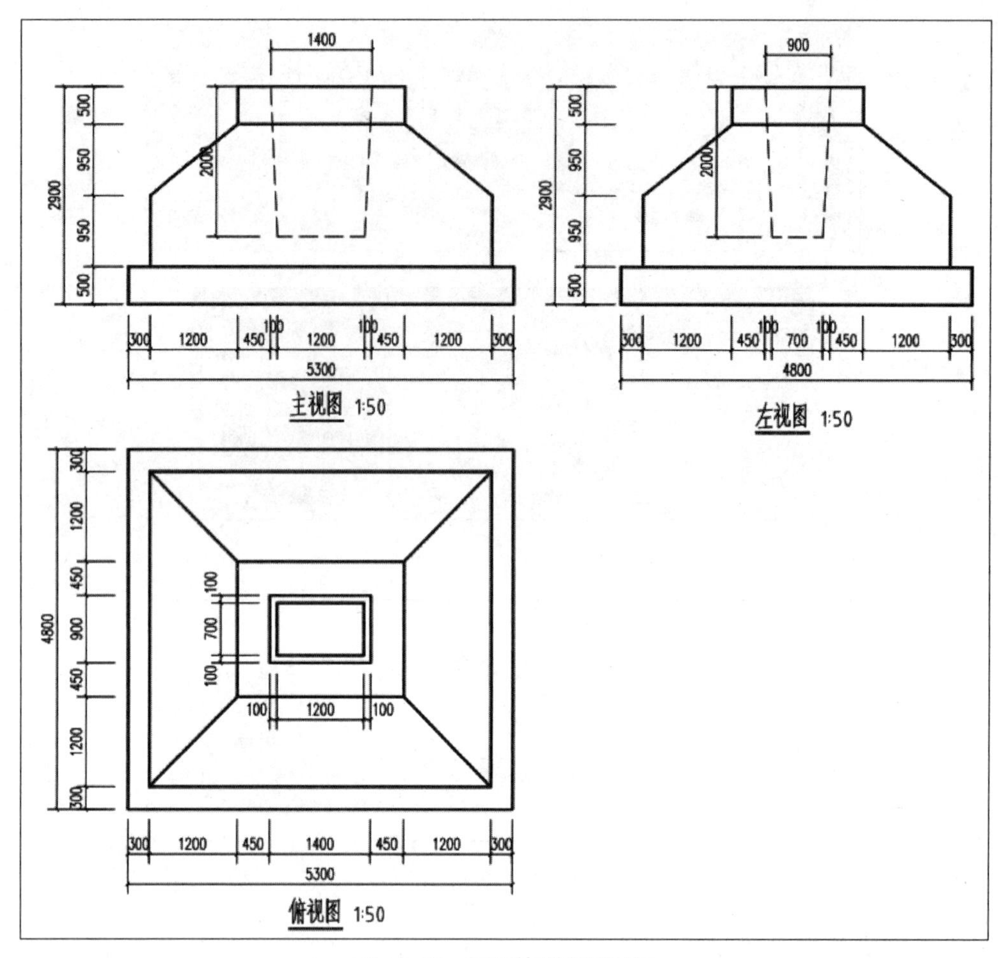

图 13-69　杯形基础平面详图

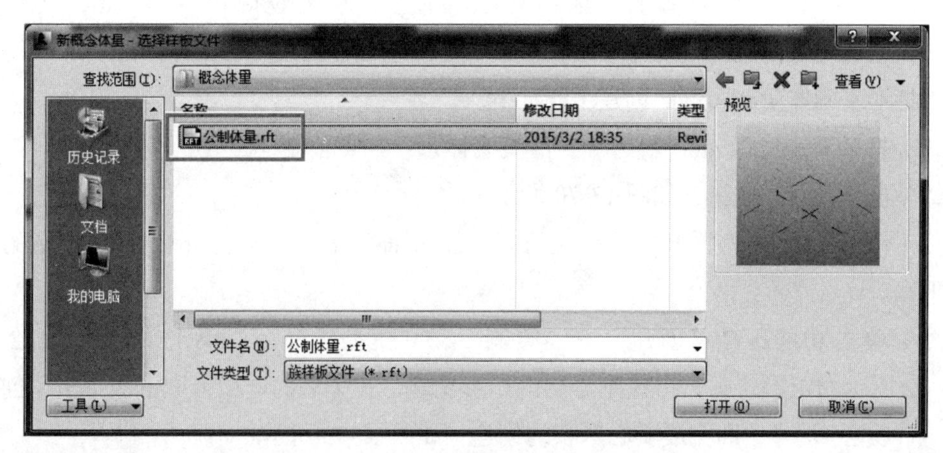

图 13-70　“公制体量 .rft”族样板文件

（6）将视图样式切换至“线框”模式，单击功能区中“创建”→“绘制”→“模型”，选择“直线”命令绘制如图 13-78 所示轮廓。选择刚绘制的轮廓，在关联的选项卡中依次单击“创建形状”→“空心形状”完成空心形状的创建，如图 13-79 所示。

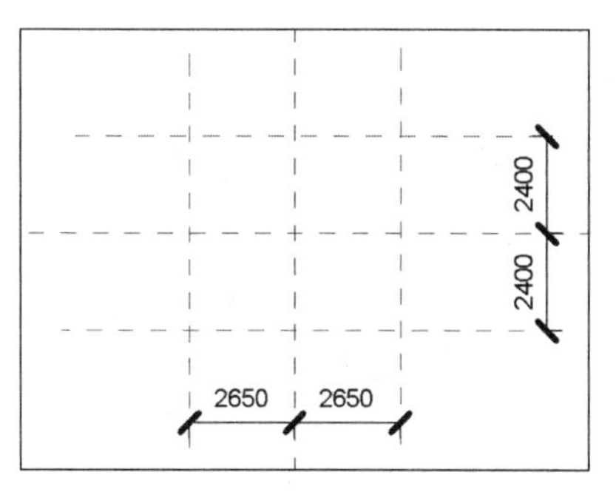

图 13-71　绘制参照平面

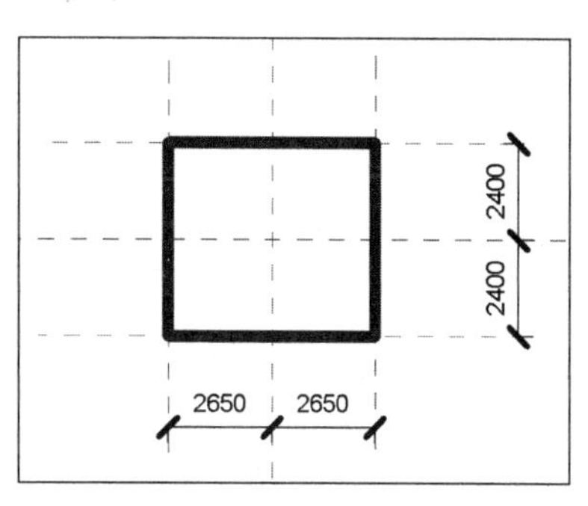

图 13-72　绘制矩形轮廓

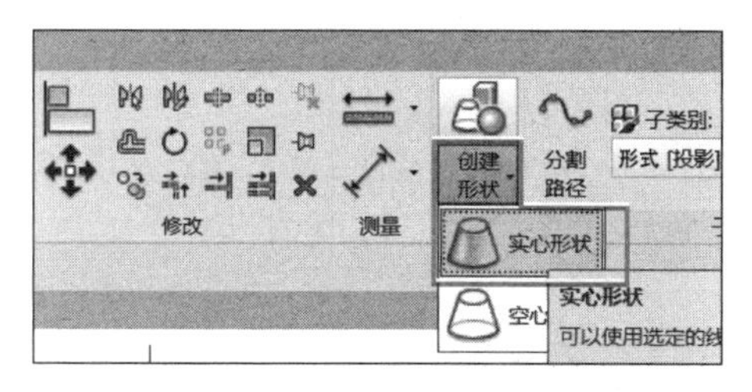

图 13-73　创建实心形状

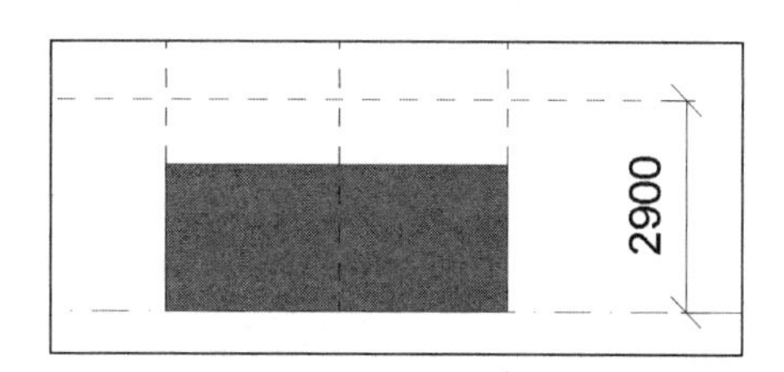

图 13-74　东立面视图

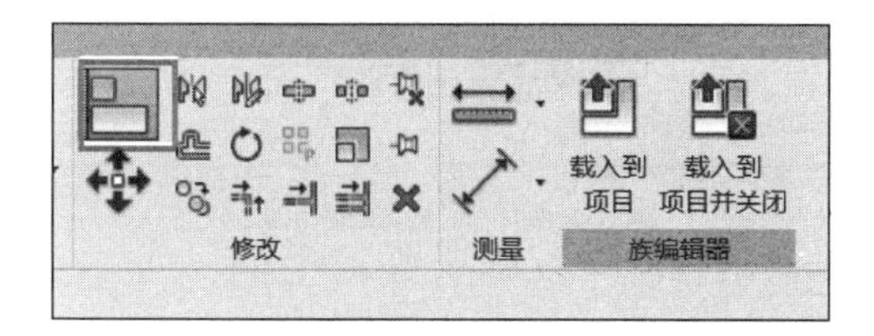

图 13-75　对齐工具

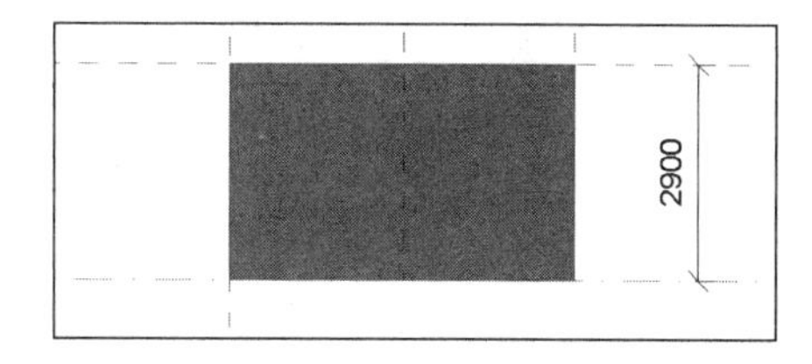

图 13-76　对齐

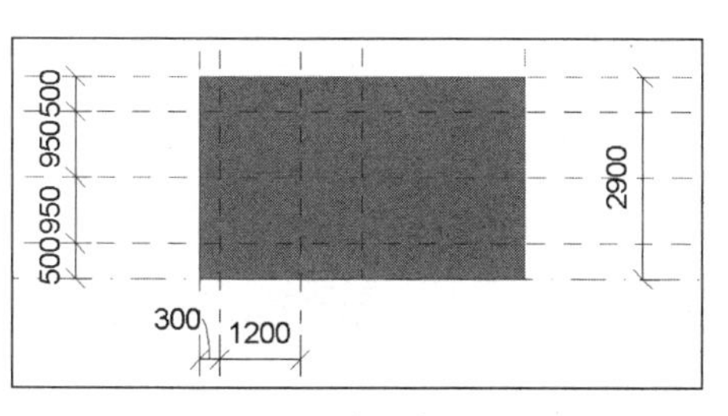

图 13-77　绘制参照平面

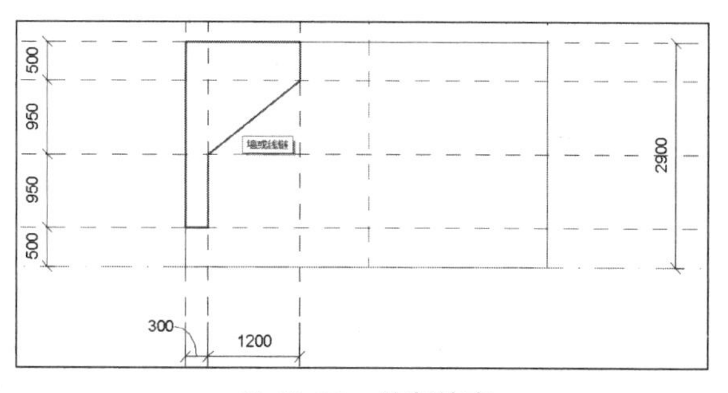

图 13-78　绘制轮廓

（7）切换至“默认三维模式”，使用对齐命令将空心形状左、右两部分与实心形状边缘平面对齐，如图 13-80 ~ 图 13-82 所示。

（8）按 Tab 键选中空心形状，切换到东立面，利用“镜像拾取轴” 命令，如图 13-83 所示，完成后的图形如图 13-84 所示。

（9）切换至南立面，如图 13-85 所示，使用 RP 快捷键创建两条参照平面。

（10）将视图样式切换至“线框”模式，单击功能区中“创建”→“绘制”→“模型”，选择“直线”命令绘制如图 13-86 所示轮廓。选择刚绘制的轮廓，在关联的选项卡中依次单击“创建形状”→“空心形状”，完成空心形状的创建，如图 13-87 所示。

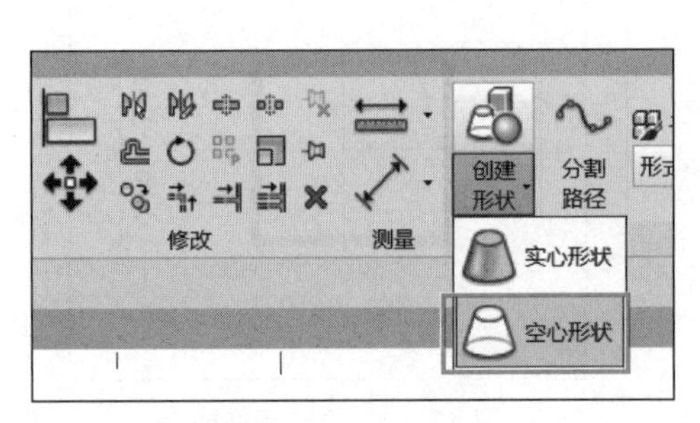

图 13-79　创建空心形状

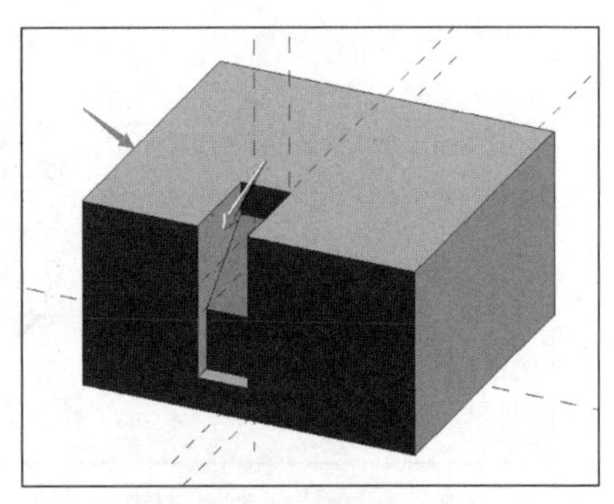

图 13-80　对齐平面选择（1）

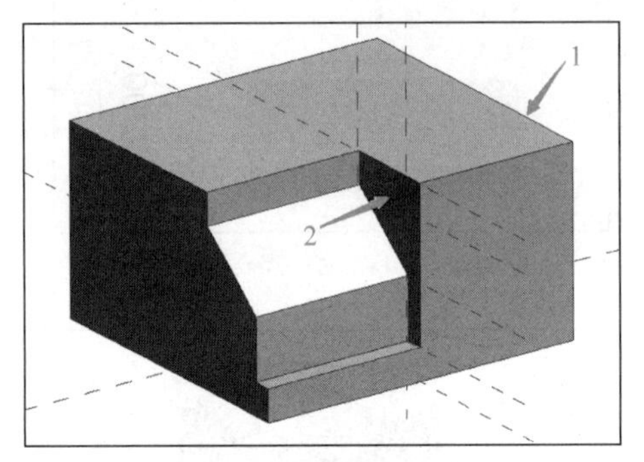

图 13-81　对齐平面选择（2）

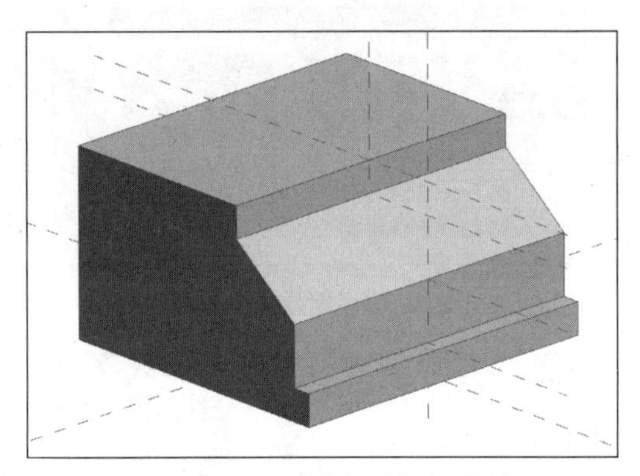

图 13-82　对齐后的图形

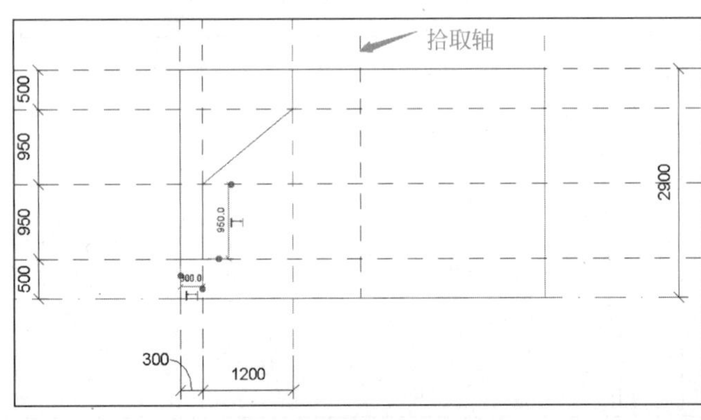

图 13-83　镜像轮廓

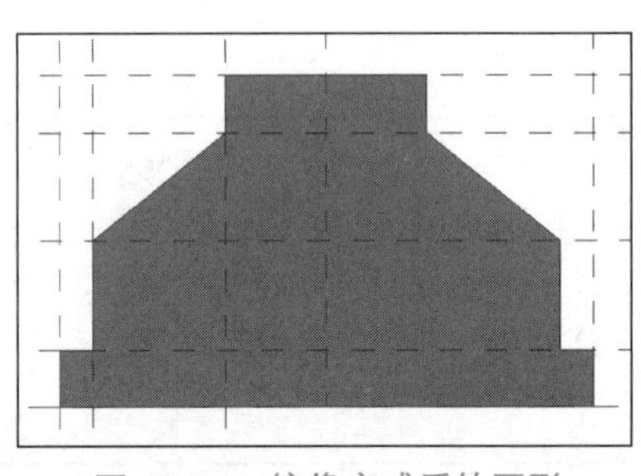

图 13-84　镜像完成后的图形

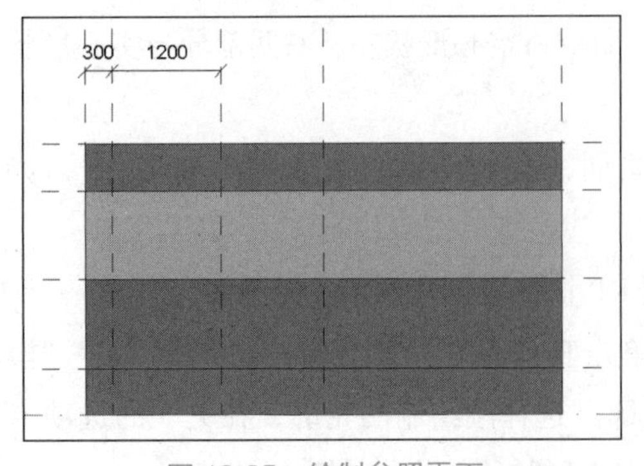

图 13-85　绘制参照平面

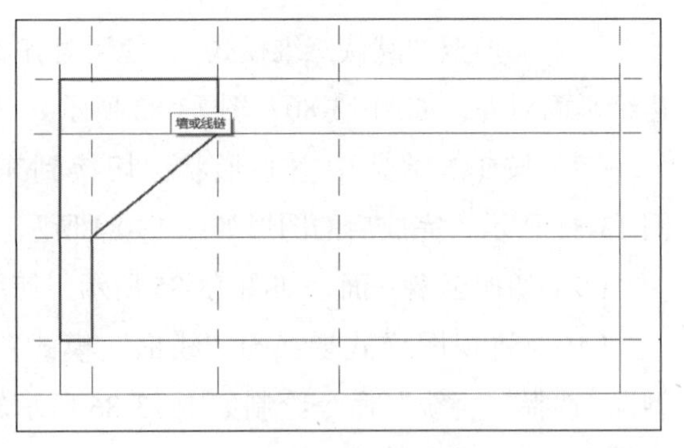

图 13-86　绘制轮廓

（11）切换至“默认三维模式”，使用对齐 命令将空心形状左、右两部分与实心形状边缘平面对齐，如图 13-88 和图 13-89 所示。

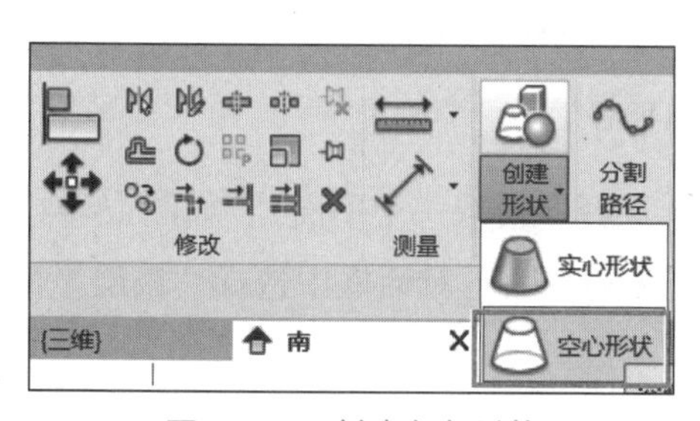

图 13-87　创建空心形状

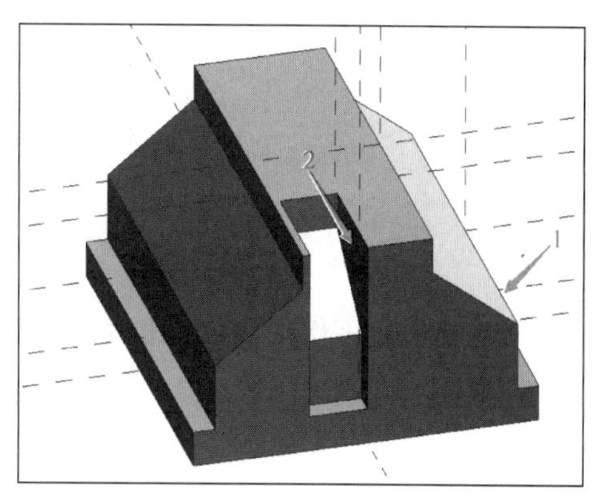

图 13-88　对齐平面选择（1）

（12）按 Tab 键选中空心形状，切换到南立面，利用“镜像拾取轴” 命令，如图 13-90 所示，完成后的图形如图 13-91 所示。完成后三维效果如图 13-92 所示。

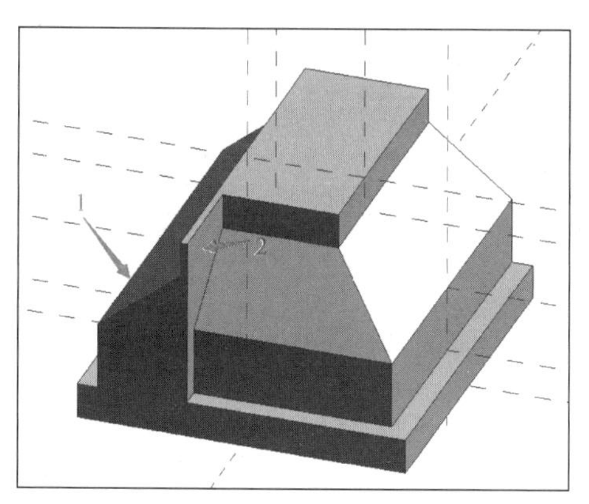

图 13-89　对齐平面选择（2）

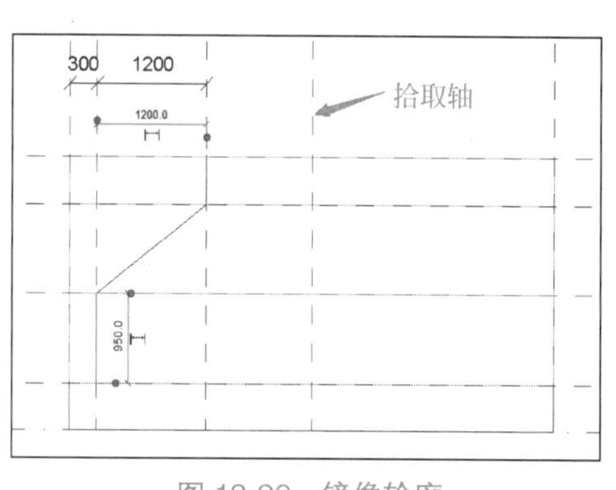

图 13-90　镜像轮廓

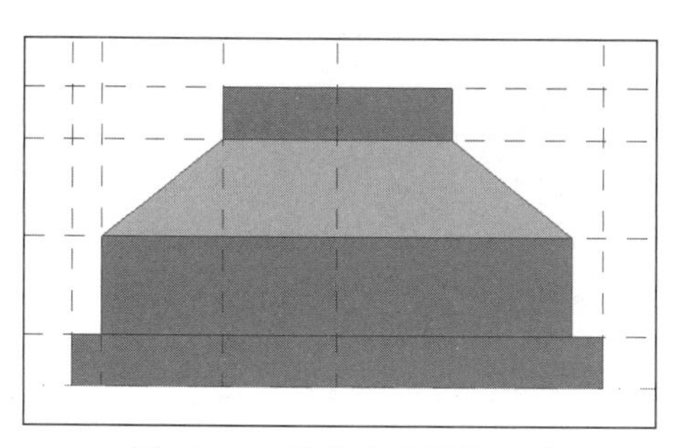

图 13-91　镜像完成后的图形

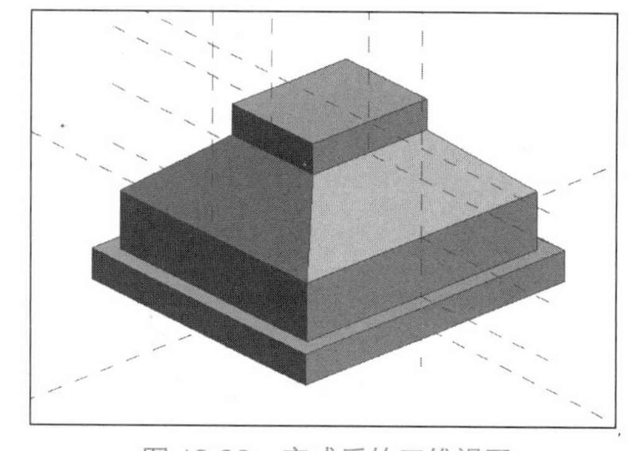

图 13-92　完成后的三维视图

（13）切换至南立面，将视图样式切换至“线框”模式，如图 13-93 所示，使用 RP 快捷键创建一条参照平面。

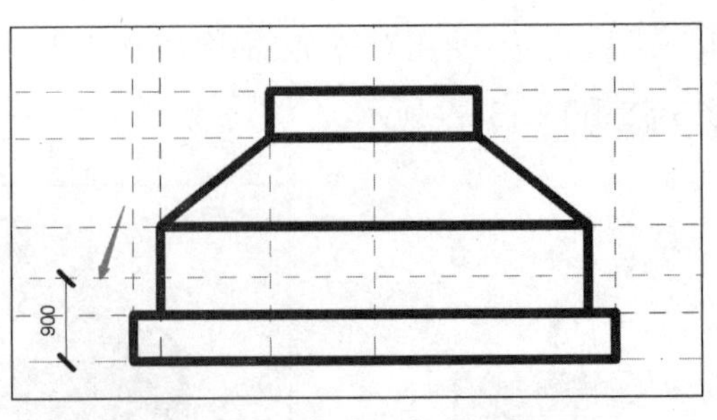

图 13-93　绘制参照平面

（14）单击“工作平面”面板中“设置”选项，选择“拾取一个平面”，如图 13-94 所示，单击第（13）步绘制的参照平面，在弹出的“转到视图”对话框中选择“楼层平面：标高 1”，单击“打开视图”按钮，如图 13-95 所示。

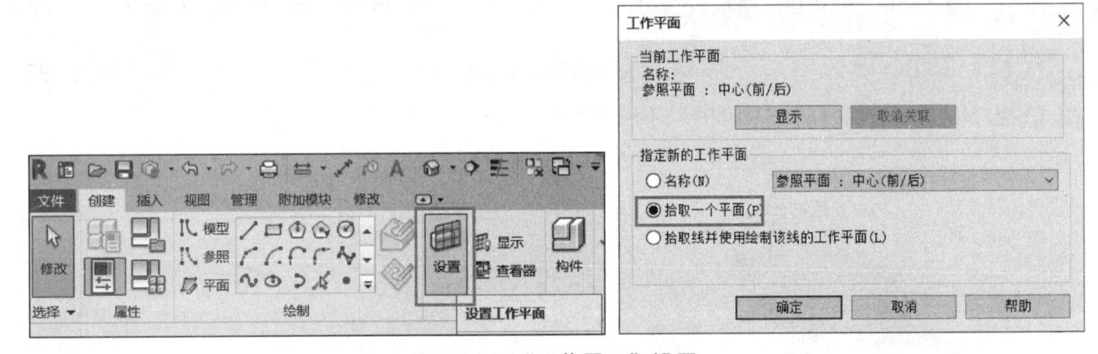

图 13-94　“工作平面”设置

（15）在标高 1 中，使用 RP 快捷键绘制如图 13-96 所示的四个参照平面。

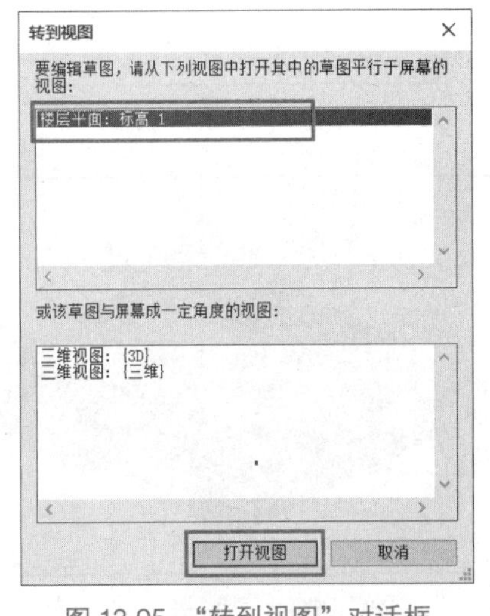

图 13-95　“转到视图”对话框

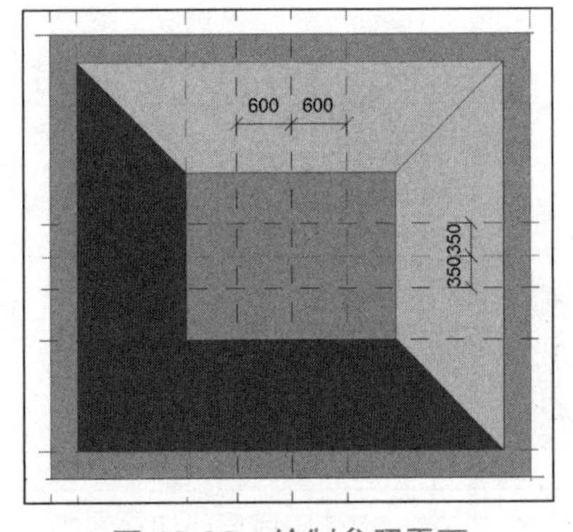

图 13-96　绘制参照平面

（16）单击功能区中的“创建”→“绘制”→“模型”按钮，再单击“在工作平面上绘制”，如图 13-97 所示，使用“矩形”命令，绘制如图 13-98 所示矩形轮廓。

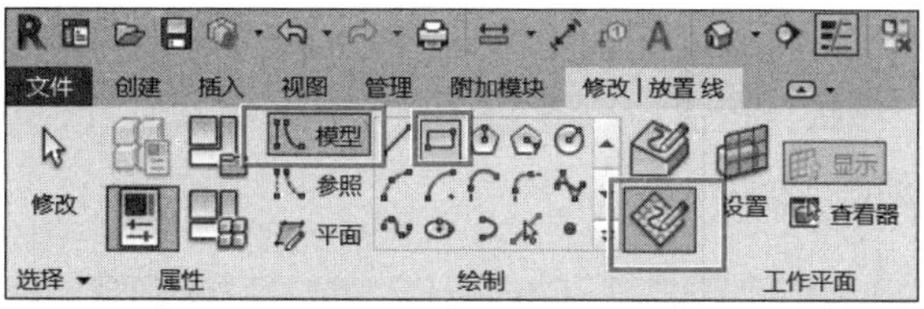

图 13-97　“模型”按钮

（17）删除第（15）步绘制的四个参照平面，如图 13-99 所示，使用 RP 快捷键绘制四个新的参照平面。

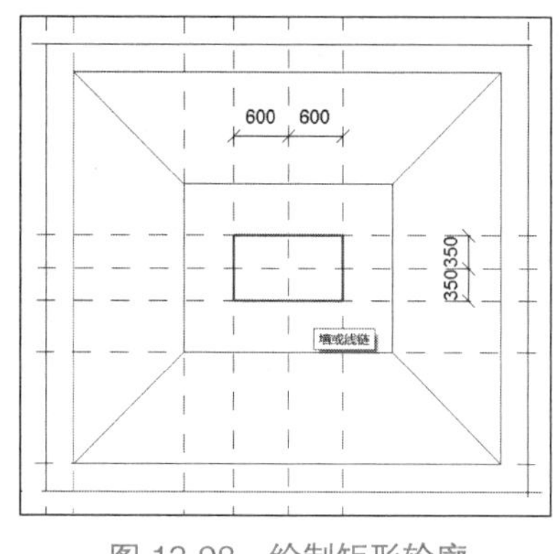

图 13-98　绘制矩形轮廓

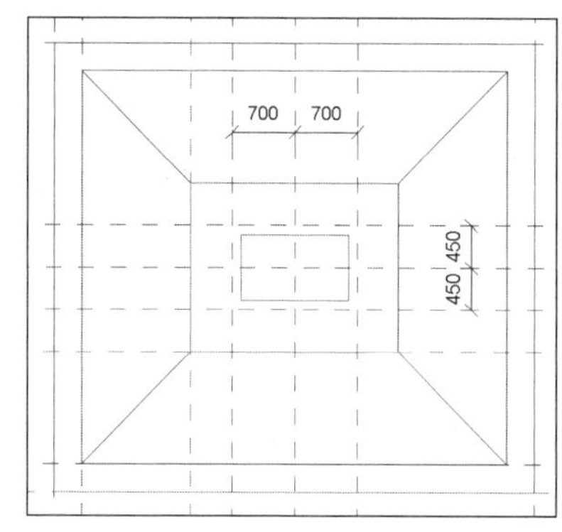

图 13-99　绘制参照平面

（18）单击功能区中的“创建”→“绘制”→“模型”按钮，单击“在面上绘制”，如图 13-100 所示，使用“矩形”命令，绘制如图 13-101 所示矩形轮廓。

（19）切换至三维视图，将视觉样式改为“线框”模式，如图 13-102 所示。

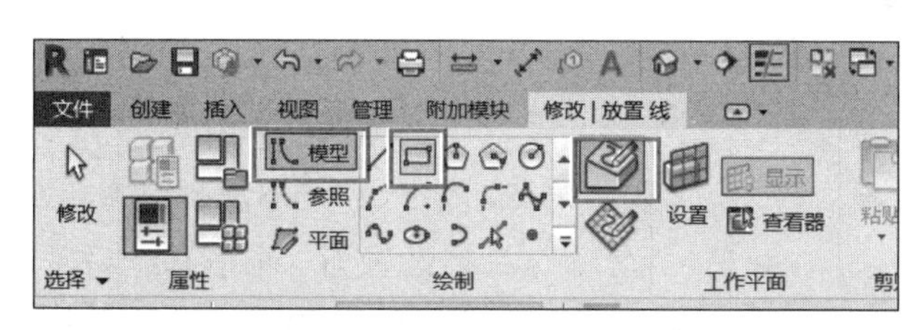

图 13-100　模型命令

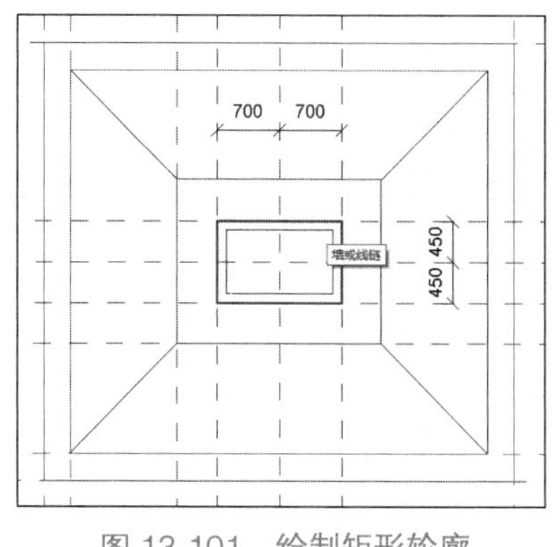

图 13-101　绘制矩形轮廓

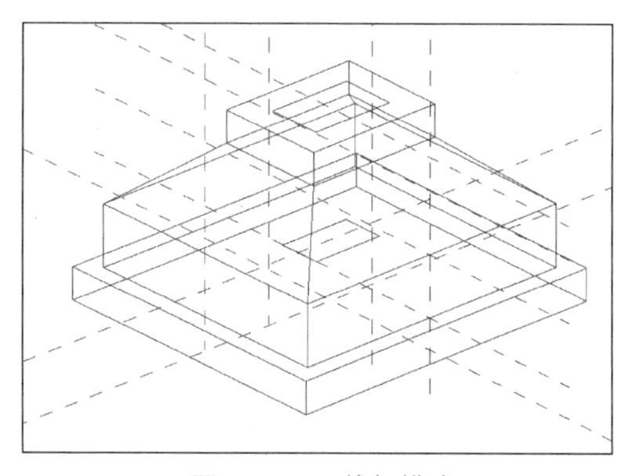

图 13-102　线框模式

（20）在三维视图中，按 Ctrl 键选中前面绘制的两个矩形轮廓，在关联选项卡中单击“创建形状”→“空心形状”按钮，如图 13-103 所示。将视觉样式改为“着色”样式，空心形状的三维效果图如图 13-104 所示。

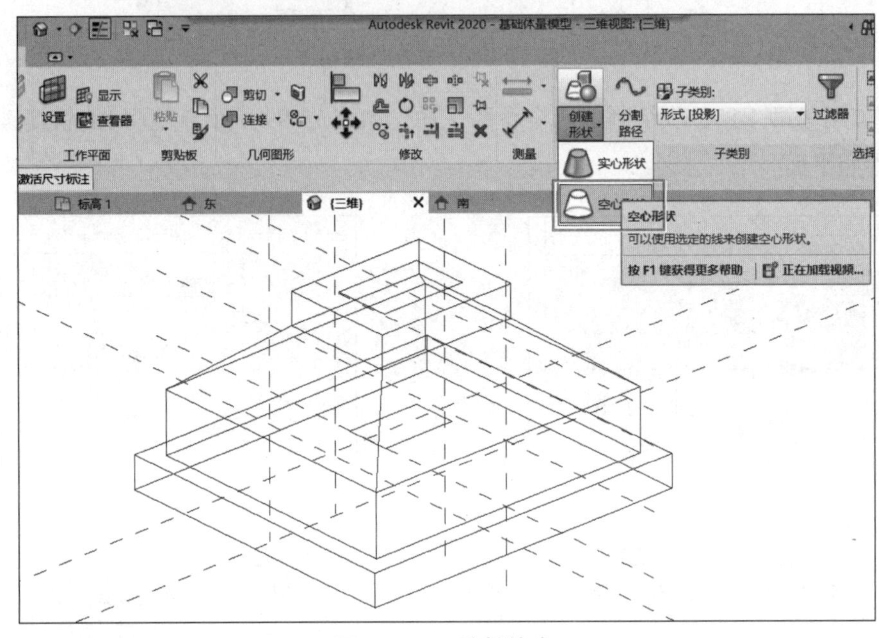

图 13-103　选择轮廓

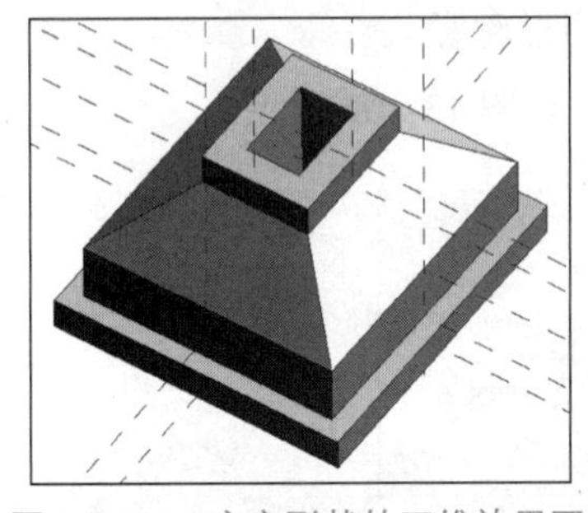

图 13-104　空心形状的三维效果图

（21）在三维视图中，按 Tab 键选中杯形基础，在“属性”面板中单击“材质”一栏右侧的按钮，如图 13-105 所示。

（22）在弹出的“关联族参数”对话框中单击“参数”按钮，如图 13-106 所示。将“参数属性”对话框中“名称”一栏设置为“杯形基础材质”，单击“确定”按钮保存参数设置，如图 13-107 所示。

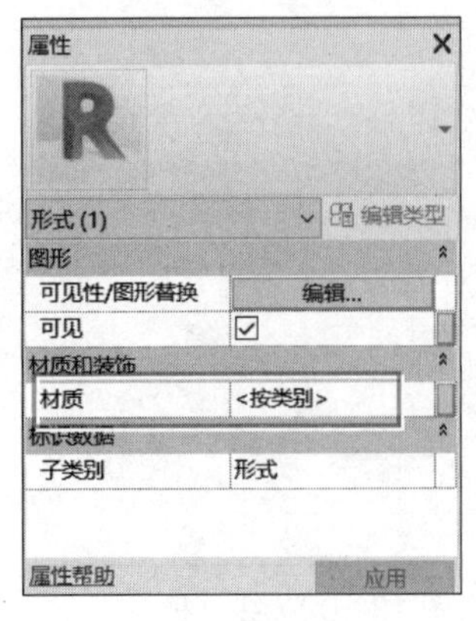

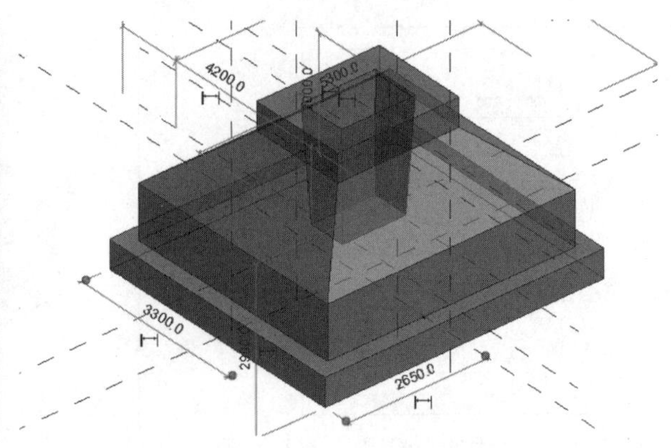

图 13-105　“属性”面板

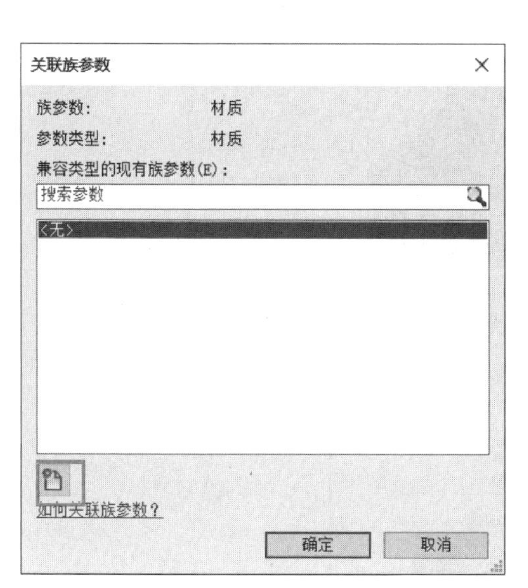

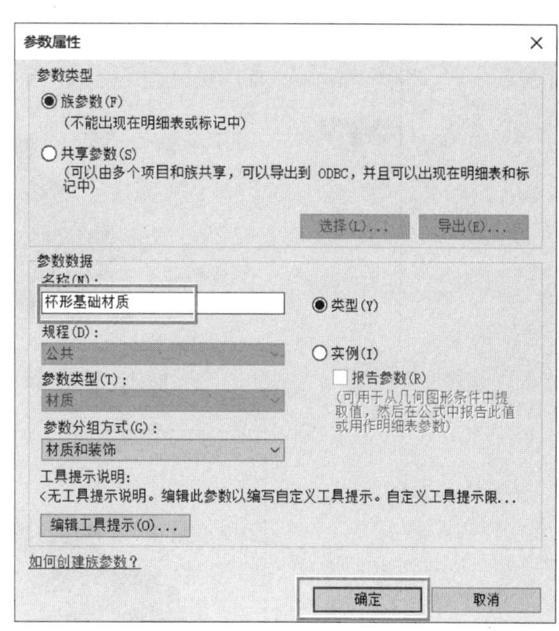

图 13-106 “关联参数族”对话框　　　　图 13-107 “参数属性”对话框

（23）单击“族参数”按钮，在弹出的“族类型”对话框中设置“杯形基础材质”为“混凝土”，如图 13-108 所示。

图 13-108 族类型及材质选择

（24）由于基础底标高为 −2.9m，现在绘制的基础底标高为 0m，故需将绘制的杯形基础整体向下移动 2900mm。具体操作步骤如下：切换至东立面视图，勾选杯形基础，单击“修改”→“移动”命令，将杯形基础垂直向下移动 2900mm，结果如图 13-109 所示。

（25）切换至三维视图，按 Ctrl+S 快捷键保存文件名称为“杯形基础”，如图 13-110 所示。

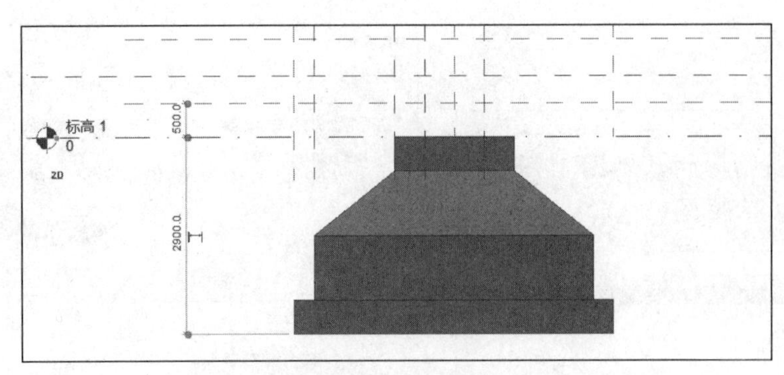

图 13-109　移动杯形基础

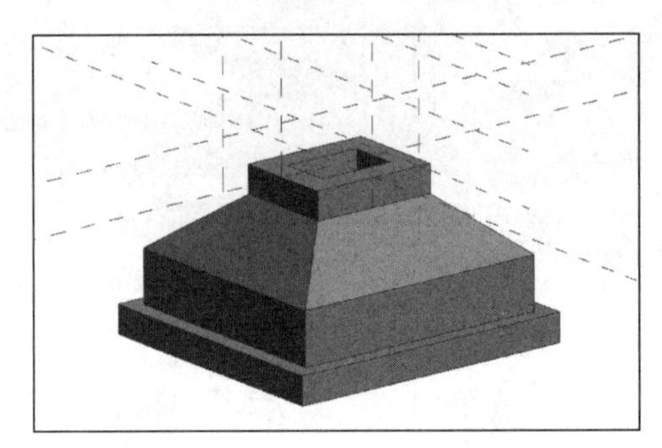

图 13-110　杯形基础三维视图

附件：任务单

项目 14　场地与场地构件

教学目标：

通过学习本项目内容，了解创建场地和添加构件的相关知识，丰富模型场地表现，完成建筑场地的设计。

知识目标：

（1）了解地形表面生成方法；

（2）了解编辑修改创建完成的地形表面的方法；

（3）熟悉创建建筑地坪的步骤；

（4）利用子面域创建完成场地道路；

（5）能通过场地构件工具丰富模型场地表现。

技能目标：

（1）了解场地地形表面的创建方法；

（2）熟悉建筑地坪、子面域、场地构件的功能，完成模型场地设计。

完成项目的三维建模后，需要对建筑的场地进行绘制，以丰富项目的表现，包括场地地形、道路广场、停车场地、绿化区域、水池和建筑物等。

14.1　添加地形表面

地球表面高低起伏的各种形态称为地形，地形表面是场地设计的基础。绘制地形表面，定义建筑红线后，可以对项目的建筑区域、道路、停车场及绿化区域等做总体规划设计。

微课：创建场地

14.1.1　通过放置点方式生成地形表面

在 Revit 中，场地工具是创建场地模型的重要工具，在场地选项卡中提供了三种创建场地的基本方法：①通过创建点来生成场地模型；②通过导入等高线等三维模型数据生成场地；③通过导入测量点，由 Revit 对其导入的点数据进行计算，进而生成场地。

使用创建点的方式，只需要在项目中放置指定点高程，即可完成对场地模型的创建，这种方法适合比较简单的场地模型。通过导入等高线测量点的方式创建场地，适用于根据已有 DWG 等高线文件或测量等高点文件创建现状地形。本书只讲第一种地形的创建方法。

下面使用放置点方式为项目模型创建简单三维地形模型。

（1）打开项目 13 创建的办公楼项目文件，将项目切换至场地平面视图，单击“体量和场地”选项卡“场地建模”面板中的“地形表面”按钮，如图 14-1 所示，自动切换至“修改 | 编辑表面”上下文选项卡，进入场地创建状态。

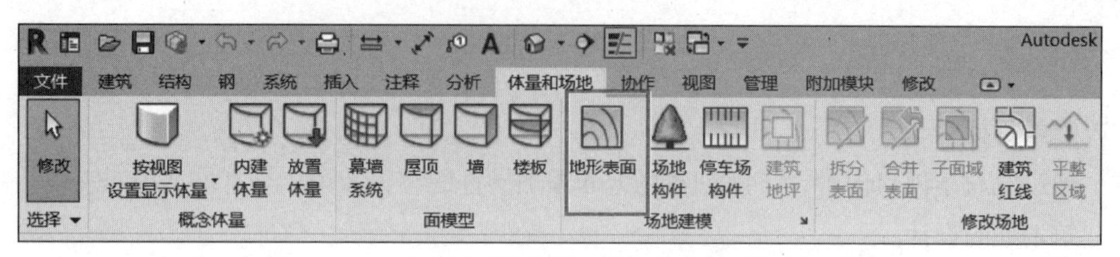

图 14-1 “地形表面”按钮

（2）为了便于绘制场地，可以利用参照平面在办公楼四周绘制一个正方形，另外，该办公楼存在两个不同的室外平面，因此同时在挡土墙位置绘制一个参照平面，该参照平面与挡土墙外侧对齐，如图 14-2 所示。

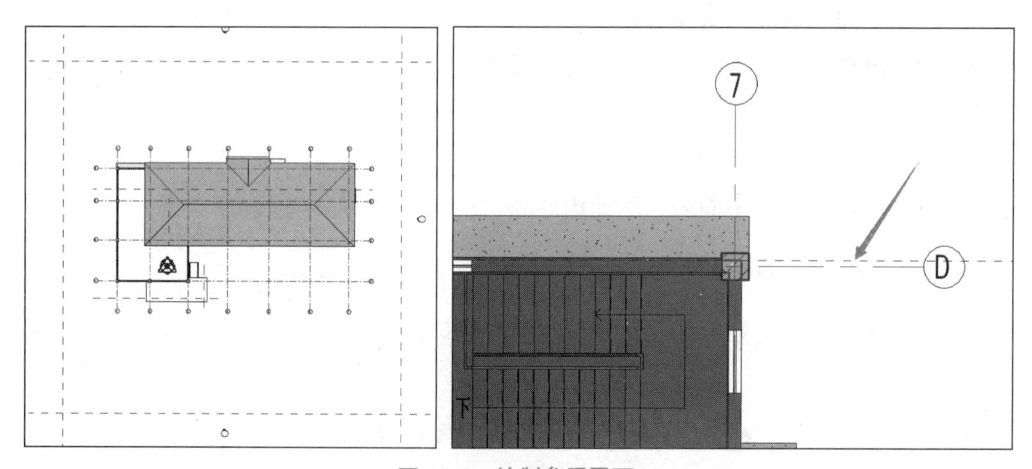

图 14-2 绘制参照平面

（3）如图 14-3 所示，单击“工具”面板中的“放置点”按钮；设置选项栏中“高程”值为“−300”，高程形式为“绝对高程”，即将要放置的点高程的绝对标高为 −0.300m。

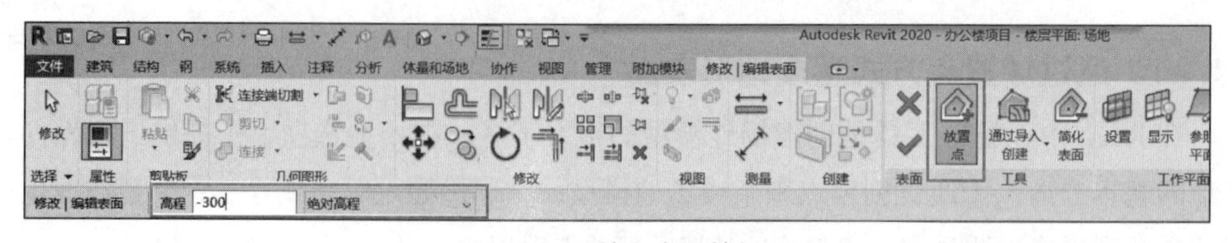

图 14-3 “放置点”按钮

（4）如图 14-4 所示，依次创建完成相应的高程点，当创建超过三个高程点时，Revit 将生成地形表面预览。完成后，单击“表面”面板中的“完成编辑模式”按钮，完成地形表面的创建任务。

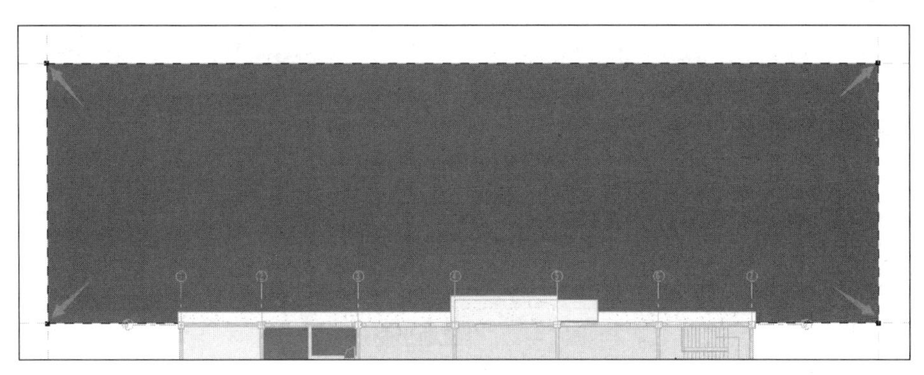

图 14-4 高程点位置

（5）重复第（3）步，修改“高程”值为“−3900”，高程形式为“绝对高程”，依次创建完成相应的高程点。

（6）完成后，单击“表面”面板中“完成编辑模式”按钮，完成地形表面创建任务。切换至默认三维视图，最终效果如图 14-5 所示。

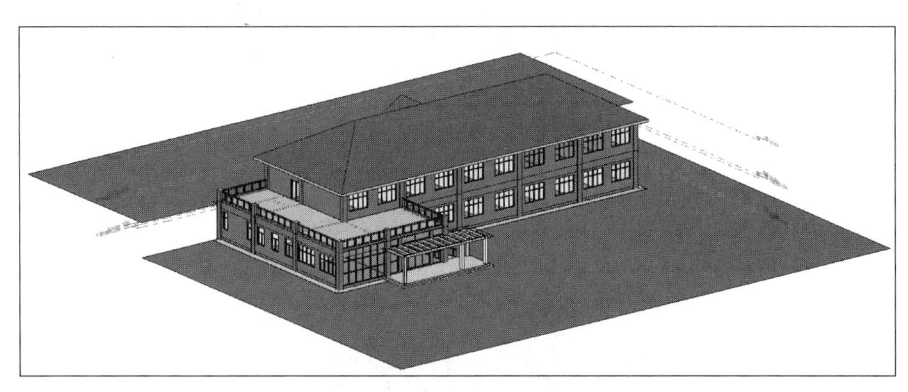

图 14-5 地形表面三维效果

（7）在“默认三维视图”中选择场地图元。如图 14-6 所示，单击“属性”面板中“材质”后的浏览按钮，打开“材质浏览器”对话框。在对话框中搜索“场地 - 碎石”，复制生成“办公楼 - 场地”，并按图 14-7 进行设置，设置完成后的地形表面效果如图 14-8 所示。

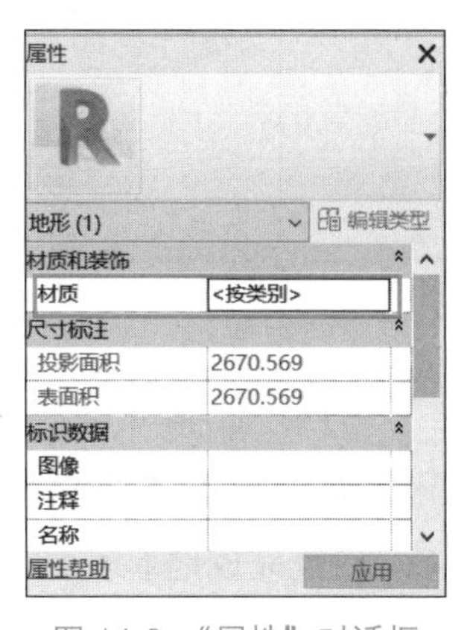

图 14-6 “属性”对话框

（8）将 B1 室外地坪 /−3.90m 和 F1 室外地坪 /−0.30m 地坪之间的高差用挡土墙进行填充，具体的绘制方法可以参照前述内容，绘图结果如图 14-9 所示。

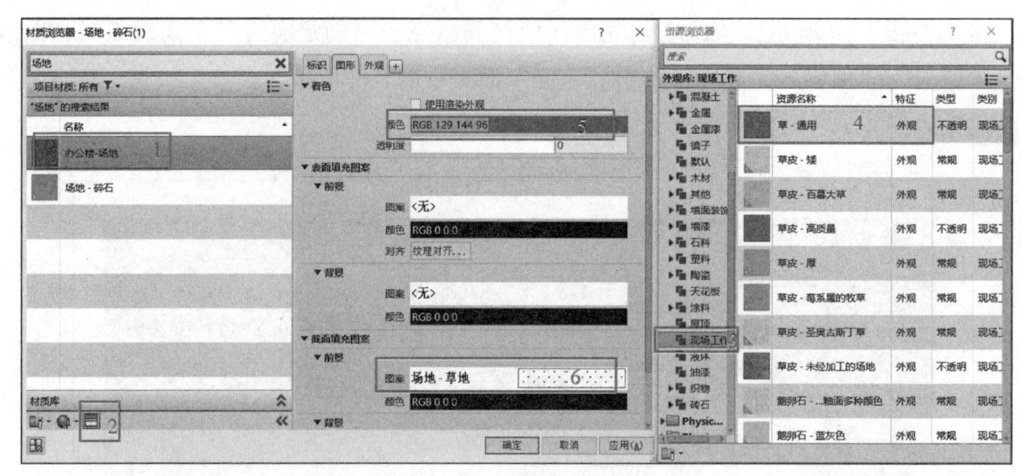

图 14-7 设置地形材质

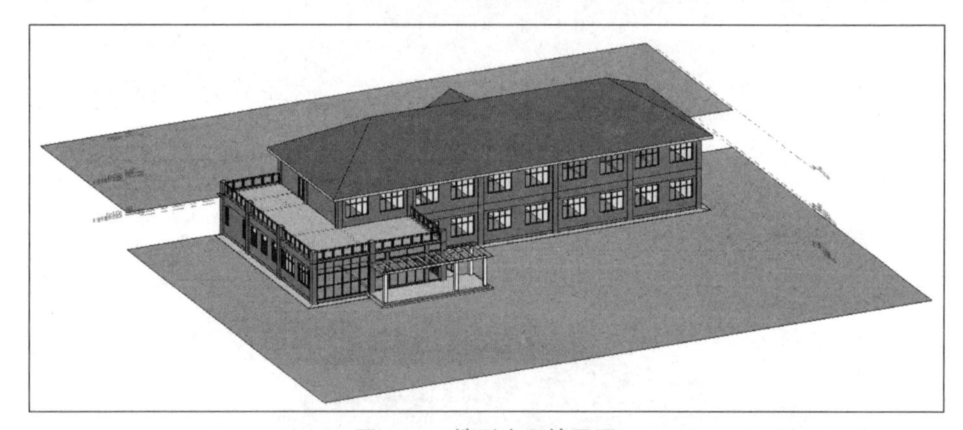

图 14-8 地形表面效果图

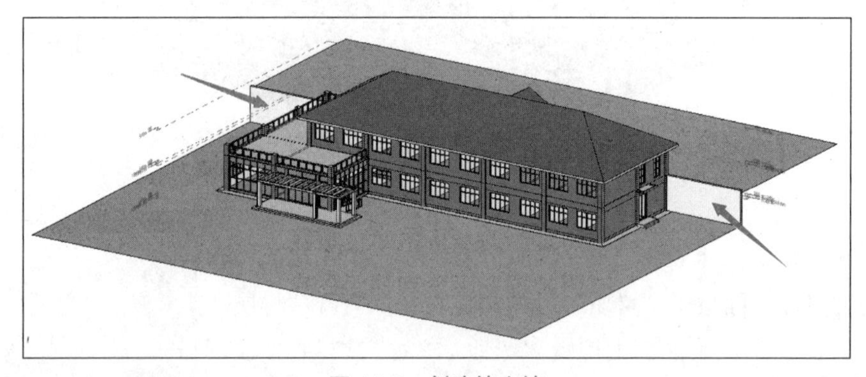

图 14-9 创建挡土墙

（9）至此，完成可使用创建点的方式创建场地的操作。保存该项目文件。

14.1.2 修改地形表面

设置完成地形表面后，如需要修改地形表面位置或者高程点，可按如下步骤进行操作。在三维视图中切换“上”，选中完成的地形表面，进入“修改 | 地形”上下文选项卡，

单击“表面”面板“编辑表面”按钮，单击要修改的边界点，可以通过选项栏中的命令修改高程点，也可以通过拖动点来修改点的位置。修改完成后，退出修改边界点命令，单击“完成表面”按钮，完成后，保存该项目文件到指定位置。

通过放置点方式创建地形表面的方法比较简单，适用于创建比较简单的场地地形表面。如果场地地形表面比较复杂，使用放置点的方式就会比较麻烦。Revit Architecture 还提供了通过导入测量数据的方式创建地形表面的方法。可以根据以 DWG、DXF 或 DNG 格式导入的三维等高线数据自动生成地形表面。Revit Architecture 会分析数据，并沿等高线放置一系列高程点。单击“体量和场地”选项卡“工具”面板中的“通过导入创建”工具下拉列表内的“通过导入创建”选项，如图 14-10 所示，选择绘图区域中已导入的三维等高线数据。此时，出现“从所选图层添加点”对话框。选择要应用高程点的图层，并单击“确定”按钮。由于导入生成地形表面需要有专业的测量数据，这里不进行详细介绍。

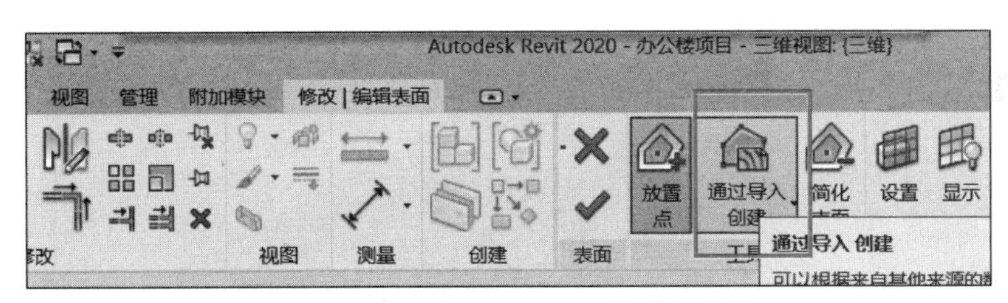

图 14-10　选择“通过导入创建”选项

14.2　创建场地道路

绘制完成地形表面模型后，还要在地形表面上添加道路、场地景观等。可以使用“子面域”或“拆分表面”工具将地形表面分为不同的区域，并为各区域指定不同的材质，从而得到更丰富的场地设计。还可以对现状地形进行场地平整，并生成平整后的新地形，Revit Architecture 会自动计算原始地形与平整后地形之间产生的挖填方量。

14.2.1　绘制场地道路

（1）打开 14.1 节完成的项目文件，将项目切换至场地楼层平面视图，然后单击“体量和场地”选项卡“修改场地”面板中的“子面域”工具，自动切换至“修改 | 创建子面域”上下文选项卡。

微课：创建子域面

（2）进入“修改 | 创建子面域边界”状态。使用“直线”绘制工具，确认勾选选项栏“链”复选框，参考图 14-11 绘制子面域边界。

（3）修改“属性”面板中“材质”为“沥青”。完成后，单击“完成编辑模式”按钮，完成子面域编辑任务。切换至默认三维视图，添加子面域后模型状态如图 14-12 所示。

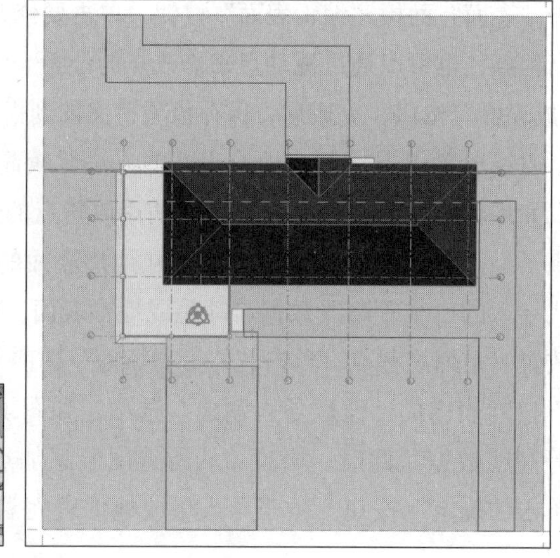

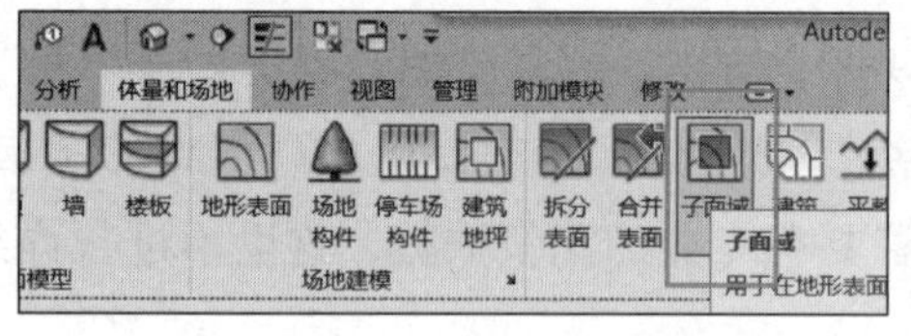

图 14-11　场地子面域边界线

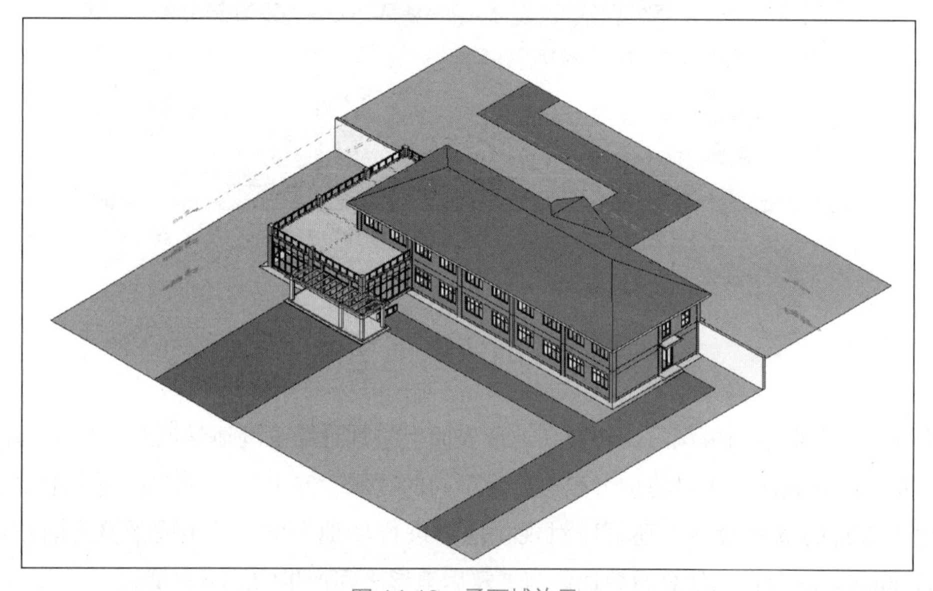

图 14-12　子面域效果

（4）保存该项目文件。

提示

“拆分表面”工具与“子面域”工具功能类似，都可以将地形表面划分为独立的区域。两者的不同之处在于“子面域”工具将局部复制原始表面，创建一个新面，而“拆分表面”工具则将地形表面拆分为独立的表面。要删除“子面域”工具创建的子面域，直接将其删除即可；而要删除使用“拆分表面”工具创建的拆分区域，必须使用“合并表面”工具。

14.2.2　修改子面域

选中已绘制的子面域，单击“子面域”面板下的“编辑边界”工具，进入子面域边界轮廓编辑状态。Revit Architecture 的场地对象不支持表面填充图案，因此即使用户自定义材质表面填充图案，也无法将其显示在地形表面的子面域中。

14.3　添加建筑地坪

完成地形表面的创建之后，需要沿着建筑轮廓创建建筑地坪，平整场地表面。在 Revit 中，创建建筑地坪的方法与创建楼板的方法非常相似。Revit 说的建筑地坪即首层室内楼板底至室外标高之间的填充层。以“办公楼”项目为例，图 14-13 为没有添加建筑地坪和添加了建筑地坪后的对比图，接下来介绍为“办公楼”添加建筑地坪的具体方法。

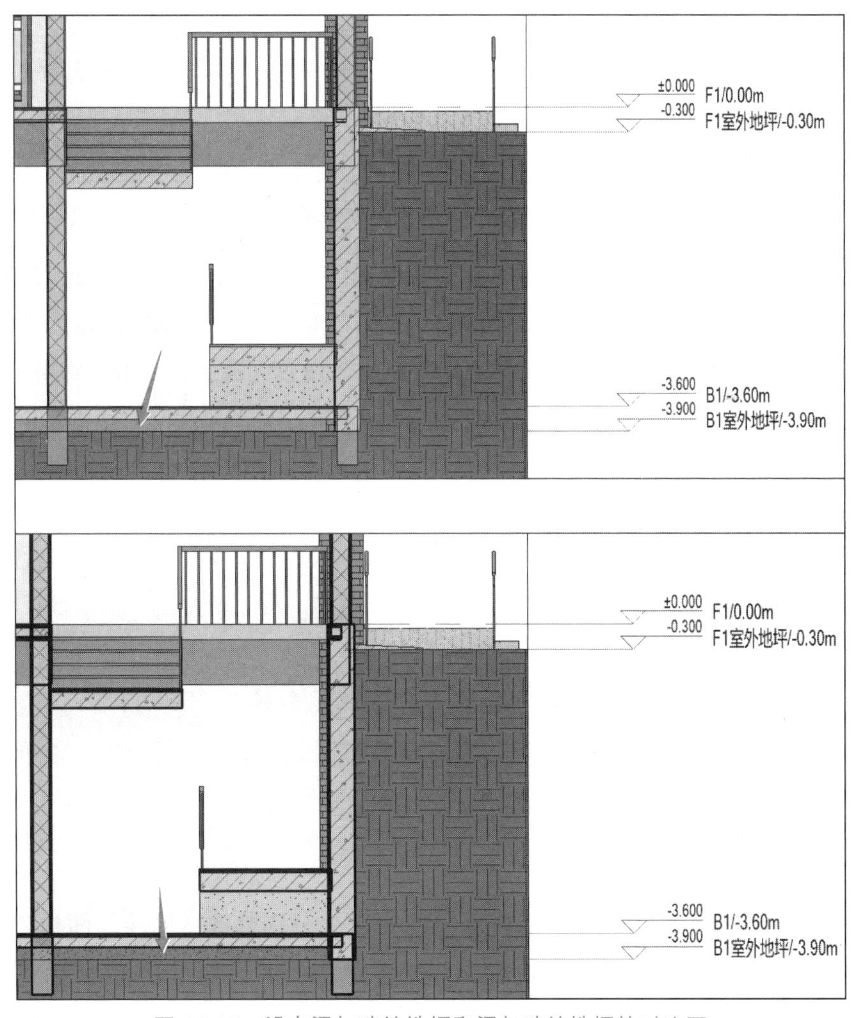

图 14-13　没有添加建筑地坪和添加建筑地坪的对比图

14.3.1 定义建筑地坪

（1）打开 14.2 节完成的项目文件，切换至 B1/–3.60m 楼层平面视图，单击“体量和场地”选项卡“场地建模”面板中的“建筑地坪”工具，界面自动切换至“修改 | 创建建筑地坪边界”上下文选项卡，进入创建建筑地坪边界编辑状态，单击“属性”面板中的“编辑类型”按钮，打开“类型属性”对话框。

（2）以“建筑地坪 1”为基础，复制名称为“办公楼 –150mm 地坪”的新族类型，单击“确定”按钮，如图 14-14 所示。

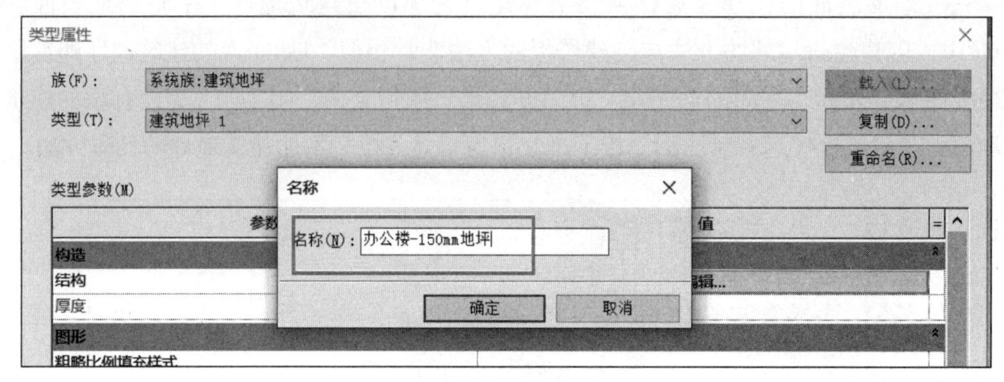

图 14-14　复制新族类型

（3）单击“类型参数”中的“结构参数值编辑”按钮，进入“办公楼 –150mm 地坪”的“编辑部件”界面，修改第 2 层“结构 [1]”的“厚度”为“150”，如图 14-15 所示。修改“材质”为“办公楼 - 碎石”，如图 14-16 所示，设置完成后，单击“确定”按钮，返回“类型属性”对话框。再次单击“确定”按钮，退出“类型属性”对话框。

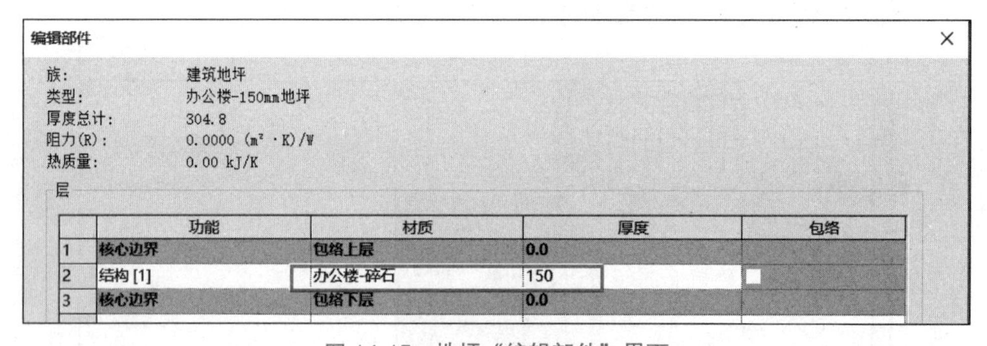

图 14-15　地坪“编辑部件”界面

14.3.2 绘制建筑地坪

（1）确认当前视图为 B1/–3.60m 楼层平面视图，分别修改“属性”面板“约束”的“标高”为“B1/–3.60m”，“自标高的高度偏移”值为“–150”，如图 14-17 所示。B1 层室内楼板的标高为 –3.60m，B1 层楼板的厚度为 150mm，所以 B1 层楼板底高度为 –0.15m，因此要绘制的建筑地坪的顶标高应该为 –0.15m，即建筑地坪标高要达到首层室内楼板底处。

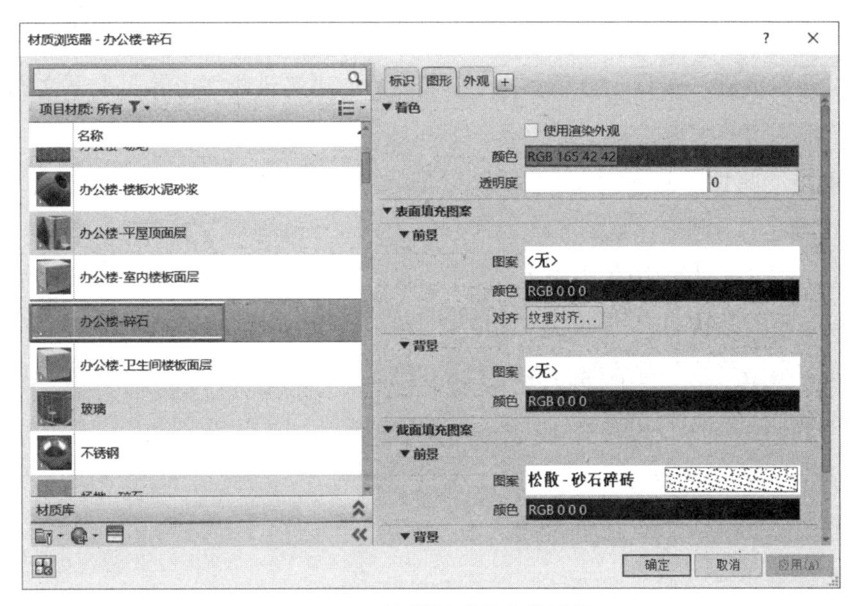

图 14-16　地坪材质的参数设置

（2）确认“绘制”面板中的绘制模式为“边界线”，建筑地坪有很多绘制方式，可以根据项目实际选择最便捷的绘制方式。本项目采用“直线”绘制方式，确认选项栏中的“偏移值”为“0.0”，勾选“延伸至墙中（至核心层）”复选框。

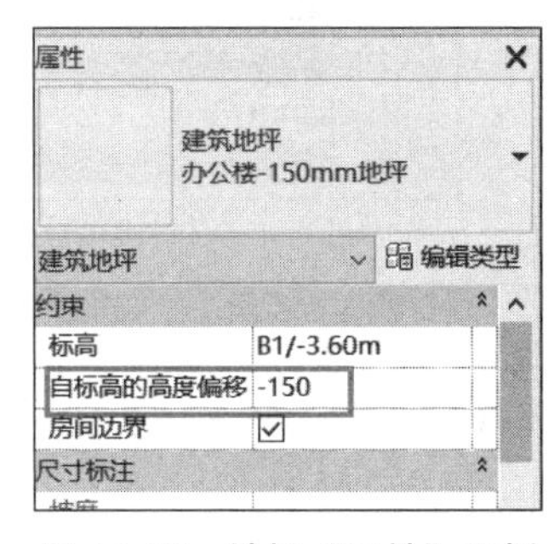

图 14-17　地坪“属性”面板

（3）绘制时，沿“办公楼”外墙核心层内侧绘制直线，生成首尾相连的建筑地坪轮廓边界，如图 14-18 所示。绘制完成后，单击“完成编辑模式”按钮，切换至三维视图，结合剖面框观察绘制完成的建筑地坪模型。

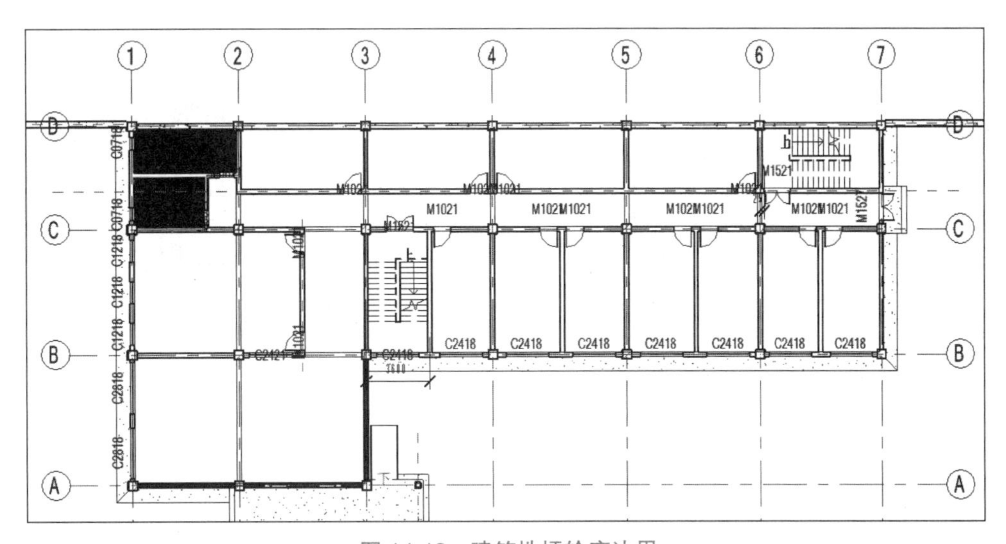

图 14-18　建筑地坪轮廓边界

（4）按照上述方法绘制卫生间的建筑地坪。单击“体量和场地”选项卡“场地建模”面板中的“建筑地坪”工具，自动切换至“修改 | 创建建筑地坪边界”上下文选项卡，进入创建建筑地坪边界编辑状态。

（5）单击“属性”面板中的“编辑类型”，打开“类型属性”对话框。以“办公楼-150mm地坪”为基础，复制名称为“办公楼-100mm地坪”的文件，单击“确定”按钮，再单击“类型属性”中的“编辑”按钮，进入办公楼-100mm地坪的“编辑部件”界面，修改第2层“结构[1]”厚度为“100”，如图14-19所示，设置完成后，单击“确定”按钮，返回“类型属性”对话框。再次单击“确定”按钮，退出“类型属性”对话框，完成对卫生间添加建筑地坪任务。

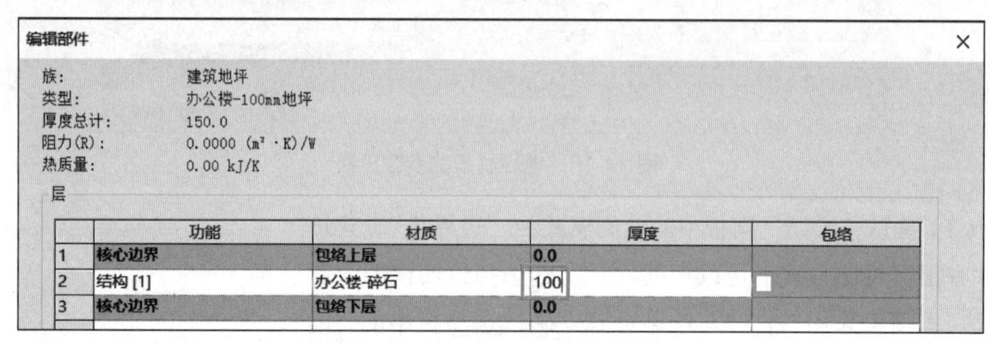

图14-19　地坪“编辑部件”界面

（6）修改“属性”面板中“自标高的高度偏移”值为“-200”，如图14-20所示，用“拾取墙”的方式绘制建筑地坪，绘制的轮廓线如图14-21所示。

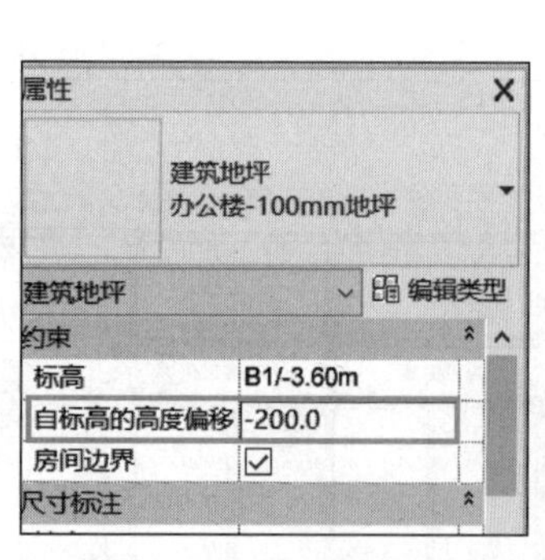

图14-20　地坪“属性”面板

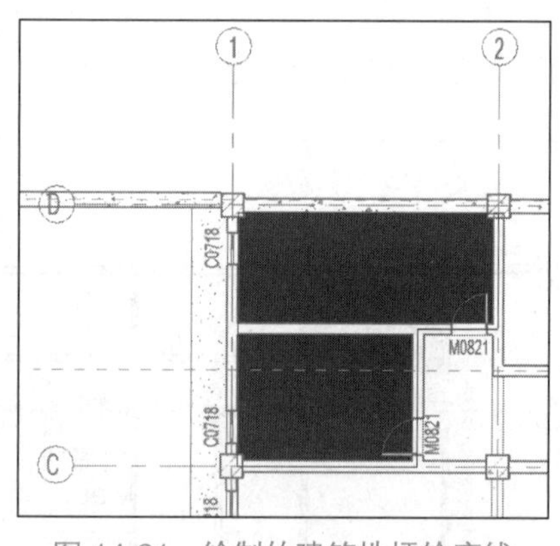

图14-21　绘制的建筑地坪轮廓线

（7）保存该项目文件。

14.3.3　修改建筑地坪

建筑地坪的修改方法与修改建筑楼板的方法一样，切换项目文件至室外地坪楼层平面视图，结合“过滤器”工具选中要修改的“建筑地坪”，进入“编辑边界”状态，则可以对已经绘制的建筑地坪进行修改，如图 14-22 所示。修改完成后，单击“模式”面板中的“完成编辑模式”按钮，即完成对建筑地坪的修改任务，之后保存该项目文件到指定位置。

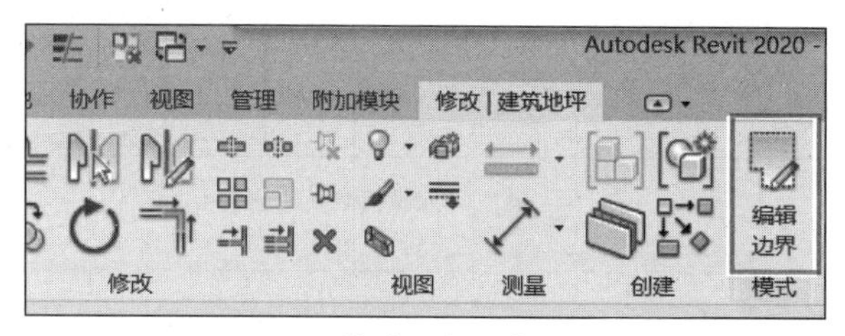

图 14-22　“修改 | 建筑地坪”选项卡

在创建建筑地坪时，可以使用“坡度箭头”按钮创建带有坡度的建筑地坪。如图 14-23 所示，该工具可用于处理坡地建筑地坪。该功能用法与“楼板”工具完全相同。使用者可自行练习，此处不再赘述。

图 14-23　“坡度箭头”按钮

提示

建筑地坪表面不能超过场地范围，否则 Revit 将无法生成建筑地坪。

14.4　放置场地构件

微课：场地构件

Revit Architecture 提供了“场地构件”工具，可以为场地添加喷水池、停车场、树木等构件。这些构件都依赖于项目载入的族构件，必须先将构件族载入项目，才能使用这些构件。

打开 14.3 节完成的项目文件，如图 14-24 所示，将项目文件切换至场地平面视图，单击“体量和场地”选项卡下的“场地建模”面板中“场地构件”按钮，在“属性”面板中选择要添加的构件，结合图 14-25 所示，在适当的位置放置植物、景观灯、自行车等场地构件。

提示

项目中所载入的场地构件族，除可以在“体量和场地”下的“场地构件”的“属性”中看到外，还可以在“建筑”“构建”→“放置构件”的“属性”中找到它们。

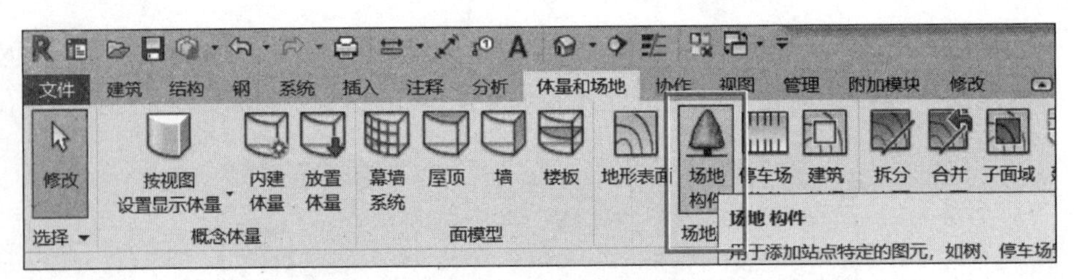

图 14-24 “场地构件”按钮

图 14-25 场地构架的设置

RPC族文件为Revit Architecture中的特殊构件类型族。通过制订不同的RPC渲染外观，可以得到不同的渲染效果。RPC 族仅在真实模式下才会显示真实的对象样式，三维图中仅以简化模型替代。

Revit Architecture 提供了“公制场地 .rte”“公制植物 .rte”和“公制 RPC.rte”族样板文件，用于自定义各种场地构件。

创建完成办公楼场地后，将该项目文件保存到指定位置。

附件：任务单

项目 15 图形注释

教学目标：

通过学习本项目内容，了解标注图形尺寸的方法及应用，完成平面图、剖面图和立面图设计中需要注释的内容，掌握图纸输出。

知识目标：

（1）了解对齐标注、线性标注、角度标注、径向标注、弧长标注和直径标注；

（2）掌握平面注释：添加尺寸标注、添加符号和高程点；

（3）掌握立面注释：添加尺寸标注、添加符号和高程点；

（4）掌握剖面注释：添加尺寸标注、添加符号和高程点。

技能目标：

（1）了解尺寸标注的方法及应用；

（2）掌握建筑平面图、立面图和剖面图的注释方法。

利用 Revit Architecture 完成模型设计后，可以在不同的视图中添加尺寸标注、高程点、文字和符号等注释信息，对平面图、立面图及剖面图等按我国出图标准进行注释，然后将生成的图纸导出为 CAD 格式文件或直接打印。

15.1 添加标注信息

施工图纸要完整地表达图形的信息，需要对构件进行尺寸标注。一般来说，平面图中需进行三道尺寸线的标注，包括第一道总尺寸、第二道轴线尺寸：注释设置线尺寸、第三道细部尺寸，还需要添加必要的符号，如指北针等。

15.1.1 添加尺寸标注

（1）打开项目 14 完成的“办公楼”项目文件，将项目切换至 B1/−3.60m 楼层平面视图，利用 VV 快捷键将视图中的场地添加的构件及参照平面进行隐藏。Revit Architecture 2020 中提供了六种不同形式的尺寸标注，有“对齐”“线性”“角度”“半径”“直径”和“弧长”，如图 15-1 所示。下面对“办公楼”项目的 B1 层平面视图进行尺寸标注，介绍不同标注形式的具体含义和用法。

微课：线性标注

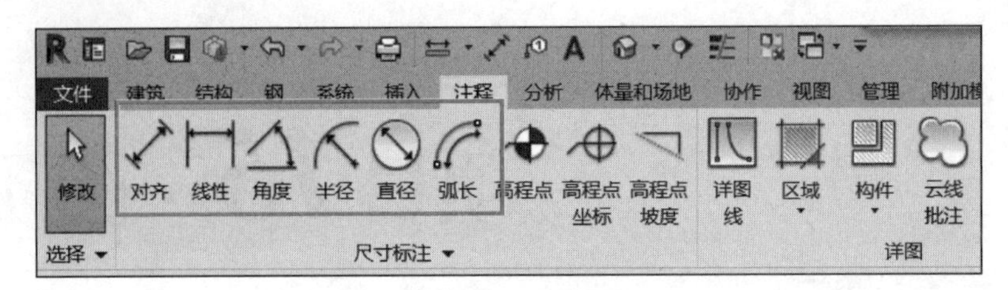

图 15-1　尺寸标注的形式

提示

在隐藏场地构件对象时，添加的植物、照明设备、环境等属于模型类别，而参照平面属于注释类别。

（2）在 B1/−3.60m 楼层平面视图中调整轴线的位置，拖动轴线控制点，为后面的尺寸标注留出足够的位置。首先对①轴线的构件进行第三道尺寸标注，即细部尺寸标注，在“注释”选项卡下的“尺寸标注”面板中选择“对齐”工具，自动切换至“修改 | 放置尺寸标注”上下文选项卡，此时“尺寸标注”面板中的“对齐”标注模式被激活。

（3）设置对齐的标注样式，选择“属性”栏中的“编辑类型”，进入“类型属性”对话框，复制“对角线 -3mm RomanD”，将其重命名为“办公楼线性标注”，如图 15-2 所示。按如下要求设置“类型参数”：将“尺寸界线长度”设置为“8.0000mm”；将“尺寸界线延伸”设置为“2.0000mm”；将“颜色”设置为“蓝色”；将“文字大小”设置为

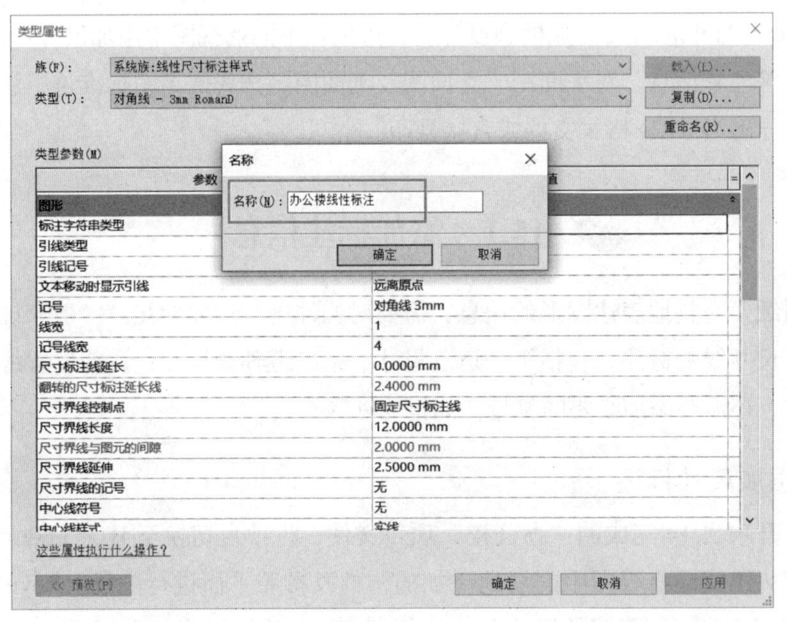

图 15-2　“办公楼线性标注”命名

“3.5000mm”；将“文字字体”设置为“仿宋”，如图 15-3 所示。完成设置后，单击“确定”按钮，退出类型属性对话框。

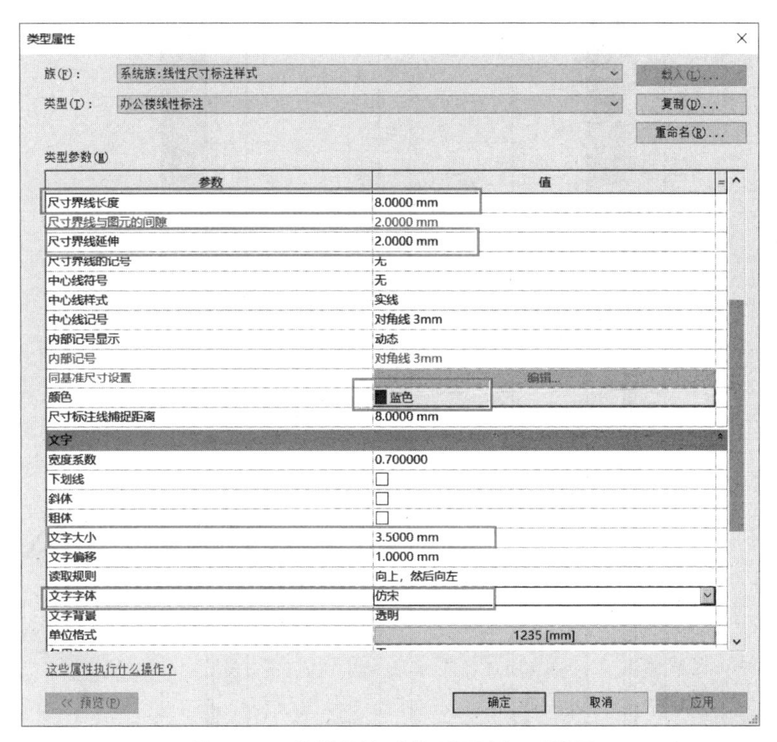

图 15-3　线性标注“类型属性”对话框

（4）确认选项栏中的尺寸标注捕捉位置为“参照墙面”，如图 15-4 所示，尺寸标注“拾取”方式为“单个参照点”。依次单击①轴线上Ⓐ轴线处及 C2818 洞口边缘等位置，按图 15-5 箭头所示的具体位置，Revit 在拾取点之间生成尺寸标注预览，拾取完成后，向左移动鼠标指针，使得当前的尺寸标注预览完全位于Ⓐ轴线外侧，单击视图中任意空白处位置，完成Ⓐ轴线处细部尺寸标注任务。

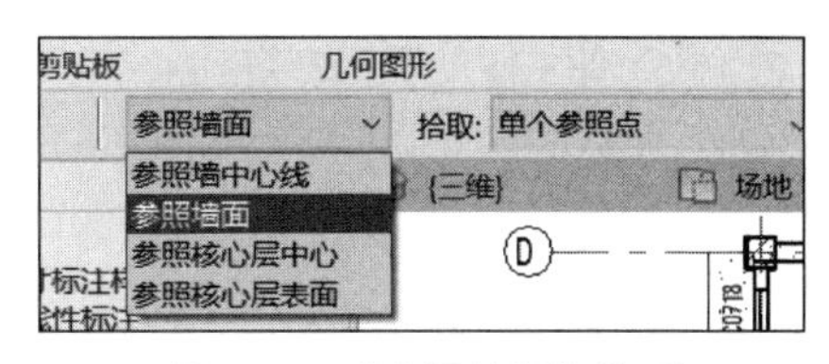

图 15-4　“参照墙面”选项

（5）按同样的方法完成①轴线处的第二道尺寸线标注及第一道尺寸线标注，如图 15-6 所示。

（6）使用“对齐”尺寸标注命令完成 B1 层平面视图中所有的尺寸标注。完成后，保存并关闭该项目文件。

提示

利用拖曳文字夹点可将文字拖曳到适合的位置，取消勾选选项栏中“引线”复选框，拖曳文字夹点，可将其放置到合适位置，如图 15-7 所示；利用移动尺寸界线可将尺寸界线移至其他位置；尺寸界线长度表示在类型属性设置时的尺寸界线长度值。

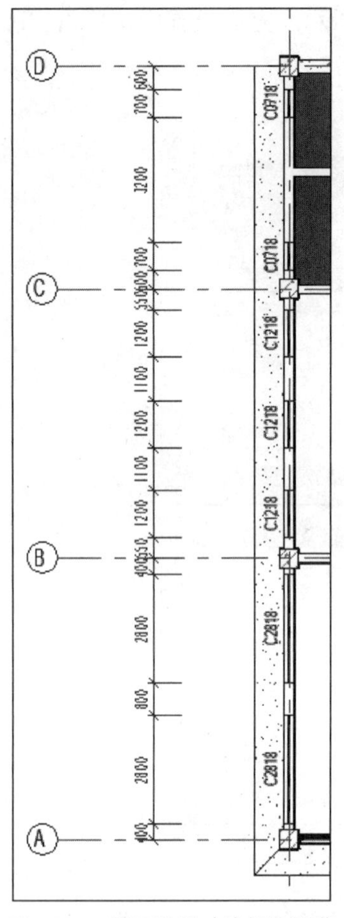

图 15-5　第三道尺寸线标注预览

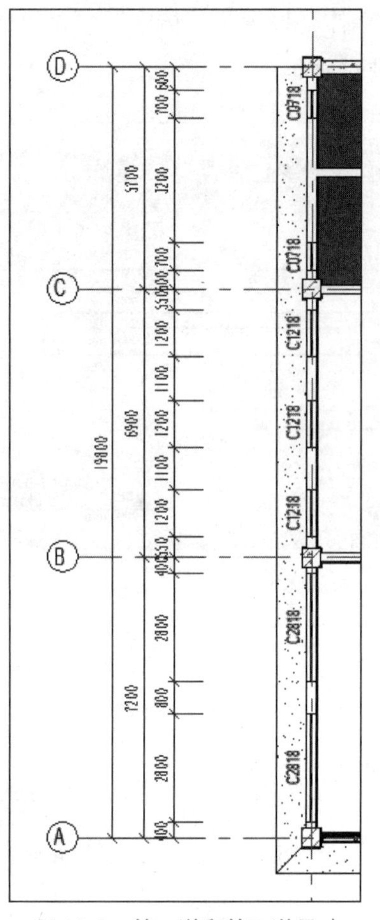

图 15-6　第一道和第二道尺寸线标注预览

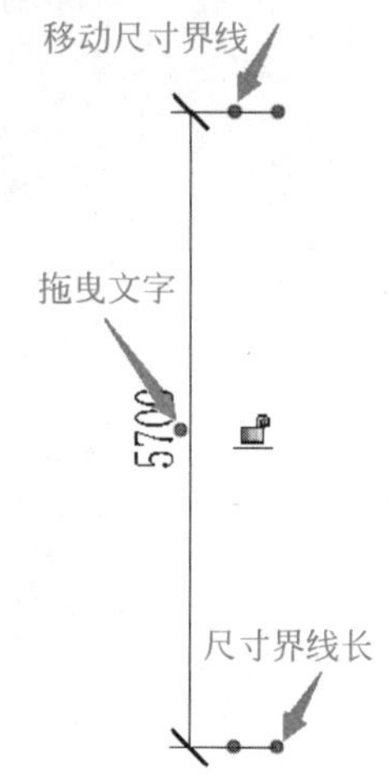

图 15-7　拖曳文字夹点

15.1.2　添加符号

利用注释中“对齐”等命令完成基本标注后，需要对图纸添加必要的符号，如标高符号、坡度符号、指北针等，下面接着为“办公楼”项目添加各类符号。

（1）打开 15.1.1 小节完成的项目文件，切换该文件至 F1/0.00m 楼层平面图。

（2）首先添加高程点符号。如图 15-8 所示，单击“注释”选项卡下“尺寸标注”面板中的“高程点”工具，自动切换至“修改 | 放置尺寸标注”上下文选项卡，设置“属性”面板类型为“高程点三角形（项目）”。单击“编辑类型”，进入“属性类型”对话框，复制并新建名称为“办公楼 - 零点高程点标注”的族类型，单击“确定”按钮。

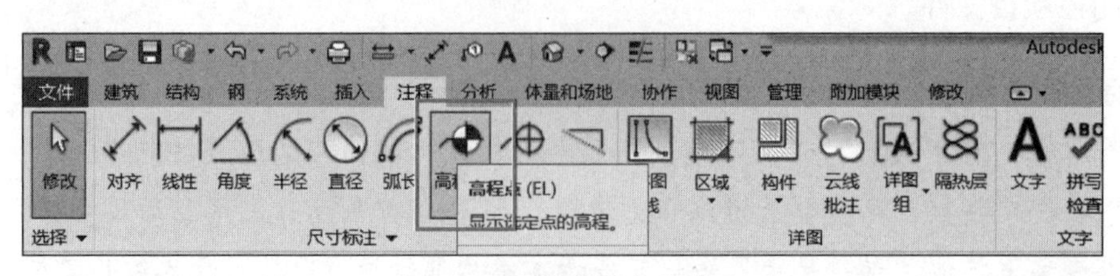

图 15-8　“高程点”工具

（3）如图 15-9 所示，按如下要求设置“类型参数”：将“颜色”设置为“蓝色”，将“文字字体”设置为“仿宋”，将“文字大小”设置为“3.5000mm”，其中“文字距引线的偏移量”为“3.0000mm”，即高程点文字在垂直方向偏移高程点符号 3mm，单击“单位格式”参数后的按钮，打开“格式”对话框，不勾选“使用项目设置”选项，即高程点中显示的高程值不受项目单位设置影响；将“单位”设置为“米”，将“舍入”设置为“三个小数位”，即高程点显示小数点后三位；设置“单位符号”为“无”，即不带单位，完成后单击“确定”按钮，返回“类型属性”对话框。

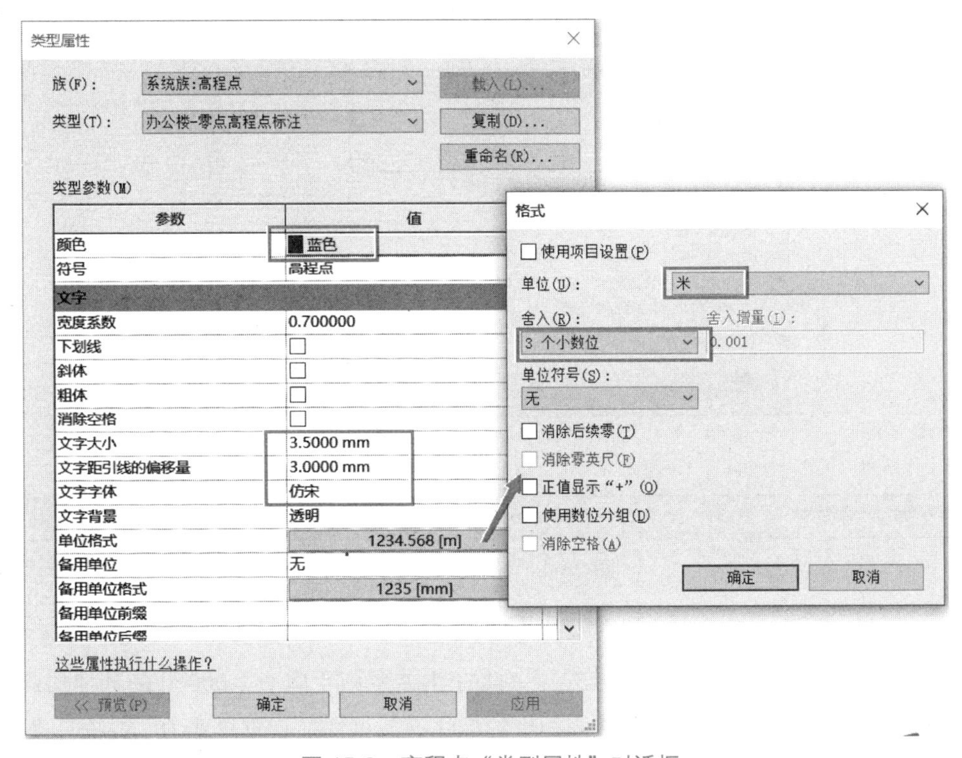

图 15-9　高程点“类型属性”对话框

（4）如图 15-10 所示，继续设置高程点参数，设置“文字与符号的偏移量”为“6.0000mm”，即高程点文字与符号在水平方向向上右偏移 6mm，若向左偏移，输入值为负数即可；分别确认“文字方向”为“水平”，“文字位置”为“引线以上”，在“高程指示器”处输入“±”，确认“高程原点”设置为“项目基点”，“作为前缀 / 后缀的高程指示器”方式为“前缀”，即在高程文字前显示“±”，设置完成后，单击“确定”，退出“类型属性”对话框。

（5）对 F1 层平面图进行高程点的标注，不勾选选项栏中的“引线”，确认“显示高程”为“实际（选定）高程”，如图 15-11 所示。切换项目的视觉样式为“着色”模式，选择恰当的位置放置高程点符号，可通过上、下、左、右移动鼠标指针来控制高程点的符号方，当高程点符号如图 15-12 所示时，单击完成放置高程点符号。

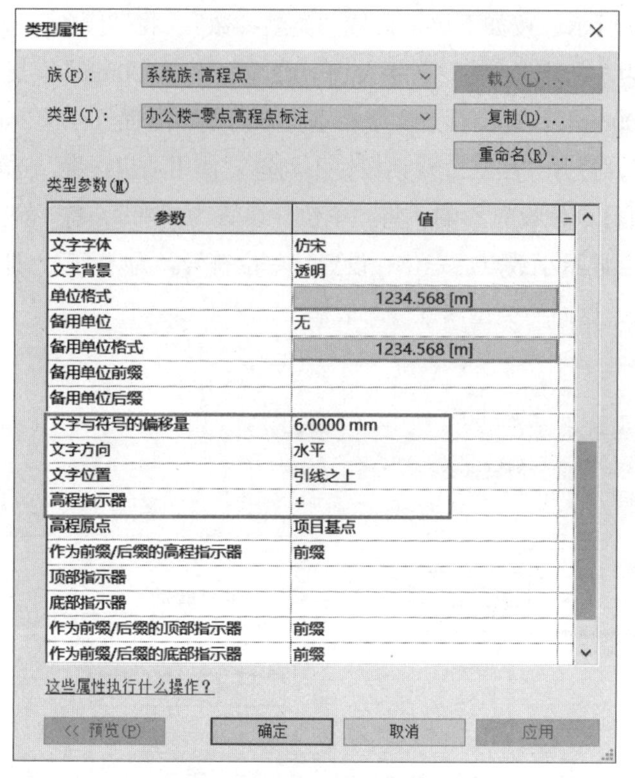

图 15-10　设置高程点参数

图 15-11　高程点的标注

（6）复制、新建名称为“办公楼 - 其他高程点标注”的高程点类型，修改“类型参数”中的“高程指示器”，将“±”符号去掉，此标注类型用于除 ±0.000 外的其他房间的高程点的标注，如图 15-13 所示。完成高程点的标注后，可切换视觉样式为“线框”模式。

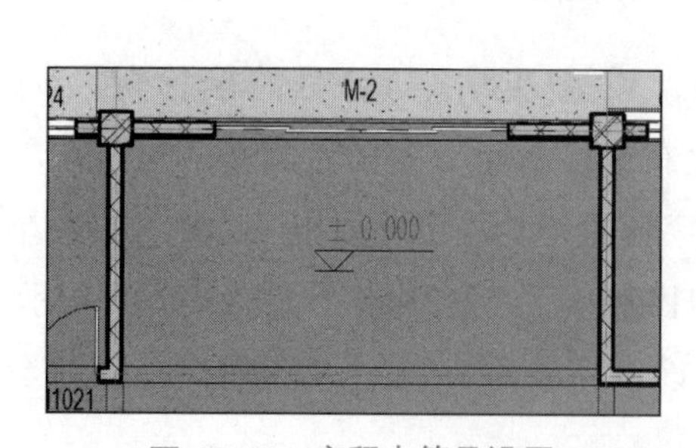

图 15-12　高程点符号设置

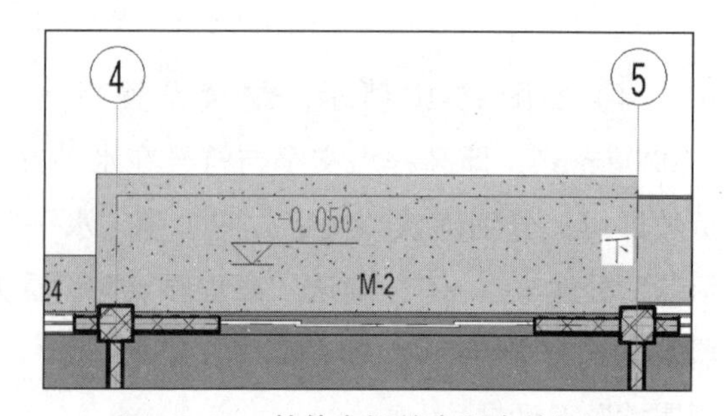

图 15-13　其他房间的高程点的标注

提示

关于高程点的标注，在“线框”模式下，只能捕捉到楼板的边缘，在楼板边缘处标注高程点，除“线框”外，其他视觉样式可以在楼板的任意位置进行高程点的标注。

15.1.3　添加高程点坡度

屋顶或者有排水坡度的房间，需要添加高程点坡度符号。Revit 提供了“高程点坡度”标注工具，该工具用于为带有坡度的图元对象进行标注，生成坡度符号，自动提取图元的坡度值高程点和坡度符号，与模型联动（此种标注方法类似高程点标注）；如果不希望自动提取高程值，或不便于进行坡度建模，还可以加入二维符号，以满足标注的要求。

下面介绍以第二种为屋面添加坡度符号的方法。

（1）将“办公楼”项目文件切换至 F1/0.00m 楼层平面视图，单击“注释”选项卡“符号”面板下“符号”工具，系统自动切换至“修改 | 放置符号”上下文选项卡，选择“类型属性”面板“簇”为“符号排水箭头”，如图 15-14 所示。

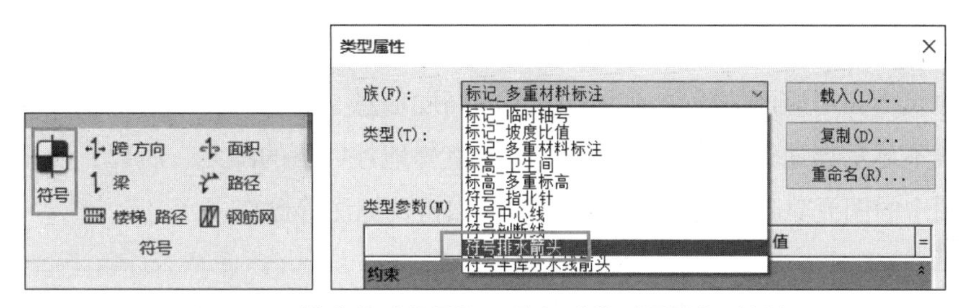

图 15-14　坡度的“符号”工具与“类型属性”对话框

（2）单击 B、C 轴之间 1 轴左侧空白位置，放置坡度符号，利用空格键切换符号的方向，放置完坡度符号后，按 Esc 键两次，退出放置符号状态。

（3）修改坡度值，单击选择上一步放置的坡度符号的坡度值，进入“修改 | 常规注释”上下文选项卡，修改“属性”面板“排水坡度”值为“2%”，作为该处的坡度值，如图 15-15 所示。标注完成后，如图 15-16 所示。用同样的方法标注其他位置处的坡度值，完成标注后，保存该项目文件至指定位置。

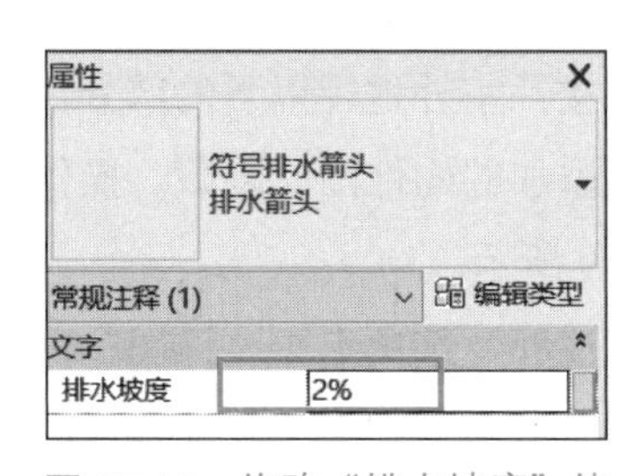

图 15-15　修改“排水坡度”值

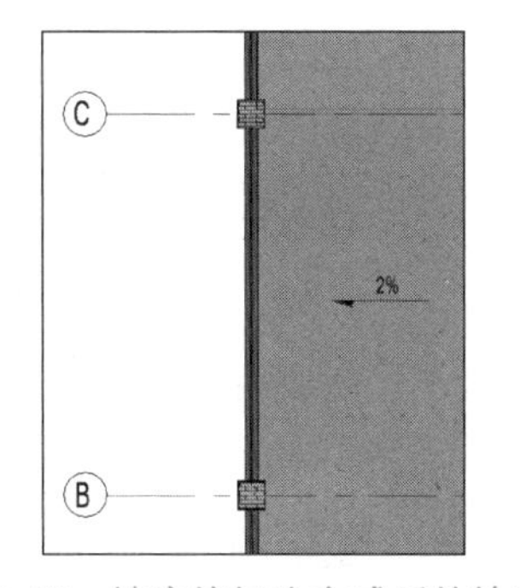

图 15-16　坡度值标注完成后的效果图

微课：标高符号

提示

使用“符号”工具时，所有的符号都是族文件，必须先载入相应的族文件，Revit Architecture 提供了“常规注释 .rte”族样板文件，可以利用该样板文件新建任意形式的注释符号，如指北针、索引符号、标高符号等。

15.2 立面及剖面施工图

Revit Architecture 完成建筑设计后，仍然要对平面图、立面图和剖面图等进行相关的细节处理，如 15.1 节对平面图进行标注，即添加符号，接下来介绍立面图及剖面图的深化处理。

15.2.1 立面施工图

按照我国的制图规范，应对立面图进行标高标注，对立面图的轮廓线进行加粗。接下来，以“办公楼”立面图为例，介绍深化立面图的方法和步骤。

（1）打开 15.1 节完成的项目文件，切换视图至南立面，如图 15-17 所示。建筑立面图主要反映建筑物在对应面的投影，反映建筑的高度信息、门窗位置信息及室外台阶坡道信息等，一般不显示场地的植物、室外的水池及室外地坪以下的图元。所以，要将不需要显示在立面图中的图元隐藏，然后进行轮廓线的加粗及标注等操作。

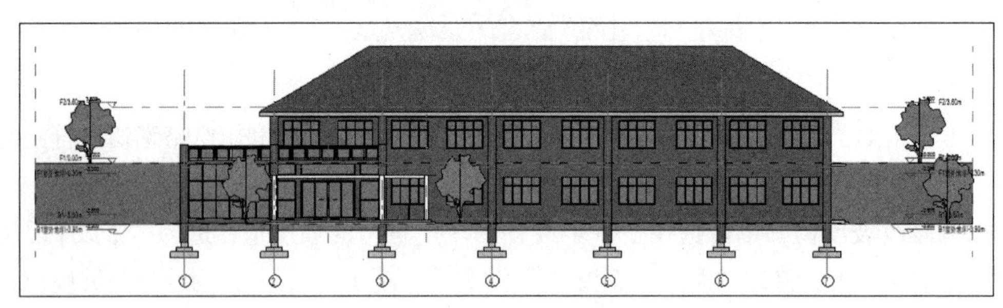

图 15-17　南立面视图

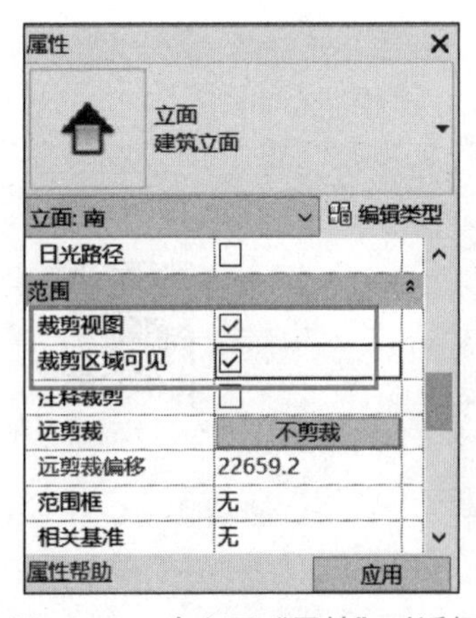

图 15-18　南立面“属性”对话框

（2）隐藏不需要显示的图元。在南立面视图中，勾选“属性”栏中的“裁剪视图”和“裁剪区域可见”复选框，如图 15-18 所示，然后在视图中调节裁剪区域，拖曳裁剪框下方的夹点，将“办公楼”室外地坪以下的部分裁剪掉，利用 VV 快捷键将场地添加的构件图元隐藏。操作完成后的南立面视图如图 15-19 所示。

（3）加粗轮廓线。选中“注释”选项卡中“详图”面板中的“详图线”工具，将界面切换至“修改 | 放置详图线”上下文选项卡，设置“线样式”类型为“宽线”，如图 15-20 所示，拾取南立面视图墙体外轮廓线，此时外轮廓线将自动变为宽线，设置完成后，按 Esc 键退出“修改 | 放置详图线”模式。

（4）尺寸标注。对楼层的层高进行标注，利用 15.1 节所介绍的标注方法对立面图进行层高的标注及总高度的标注，并对窗台底进行标高的标注。

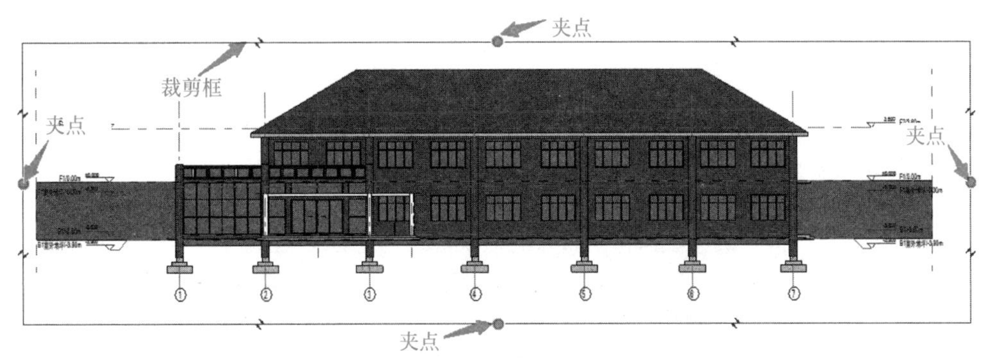

图 15-19　构件图元影藏后的南立面视图

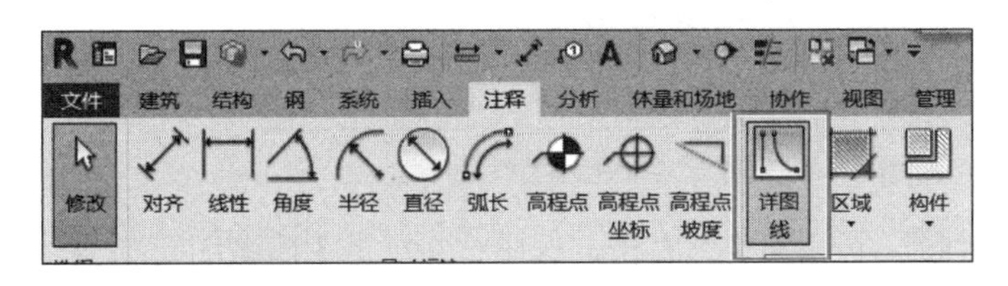

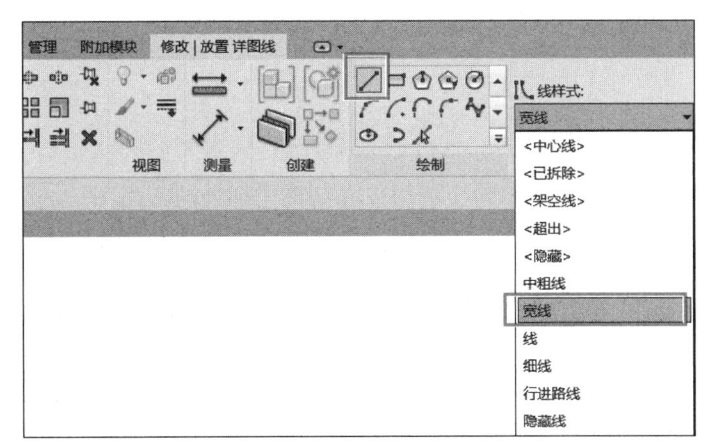

微课：剖面图

图 15-20　“修改 | 放置详图线”选项卡

（5）外墙装饰的标注。选择“注释”选项卡下“文字”面板中的“文字”工具，系统将自动切换至“修改 | 放置文字”上下文选项卡，设置“属性”面板当前文字类型为“仿宋”“3.500mm”，单击“属性”面板中的“编辑类型”，进入“类型属性”设置对话框，修改“颜色”为“蓝色”，其他设置保留默认设置，单击“确定”，退出“类型属性”对话框，在“修改 | 放置文字”上下文关联选项卡中，设置“对齐”面板中文字水平对齐方式为“左对齐”，设置“引线”面板中引线方式为“二段引线”，如图 15-21 所示。

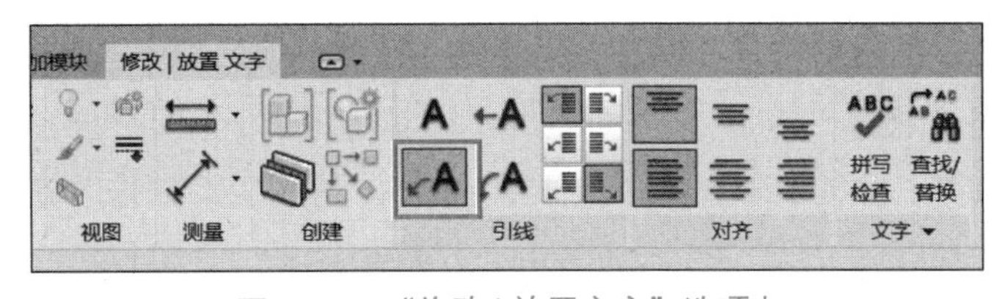

图 15-21　“修改 | 放置文字”选项卡

（6）单击立面图中墙体的任意位置作为引线起点，垂直向上移动鼠标指针，绘制垂直方向引线，在视图空白处上方生成第一段引线，再沿水平方向向右移动鼠标指针，并绘制第二段引线，进入文字输入状态，输入“红色外墙砖”，完成后，单击空白处任意位置，完成位置输入，效果如图 15-22 所示 .

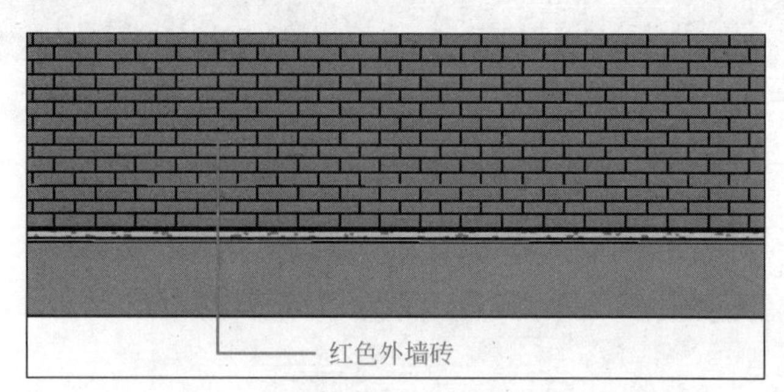

图 15-22 输入“红色外墙砖”

（7）修改轴网显示。选中②~⑥号轴线，右击，选中“在视图中隐藏图元”，将②~⑥号轴线在南立面视图中隐藏，将①号和⑦号轴线设置为两端显示轴号，完成设置后保存该文件。

15.2.2 剖面施工图

剖面图的优化方法与平面图及立面图相同，下面以办公楼楼梯处的剖面图为例，介绍剖面图的优化方法。

微课：立面注释

（1）生成剖面图，打开 15.1 节保存的“办公楼”文件，将项目切换至 F1/0.00m 楼层平面视图，单击“视图”选项卡下“创建”面板中的“剖面”工具，进入“修改|剖面”上下文选项卡，在平面图中 1# 楼梯左梯段的适当位置绘制剖面线，将会生成一个可以调节大小的剖切框，可根据需要调整剖切框的大小，单击选中剖面线，按鼠标右键选择进入“转到视图”，进入剖面视图。接下来对剖面图进行优化。

提示

平面视图每放置一个剖面符号，均会在“项目浏览器”中的“剖面（建筑剖面）”中生成对应的视图。

（2）添加高程点符号。利用“注释”选项卡“尺寸标注”面板的“高程点”工具，在休息平台处及楼层平台处添加高程点符号。

（3）尺寸标注。使用“对齐”标注总高度尺寸及各梯段的高度。选择上一步创建的尺寸标注的尺寸文字，双击“1800”，界面弹出“尺寸标注文字”对话框，如图 15-23 所示，选择“以文字替换”，在对话框内输入“150 × 12”，完成后，单击“确定”按钮，退出“尺寸标注文字”对话框，设置完成后如图 15-24 所示。

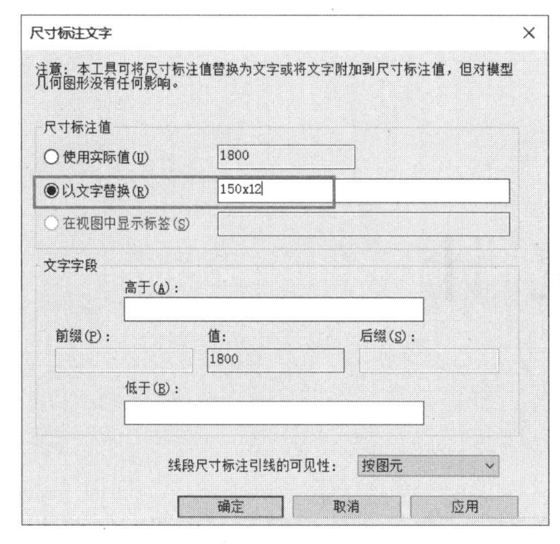

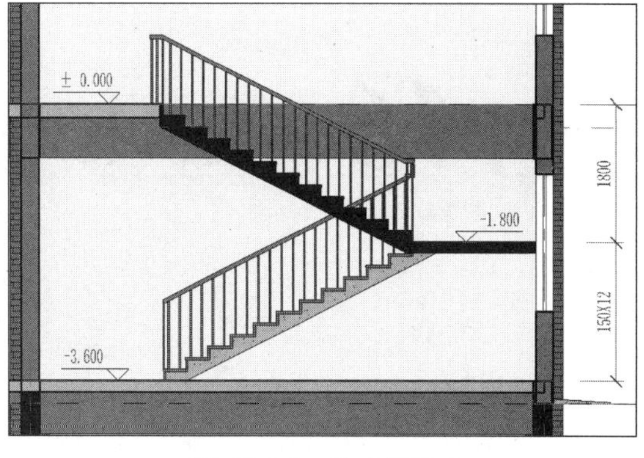

图 15-23 “尺寸标注文字”对话框 1

图 15-24 尺寸标注 1

（4）Revit Architecture 同 Autodesk CAD 一样，可以通过标注尺寸添加前缀或后缀进行标注，双击选择上一步标注的文字“1800”，界面弹出“尺寸标注文字”对话框，如图 15-25 所示，将“前缀（P）”设置为“150 × 12=”，完成后，单击“确定”按钮，退出“尺寸标注文字”对话框。设置完成后如图 15-26 所示。

（5）完成标注后，单击“保存”按钮，并关闭该文件。

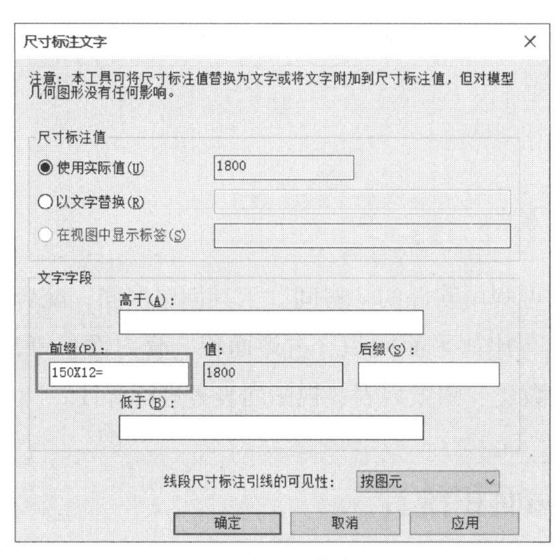

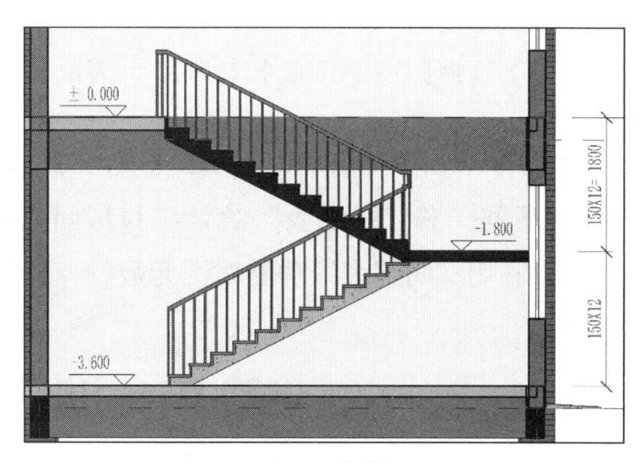

图 15-25 “尺寸标注文字”对话框 2

图 15-26 尺寸标注 2

附件：任务单

项目16 Revit 统计

教学目标：

通过学习本项目内容，了解 Revit 统计相关知识；熟悉创建房间面积和图例的方法；重点掌握门窗明细表、材料统计表的创建。

知识目标：

（1）了解房间面积、体积、明细表统计、材质统计；

（2）掌握房间名称、面积生成与修改的方法；

（3）掌握门窗明细表的创建方法，字段确定、过滤条件、排列组成、格式和外观设置方法；

（4）掌握材料统计表的创建方法。

技能目标：

（1）了解 Revit 统计；

（2）熟悉房间面积的创建方法；

（3）掌握门窗明细表和材料统计表的创建方法。

采用 Revit Architecture 创建完成模型后，可利用软件的“房间”工具创建房间，配合“标记房间”和“明细表”统计项目房间信息，比如平面面积、占地面积、套内面积等，还可以利用“明细表”功能对图元数量、材质数量、图纸列表、视图列表等进行统计。

16.1 房间和面积统计

Revit Architecture 可以利用“房间”工具在项目中创建房间对象。“房间”属于模型对象类别，可以像其他模型对象图元一样使用“标记房间”；房间提取显示房间参数信息，如房间名称、面积、用途等。

在 Revit Architecture 中为模型创建房间时，要求对象必须具有封闭边界，模型中的墙、柱、楼板、幕墙等均可作为房间边界。

（1）打开项目 15 完成的“办公楼”项目文件，切换项目至 F1/0.00m 楼层平面视图。

（2）设置房间面积和体积的计算规则，单击“建筑”选项卡→“房间和面积”面板中的黑色三角形图标，展开“房间和面积”菜单，单击“面积和体积计算”工具，如图 16-1 所示，界面弹出“面积和体积计算”对话框，设置“房间面积计算”方式为“在墙核心层（L）”，如图 16-2 所示。

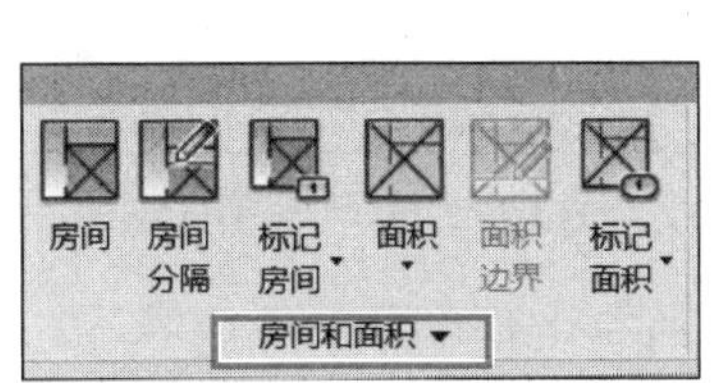

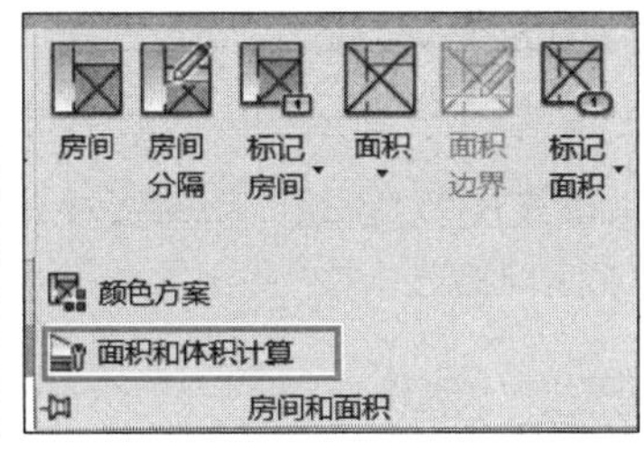

微课：房间面积

图 16-1　“房间和面积”面板和“面积和体积计算”工具

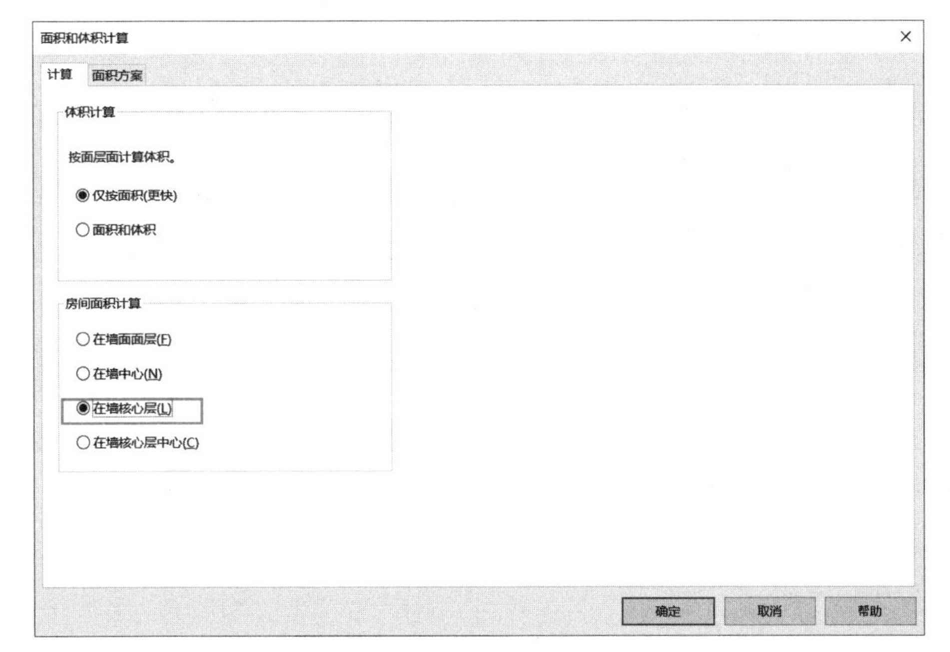

图 16-2　“面积和体积计算”对话框

（3）放置房间标记。单击“建筑”选项卡下的“房间和面积”面板中的“房间”工具，切换至“修改 | 放置房间”选项卡，进入房间放置模式。在“属性”面板中选择房间的编辑类型为“标记房间 - 有面积 - 施工 - 仿宋 -3mm-0.67”，同时设置“约束”中的“高度偏移”为“3000.0”，如图 16-3 所示。

（4）移动鼠标指针至“办公楼”任意房间内，Revit Architecture 将以蓝色显示自动搜索到的房间边界，如图 16-4 所示，单击鼠标左键放置房间，同时生成房间标记，并显示房间名称和房间面积。

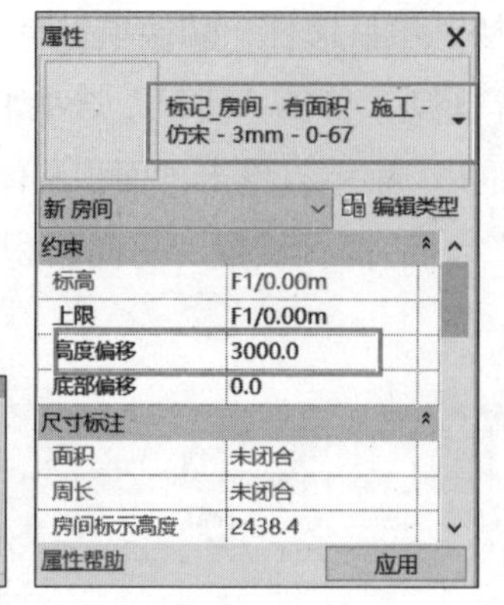

图 16-3 放置房间标记

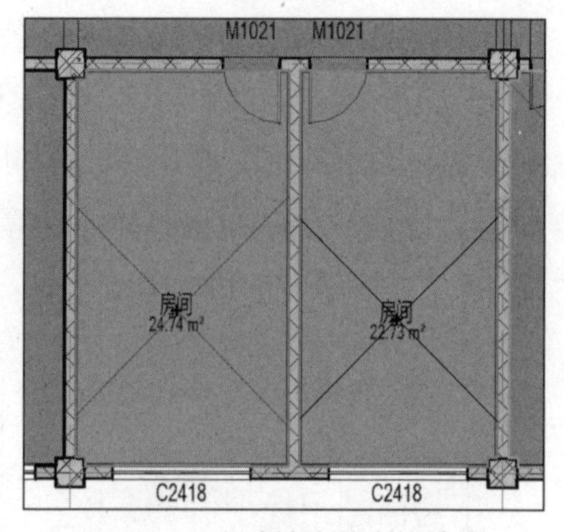

图 16-4 自动搜索的房间边界

提示

遇到没有外墙的房间时，不能直接标记房间，可先用“房间分隔”工具将其封闭，如图 16-5 和图 16-6 所示，再用“房间”工具对其进行房间标记。

图 16-5 “房间分隔”工具 1

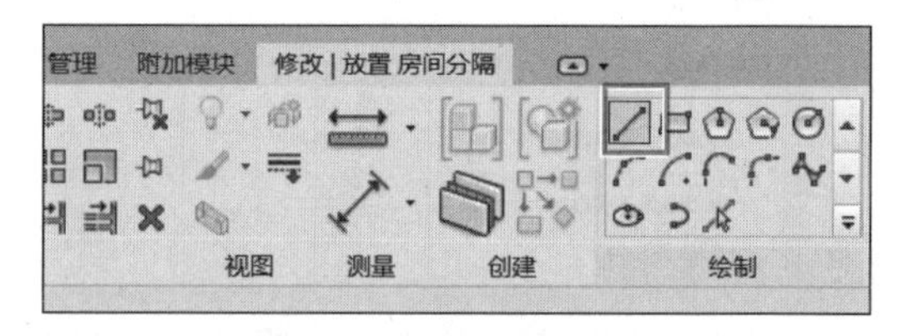

图 16-6 “房间分隔”工具 2

（5）可以通过两种方式修改房间名称。其一，在已经创建房间对象的房间内移动鼠标指针，双击“房间”两个字，直接修改其房间名称；其二，鼠标指针在房间内移动时，当房间对象呈高亮显示时，单击选择房间（不是选择房间标记），选中后，可以直接在“属性”面板中修改“标识数据”下的“名称”。

（6）将“办公楼”F1/0.00m 及其他楼层的各房间名称按图 16-7 所示命名。

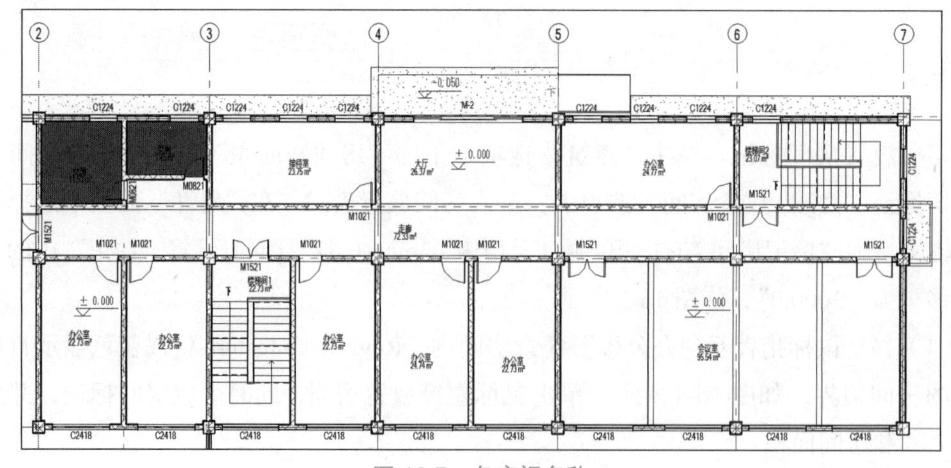

图 16-7 各房间名称

提示

可以修改房间标记名称，也可以对其删除。但需要注意的是，房间标记和房间对象是两个不同的图元，即使删除了房间标记，房间对象还是存在的。

16.2　明细表统计

使用 Revit Architecture 中“视图”下的“明细表 / 数量”工具，可以对对象类别进行统计，并列表显示项目中各类模型图元的信息。可以统计出房间的面积，墙体的材料，门窗的高度、宽度、数量和面积等信息。

门窗统计表的制作过程如下。

（1）打开 16.1 节完成的“办公楼”项目文件，切换至 F1/0.00m 楼层平面视图。

（2）新建窗统计表。单击“视图”选项卡下“创建”面板中的“明细表”，如图 16-8 所示，展开下拉菜单，选择“明细表 / 数量”，如图 16-9 所示，进入“新建明细表”对话框，如图 16-10 所示。

微课：门窗明细表

图 16-8　“明细表”工具

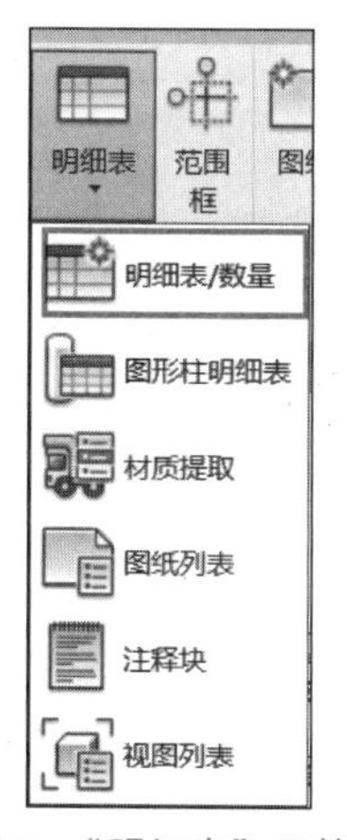

图 16-9　“明细表”下拉菜单

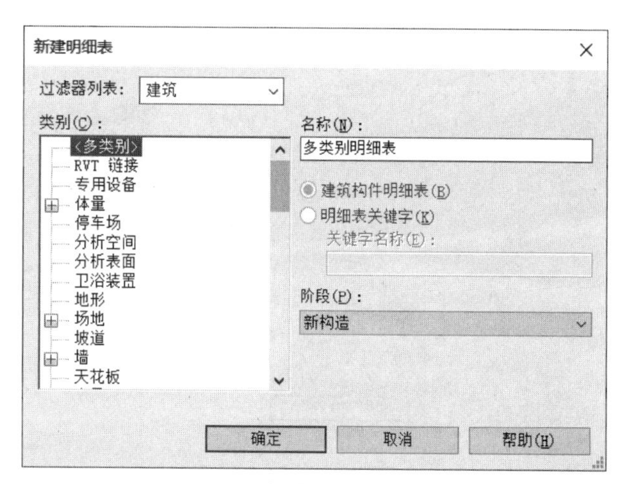

图 16-10　“新建明细表”对话框 1

（3）在“类别”中选择“窗”，修改名称为“办公楼窗明细表”，确认选择“建筑构件明细表”，单击“确定”按钮，如图 16-11 所示。

（4）进入“明细表属性”对话框，“明细表属性”中含有“字段”“过滤器”“排序 / 成组”“格式”和“外观”五部分内容。先对“字段”进行设置，在“可用的字段”中首先选择“族与类型”，单击“添加”，则“族与类型”就会被添加到明细表字段，之后把“类型标记”“宽度”“高度”“合计”添加到明细表字段中，如需要调整顺序，可以单击明细表字段下面的“上移”和“下移”进行操作，如图 16-12 所示。

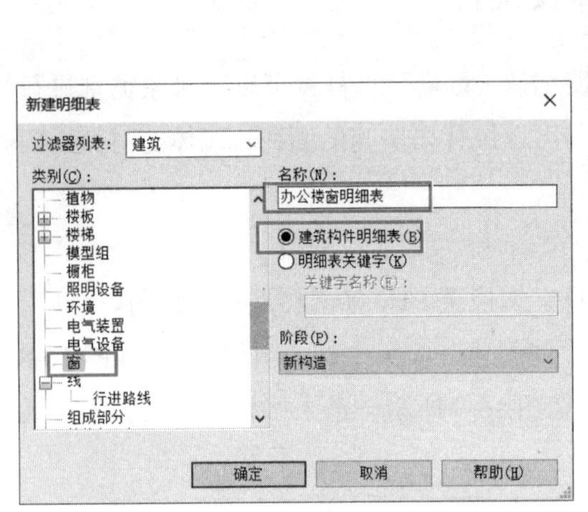

图 16-11 “新建明细表”对话框 2

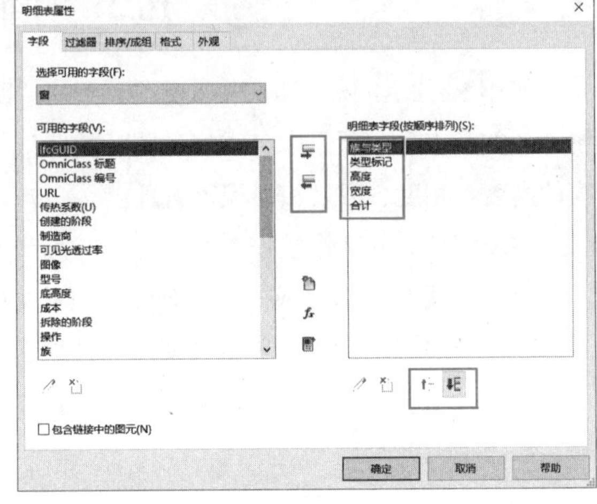

图 16-12 “明细表属性”下“字段”的设置

（5）接下来设置“排序 / 成组”，选择“排序方式”为“族与类型”，不勾选“逐项列举每个实例”，完成“排序成组”的设置，如图 16-13 所示。

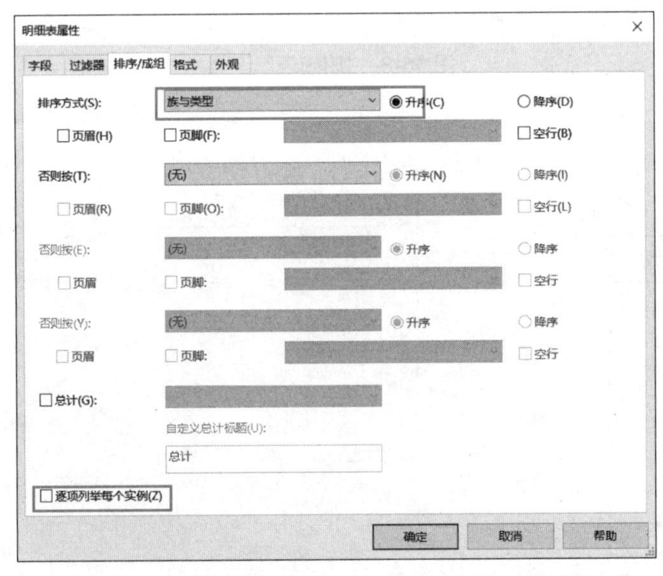

图 16-13 “明细表属性”下“排序 / 成组”的设置

可以根据需要自行设置“过滤器”“格式”和“外观”，设置完成后，单击“确定”按钮，进入明细表视图，如图 16-14 所示。

（6）还可以对明细表添加公式，以进一步统计相应的数据，接下来为“办公楼窗统计表”添加“面积”。操作方法如下，选择“明细表”中的“字段”，单击“编辑”按钮，如图 16-15 所示，进入“明细表属性”对话框。选择“计算值”，进入“计算值”编辑对话框，在“名称”处输入“面积”，在“类型”中选择“面积”，单击“公式”后的按钮，进入“字段”的选择，选择“宽度”后，单击“确定”按钮，输入“*”乘号，再单击“确定”按钮，选择“高度”，单击“确定”按钮，如图 16-16 所示。

<办公楼窗明细表>

A	B	C	D	E
族与类型	类型标记	高度	宽度	合计
三层双列: C1224	C1224	2400	1200	11
办公楼-窗: C2421	C2421	2100	2400	1
双层单列: C0718	C0718	1800	700	2
双层双列 - 上部	C1218	1800	1200	3
双层四列: C2418	C2418	1800	2400	18
双层四列: C2818	C2818	1800	2800	2

图 16-14　“办公楼窗明细表”

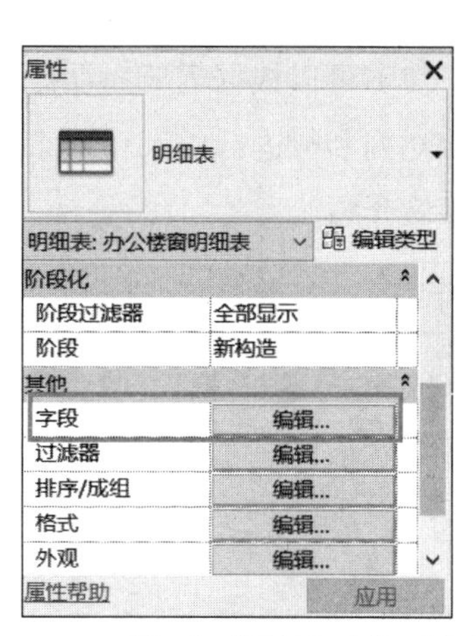

图 16-15　明细表“属性”中的“字段”

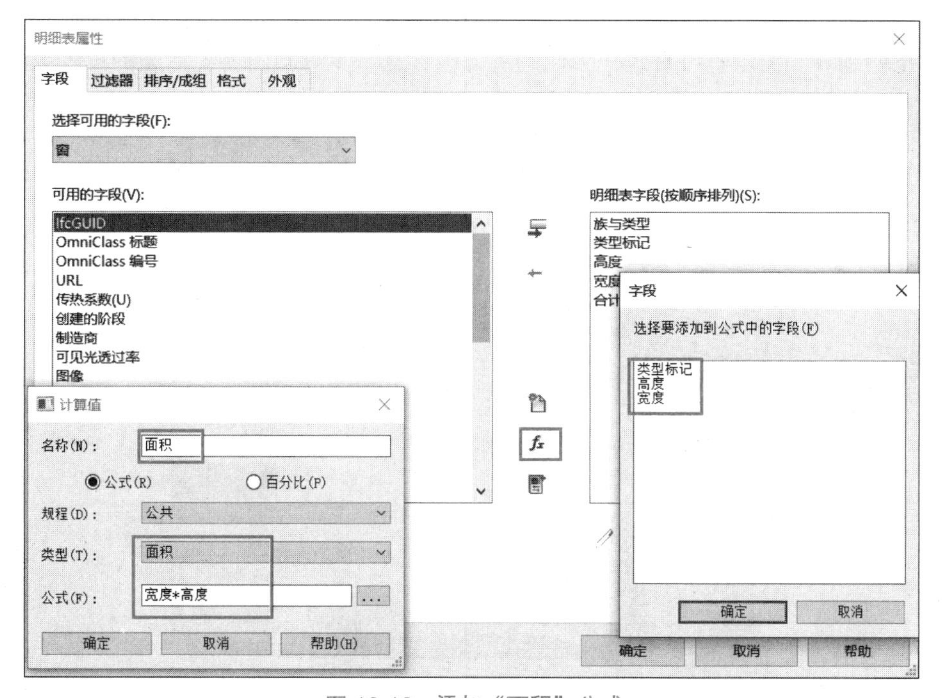

图 16-16　添加“面积”公式

完成设置后，单击“确定”按钮，退出“明细表属性”对话框，此时明细表会增加一个名称为“面积”的字段，且已经统计出窗对应的面积，如图 16-17 所示。

<办公楼窗明细表>					
A	B	C	D	E	F
族与类型	类型标记	高度	宽度	合计	面积
三层双列: C1224	C1224	2400	1200	11	2.88
办公楼-窗: C2421	C2421	2100	2400	1	5.04
双层单列: C0718	C0718	1800	700	2	1.26
双层双列 - 上部	C1218	1800	1200	3	2.16
双层四列: C2418	C2418	1800	2400	18	4.32
双层四列: C2818	C2818	1800	2800	2	5.04

图 16-17 “面积”字段生成

（7）可以根据需要对明细表格式（如行、列、外观等）进行修改，如图 16-18 所示，可以对列和行进行插入、删除，对字体等进行相应的修改，操作方法与 Excel 类似。这里不多做介绍。

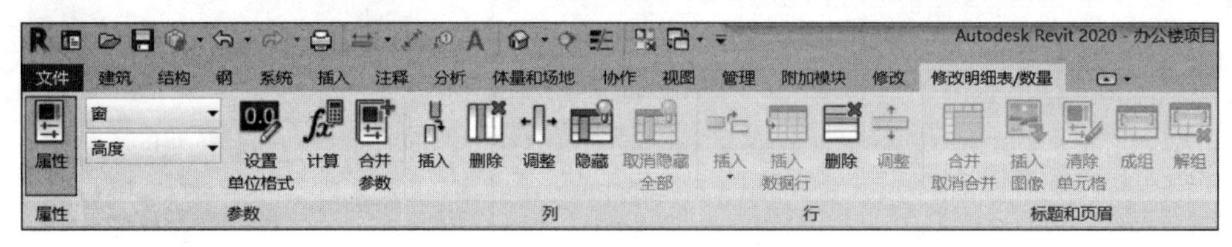

图 16-18 明细表格式的修改

（8）可以导出 Revit Architecture 中生成的各类明细表，单击“应用程序”按钮→“导出”→“报告”→“明细表”，如图 16-19 所示然后选择保存路径，单击“确定”按钮，即可导出明细表。使用者可自建一个门的统计表，进一步巩固门窗统计表的设置方法。

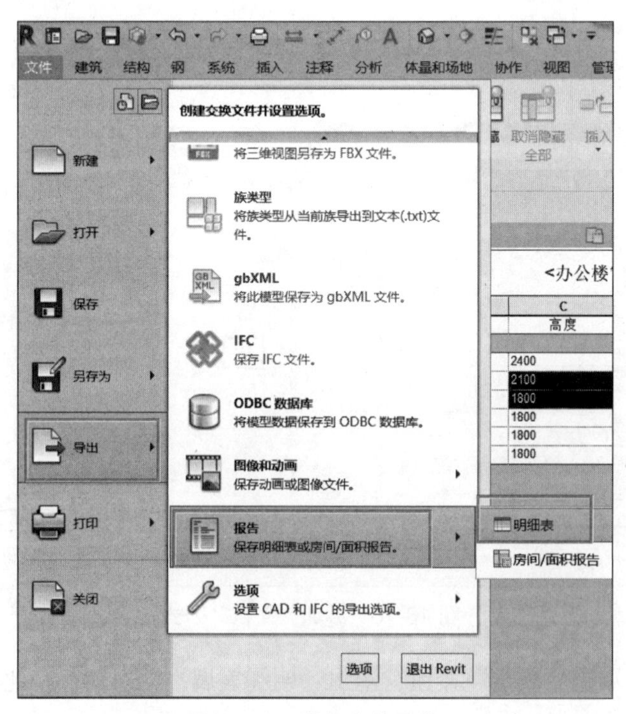

图 16-19 明细表的导出

提示

Revit Architecture 生成的明细表的导出格式是 .txt，可以将导出的明细表复制到 Excel 中进一步进行编辑。

通过 Revit Architecture“明细表 / 数量”工具生成的明细表与项目模型相互关联，明细表视图中显示的信息源自 BIM 模型数据库。可以利用明细表视图修改项目中模型图元的参数信息，以提高修改大量具有相同数值的图元属性时的效率。

16.3 材料统计

在预算工程量以及施工过程中，均需要知道材料的种类、数量等信息，Revit Architecture 提供了“材质提取”明细表工具，用于统计项目中各对象材质生成的数量。“材质提取”明细表与 16.2 节中“明细表 / 数量”的操作方法类似。

打开 16.2 节完成的项目文件，切换至 F1/0.00m 楼层平面视图，选择“视图”选项卡下“创建”面板中的“明细表”工具中的“材质提取”，如图 16-20 所示。进入“新建材质提取”对话框，选择“楼板”，单击“确定”按钮，进入“材质提取属性”对话框，按图 16-21 所示设置“字段”值。设置“排序 / 成组”的“排序方式”为“族与类型”，不勾选“逐项列举每个实例”，“格式”选项中“材质：体积”，勾选“在图纸上显示条件格式”为“计算总数”，如图 16-22 所示。完成设置后，单击“确定”按钮，生成“楼板材质提取”明细表，如图 16-23 所示。

微课：材质提取

图 16-20 “材质提取”

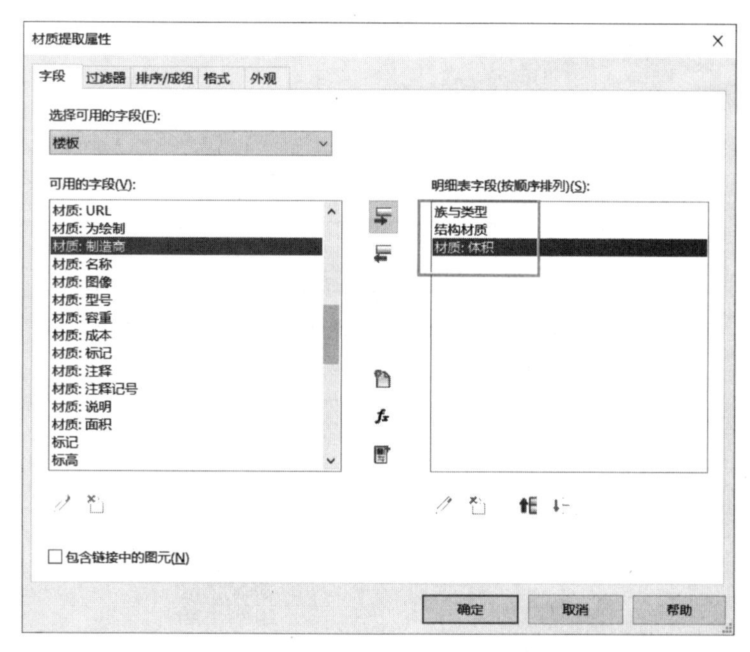

图 16-21 “材质提取属性”下“字段”的设置

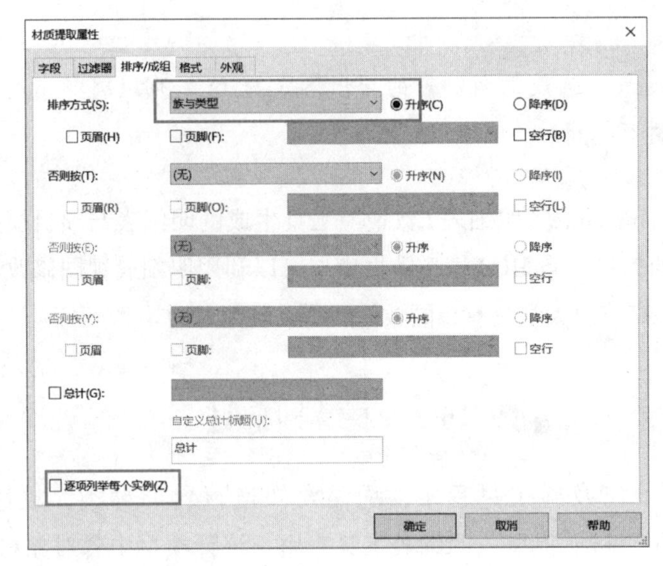

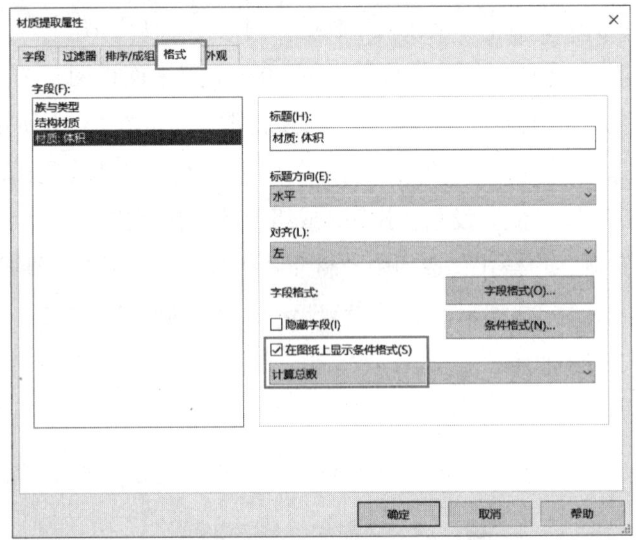

图 16-22 “材质提取属性”下“排序 / 成组”“格式”的设置

<楼板材质提取>		
A	B	C
族与类型	结构材质	材质: 体积
楼板: 办公楼-B1卫生间楼板	办公楼-BI混凝土楼板	3.99
楼板: 办公楼-B1室内楼板	办公楼-BI混凝土楼板	90.07
楼板: 办公楼-F1卫生间楼板	办公楼-BI混凝土楼板	3.24
楼板: 办公楼-F1室内楼板	办公楼-FI混凝土楼板	72.62

图 16-23 “楼板材质提取”明细表

附件：任务单

项目17 建筑表现

教学目标：

通过学习本项目内容，了解不同视觉样式的主要区别；掌握渲染和漫游的一般步骤；完成项目的渲染图片和动画的导出。

知识目标：

（1）掌握渲染的步骤，渲染图片的输出；

（2）掌握漫游的步骤；

（3）掌握编辑漫游路径、调整漫游帧，漫游动画导出的方法。

技能目标：

（1）完成项目的渲染图片；

（2）完成漫游动画的制作。

Revit 是基于 BIM 的三维设计工具。在 Revit 中，不仅能输出相关的平面文档和数据表格，完成模型后，还可以利用 Revit 的表现功能对 Revit 模型进行展示与表现。在 Revit 中，可以在三维视图下输出基于真实模型的渲染图片。在做这些工作之前，需要在 Revit 中做一些前期的相关设置。

17.1 日光及阴影设置

对于建筑而言，外部光环境对整个建筑室内外的环境具有重要的影响。在 Revit 中对建筑日光进行相应的分析，可以让建筑师准确地把握整个项目的光影环境情况，从而对项目作出最优、最理性的判断。Revit 提供了模拟自然环境日照的阴影及日光设置功能，用于在视图中真实地反映外部自然光和阴影对室内外空间及场地的影响，同时可以动态输出这种真实的日光显示。

（1）打开办公楼项目文件，切换至默认三维视图。如图 17-1 所示，单击视图控制栏“日光设置”按钮，在弹出的列表中选择“日光设置”选项，界面弹出“日光设置”对话框。

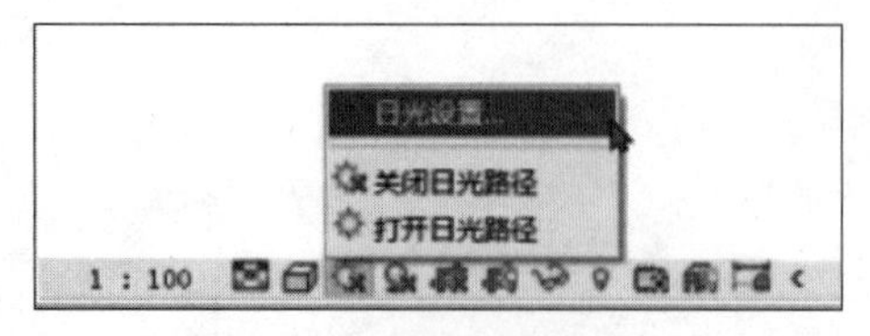

图 17-1 “日光设置”选项

（2）如图 17-2 所示，在“日光设置”对话框中，设置“日光研究”的方式为“静止”，修改“日期”为 2022 年 12 月 23 日，设置“时间”为 12:00，勾选“地平面的标高”选项，设置地平面的标高为“B1 室外地坪 /–3.90m”。

（3）单击“保存设置”按钮，在弹出的“名称”对话框中输入当前日光名称为“北京冬至”，单击“确定”按钮，将当前设置保存至预设列表中。再次单击“确定”按钮，退出“日光设置”对话框。

微课：日光路径

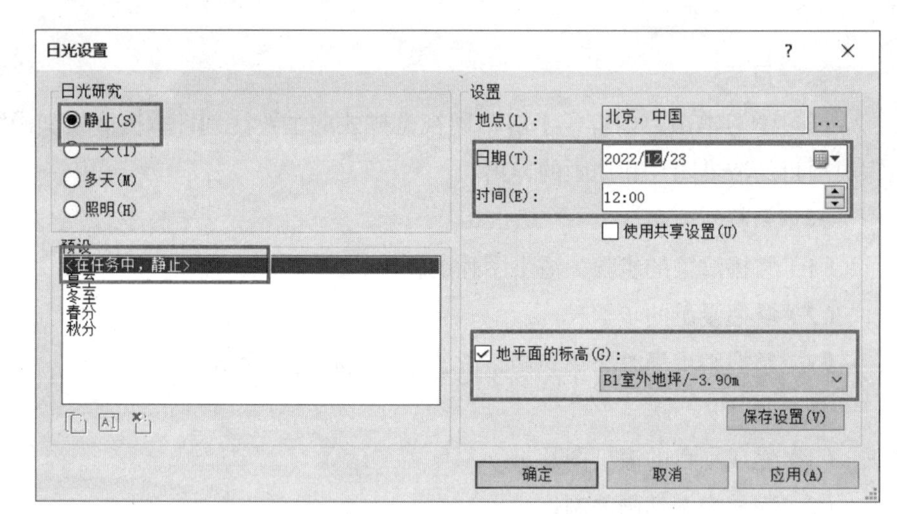

图 17-2 “日光设置”对话框

（4）如图 17-3 所示，单击视图控制栏中的“打开阴影”按钮，将在视图中显示当前太阳在办公楼项目产生的阴影。

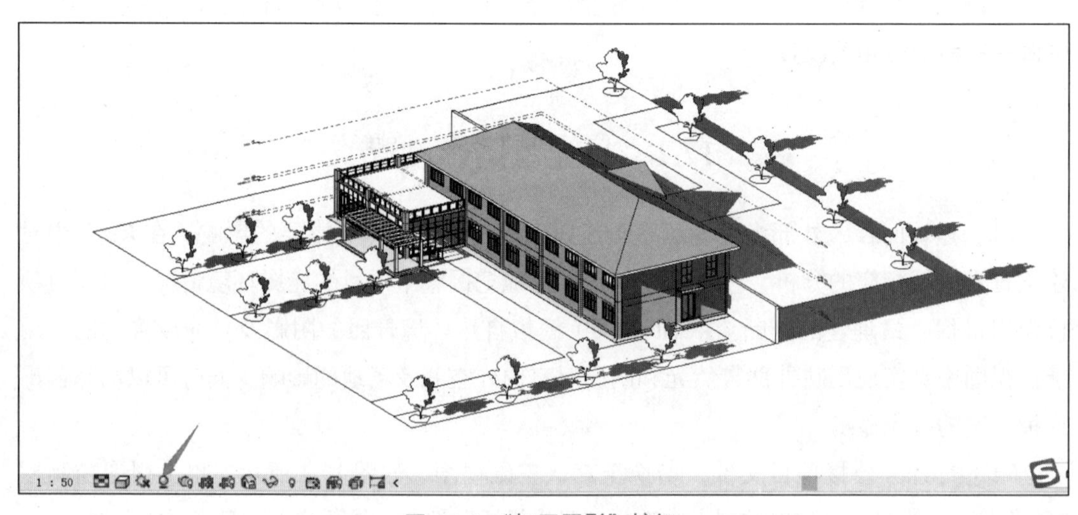

图 17-3 “打开阴影”按钮

提示

视图的视觉样式为线框模式时，将无法在视图中开启阴影。

（5）单击视图控制栏中的“日光设置”按钮，在列表中选择“打开日光路径”选项，Revit 将在当前视图中显示指北针以及当天太阳的运行轨迹。

（6）如图 17-4 所示，在显示日光路径状态下，可以通过拖动太阳图标动态修改太阳位置。还可以通过单击当前时刻值将太阳位置修改至指定时刻。当太阳的位置修改时，视图中的阴影也将随之发生变化。

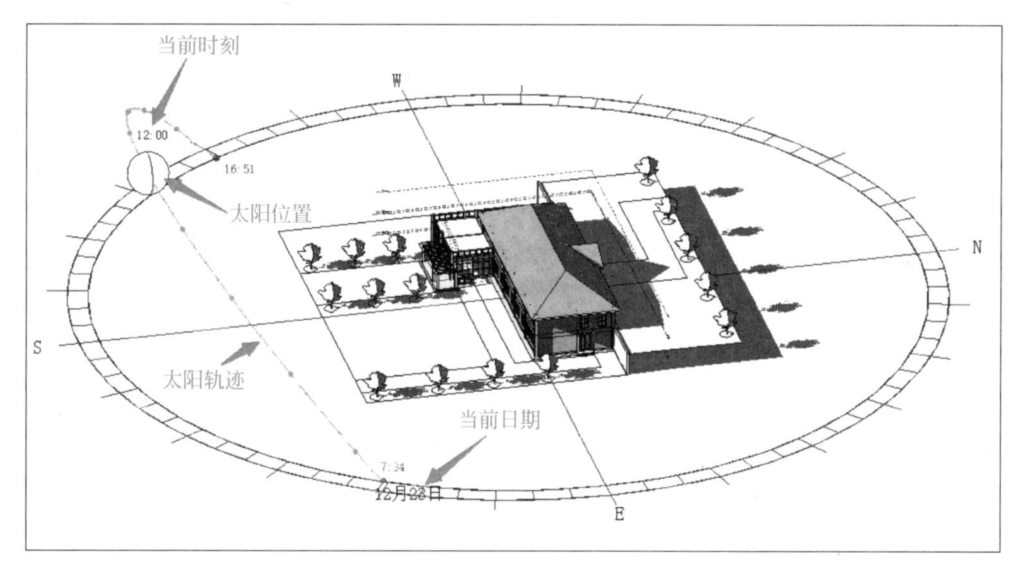

图 17-4 显示日光路径状态

提示

选择日光路径，可以在“属性”面板中修改日光路径及罗盘的大小。

（7）单击“日光设置”按钮，在列表中选择“关闭日光路径”选项，即关闭日光路径的显示。

（8）打开“日光设置”对话框。如图 17-5 所示，设置“日光研究”的方式为“一天”，修改“日期”为 2022 年 12 月 21 日，勾选“日出到日落”选项，设置阴影显示的“时间间隔”为“一小时”，勾选“地平面的标高”选项，设置地平面的标高为“B1 室外地坪 /–3.90m”。将当前设置保存名称为“北京冬至日光研究”，单击“确定”按钮，退出日光设置对话框。

（9）单击“日光设置”按钮，如图 17-6 所示，由于当前日光设置为一天的方式，将生成动态阴影。列表中出现“日光研究预览”选项。单击该选项，进入日光阴影预览模式。

（10）如图 17-7 所示，选项栏中出现日光研究预览控制按钮。单击“播放”按钮，Revit 将在当前视图中按第（8）步设置的一小时间隔显示冬至日一天的阴影变化情况。

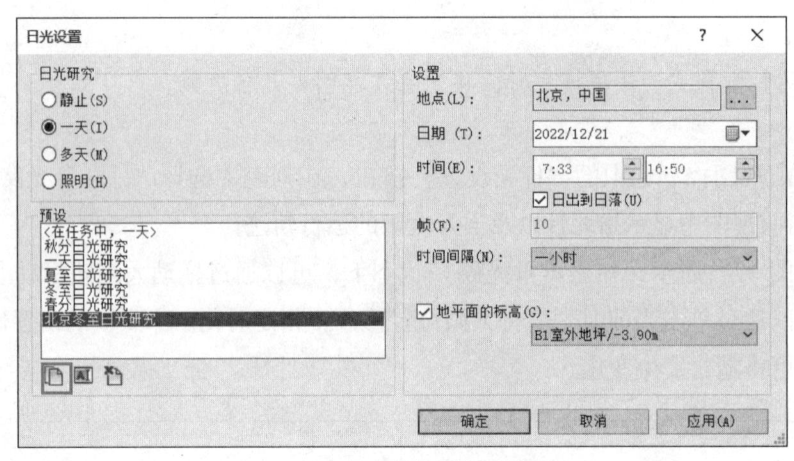

图 17-5 “日光设置”对话框

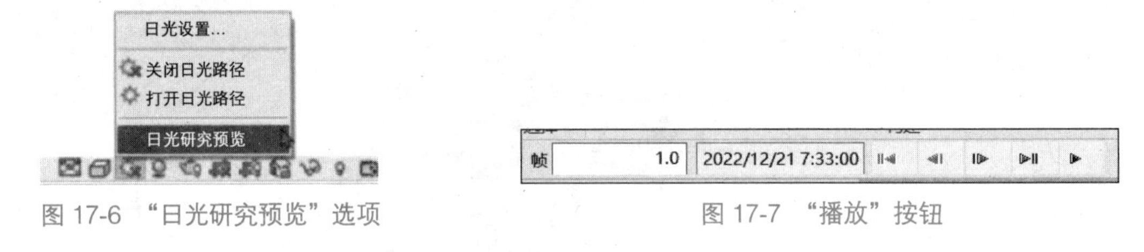

图 17-6 “日光研究预览”选项

图 17-7 “播放”按钮

提示

必须打开视图中的阴影显示，才会出现“日光研究预览”选项。

（11）至此，完成了日光以及日光设置的相关操作。保存该项目文件。

Revit 提供了四种日光设置方式，分别为静止、一天、多天和照明。多天和一天的设置方式类似，用于显示在指定的日期范围内太阳位置和阴影的变化。在 Revit 中，可以分别为不同的视图指定不同的日光设置，方便展示和对比项目在不同设置下阴影的变化。

阴影可以显示在楼层平面、立面及三维视图中。打开阴影显示后，将会消耗大量的计算资源，建议用户在隐藏线或着色模式下开启阴影，降低对系统资源的消耗。在着色一致的颜色以及隐藏线模式下获得良好的阴影效果。为降低系统资源消耗，Revit 的 RPC 构件在真实模式下将不产生阴影。

17.2 设置构件材质

在渲染视图之前，应该对材质进行编辑设置，现以大理石材质为例进行介绍。

（1）打开 17.1 节保存的文件，切换至三维视图。

（2）在三维视图中，选择任意墙体，如图 17-8 所示，该墙体的类型为“办公楼 - 外墙 -240mm”。在前面项目中已经给墙体制定了材质的名称、表面填充图案、截面填充图案及着色视图中的表面颜色，但这两种填充图案和颜色与渲染外观没有关系。材质的渲染外观，是材质在真实模式下及渲染后的图形效果，如果想要更改渲染外观，可以打开对象的材质，在“外观”处进行设置，选中任一墙体，进入墙体材质编辑，设置墙体“外观”下的相关参数。按照图 17-9 所示，选择“大理石”，完成外观设置，将项目的视觉样式切换至真实，可以看到外墙材质显示的变化情况，如图 17-10 所示。

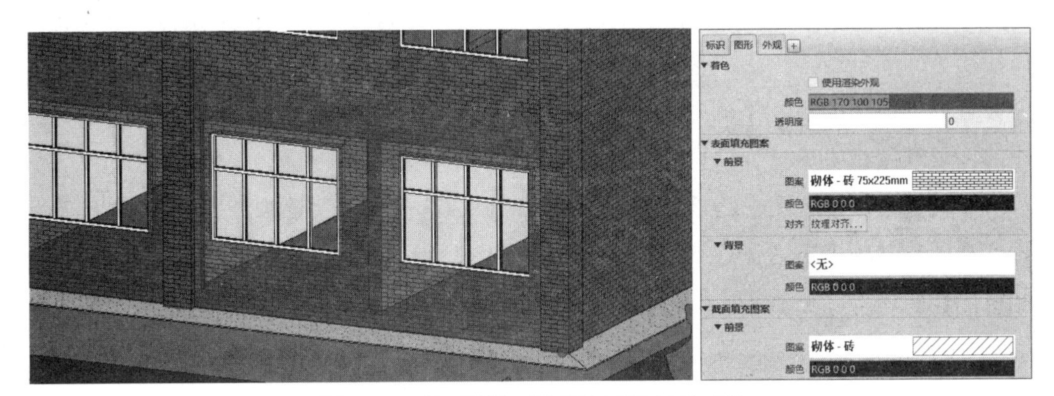

图 17-8　设置墙体“外观”下的相关参数

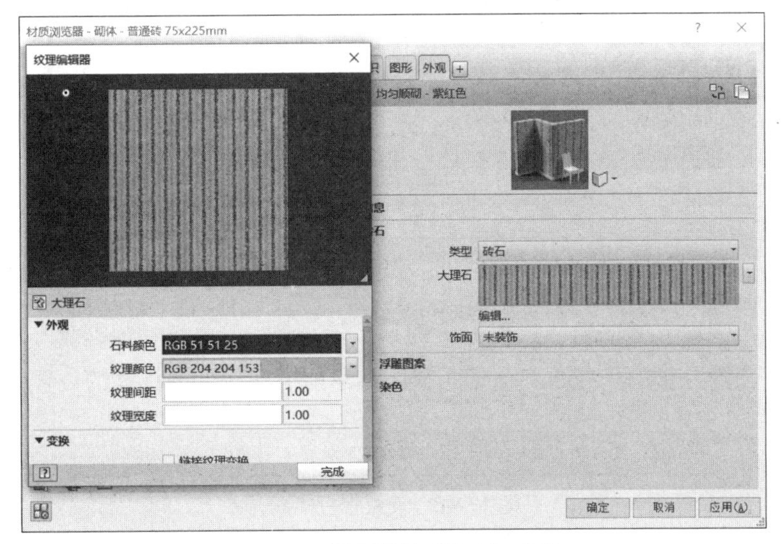

图 17-9　设置墙体“外观”参数

图 17-10　外墙材质显示的变化

17.3 布置相机视图

Revit Architecture 提供了两种渲染方式，一种是单机渲染，另一种是 Autodesk 公司新推出的云渲染。单机渲染是利用本机设置相关参数，进行渲染；云渲染又称为联机渲染，可以使用 Autodesk 云渲染服务器进行在线渲染。

设置好墙体材质后，下面对“办公楼”模型常用的单机渲染方式进行室外渲染。在渲染之前，要利用相机工具为项目添加透视图，再对透视图进行渲染。操作方法如下。

（1）创建三维透视图。将项目文件切换至 B1/−3.60m 楼层平面视图，如图 17-11 所示，选择“视图”选项卡下“创建”面板中“三维视图”工具下拉菜单中的“相机”工具，进入相机创建模式。

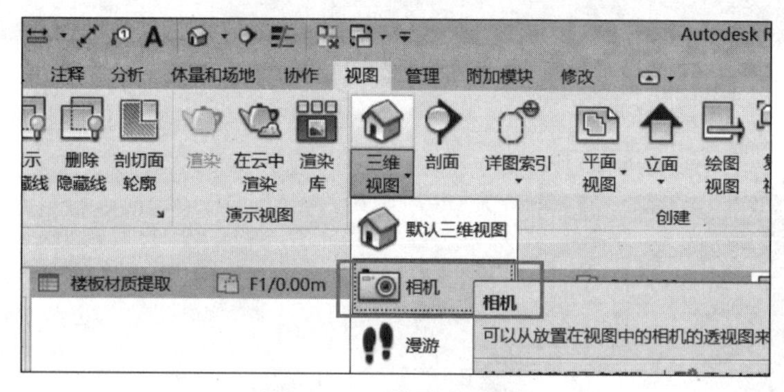

图 17-11 “相机”工具

（2）如图 17-12 所示，确认选项栏中勾选“透视图”，设置“偏移量”为“1750.0”，将“自标高”设置为“B1/−3.60m”，即相机距离当前 B1/−3.60m 标高的位置为 1750mm。

图 17-12 设置相机参数

提示

若取消勾选“透视图”，则会创建出正交三维视图而不是透视视图。偏移量表示相机的高度。

（3）在视图中选择左下角适当的位置放置相机，向右上角拖动鼠标指针，并在适当的位置单击鼠标左键生成三维透视图，Revit 将在该位置生成三维相机视图，并自动切换至该视图，如图 17-13 所示。

（4）编辑三维透视图。在创建的三维透视图四周，有四个边界控制点，可以通过拖曳控制调节视图范围的大小。

图 17-13 三维透视图

（5）再次切换到 B1/-3.60m 楼层平面视图。在项目浏览器中展开“三维视图”视图类别，上一步创建的三维相机视图将显示在该列表中。在该视图名称上右击，在弹出列表中选择“显示相机”选项，将在当前 B1/-3.60m 楼层平面视图中再次显示相机。

切换至 B1/-3.60m 楼层平面视图，可以看到相机范围形成了一个三角形，相机中间有个红色夹点，可以通过拖曳该点调整视图方向。三角形的底边表示远端的视图距离，可以通过拖曳蓝色夹点进行移动，若“图元属性”中设置不勾选“远裁剪激活”选项，则视图距离会变得无穷远，将不再与三角形底边距离相关。该对话框中的“视点高度”表示相机高度，“目标高度”表示现实终点高度，如图 17-14 所示。

（6）至此，完成了生成三维透视图的操作，保存该项目文件。

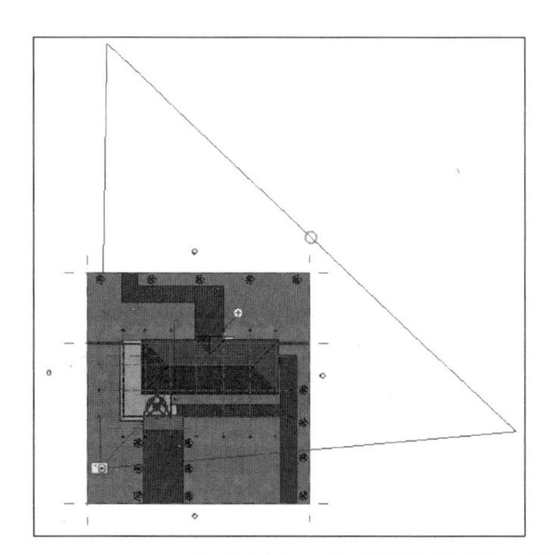

图 17-14 在“图元属性”对话框中设置各项参数

17.4 渲染图像

17.4.1 渲染及输出图像

将项目文件切换至三维视图，单击“视图”选项卡“图形”面板中的“渲染”工具，界面弹出“渲染”对话框，设置对话框中的相关参数。如图 17-15 所示，设置“质量”为“中”，质量越高，图形越清晰，同时占用计算机内存越大；设置“输出设置”中“打印机”为“300DPI”，此处设置图像的分辨率，选择打印机模式时，可以设置更高的分辨率；设置“照明”中的“方案”为“室外：仅日光”，此处可以设置日光和人造光源；将“日光设置”设为“来自左上角的日光”，可以根据地域及时间设置；将“背景”的“样式”设置为“天空：多云”，此处表示渲染后模型的背景图片或颜色。

微课：渲染

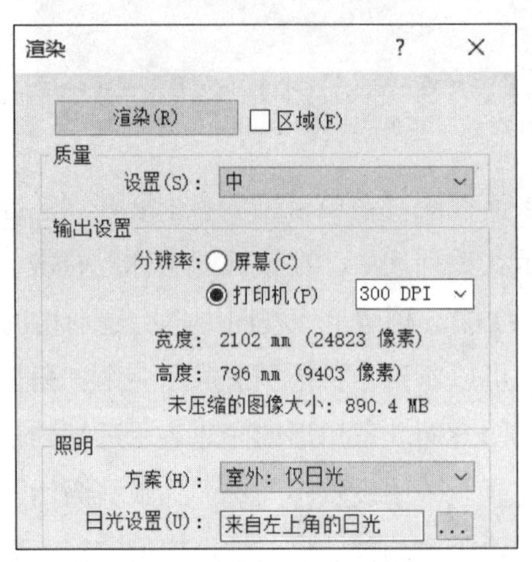

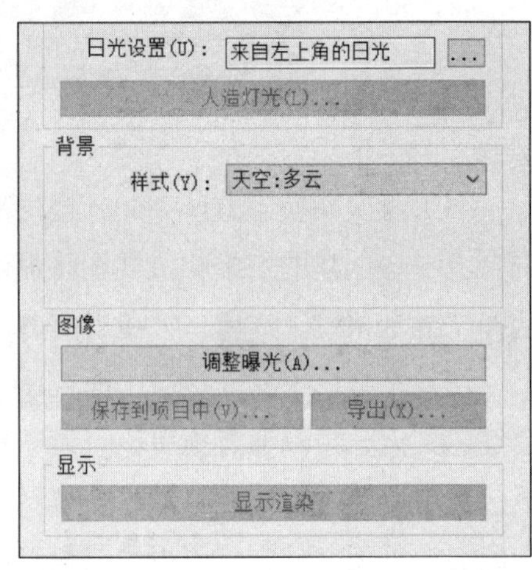

图 17-15　设置“渲染”对话框

设置完成后，单击“渲染”，图片进入渲染状态，渲染速度取决于计算机的配置情况，如 CPU 数量多、频率高，则渲染快。渲染完成，单击“保存”，在弹出的对话框中将渲染的图片命名为“室外渲染”；单击“导出”，即可将图片导出。完成后，保存该项目到指定位置。

17.4.2　云渲染

使用 Autodesk 提供的云渲染服务时，单击“视图”选项卡下“图形”面板中的“Cloud 渲染”工具，界面会弹出“在 Cloud 中渲染”对话框，提示如何使用云渲染工具，使用者可以根据提示进行操作，单击“继续”按钮，在弹出的对话框中设置参数，设置完成后单击“开始渲染”按钮，软件就开始渲染。渲染完成后，软件会自动提示，可以在网页中下载已经渲染好的视图图像。

提示

使用云渲染时，必须有 Autodesk 账户，可以注册一个账号方便使用。

除上述介绍的两种渲染方式外，也可以将 Revit 文件导入其他软件进行渲染，如 3ds Max、Lumion、Artlantis。需要在 Revit Architecture 中安装插件才能导出，3ds Max、Lumion、Artlantis 可以直接导出 FBX 格式文件。

17.5　创建漫游

Revit Architecture 还提供了“漫游”工具，可以通过制作漫游动画来更直接地观察建筑物，使用者有身临其境的感觉。

17.5.1　设置漫游路径

微课：漫游

（1）打开 17.4 节完成的项目文件，切换至 F1/0.00m 楼层平面视图，如图 17-16 所示。单击“视图”选项卡下“创建”面板中的“三维视图”工具，在弹出的下拉菜单中选择“漫游”工具，进入漫游路径绘制状态，自动切换至“修改 | 漫游”上下文选项卡。

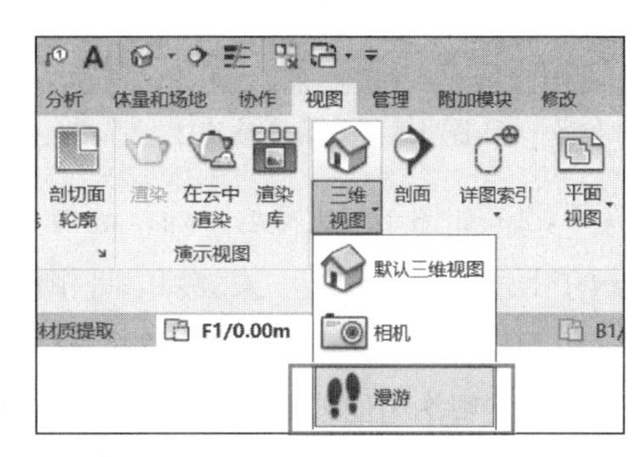

图 17-16　“漫游”工具

（2）确认选项栏中勾选“透视图”选项，设置相机“偏移量”为“1750.0”，并设置标高“自”为“B1/-3.60m”。

（3）如图 17-17 所示，依次沿办公楼项目室外场地位置单击，绘制形成环绕办公楼的漫游路径，然后单击“完成漫游”工具完成漫游路径。添加完成后，按 Esc 键完成漫游路径的设置，或单击“修改 | 漫游”上下文选项卡中“漫游”面板的“完成漫游”工具。完成漫游后，Revit 会自动在“项目浏览器”面板下创建一个名称为“漫游”的视图类别，并在该类别下生成“漫游视图”。

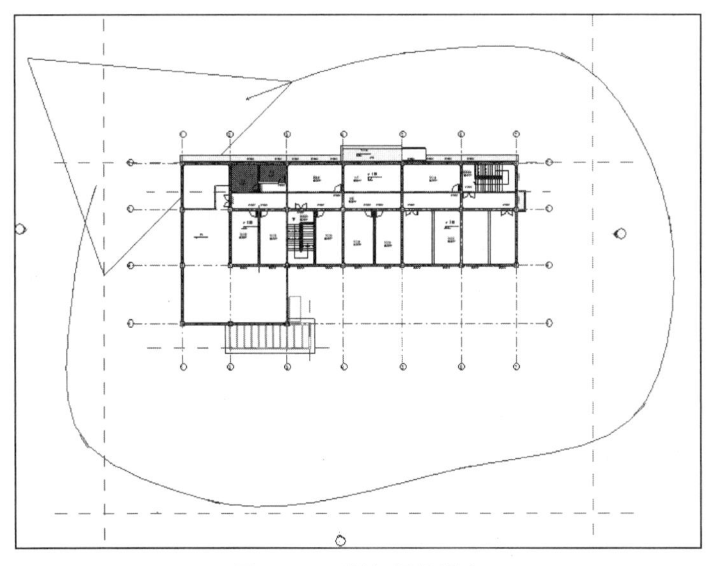

图 17-17　添加相机视点

17.5.2 编辑漫游路径

设置完漫游路径后，一般需要适当调整，才能得到建筑物的最佳视角。

（1）在 F1/0.00m 楼层平面视图中选择漫游路径，单击“漫游”面板中的“编辑漫游”工具，切换到漫游编辑界面，如图 17-18 所示。此时漫游路径进入可编辑状态，可以看到 Revit 选项栏中的“控制”中有“活动相机”“路径”“添加关键帧”等修改漫游路径的方式，如图 17-19 所示。

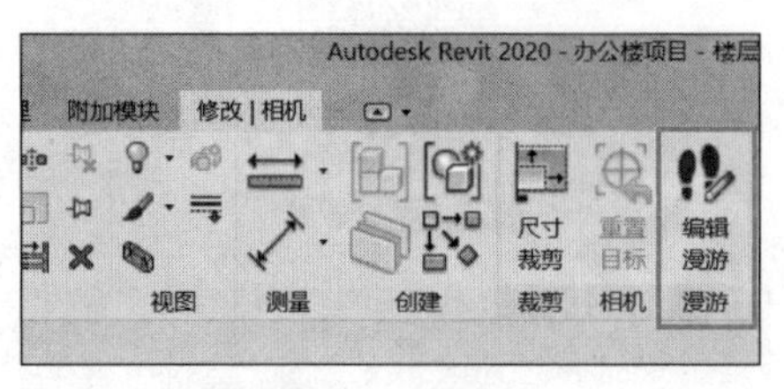

图 17-18 编辑漫游 1

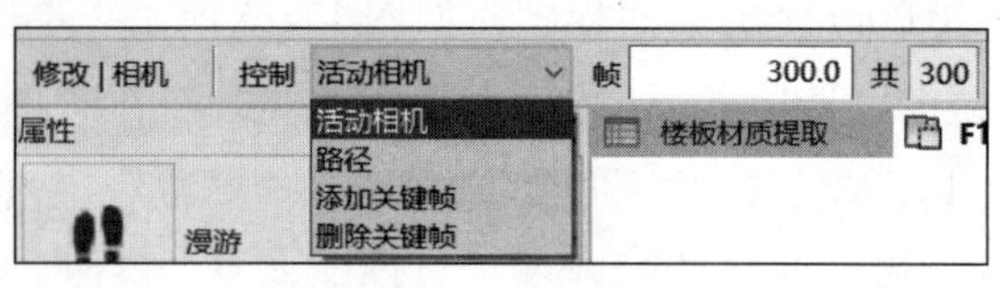

图 17-19 编辑漫游 2

（2）如图 17-20 所示，确认选项栏“控制”的方式为“活动相机”，配合“漫游”面板中上一关键帧、下一关键帧，将相机移动到各关键帧位置，使用鼠标指针拖动相机的目标位置，使每一关键帧位置处的相机均朝向办公楼方向。同时可以切换至漫游视图，通过拖动漫游视图中的剪裁边框的夹点调整漫游视图的高度和宽度。

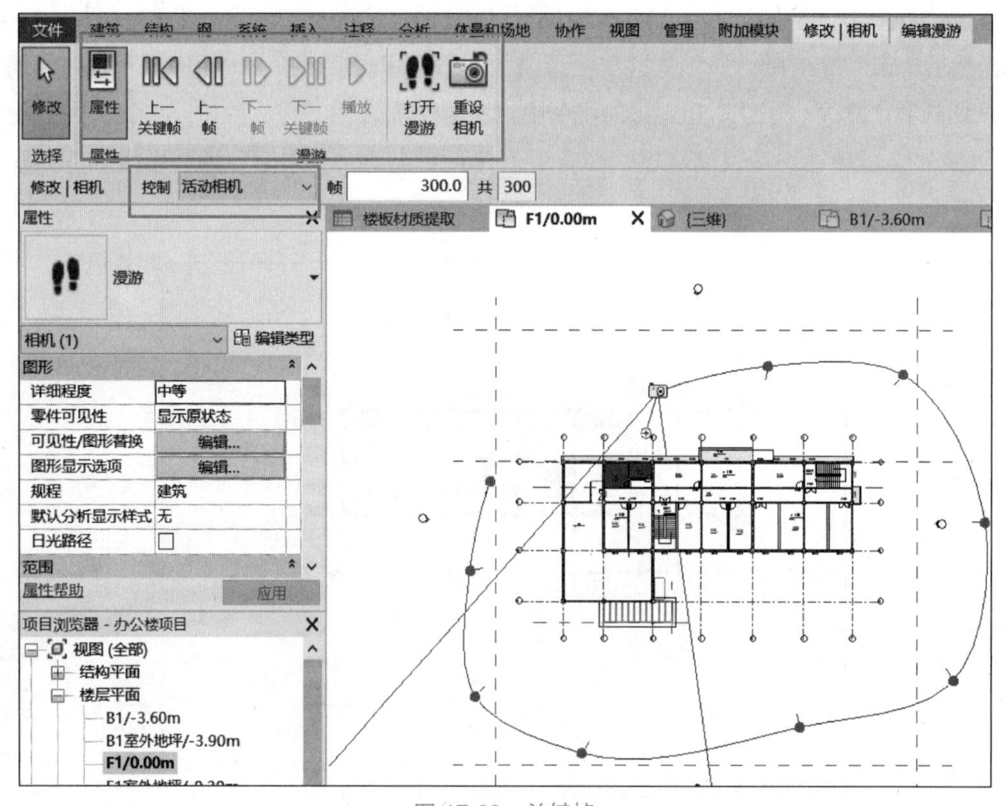

图 17-20 关键帧

提示

切换到相应立面图，通过编辑漫游，可以自由修改每一个关键帧处的相机高度和目标位置高度。

17.5.3　调整漫游帧数

设置好路径后，可以对将要生成的漫游动画总帧数及关键帧的速度进行设置。单击“属性”栏中“其他”参数“漫游帧 300”，界面会弹出“漫游帧”对话框，如图 17-21 所示，可以看到一共有 8 个关键帧，即在 F1/0.00m 楼层平面所添加的视点数，可以根据需要取消勾选“匀速”，则可以对每帧进行“总帧数”的设置，调整动画的播放速度。漫游动画的“总时间”等于总帧数 / 帧率（帧 / 秒）。

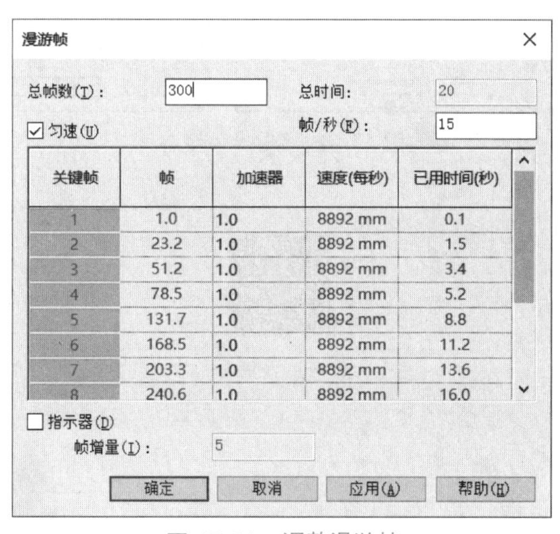

图 17-21　调整漫游帧

17.5.4　播放及导出动画

设置完成动画关键帧之后，即可导出动画。单击左上角“应用程序”菜单按钮，选择“导出”→“图像和动画”，在列表中选择“漫游”，界面弹出如图 17-22 所示的“长度 / 格式”对话框。设置动画“输出长度”为“全部帧”，设置导出“视觉样式”为“真实”，分别输入动画导出的尺寸标注为“800”和“600”，即导出动画的分辨率为 800×600。完成后，单击“确定”按钮，在界面弹出的“导出漫游”对话框中选择动画保存的位置，再次单击“确定”按钮。

提示

在漫游视图中，将视觉样式切换至着色或真实模式，将会看到更逼真的效果。在保存动画文件时，可以设置动画的保存格式为 AVI 或 JPEG 序列图片。

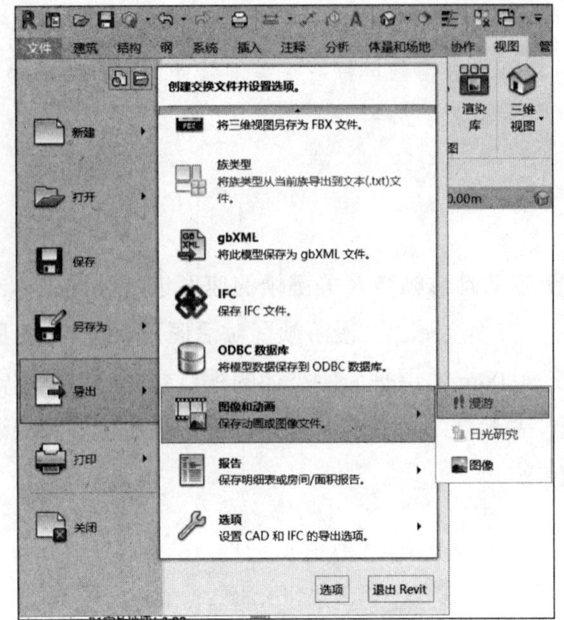

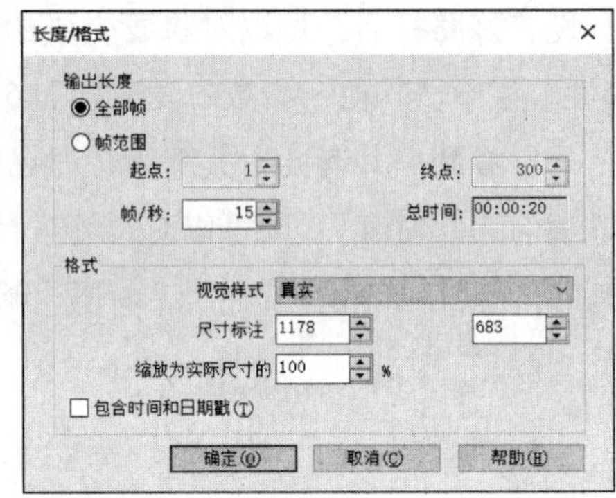

图 17-22 “导出”漫游

附件：任务单

项目 18　图纸生成和输出

教学目标：

通过学习本项目内容，了解不同图幅图纸的创建方法；掌握输出与打印图纸的一般步骤；完成项目图纸的导出。

知识目标：

（1）掌握图纸的创建方法；

（2）掌握图纸的输出方法；

（3）掌握图纸的打印方法。

技能目标：

（1）完成项目图纸的创建；

（2）完成项目图纸的输出与打印。

在 Revit 2020 当中，可以将项目中的多个视图或明细表布置在同一个图纸视图中，形成用于打印或发布的施工图纸。另外，Revit 可以将项目中的视图图纸打印或导出为 CAD 格式文件，实现与其他软件的数据交换。

18.1　设置布图和出图样式

（1）单击“视图”→“图纸组合”面板→“图纸”命令，如图 18-1 所示。

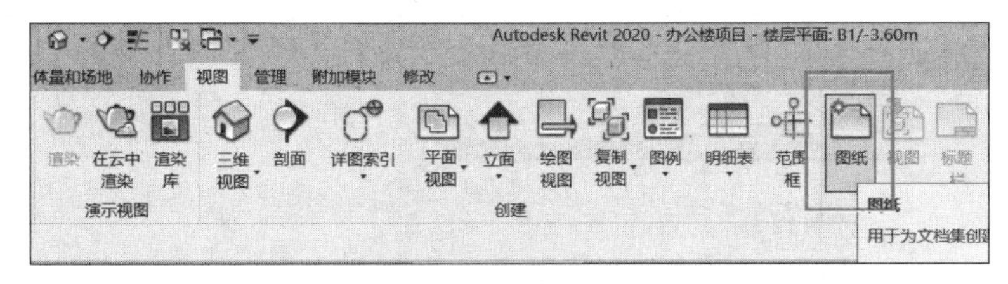

图 18-1　“图纸”工具

微课：BIM 出图

（2）界面弹出“新建图纸”对话框，在“选择标题栏”中选择“A1 公制”，单击“确定”按钮，如图 18-2 所示。

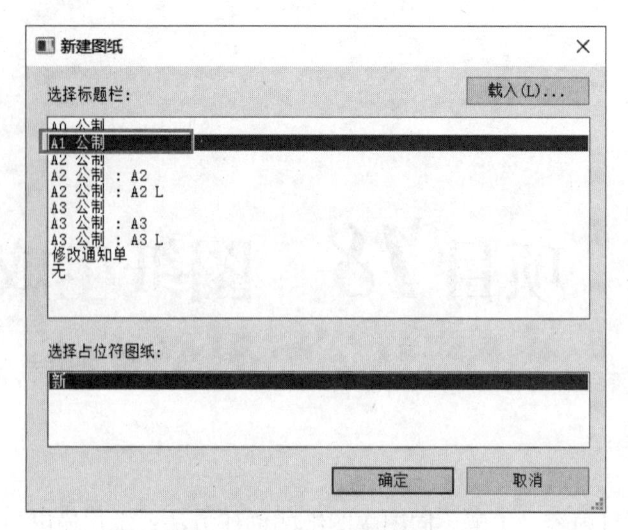

图 18-2 “新建图纸”对话框

（3）在“视图”选项卡的“图纸组合”面板中单击“视图”工具按钮，如图 18-3 所示。

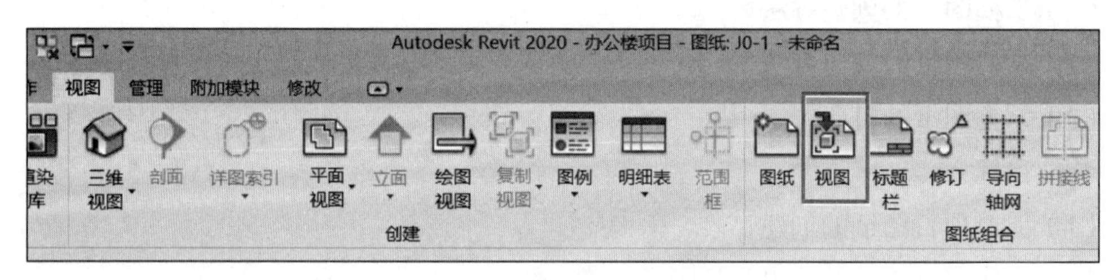

图 18-3 “视图”工具

（4）如图 18-4 所示，在弹出的“视图”对话框中选择视图名称，然后单击“在图纸中添加视图”按钮。

（5）依次选择其他视图，完成图纸组合。

（6）重复上述操作，直至项目全套图纸完成。

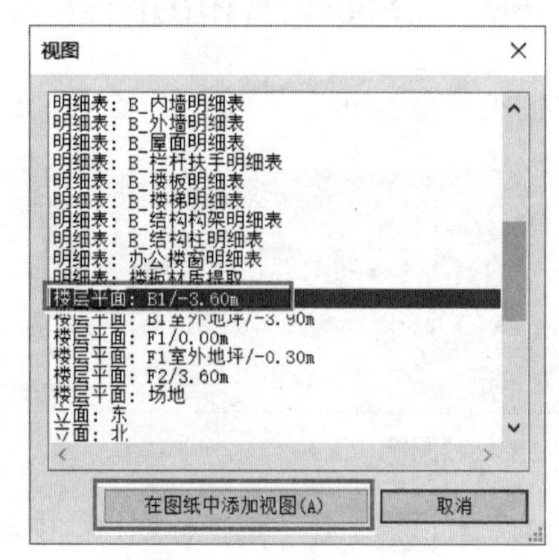

图 18-4 “视图”对话框

18.2　打印输出

图纸布置完成后，可以通过打印机（绘图仪）完成视图的打印任务，或者将指定的视图或图纸视图导出为 CAD 文件。

18.2.1　打印

（1）选择应用程序菜单按钮，选择“打印”选项，视图中会显示“打印”“打印预览”和“打印设置”选项，如图 18-5 所示。

图 18-5 “打印”选项

微课：图纸导出

（2）单击“打印”按钮，打开“打印”对话框，设置“名称”为“导出为 WPS PDF”，在“打印范围”栏中选择“所选视图 / 图纸”选项，然后单击“选择”按钮，在“视图 / 图纸集”对话框中选择图纸名称，如图 18-6 所示。

（3）完成后，单击“确定”按钮，回到“打印”对话框，选择“打印到文件”项。单击“浏览”按钮，设置文件保存路径，单击“确定”按钮开始打印。

（4）经检查无误后，就可以打印了

图纸布置完成后，可以通过打印机将图纸视图打印为图档，或将指定的图纸视图导出为 CAD 文件，以便交换设计成果。

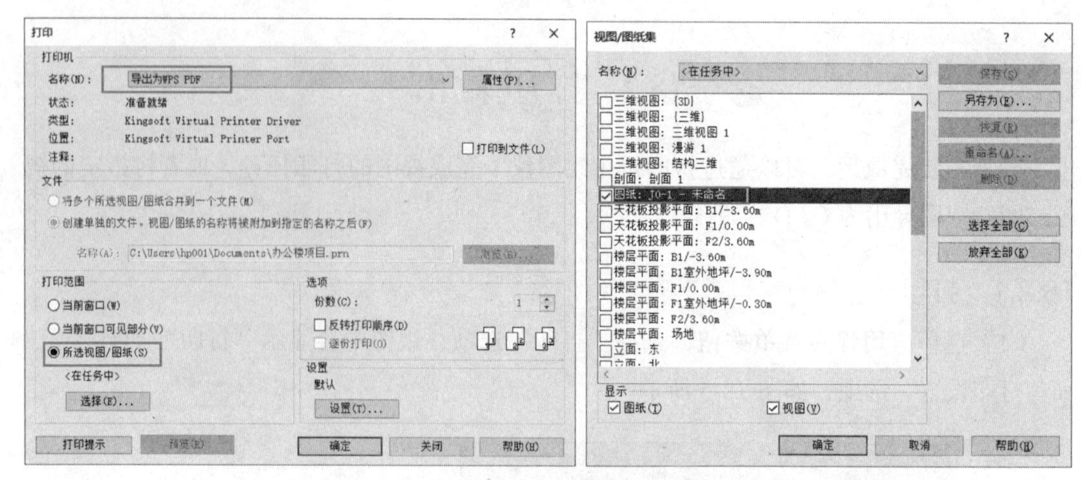

图 18-6 “视图 / 图纸集”对话框

18.2.2 导出文件

在 Revit 中完成所有图纸的布置之后，可以将生成的文件导出为 DWG 格式的文件，供其他用户使用。

要导出 DWG 格式的文件，首先要对 Revit 及 DWG 之间的映射格式进行设置。

（1）在菜单浏览器选择“导出”“选项”“导出设置 DWG/DXF”选项，如图 18-7 所示。

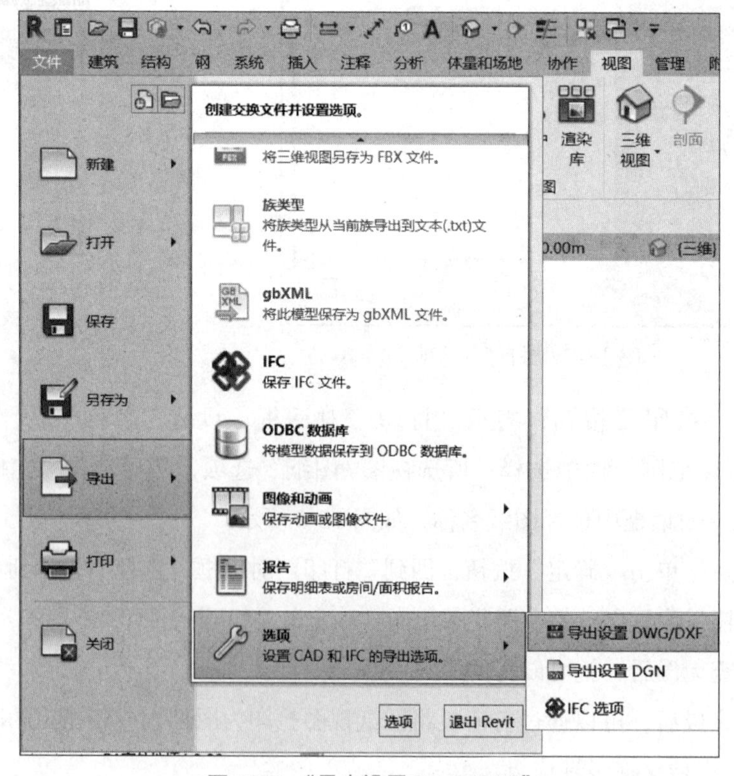

图 18-7 “导出设置 DWG/DXF”

（2）打开“修改 DWG/DXF 导出设置”对话框，如图 18-8 所示。

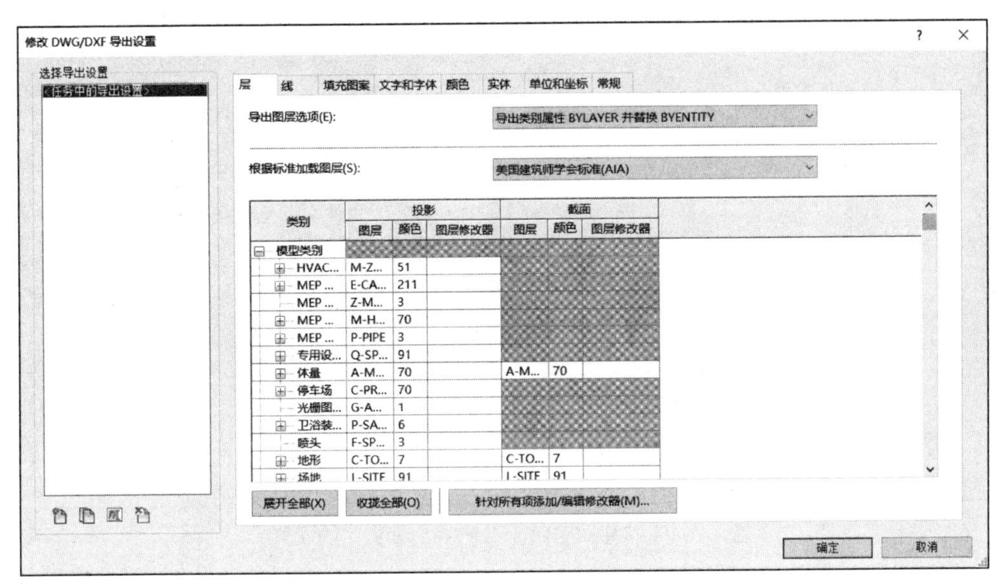

图 18-8 “修改 DWG/DXF 导出设置”对话框

提示

Revit 使用的是构建类别的方式管理对象，而在 DWG 图纸当中是使用图层的方式进行管理。因此，必须在“修改 DWG/DXF 导出设置”对话框中对构建类别以及 DWG 当中的图层进行映射设置。

（3）单击对话框底部的“新的导出设置”按钮，创建新的导出设置，如图 18-9 所示。

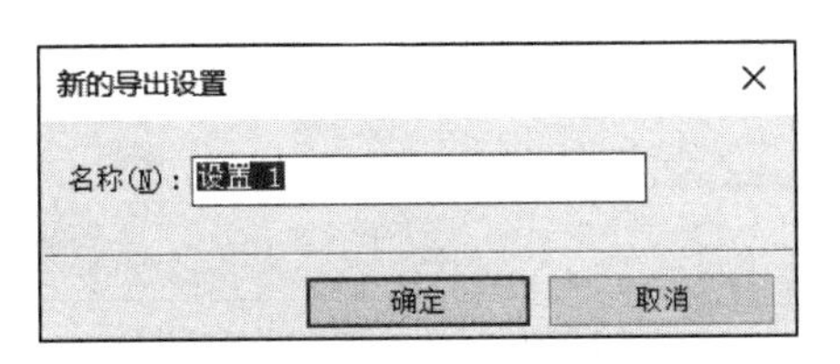

图 18-9 “新的导出设置”对话框

（4）在“层”选项卡中选择“根据标准加载图层”列表中的“从以下文件加载设置...”选项，在打开的“导出设置 - 从标准载入图层”对话框中单击“是”按钮，打开“载入导出图层文件”对话框，如图 18-10 所示。

（5）根据标准加载图层，可以选择 CAD 软件的标准图层进行加载，或选择天正格式的 DWG 图层。

在“修改 DWG/DXF 导出设置”对话框中，还可以对“线”“填充图案”“文字和字体”“颜色”“实体”“单位和坐标”及“常规”选项卡中的选项进行设置，这里不再一一介绍。

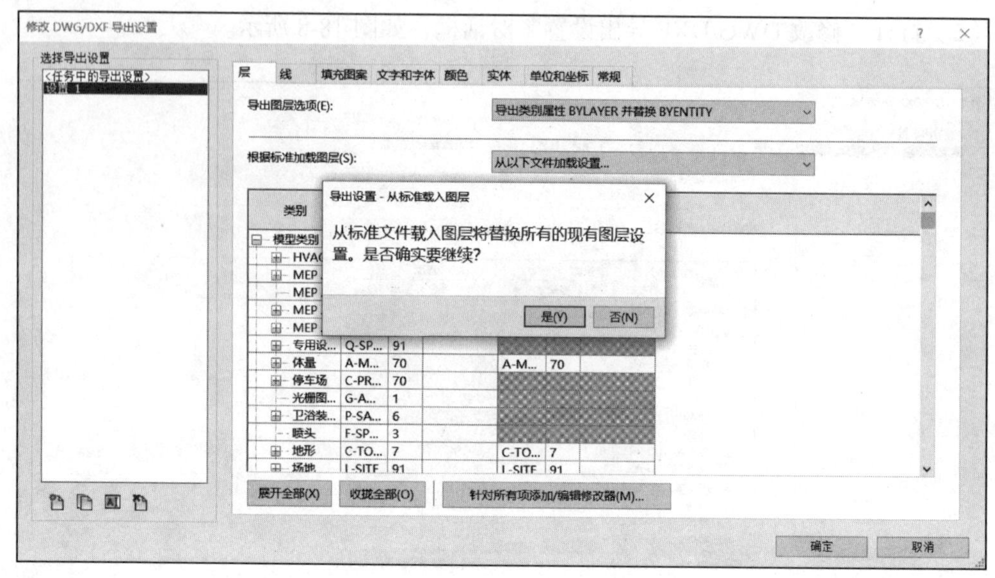

图 18-10 “修改 DWG/DXF 导出设置”的设置

（6）单击“确定”按钮，完成 DWG/DXF 的映射选项设置，接下来即可将图纸导出为 DWG 格式的文件。

（7）在菜单浏览器中选择“导出”“CAD 格式”“DWG”命令，打开“DWG 导出”对话框。设置“选择导出设置”列表中的选项为刚刚设置的“设置 1”，选择“导出”为“<任务中的视图 / 图纸集>”选项，选择“按列表显示”选项为“模型中的图纸”，如图 18-11 所示。

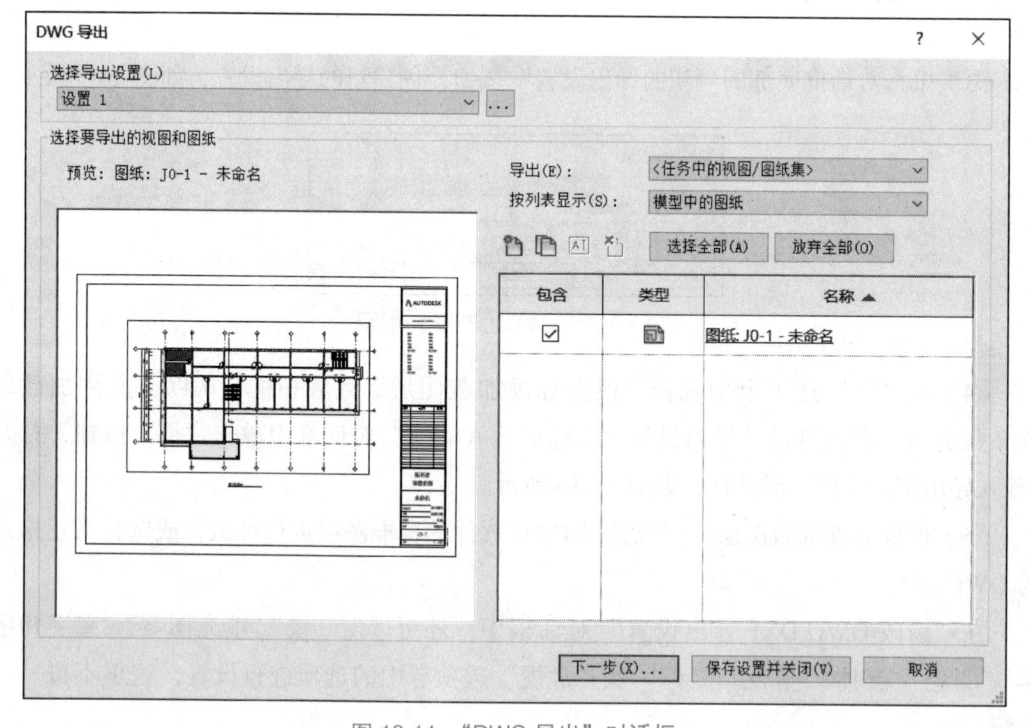

图 18-11 “DWG 导出”对话框

（8）单击“选择全部”按钮，再单击“下一步”按钮，打开“导出 DWG 格式 - 保存到目标文件夹”对话框。选择保存 DWG 格式的版本，勾选“将图纸上的视图和链接作为外部参照导出”选项，单击“确定”按钮，导出为 DWG 格式文件，如图 18-12 所示。

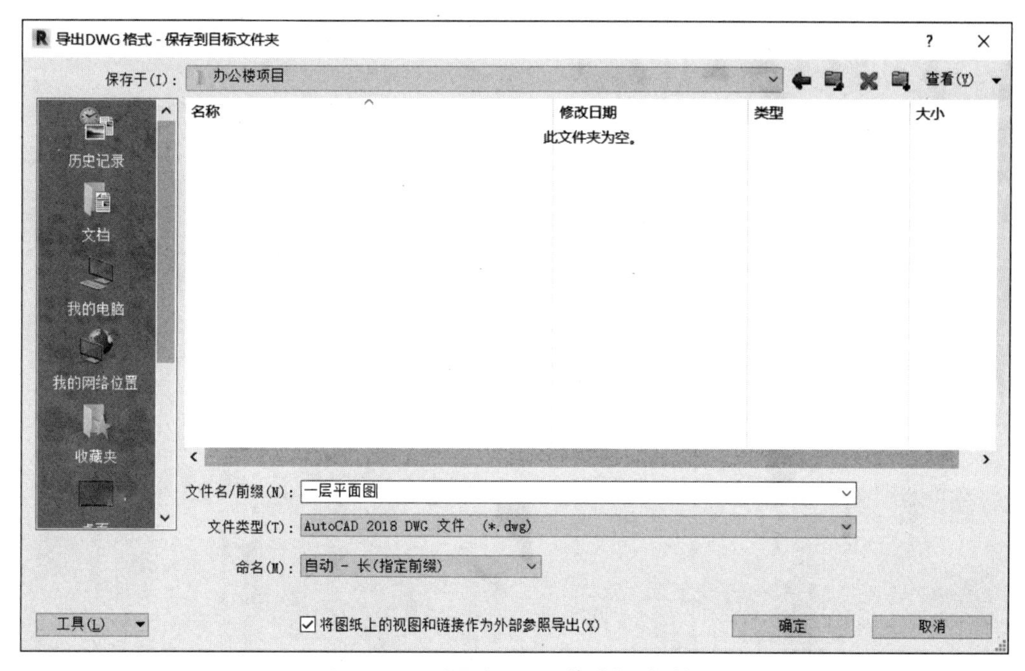

图 18-12 “导出 DWG 格式”对话框

（9）打开设置 DWG 格式文件所在的文件夹，双击其中一个 DWG 格式的文件，即可在 AutoCAD 中将其打开，并进行查看与编辑。

附件：任务单

模块四　Revit 建筑建模练习

思政园地

举世瞩目的第 22 届足球世界杯于北京时间 2022 年 11 月 20 日晚在卡塔尔正式拉开帷幕，中国建设者为这届世界杯作出了巨大的贡献。从比赛足球场地的建造，到供水网络的铺设，再到周边产品的生产制造及电力、5G 通信等的保障，中国制造为卡塔尔世界杯提供了巨大的支持。作为世界杯主体育场及决赛场地的卢塞尔体育场，是卡塔尔国内规模最大的体育场，建筑面积总计约 19.5 万 m^2，可以同时容纳 8 万名观众，同时也是中国铁建股份有限公司以设计、施工总承包模式建造的首个世界杯体育场馆项目，创造了我国建筑行业多项纪录。

卢塞尔体育场是由北京市建筑设计研究院有限责任公司负责设计，由全国工程勘察设计大师朱忠义主持负责，设计灵感来源于阿拉伯地区传统的珐琅灯格纹饰。场馆整体犹如一只盛满椰枣的金碗，场馆的外立面是由四万多个较小的三角形构件构成的幕墙，自上而下呈现出弧形状态，每个小三角形构件的尺寸都不尽相同，而要将这么多且尺寸不同的小三角形构件组合成一个宏伟的建筑，对施工单位的技术是一个极大的考验。中国铁建股份有限公司在幕墙施工时运用 BIM 技术，在工程实际施工之前进行了施工过程模拟，确定每个小三角形构件之间的调节变量，大幅度地减少了施工中的偏差，将施工中容易出现质量、安全问题的控制点提前进行演练和实操，保证了整个幕墙结构的安装质量，完整地将整个建筑的设计思想完美地表达出来。不仅如此，中国铁建股份有限公司在整个项目建设的全生命周期中运用了 BIM 技术，在设计阶段就提前检查设计是否存在漏洞，将可能存在的问题提前解决；在施工开始之前运用 BIM 技术进行施工模拟，将施工过程中可能出现的问题在模拟中进行解决，大幅提升了施工的效率，保证了施工质量，降低了施工过程中质量、安全事故发生的概率，提升了项目管理的水平和效果。在利用 BIM 技术对整个项目管理的过程中，建立的项目模型模拟数据高达 10TB，抽图数量高达 33000 多张。

截至目前，卢塞尔体育场是世界上规模最大、综合系统最复杂、结构设计标准要求最高、建造技术水平最先进、管理全球化水平最高的专业足球场馆，同时还是世界上结构整体跨度最大的双层索膜屋面结构形式的单体建筑，该场馆顺利建成，彰显了我国建筑行业在体育场馆建设方面的技术水平和强大力量。

项目19 拓展练习

练习一

根据所给图纸创建模型（图 19-1），图中未注明倒角半径均取 5mm，整体材质为“樱桃木 - 巧克力褐色”。完成后，以“边几”为文件名保存到文件夹中。

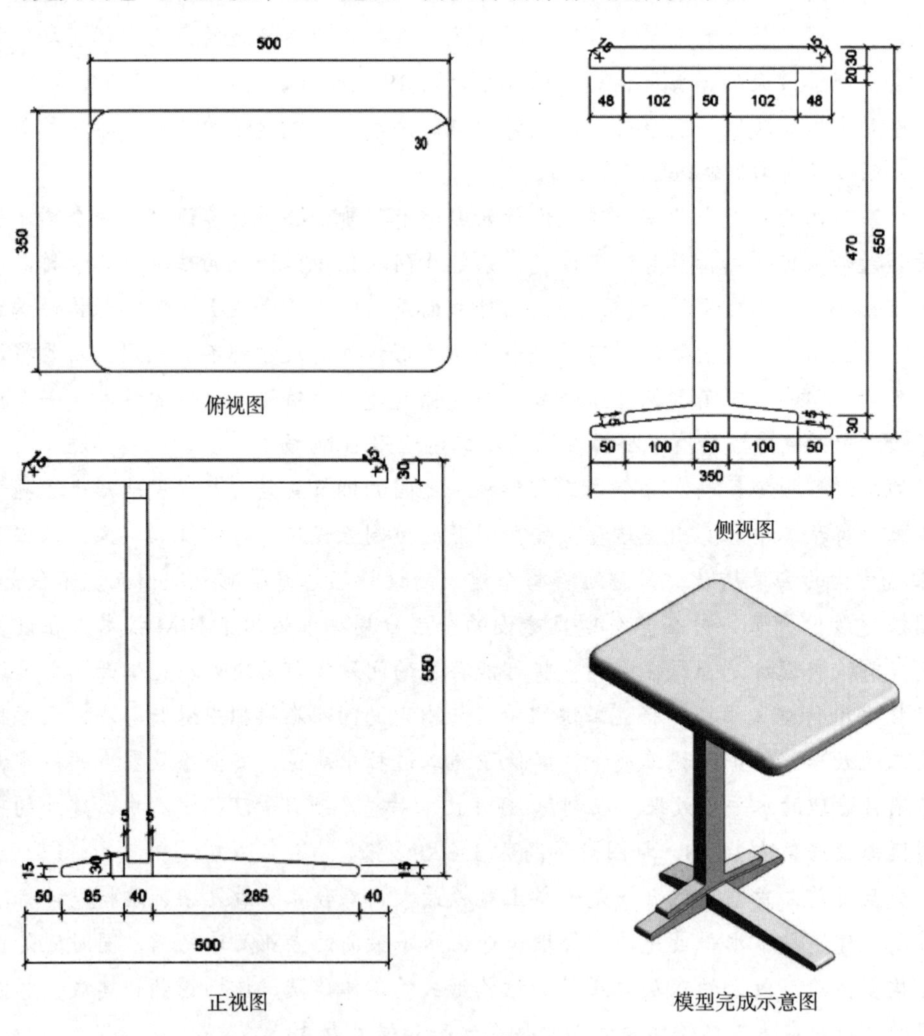

图 19-1　图纸 1

练习二

根据所给平面图、剖面图创建玻璃斜窗（图 19-2），竖梃尺寸仅有两种规格，材质自定。完成后，以“玻璃斜窗”为文件名保存到文件夹中。

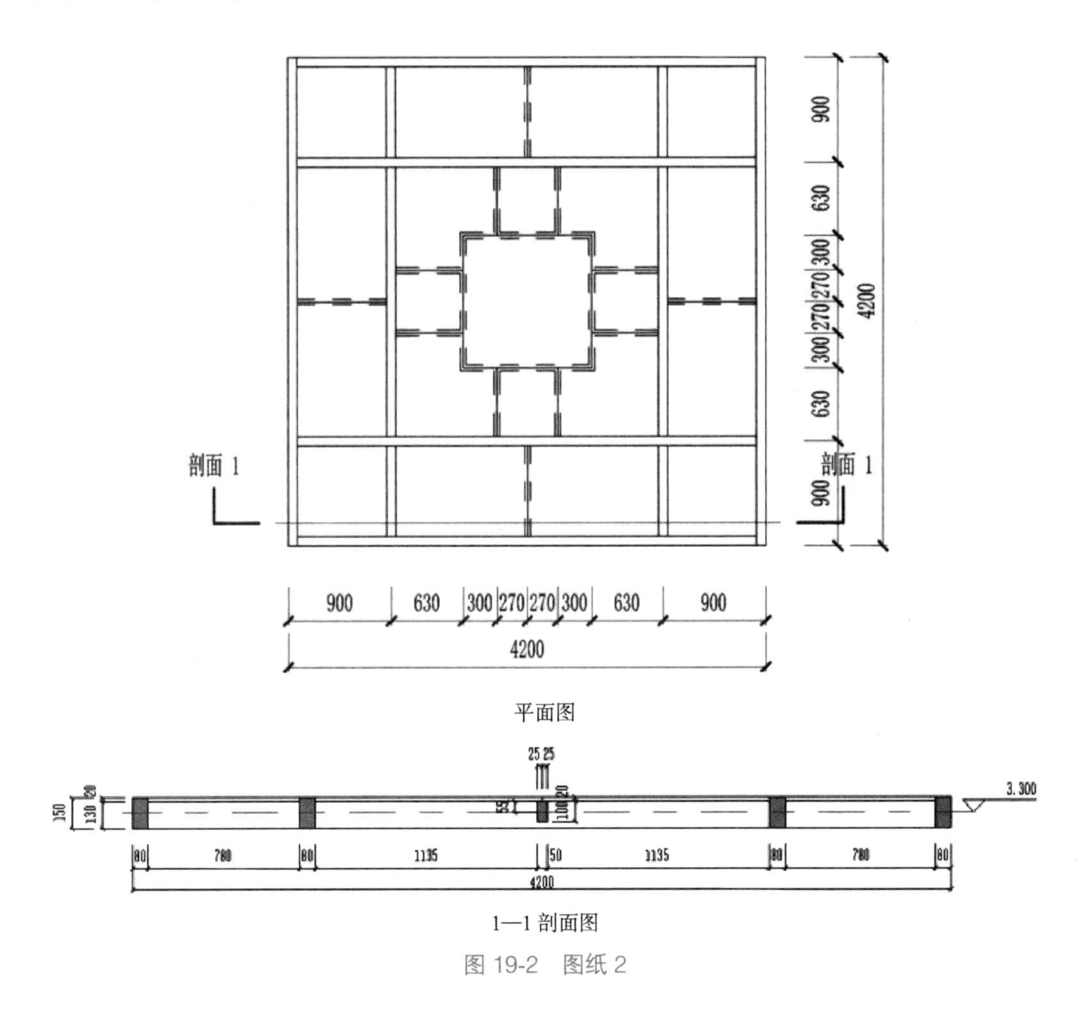

平面图

1—1 剖面图

图 19-2　图纸 2

练习三

1. 根据所给尺寸绘制塔楼主体（图 19-3），墙体厚度参照图纸，墙体构造层次选择外侧 8mm 厚水磨石，内侧为 2mm 厚白色乳胶漆，结构层为 C30 混凝土；一层墙体带勒脚，勒脚 260mm 厚，材质为不均匀的小矩形石料 - 褐色，高度为 900mm，门洞、墙饰条尺寸参照图纸。

2. 二层的柱子为 860mm × 860mm 的现代方柱，柱面材质为水磨石，三层柱子为半径 300mm 的圆柱，其余不做明确要求，样式可参考三维视图。

3. 二层楼板厚度为 150mm，三层楼板厚度为 500mm，材质均为水磨石。

4. 屋顶为 125mm 厚坡屋顶，坡度为 75°，表面填充图案为“屋面 - 筒瓦 01”，颜色 RGB 值为 175-95-45。

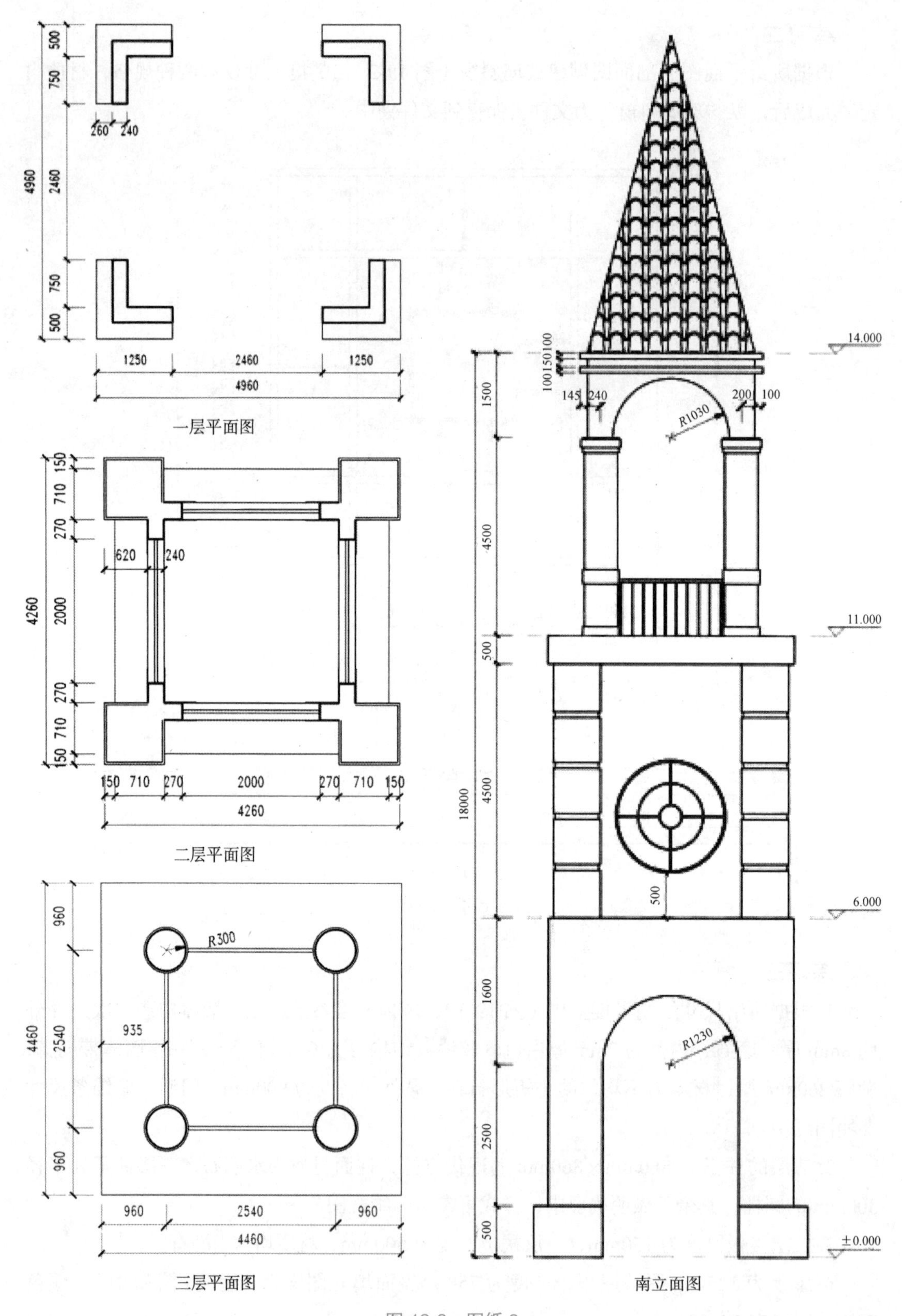

一层平面图
二层平面图
三层平面图
南立面图
14.000
11.000
6.000
±0.000
R1030
R1230
R300
18000
4960
4260
4460

图 19-3 图纸 3

5. 窗为半径 1000mm 的圆形固定窗，居中放置，将其玻璃材质设置为磨砂玻璃，其余未指定要求，可自行设置，样式可参考三维视图。

6. 栏杆高度为 1000mm，栏杆间距为 200mm，其余参数自定。

练习四

根据下图（图 19-4）创建转角窗构件及模型。将主窗宽度 L_1（墙洞口宽度）、侧窗宽度 L_2（墙洞口宽度）、开启扇宽度 L_3、窗高 H（墙洞口高度）设置为参数，要求可以通过参数实现模型修改。窗框宽度 80mm，深度 80mm，开启扇窗框宽度 60mm，深度 60mm，材质均为铝合金；双层中空玻璃 6mm+12mm+6mm。请将模型以“转角窗 .xxx”为文件命名保存。

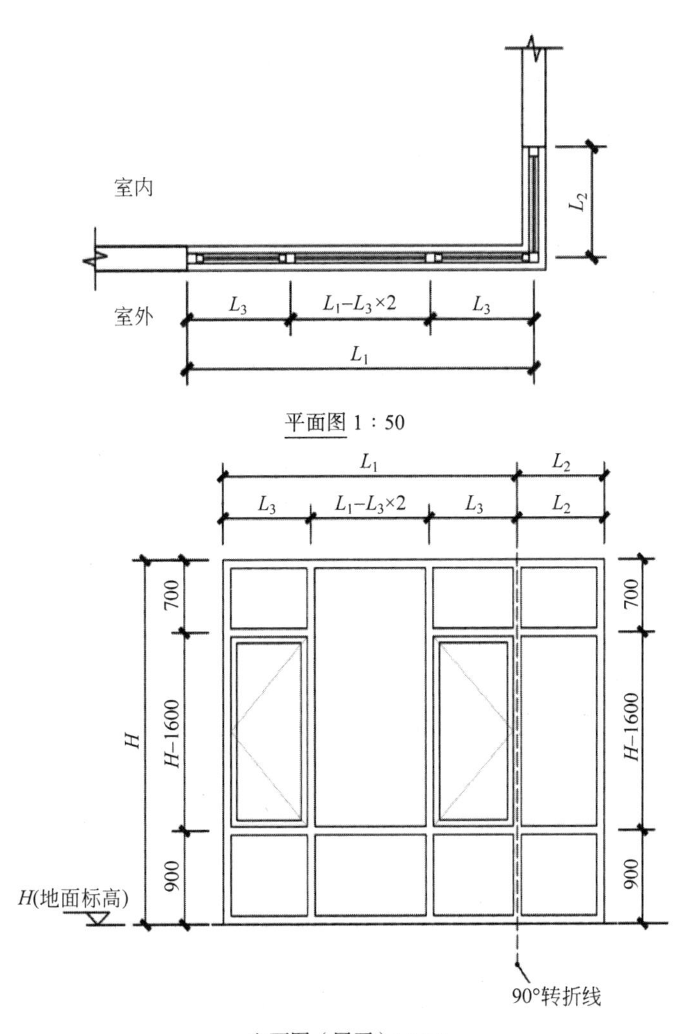

图 19-4　图纸 4

参考文献

[1] 张治国 . BIM 实操技术 [M]. 北京：机械工业出版社，2019.

[2] 刘占省，赵雪峰 . BIM 基本理论 [M]. 北京：机械工业出版社，2018.

[3] 应仁仁，王伟，王强，等 . BIM 技术应用实务 [M]. 北京：机械工业出版社，2021.

[4] 刘鑫，王鑫 . Revit 建筑建模项目教程 [M]. 北京：机械工业出版社，2017.